华章程序员书库

Python进阶

实战应用开发实战

[英] 马修·威尔克斯（Matthew Wilkes）著

赵利通 译

Advanced Python Development

Using Powerful Language Features in Real-World Applications

机械工业出版社
CHINA MACHINE PRESS

图书在版编目（CIP）数据

Python 进阶：实际应用开发实战 /（英）马修 · 威尔克斯（Matthew Wilkes）著；赵利通译 . -- 北京：机械工业出版社，2022.1（2024.1 重印）
（华章程序员书库）
书名原文：Advanced Python Development: Using Powerful Language Features in Real-World Applications
ISBN 978-7-111-70104-0

I. ① P…　II. ① 马… ② 赵…　III. ① 软件工具－程序设计　IV. ① TP311.561

中国版本图书馆 CIP 数据核字 (2022) 第 005753 号

北京市版权局著作权合同登记　图字：01-2021-2689 号。

Python 进阶：实际应用开发实战

出版发行：机械工业出版社（北京市西城区百万庄大街 22 号　邮政编码：100037）
责任编辑：王春华　张秀华　　责任校对：殷　虹
印　　刷：固安县铭成印刷有限公司　　版　　次：2024 年 1 月第 1 版第 2 次印刷
开　　本：186mm×240mm　1/16　　印　　张：28.5
书　　号：ISBN 978-7-111-70104-0　　定　　价：129.00 元

客服电话：（010）88361066　68326294

Preface 前　言

Python 是一门非常成功的编程语言，自问世以来的 30 多年间，得到了非常广泛的应用。主流操作系统默认提供 Python，世界上的一些大型网站使用 Python 开发后台，科学家常使用 Python 来拓展新知识。因为这么多人每天都在使用 Python，所以 Python 的改进会快速、大量地出现。并不是每个 Python 开发人员都有机会参加会议，或者有时间关注社区不同部分所做的工作，所以 Python 语言及其生态系统的一些功能难免没有得到它们应得的关注。

本书的目标是介绍 Python 语言及其工具中并不是每个人都知道的部分。如果你是一名经验丰富的开发人员，则很可能已经知道了本书要介绍的许多工具，但可能也有很多是你想要使用却没有时间了解的工具。如果你负责维护一个已建成的稳定系统，就更可能遇到这种情况，因为对于这样的系统，无法频繁地通过重构组件来利用新的语言特性。

如果你使用 Python 的时间较短，则可能更加熟悉该语言近期新增的特性，但不会很熟悉广阔生态系统中的一些可用的库。参加一些活动（如 Python 会议）的一大好处是有机会注意到其他程序员带来的质量改进，并把它们集成到自己的工作流中。

本书并不是一本用独立小节介绍 Python 不同特性的参考书。相反，本书是按照构建一个真实软件的方式来组织各个章节的。

许多技术文档倾向于提供简单的示例。简单的示例很适合解释某个特性的工作方式，但是对于理解什么时候使用这种特性没有太大帮助。而且，也很难把简单的示例作为基础来构建软件，因为复杂代码的架构方式与简单代码有很大的区别。

通过使用这个示例，我们能够在具体的上下文中思考技术选择。你将了解在判断某个方法是否合适时，需要记住哪些考虑因素。使用方式彼此相关的主题将被放到一起进行介绍，而不是把工作方式相关的主题放到一起进行介绍。

关于本书

我撰写本书的目的，是分享我从社区不同地方学到的知识，以及我在超过 15 年的时间中编写 Python 代码所积累的经验。本书可以帮助你利用核心语言和增件库来提高生产效率。你将学习如何使用异步编程、打包和测试等语言特性来成为一名高效的程序员，尽管严格来说，作为一名程序员，并非必须使用它们。

但是，本书的目标读者是那些想要编写代码的人，而不是想要理解深层原理的人。我不会深入介绍涉及 Python 实现细节的主题。你不需要“grok”[㊀]Python C 扩展、元类或算法，就可以通过阅读本书获益。

重要的代码示例用编号的代码清单展示，本书配套代码包含这些代码清单的电子版。其中一些代码清单下面还直接显示了输出，而不是用编号图的方式单独显示输出。

在本书的配套代码中，还可以找到示例项目的代码库的完整版本，以及帮助完成练习的代码。总的来说，我建议你从 https://github.com/Apress/advanced-python-development 签出 Git 存储库，然后切换到你正在阅读的章节的相关分支，一步步学习代码。

除了代码清单，本书还展示了一些控制台会话。当格式上类似于代码的行以 > 开头时，说明显示的是一个 shell 会话。这些部分包括需要从操作系统的终端运行的命令。包含 >>> 的行演示的是 Python 控制台会话，应该从 Python 解释器运行。

示例

本书的示例是一个通用的数据聚合器。如果你从事 DevOps 领域的工作，则很可能会使用这种类型的程序来跟踪服务器上的资源使用情况。此外，作为一名 Web 开发人员，你可能会使用类似的程序，把同一系统的不同部署的统计数据聚合起来。例如，一些科学家使用类似的方法来聚合分布在城市中的空气质量传感器的读数。并不是每个开发人员都需要构建这种应用程序，但许多开发人员都熟悉这个问题领域。

选择构建这个应用程序，并不只是因为这是一个常见的任务，也因为它允许我们以一种自然的、统一的方式，探讨我们想要介绍的许多主题。使用运行任何现代操作系统的现代计算机[㊁]，都可以很好地学习本书的完整示例，并且不需要购买任何额外的硬件。如果你有其他计算机可以作为远程数据源，则可能会从一些示例中收获更多。

在本书的示例中，我将使用安装了售后传感器的树莓派 Zero。这个平台很容易买到，其售价大约为 5 美元，它能够提供许多有趣的数据。许多树莓派专营店还提供商用的传感器增件。

虽然我会推荐一些特别适用于树莓派的方法，让学习本书示例变得更加简单，但是本

㊀ “grok”是在 20 世纪 60 年代流行起来的一个术语，当时计算科学还是一个很小的领域。“grok”某个东西，指的是在很深刻、很直观的级别上理解它。这个词源自 Robert Heinlein 的小说《异乡异客》(*Stranger in a Strange Land*)。

㊁ 如果使用的是 Windows，则建议你考虑使用 WSL（Windows Subsystem for Linux），因为大部分增件是针对 Linux 或 macOS 系统编写的，所以在 WSL 上的性能可能会更好。

书并不是在介绍物联网或者树莓派。它只是一种手段，如果愿意，你可以自由调整示例，使其适用于你感兴趣的任务。前面提到的类似问题将遵循相同的设计过程。

本书内容

本书精心挑选了主题，旨在介绍 Python 编程的各个不同方面。Python 社区作为一个整体没有充分理解或者利用这些方面，而且在指导新人时，不会把它们理所当然地教给新人。这并不是说这些特性一定很复杂，或者很难理解（当然有些特性确实如此），我相信，所有程序员都应该熟悉这些特性，即使他们并不会用到这些特性。

第 1 章将介绍使用 Python 编写简单程序的不同方式，还会介绍 Jupyter 记事本以及 Python 调试器的用法。虽然这两者都是相对来说为人熟知的工具，但很多人只熟悉其中的一个工具，而不是两者都能够熟练使用。本章还会介绍编写命令行接口的不同方式，以及一些有用的第三方库，它们支持简洁的命令行工具开发。

第 2 章将介绍帮助识别代码中的错误的工具，例如自动测试和 linting 工具。无论是编写大型代码库、很少需要编辑的代码库，还是要吸收第三方贡献的代码库，这些工具都能够让你更容易地写出让自己有信心的代码。这里介绍的工具都是我推荐的工具，但是，本章的关注点是理解它们的优缺点。你可能已经使用过其中的一个或多个工具，并且对于是否适合使用它们有自己的观点。本章将帮助你理解权衡点，从而做出明智的决定。

第 3 章将介绍 Python 中的代码打包和依赖项分发。对于编写可分发给其他人的应用程序，以及设计能够可靠工作的部署系统来说，这些都是重要的功能。我们将使用这些功能，把独立的脚本转换为可安装的应用程序。

第 4 章将介绍插件架构。这是一种强大的功能。经常可以看到学习插件架构的人使用它，这导致讲解 Python 的人们对于是否讲解插件架构持谨慎态度。对于我们的示例，插件架构十分适用。本章还将介绍一些用于命令行工具的高级技术，它们能够让调试基于插件的系统变得更加容易。

第 5 章将介绍 Web 接口和编写复杂函数的技术，如装饰器和闭包。这些技术在 Python 中已经是习语，但在其他许多编程语言中很难表达。本章还将介绍如何恰当地使用抽象基类。人们常常不建议使用抽象基类，因为学习抽象基类的人倾向于到处使用它们。在特定场景中，有节制地使用抽象基类是有优势的，当把抽象基类与第 2 章介绍的一些工具结合使用时更是如此。

第 6 章将用另一个重要组件扩展我们的示例，这个组件就是收集数据的聚合服务器。本章还将演示 Python 程序员会用到的一些最重要的第三方库，例如 requests 库。

第 7 章将介绍 Python 中的线程和异步编程。线程常常会导致难以探查的 bug。异步代码能够用于类似的任务，但许多 Python 程序员还没有使用过这种习语，因为使用异步编程时，程序的行为与同步编程有很大区别。本章重点讨论在真实场景中如何使用并发来实现某个结果，而不只是演示一个简单的示例，或者演示异步编程的局限性。本章旨在得到能够在真实场景中使用的代码，并让你彻底理解权衡点，而不是进行独立的技术演示。

第 8 章将更加深入地介绍异步编程，讲解异步代码的测试以及一些第三方库。使用这些库能够编写在异步上下文中处理外部工具（如数据库）的代码。本章还将简要地介绍一些可以用来编写出色 API 的高级技术，例如上下文管理器和上下文变量，它们对于异步编程很有帮助。

第 9 章返回 Jupyter，使用它的一些功能来实现数据可视化和方便的用户交互。我们将介绍如何在 Jupyter 记事本中把异步代码用于小部件，还将介绍迭代器的高级用法和实现复杂数据类型的多种方式。

第 10 章将详细介绍如何让 Python 代码运行得更快，如何使用不同类型的缓存，以及这些缓存适用的场景。本章还将介绍如何对应用程序中的各个 Python 函数进行基准测试，以及如何解读结果以找出速度缓慢的原因。

第 11 章将扩展本书前面介绍过的一些概念，以更加优雅地处理错误。我们将介绍如何修改插件架构，以便无缝地处理错误，同时保留完整的向后兼容性，还将深入介绍如何设计在遇到错误时就处理错误的过程。

第 12 章将使用 Python 的迭代器和协程来增强我们开发的仪表板，为它们添加一些功能，这些功能不是实现被动的数据收集，而是主动检查收集到的数据，从而允许我们构建包含多个步骤的分析流。

Python 版本说明

在撰写本书时，Python 的最新版本是 Python 3.8，所以本书中的示例是用 Python 3.8 和 Python 3.9 的首批开发版本测试的。不建议使用更老的版本。本书中有极少数代码示例不能在 Python 3.7 或 Python 3.6 中正常运行。

要学习本书内容，你需要安装 Python pip。在安装了 Python 后，系统中就应该已经安装了 pip。有些操作系统故意在 Python 的默认安装中去掉了 pip，此时，你需要使用操作系统的包管理器自己安装。这在基于 Debian 的系统中很常见，此时使用 `sudo apt install python3-pip` 就可以安装 pip。在其他操作系统中，可以使用 `python -m ensurepip --upgrade` 来让 Python 找到 pip 的最新版本，或找到特定于你的操作系统的指令。

本书网站（https://github.com/MatthewWilkes/advanced-python-development）提供了代码示例和勘误表的电子版。如果在学习本书的过程中遇到任何问题，应该首先访问这些代码示例和勘误表。

Acknowledgements 致　谢

在编写本书时，许多人以不同的形式提供了帮助。首先必须感谢Python开源生态系统中数以千计的贡献者，没有他们的贡献，就不会有这本书。写书是一个漫长的过程，并会给家人造成不便，所以感谢Joanna对我的鼓励，也感谢家人一直以来对我不变的支持。

特别感谢Nejc Zupan、Jesse Snyder、Tom Blockley、Alan Hoey和Cris Ewing，他们对我的写作计划和实施提出了宝贵的建议。感谢ISO Photography的Mark Wheelwright为我拍了一张漂亮的照片，感谢Apress团队付出辛勤劳动。

最后，感谢那些让Web依然神奇而美妙的人们。感谢Thomas Heasman-Hunt、Julia Evans、Ian Fieggen、Foone Turing和其他无数人，如果没有像你们一样的人，我想工业软件也许不会像现在这样吸引我的注意力。

审校者简介 About the Reviewers

Coen de Groot 是一名 Python 开发人员和培训师，是自由职业者。自从他在 20 世纪 70 年代后期构造了自己的第一个“计算机”后，就一直对计算机和编程保持着浓厚的兴趣。

Coen 在莱顿大学几乎修完了计算机科学学位，而后曾就职于大型石油公司、小型创业公司、软件代理公司等。他使用许多不同的编程语言编写了大量软件，也从事过软件支持、培训、领导团队、管理技术项目等工作。

在 IT 行业工作了大约 20 年后，Coen 尝试了一些不同的事情，接受了商业教练的相关培训，管理大型教练社区，并组织了 5 次会议。但是很快，他又被拉回到 IT 行业，为教练和其他人构建网站及提供其他 IT 服务。

在过去 10 年间，Coen 主要使用 Python 编程，但也会用到 SQL 和 JavaScript 等。他仍然享受继续学习 Python 的过程，并乐于把学到的知识以著作或者视频的方式传递出去。

Nejc Zupan 从能走路起，就对技术着迷。他在上小学时开发了自己的第一个计算机游戏，念高中时赢得了全国机器人竞赛冠军，读大学期间与其他人合作创立了 niteo.co。他在五大洲的会议上发表过演讲，主题大部分与 Web、Python 和生产率有关。不编码的时候，他会去全世界冲浪。

Jesse Snyder 开始进行编程后惊喜地发现，软件设计带来的挑战和回报令人沉醉。在太平洋西北地区的非营利技术组织工作了几年后，他成了一名独立顾问。当不工作时，他很可能是在自己家（位于华盛顿州西雅图市）附近的美丽公园和社区中长跑。

Contents 目　录

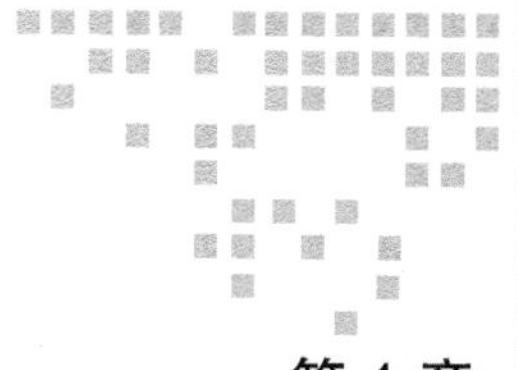

第 1 章 

原型设计和环境

本章将讨论如何用不同的方式来测试不同 Python 函数的功能，以及什么时候适合使用这些方式。我们将使用其中一种方式创建一些简单的函数，以便提取在以后将会聚合起来的数据，并介绍如何把这些函数构造成一个简单的命令行工具。

1.1 Python 中的原型设计

在 Python 项目中，无论是用几个小时开发出来的项目，还是将会运行多年的项目，都需要设计函数原型。你可能在项目一开始就在做这项工作，也可能在开发项目的过程中才意识到需要做这项工作，但迟早你会发现自己需要在 Python shell 中测试代码的结果。

对于原型设计，总体上有两种方法：运行一段代码来查看其结果，或者一次执行一条语句并查看中间结果。一般来说，一句句执行语句的效果更好，但有些时候，如果你已确信某些代码段是正确的，那么运行代码块似乎更加容易。

大部分人第一次使用 Python 时，都会使用 Python shell（也称为 REPL，代表 Read、Eval、Print、Loop，即读、计算、打印和循环）。启动一个解释器并实时输入命令，是立即开始编码的一种强大的方式。这使你能够在运行命令后立即看到结果，然后调整输入，并且不需要清除任何变量的值。相比之下，编译语言的开发流程是先编译文件，然后运行可执行文件。使用 Python 这样的解释语言编写简单程序的流程要简短得多。

1.1.1 使用 REPL 设计原型

REPL 的优势在于能够测试简单代码，从而直观地理解函数的工作方式。它不太适合需要大量流程控制的场景，因为它的容错能力不强。如果在写循环体的时候出错，就必须重写全部代码，而不能只编辑出错的行。使用一行 Python 代码修改一个变量，然后查看其输出，这几乎是使用 REPL 进行原型设计的最佳方式了。

例如，我时常发现自己很难记住内置的 `filter(...)` 函数的工作方式。有几种方式可以提醒我自己，即在 Python 网站上查看该函数的文档，或者使用代码编辑器 /IDE。另外，还可以试着在代码中使用该函数，然后检查得到的结果是不是期望的结果，也可以使用 REPL 找到该函数的文档或者测试该函数。

在实际编码时，我常常采用测试代码的方法。下面给出了一个典型的例子。第一次使用该函数时，REPL 提醒我实参的顺序反了；第二次使用该函数时，REPL 提醒我 filter 函数返回一个自定义对象，而不是元组或列表；第三次使用该函数时，REPL 提醒我 filter 包含匹配条件的元素，而不是排除匹配条件的元素。

```
>>> filter(range(10), lambda x: x == 5)
Traceback (most recent call last):
  File "<stdin>", line 1, in <module>
TypeError: 'function' object is not iterable
>>> filter(lambda x: x == 5, range(10))
<filter object at 0x033854F0>
>>> tuple(filter(lambda x: x == 5, range(10)))
(5,)
```

注意　在理解函数的工作方式时，内置的 `help(...)` 函数极有帮助。因为 filter 有一个清晰的文档字符串（docstring），所以调用 `help(filter)` 并阅读返回的信息可能更加直观。但是，当把几个函数调用链接到一起，特别是在试图理解现有代码时，使用样本数据测试函数并查看交互的结果是非常有帮助的。

如果我们真的使用 REPL 来测试需要更多流程控制的任务，例如著名的、面试时常用的编码能力测试问题 FizzBuzz（见代码清单 1-1），就能够看到它对错误的容忍度比较低。

代码清单 1-1　fizzbuzz.py——一个典型实现

```
for num in range(1, 101):
    val = ''
    if num % 3 == 0:
        val += 'Fizz'
```

```
    if num % 5 == 0:
        val += 'Buzz'
    if not val:
        val = str(num)
    print(val)
```

如果我们一步步创建这个程序，则可能首先创建一个原样输出数字的循环：

```
>>> for num in range(1, 101):
...     print(num)
...
1
.
.
.
98
99
100
```

此时，我们将在单独的行中看到数字 1 到 100，接着我们开始添加逻辑：

```
>>> for num in range(1, 101):
...     if num % 3 == 0:
...         print('Fizz')
...     else:
...         print(num)
...
1
.
.
.
98
Fizz
100
```

每次做这种工作时，都必须重新输入之前输入过的代码，有时候可能稍做修改，有时候可能原样输入。一旦输入，这些代码无法再被编辑，所以只要出现拼写错误，就意味着需要重新输入整个循环。

你可以决定设计循环体的原型，而不是整个循环的原型，从而方便跟踪条件的效果。在本例中，三分支 `if` 语句正确生成了 n 从 1 到 14 的取值，而 $n = 15$ 成了第一个错误显示的值。虽然这发生在循环体中，但很难检查条件交互的方式。

这时就能看到 REPL 与脚本在解释缩进时的第一个区别。相比执行脚本的情况，当 Python 解释器工作在 REPL 模式下时，对缩进的工作方式有更严格的解释，要求在取消缩进的操作后面必须跟一个空行来返回缩进级别 0。

```
>>> num = 15
>>> if num % 3 == 0:
...     print('Fizz')
... if num % 5 == 0:
  File "<stdin>", line 3
    if num % 5 == 0:
     ^
SyntaxError: invalid syntax
```

另外，只有当返回到缩进级别 0 时，REPL 才允许使用空行，但在 Python 文件中，认为空行接续了上一个缩进级别。当使用 `python fizzbuzz_blank_lines.py` 调用代码清单 1-2（与代码清单 1-1 的区别仅在于增加了空行）时，它能够工作。

代码清单 1-2 fizzbuzz_blank_lines.py

```
for num in range(1, 101):
    val = ''
    if num % 3 == 0:
        val += 'Fizz'
    if num % 5 == 0:
        val += 'Buzz'

    if not val:
        val = str(num)

    print(val)
```

但是，在 Python 解释器中输入代码清单 1-2 中的内容时，由于缩进解析规则的区别，将产生下面的错误：

```
>>> for num in range(1, 101):
...     val = ''
...     if num % 3 == 0:
...         val += 'Fizz'
...     if num % 5 == 0:
...         val += 'Buzz'
...
>>>     if not val:
  File "<stdin>", line 1
    if not val:
    ^
IndentationError: unexpected indent
>>>         val = str(num)
  File "<stdin>", line 1
    val = str(num)
    ^
IndentationError: unexpected indent
>>>
>>>     print(val)
```

```
  File "<stdin>", line 1
    print(val)
    ^
IndentationError: unexpected indent
```

如果习惯了在文件中编写 Python 代码，那么在使用 REPL 设计循环或条件的原型时，很容易犯错。相比使用简单脚本，这种方法的优点在于能够节省时间，但犯错后重新输入代码所带来的挫折感使得其优点大打折扣。虽然可以使用方向键滚动到之前输入的行，但包含多行的结构（如循环）并没有被组合到一起，这使得重新运行循环体变得很困难。无论你是想重新运行前面的代码行，还是想把它们添加到文件中，会话中使用的 `>>>` 和 `...` 提示也都会让复制和粘贴这些代码行变得更加困难。

1.1.2　使用 Python 脚本设计原型

在设计代码原型时，也可以编写并运行一个简单的 Python 脚本，直到它返回正确的结果。与使用 REPL 不同，这保证了在犯错时很容易重新运行代码，并且代码会存储在文件中，而不是存储在终端的回滚缓冲区中[⊖]。但是，这也意味着在运行代码时无法与代码交互，其别名“printf 调试”也由此而来（printf 是 C 语言中打印变量的函数）。

从这个别名可知，要在脚本的执行过程中获取信息，唯一可行的方法是使用 `print(...)` 函数将数据输出到控制台窗口。在我们的例子中，常见的方式是在循环体中添加一个 `print` 语句，用来查看每次迭代时发生了什么：

```
for num in range(1,101):
    print(f"n: {num} n%3: {num%3} n%5: {num%5}")
```

The following is the result:

```
n: 1 n%3: 1 n%5: 1
.
.
.
n: 98 n%3: 2 n%5: 3
n: 99 n%3: 0 n%5: 4
n: 100 n%3: 1 n%5: 0
```

提示　f 字符串对于 printf 调试很有用，因为使用 f 字符串时，不需要进行额外的字符串格式化操作，就能够在字符串中插入变量。

⊖ 当你不小心关闭了窗口，丢失正在编写的代码时，这种存储方式会让你感到庆幸。

通过这种方法，我们能够轻松地查看脚本做的工作，但这需要一些重复的逻辑。这种重复很容易导致一些错误被忽略，进而导致大量时间损失。代码被永久存储下来，这是这种方法相比 REPL 的最大优势，但其带给程序员的用户体验较差。因为编辑文件和在终端运行文件是在不同上下文中发生的，所以如果出现拼写错误或者其他简单的错误时就需要切换上下文，这会让程序员感觉十分沮丧[1]。而且，取决于 `print` 语句的结构，可能更难一眼看到自己需要的信息。尽管存在这些缺点，其简单性仍然使得在现有系统中添加调试语句十分简单，所以这是最常用的调试方法之一，当想要大体理解问题时更是如此。

1.1.3 使用脚本和 pdb 设计原型

对所有 Python 开发人员来说，pdb（内置的 Python 调试器）都是最有用的工具。它是调试复杂代码块最有效的方式，而且几乎是唯一查看 Python 脚本在多级表达式（如列表推导式）中做了什么处理的方式[2]。

在许多方面，设计代码原型是调试的一种特殊形式。我们知道自己编写的代码并不完整，并且包含错误，但是我们的目的不是找出一个个缺陷，而是试图逐步增加代码的复杂度。pdb 有许多辅助调试的功能，让这项工作变得更加简单。

启动 pdb 会话时，你将看到一个 `(Pdb)` 提示符，它允许使用命令来控制调试器。在我看来，其中最重要的命令是 `step`、`next`、`break`、`continue`、`prettyprint` 和 debug[3]。

`step` 和 `next` 都执行当前语句，并移动到下一条语句。二者的区别在于它们认为什么样的语句是"下一条"语句。`step` 将移动到下一条语句，无论这条语句在什么地方，所以，如果当前行包含函数调用，那么下一条语句就是该函数的第一行代码。`next` 不会把执行点移动到该函数内，它认为的下一条语句是当前函数中的下一条语句。如果你想查看函数调用做了什么处理，则使用 `step` 进入该函数。如果你相信该函数没有问题，则使用 `next` 跳过其实现，直接获得其结果。

`break` 和 `continue` 能够让更长的代码块完成执行，并不直接查看它们的执行过程。`break` 用来指定在哪一行返回 pdb 提示符，还可以指定在该作用域内进行计算的可选条件，例如 `break 20 x==1`。`continue` 命令返回正常的执行流，除非命中另外一个断点，否则不会返回到 pdb 提示符。

---

[1] 一些文本编辑器集成了终端，就是为了减少这类上下文切换。

[2] pdb 允许单步调试列表推导式的每次迭代，就像循环那样。当你试图诊断现有代码存在的问题时，这一点很有用，但当列表推导式并不是调试的目标时，这一点可能令你感到沮丧。

[3] 可以使用这些命令的缩写形式，即粗体显示的字母。`step` 的缩写形式为 `s`，`prettyprint` 的缩写形式为 pp 等。

如果你更习惯于可视的状态显示，则可能会发现难以跟踪自己在调试会话中的位置。建议安装pdb++调试器，它会显示代码清单，并高亮显示当前执行点所在的行。IDE（如PyCharm）则更进一步，允许在正在运行的程序中设置断点，并直接在编辑器窗口中控制调试。

最后，debug允许你进入任意指定的Python表达式。这允许在pdb提示符中使用任意数据调用任意函数。如果你已经使用next或continue执行完了某一处代码，但随后意识到该处代码存在错误，那么debug的这种功能将十分有用。其调用方式为debug somefunction()，并且会修改(Pdb)提示符，添加另外一对圆括号，让提示符变成((Pdb))，通过这种方式告诉你现在位于嵌套的pdb会话中[1]。

事后调试

调用pdb有两种方式，要么在代码中显式调用，要么直接调用pdb来进行事后调试。事后调试在pdb中启动脚本，并且会在发生异常时触发pdb。这种方法使用python -m pdb yourscript.py运行，而不是使用python yourscript.py。脚本不会自动启动，你将会看到一个pdb提示符，允许你设置断点。要开始执行脚本，应该使用continue命令。当触发设置的断点时，或者当程序终止时，将返回到pdb提示符。如果程序终止的原因是发生了错误，它将允许你查看发生错误时设置的变量。

另外一种方式是，使用step命令一条条运行文件中的语句。但是，除非是最简单的脚本，否则最好在想要开始调试的位置设置一个断点，然后从那里开始使用step命令调试。

下面给出了在pdb中运行代码清单1-1并设置一个条件断点的结果（简化了输出结果）：

```
> python -m pdb fizzbuzz.py
> c:\fizzbuzz_pdb.py(1)<module>()
-> def fizzbuzz(num):
(Pdb) break 2, num==15
Breakpoint 1 at c:\fizzbuzz.py:2
(Pdb) continue
1
.
.
.
13
14
```

[1] 我曾经非常错误地理解了另一个bug，导致自己过度使用debug，得到的pdb提示符看起来就像这样：((((((Pdb))))))。这是一种反模式，因为采用这种方法时，很容易不小心忘记自己在什么位置。如果你发现自己陷入了类似的场景，则应该尝试使用条件断点。

```
> c:\fizzbuzz.py(2)fizzbuzz()
-> val = ''
(Pdb) p num
15
```

当与前面提到的基于脚本的方法结合使用时，调试效果很好。它允许你在代码执行的不同阶段任意设置断点，并且当代码触发异常时，能够自动提供 pdb 提示符，不需要你提前知道会在什么地方发生什么错误。

breakpoint 函数

`breakpoint()` 内置函数[㊀]允许精确指定 pdb 在程序的什么位置接管执行。当调用这个函数时，将立即停止执行，并且显示一个 pdb 提示符。其行为就像之前在当前位置设置了一个 pdb 断点一样。在 `if` 语句或者异常处理程序中使用 `breakpoint()` 是很常见的，用来模拟调用 pdb 提示符时的条件断点和事后调试方法。虽然这确实意味着需要修改源代码（因此不适合调试生产环境的问题），但它不需要你在每次运行程序时都设置断点。

要在计算值 15 的地方调试 fizzbuzz 脚本，可以在循环体中添加一个新的条件来判断 `num == 15`，并使用 `breakpoint()` 函数，如代码清单 1-3 所示。

代码清单 1-3 fizzbuzz_with_breakpoint.py

```
for num in range(1, 101):
    val = ''
    if num == 15:
        breakpoint()
    if num % 3 == 0:
        val += 'Fizz'
    if num % 5 == 0:
        val += 'Buzz'
    if not val:
        val = str(num)
    print(val)
```

要在设计原型时使用这种方法，可以创建一个简单的 Python 文件，在其中包含你认为可能需要用到的 `import` 语句以及你拥有的任何测试数据。然后，在文件的底部添加一个 `breakpoint()` 调用。每当执行该文件时，就会进入一个可交互的环境，在其中能够使用你需要的所有函数和数据。

㊀ 你可能会看到有些文档建议使用 `import pdb; pdb.set_trace()`。这是一种较早期的风格，目前仍然很常见，它做的工作与 `breakpoint()` 函数相同，不过可配置性要差一些，可读性也不太好。

提示　强烈建议安装 remote-pdb 库来调试复杂的多线程应用程序。要使用该库，需要安装 remote-pdb 包，并使用环境变量 `PYTHONBREAKPOINT=remote_pdb.set_trace python yourscript.py` 来启动应用程序。在代码中调用 `breakpoint()` 时，将把连接信息记录到控制台。更多选项可查看 remote-pdb 的文档。

1.1.4　使用 Jupyter 设计原型

Jupyter 是一个工具套件，用于以对用户更加友好的方式来与支持 REPL 的语言进行交互。它提供了许多支持功能（例如显示与函数的输入或输出绑定的小部件），方便与代码交互，进而方便非技术人员与复杂的函数进行交互。在现在这个阶段，对我们来说有用的功能是能够将代码拆分为逻辑块，并独立运行它们，也能够把这些逻辑块保存下来，供以后重新访问。

Jupyter 是使用 Python 编写的，但它可以作为 Julia、Python 和 R 编程语言的公共前端。它主要作为一个工具来共享自包含的程序（这些程序为数据分析等功能提供了简单的用户界面）。许多 Python 开发人员选择创建 Jupyter 记事本，而不是控制台脚本，在科学领域工作的 Python 开发人员更是如此。本章不通过这种方式使用 Jupyter，这里之所以使用 Jupyter，是因为它的功能正好符合设计原型的工作。

支持多种语言的设计目标，意味着它还支持 Haskell、Lua、Perl、PHP、Rust、Node.js 等其他许多语言。这些语言都有自己的 IDE、REPL、文档网站等。对于这种类型的原型设计，Jupyter 最重要的优势之一是，使用它开发出来的工作流能够在不熟悉的环境和语言中工作。例如，全栈 Web 程序员常常需要同时编写 Python 和 JavaScript 代码。相比之下，科学家可能需要轻松地访问 Python 和 R。使用同一个接口，意味着不同语言之间的一些区别被抹平了。

Jupyter 并不是专用于 Python 的，它支持选择使用哪种后台来运行当前代码，所以建议在安装时，让它能够在整个系统中方便地使用。如果你把 Python 工具安装到虚拟环境中，也没有问题[⊖]。但是，我把 Jupyter 安装到了自己的用户环境中：

```
> python -m pip install --user jupyter
```

注意　在用户模式下安装 Jupyter 时，需要确保系统路径中包含其二进制文件的目录。另外，还可以将其安装到全局 Python 环境中，或者通过包管理器安装。重要的不是使用很多方法，而是与安装其他工具的方式保持一致。

⊖　事实上，许多人选择专门为 Jupyter 创建一个虚拟环境，然后将其添加到系统路径中，以避免在全局命名空间中发生版本冲突。

在使用 Jupyter 设计原型时，可以将代码拆分为逻辑块，然后单独或顺序执行这些逻辑块。这些逻辑块可被编辑，并且它们是持久保存的，就像使用脚本一样，但在这种方式下，我们可以控制执行哪块代码，并且能够在编写新代码时保留变量的内容。从这个角度来说，它与使用 REPL 类似，因为在测试代码时，不必中断编码过程去运行脚本。

访问 Jupyter 工具的方式主要有两种：在 Web 上使用 Jupyter 的记事本服务器，或者用其替换标准的 Python REPL。这两种方法都依赖于单元格的概念，单元格是独立的执行单元，可以在任意时间重新运行。记事本和 REPL 使用相同的底层 Python 接口（称为 IPython）。与标准 REPL 不同，IPython 在理解缩进上没有问题，并且支持在会话中方便地重新运行前面的代码。

相比 shell，记事本对用户更加友好，但是也有缺点，即只能通过 Web 浏览器访问，而不能通过常用的文本编辑器或 IDE 访问[⊖]。强烈建议你使用记事本，因为在重新运行单元格及编辑多行单元格时，它提供的更加直观的界面能够显著提高你的生产效率。

记事本

为了开始设计原型，启动 Jupyter 记事本服务器，然后使用 Web 接口创建一个新记事本。

```
> jupyter notebook
```

加载记事本后，在第一个单元格中输入代码，然后单击 Run 按钮。在这里可以使用许多代码编辑器都提供的常用快捷键，而且当开始新代码块时，会自动缩进（见图 1-1）。

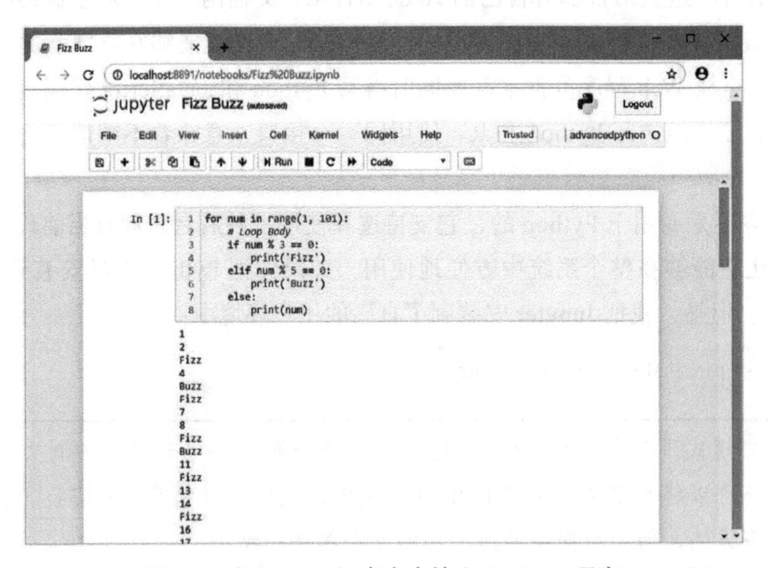

图 1-1　在 Jupyter 记事本中输入 fizzbuzz 程序

⊖ 有些编辑器（如 PyCharm IDE 的专业版和 Microsoft 的 VSCode 编辑器）开始在 IDE 内提供与记事本界面有类似功能的界面。它们并不具备记事本界面的全部功能，但也非常好。

pdb 与 Jupyter 记事本通过 Web 接口交互，能够中断执行并显示新的输入提示符（见图 1-2），就像在命令行中那样。pdb 的所有标准功能都是通过这个接口提供的，所以 1.1.3 节中给出的“提示”也适用于 Jupyter 环境。

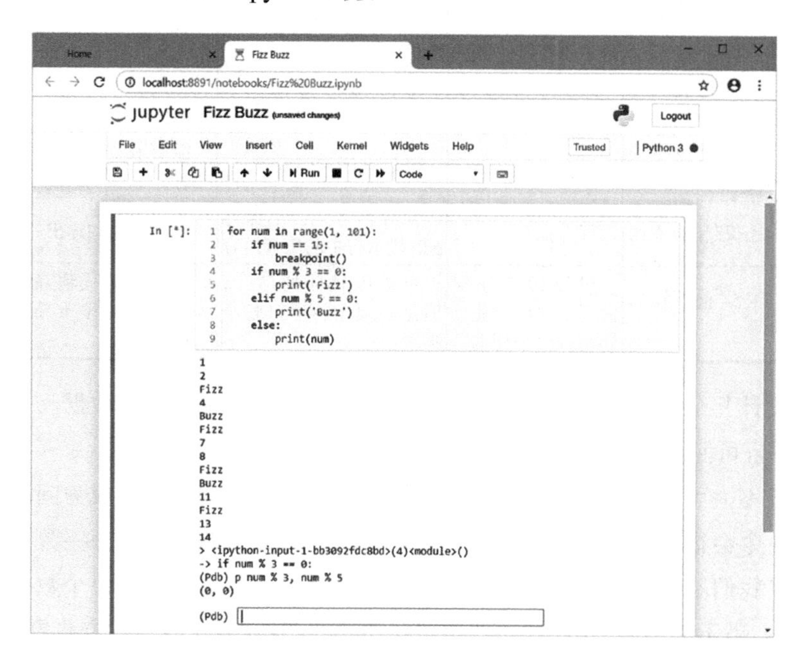

图 1-2　Jupyter 记事本中的 pdb

1.1.5　本章的原型设计

到现在为止，我们介绍过的所有方法有其优势，也有其缺点，不过每种方法都有用武之地。对于非常简单的单行代码，例如列表推导式，我常常使用 REPL，因为它启动起来最快，并且没有难以调试的复杂控制流。

如果是更加复杂的任务，例如将外部库中的函数合并起来，然后使用它们做多项工作，那么功能更加丰富的方法通常更加高效。我鼓励大家在设计原型的时候尝试不同的方法，以便了解从方便使用以及符合个人喜好的角度来看，哪种方法最有效果。

不同方法提供的各种功能，有助于清晰判断哪种方法最适合特定用例。一般来说，建议在表 1-1 中列出的能够提供你需要的功能的所有方法中，选择最左侧的方法。使用偏右侧的方法可能不太方便，因为使用太靠右的方法可能意味着其他工具没能让你成功地执行任务。

表 1-1　不同的原型设计环境对比

功能	REPL	脚本	脚本 + pdb	Jupyter	Jupyter + pdb
缩进代码	严格的规则	普通的规则	普通的规则	普通的规则	普通的规则
重新运行之前的命令	单个有类型的代码行	只能重新运行整个脚本	整个脚本或者跳到之前的行	逻辑块	逻辑块
单步运行	将缩进的块视为整体运行	将整个脚本视为整体运行	单步运行一条条语句	将逻辑块视为整体运行	单步运行一条条语句
内省	能够在逻辑块间内省	没有内省	能够在语句间内省	能够在逻辑块间内省	能够在语句间内省
持久化	不保存任何东西	保存命令	保存命令，但不保存 pdb 提示符中的交互内容	保存命令和输出	保存命令和输出
编辑	必须重新输入命令	可以编辑任何命令，但必须重新运行整个脚本	可以编辑任何命令，但是必须重新运行整个脚本	可以编辑任何命令，但是必须重新运行逻辑块	可以编辑任何命令，但是必须重新运行逻辑块

本章将设计几个函数的原型，这些函数返回当前运行系统的相关数据。它们依赖于一些外部库，并且可能需要使用一些简单的循环（但不会大量使用）。

因为我们不太可能有复杂的控制结构，所以代码缩进的功能不会成为问题。能够重新运行之前的命令会很有用，因为我们要处理多个不同的数据源。其中一些数据源的响应可能较慢，所以我们不希望当使用其中一个数据源时总是被迫重新运行每个数据源命令。这样一来，REPL 就不太合适，而在其他方法中，Jupyter 则比基于脚本的方法更加合适。

我们想要能够内省每个数据源的结果，但不太可能需要内省单个数据源的内部变量，这意味着没有必要使用基于 pdb 的方法（如果情况发生变化，总是可以加入一个 `breakpoint()` 调用）。我们想要保存正在编写的代码，只有 REPL 不能满足这个需求，但之前已经有需求决定了 REPL 不适合我们。最后，我们还想能够编辑代码并看到编辑产生的效果。

如果把这些需求与表 1-1 进行比较，可以得到表 1-2。从表中可以看到，Jupyter 方法很好地提供了我们需要的所有功能，而脚本方法虽然也很好，但是在重新运行之前的命令方面没有达到最优。

表 1-2　各种方法的功能满足我们的需求的情况

功能	REPL	脚本	脚本 + pdb	Jupyter	Jupyter + pdb
缩进代码	√	√	√	√	√
重新运行之前的命令	×	⚠	⚠	√	√
单步运行	×	×	⚠	√	⚠
内省	√	√	√	√	√
持久化	×	√	√	√	√
编辑	×	√	√	√	√

注：√表示可以满足需求，× 表示不能满足需求，⚠表示能够满足需求，但是用户体验不佳。

因此，本章将使用 Jupyter 记事本来进行原型设计。本章剩余部分将介绍 Jupyter 提供的一些其他优势，以及在 Python 开发过程中有效使用 Jupyter 的一些技术，而不是创建一个独立的软件并将其作为一个记事本发布。

1.2　环境设置

虽然如此，对于这个项目，我们需要安装库并管理依赖项，这意味着需要有一个虚拟环境。我们使用 pipenv 来指定依赖项，这个工具能够创建独立的虚拟环境，并提供了优秀的依赖项管理功能。

```
> python -m pip install --user pipenv
```

为什么使用 pipenv

在 Python 中创建独立环境的系统有悠久的历史。你以前很可能使用过 virtualenv，也可能使用过 venv、conda、buildout、virtualenvwrapper 或 pyenv。你甚至可能通过修改 `sys.path` 或者在 Python 的内部目录中创建 `lnk` 文件来创建过自己的系统。

这些方法各有其优缺点（手动方法除外，我想不到这种方法的优点），但是 pipenv 对管理直接依赖项提供了出色的支持，同时它跟踪着已知能够正确工作的依赖项的版本集合，还能确保环境保持最新。这些特点使它很适合现代的纯 Python 项目。如果工作流需要生成二进制文件，或者使用过时的包，那么更好的选择是坚持使用现有的工作流，不必迁移到 pipenv。特别是，如果因进行科学计算而使用了 Anaconda，那么就没有必要转到 pipenv。如果愿意，可以使用 `pipenv --site-packages` 来让 pipenv 除了包含自己的包，还包含通过 conda 管理的包。

与其他 Python 工具相比，pipenv 的开发周期相当长。几个月甚至几年才发布一次，对 pipenv 来说并不罕见。一般来说，我认为 pipenv 很稳定可靠，所以我才推荐它。频繁发布的包管理器有时候会让人感到沮丧，因为频繁发布新版本意味着用户需要不断适应重要改变。

要有效使用 pipenv，你依赖的包的维护者必须正确地声明其依赖项。一些包在这方面做得不好，例如包维护者指定了依赖包，但是在存在版本限制的情况下，

> 并没有指定版本限制。出现这种情况的原因可能有很多，例如子依赖项近期发布了一个主版本。在这种情况下，你可以对自己接受的版本添加自己的限制（称为版本 pin）。
>
> 如果你发现某个包缺少必要的版本 pin，请考虑联系包维护者。开源维护者通常很忙碌，可能还没有注意到这种问题。不要认为他们经验丰富，就不需要你的帮助。大部分 Python 包在 GitHub 上都有存储库及问题跟踪单。在问题跟踪单中，你可以看到是否已经有人报告了这个问题，如果还没有，你可以报告这个问题，这是一种对能够简化你开发任务的包做出贡献的简单方法。

1.3 创建新项目

首先，为项目创建一个新目录，并切换到该目录。我们想把 `ipykernel` 声明为开发依赖包。这个包中包含的代码能够管理 Python 和 Jupyter 之间的接口，我们想确保能够在新创建的独立环境中使用这个包及其库代码。

```
> mkdir advancedpython
> cd advancedpython
> pipenv install ipykernel --dev
> pipenv run ipython kernel install --user --name=advancedpython
```

最后一行命令告诉独立环境中的 IPython 副本，将自己安装为当前用户账户可用的内核，名称为 advancedpython。这就允许我们选择这个内核，而不必每一次都手动激活此独立环境。使用 `jupyter kernelspec list` 可以显示安装的内核，使用 `jupyter kernelspec remove` 可以删除安装的内核。

现在可以启动 Jupyter，查看在系统 Python 或隔离环境中运行代码的选项。建议打开一个新的命令窗口，因为 Jupyter 会在前台运行，而我们很快还需要使用命令行。如果在学习本章前面的内容时已经打开了一个 Jupyter 服务器，那么建议先停止该服务器，然后再打开新的服务器。我们希望使用刚才创建的工作目录，所以如果新窗口没有进入该目录，则切换到该目录。

```
> cd advancedpython
> jupyter notebook
```

这将自动打开一个 Web 浏览器窗口，显示 Jupyter 界面，并列出我们创建的目录的目录列表，如图 1-3 所示。现在创建好了项目，可以开始设计原型了。选择 New，然后选择 advancedpython。

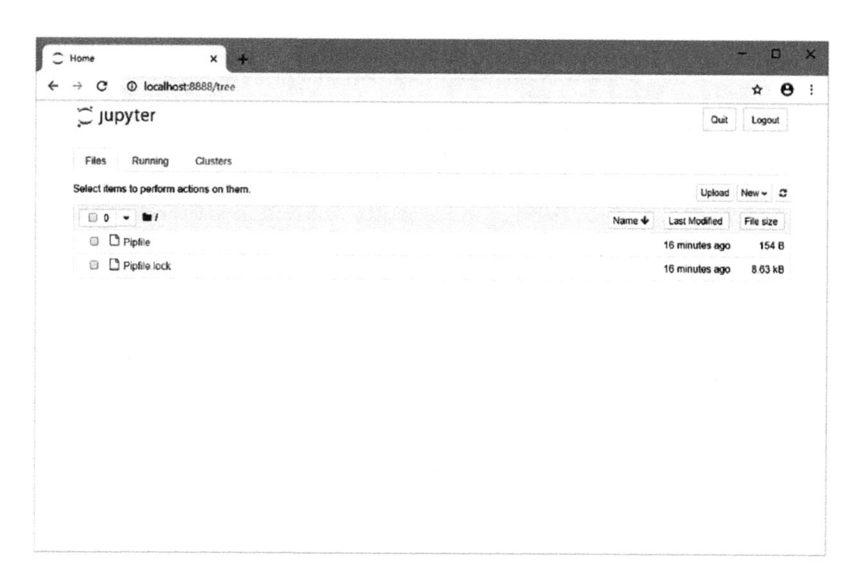

图 1-3　新的 pipenv 目录中的 Jupyter 主界面

现在将看到记事本的主编辑界面。这里有一个单元格，它不包含任何内容，并且也没有被执行过。在单元格中输入的任何代码都可以通过单击上方的 Run 按钮来运行。Jupyter 会在单元格下方显示代码的输出，以及一个新的空单元格供编写其他代码。可以把单元格想象成函数体。一般情况下，你可以在单元格中输入多条相关语句，把它们作为一个逻辑组运行。

1.3.1　设计脚本原型

我们的第一步是创建 Python 程序，使其返回当前系统的各种信息。稍后将把这些信息包含到要聚合的数据中，但是现在，我们的第一个目标是获取一些简单数据。

按照由易到难的思路，我们将使用第一个单元格来找出当前运行的 Python 版本，如图 1-4 所示。因为这是 Python 标准库提供的，能够在所有平台上工作，所以可以作为一个不错的起点，供以后编写更加有趣的功能。

Jupyter 显示了单元格最后一行代码的值，以及所有显式打印的值。因为单元格中的最后一行是 `sys.version_info`，所以输出中显示了其结果[⊖]。

⊖ 这意味着如果单元格以赋值语句结束，输出不会显示被赋值的值。这是因为在 Python 中，赋值操作不会被计算为一个变量的值。可以以显式的方式来显示赋值结果，例如：

```
version = sys.version_info
version
```

虽然也可以使用 Python 3.8 中的海象运算符（`version := sys.version_info`），因为它确实计算为被赋值的值，但是这种赋值看起来有点奇怪，所以不建议对独立的赋值语句使用该运算符。海象运算符最适合用在循环和 if 语句的条件中，因为在这种情况下，无须使用圆括号，所以看起来自然多了。

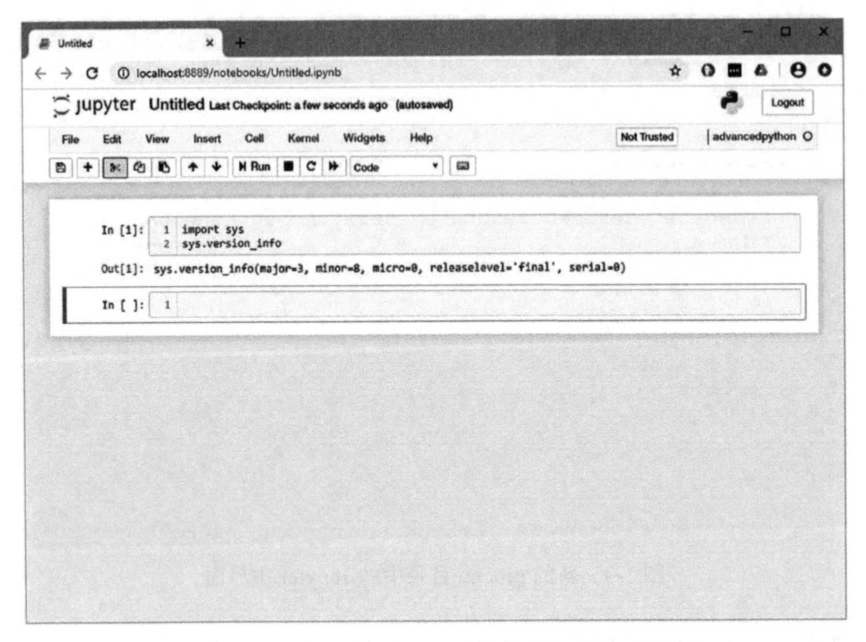

图 1-4 显示 sys.version_info 的简单 Jupyter 记事本

需要聚合的另外一条有用的信息是当前机器的 IP 地址。这无法通过一个变量得到，而是通过调用几个 API 并处理信息得到的。只使用一个 `import` 语句不能完成这个任务，在新单元格中一步步构建变量才更合理。通过这种方法，能够一眼看到上一个调用得到了什么结果，并且能够在下一个单元格中使用这些变量。这种循序渐进的方法使你能够将注意力放到正在编写的新代码上，而不必在意已经完成的代码。

到这个过程结束时，得到的代码与图 1-5 所示的类似，该图中显示了与当前计算机关联在一起的各个 IP 地址。在第二阶段，明显可以看到 IPv4 和 IPv6 地址都是可用的，这让第三阶段稍微复杂了一点，因为我决定不只提取出实际的 IP 地址，还要提取出它们的类型。通过一步步执行这些步骤，我们就可以在编写下一阶段的代码时，根据前一阶段的结果进行调整。能够单独重新运行循环体的代码，而不必切换窗口，这很好地展示了 Jupyter 在设计原型时的优势。

现在，我们使用了 3 个单元格来获取 IP 地址，这意味着单元格和逻辑组件之间不存在一对一映射关系。为了让代码更加整洁，选择最上面的单元格，然后从 Edit 菜单中选择 Merge Cell Below（合并下面的单元格）。执行 2 次此操作可以合并其他单元格，现在完成的实现被保存到了一个逻辑块中（见图 1-6）。现在可以把这个操作作为一个整体运行，而不是运行 3 个单元格来生成输出。最好再清理一下这个单元格的内容，因为我们不再需要打印中间值，所以可以删除重复的 `addresses` 行。

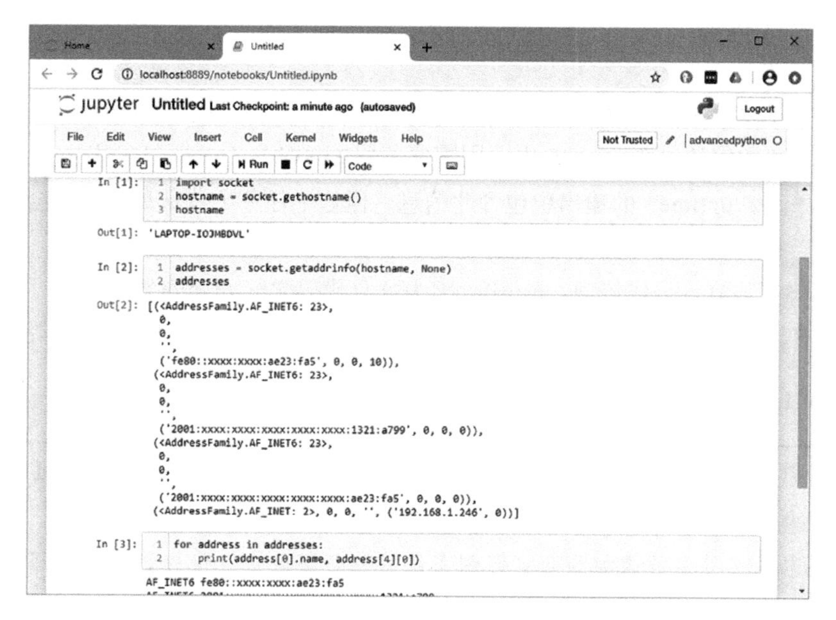

图 1-5　在多个单元格中设计复杂函数的原型

注：图中删减了可路由到全世界的 IPv6 地址的一部分。

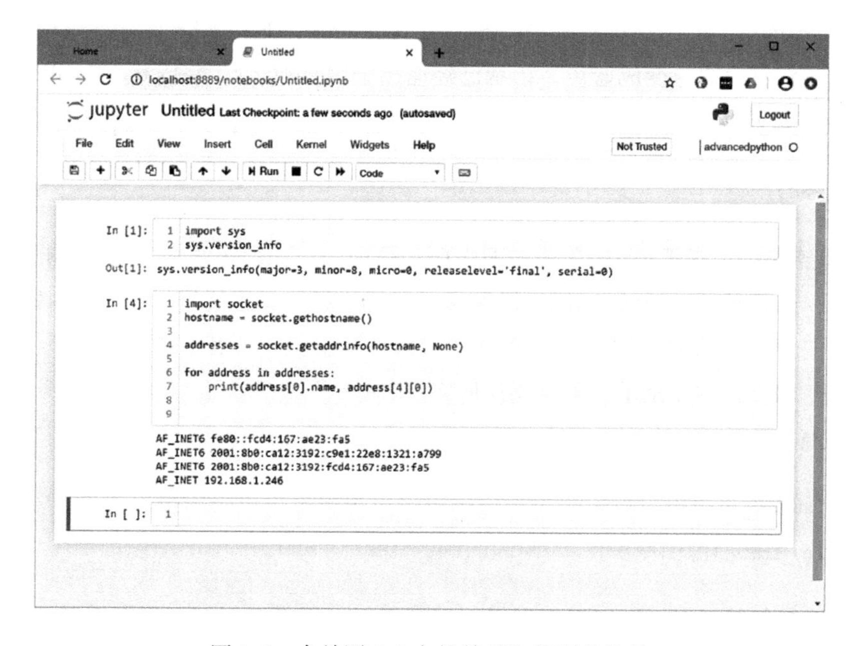

图 1-6　合并图 1-5 中的单元格得到的结果

1.3.2 安装依赖项

系统当前承受的负载是更加有用的信息。在 Linux 中，通过读取 /proc/loadavg 中存储的值可以知道此信息。在 macOS 中，则需要读取 sysctl -n vm.loadavg。这两个系统也在其他程序（如 uptime）的输出中包含此信息，但这个任务十分常见，所以会有可提供帮助的库。对于复杂性，能不增加就不增加。

接下来将安装第一个依赖项：psutil。因为这是代码实际要用到的依赖项，而不是我们想要使用的开发工具，所以在安装时，不能使用之前在安装依赖项时使用的 --dev 标志：

```
> pipenv install psutil
```

> **注意** 使用哪个版本的 psutil 并不重要，所以我们没有指定版本号。install 命令将该依赖项添加到 Pipfile 中，将选择的特定版本添加到 Pipfile.lock 中。具有 .lock 扩展名的文件常被添加到版本控制系统的忽略集合中，但应该让 Pipfile.lock 成为一个例外，因为在重新构造老环境和执行可重复的部署时，它会提供帮助。

返回到记事本时，需要重新启动内核，以确保新的依赖项可用。单击 Kernel 菜单，然后单击 Restart 选项。如果喜欢使用快捷键，可以按 <ESCAPE> 键来退出编辑模式（当前单元格的高亮显示将由绿色变成蓝色，指示已经退出了编辑模式），并按 0（零）两次。

完成后，就可以开始探索 pstuil 模块了。在第二个单元格中，导入 psutil：

```
import psutil
```

然后单击 Run（或者按快捷键 <SHIFT+ENTER>）。在新单元格中，输入 psutil.cpu<TAB>[㊀]，这将显示 Jupyter 能够自动完成的 psutil 成员。在这里，cpu_stats 看起来是一个很好的选项，所以把它敲出来。现在，可以按快捷键 <SHIFT+TAB> 查看 cpu_stats 的简单文档，该文档中显示了它不需要任何实参。

完成该行，现在单元格的内容如下所示：

```
import psutil
psutil.cpu_stats()
```

运行第二个单元格时，我们看到，cpu_stats 提供的关于操作系统内部 CPU 使

㊀ 只有当变量对内核可用时，才能使用这种快捷方式，所以在使用自动完成功能之前，可能必须先运行定义变量的单元格。如果使用不同数据重写相同的变量名称，则可能看到错误的信息，不过我建议尽量避免这么做，以免导致困惑。

用情况的信息相当模糊。现在，我们来试试 cpu_percent。对这个函数使用快捷键 <SHIFT+TAB>，可以看到它接受两个可选参数。interval 参数决定了该函数多长时间以后返回，当此参数的值不为 0 时，cpu_percent 的效果最好。因此，我们将按照如下所示修改代码，得到一个介于 0 到 100 的简单浮点数：

```
import psutil
psutil.cpu_percent(interval=0.1)
```

练习 1-1：探索库

psutil 库中的其他许多函数可以作为出色的数据源，所以我们来为每个看起来很有趣的函数创建一个单元格。在不同的操作系统上，可以使用不同的函数。需要知道的是，如果你使用 Windows 来学习本书内容，则能够选择的函数数量会少一些。

试试使用 Jupyter 的自动完成功能和 help 函数来判断什么信息有用，并至少再创建一个返回数据的单元格。

在每个单元格中包含 import psutil 语句太过重复，并且对于 Python 文件来说不是好的做法，但是我们确实想确保能够简单地独立运行单个函数。为了解决这个问题，我们将把 import 语句放到一个新的顶部单元格，这相当于标准 Python 文件中的模块作用域。

为数据源创建更多单元格后，记事本将如图 1-7 所示。

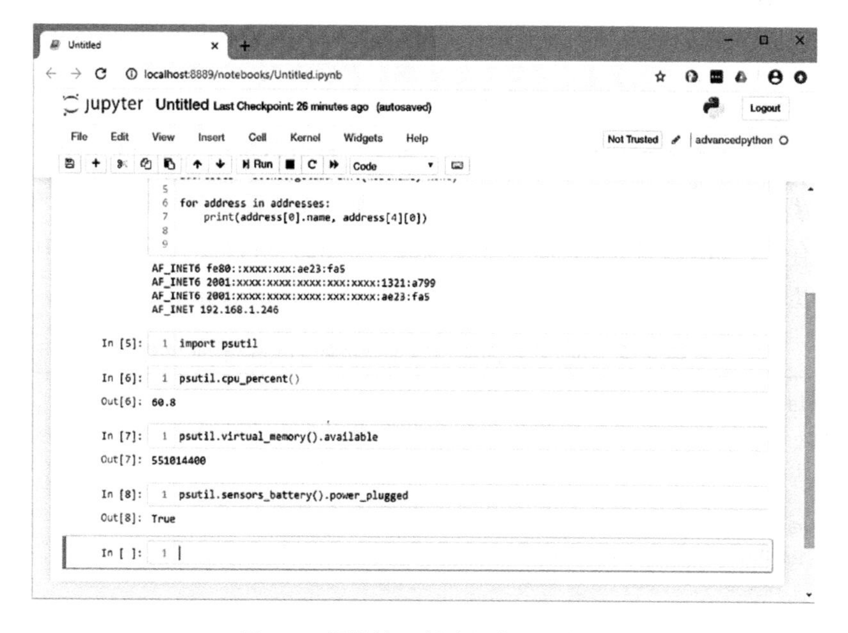

图 1-7 根据练习创建的完整记事本

在这个过程中，单元格旁边的方括号中的数字一直在增加。这个数字代表已经运行的操作的顺序。第一个单元格旁边的数字一直不变，意味着我们在测试下面单元格的过程中，第二个单元格并没有运行。

在 Cell 菜单中，有一个选项 Run All，它将依次运行每个单元格，就像在标准 Python 文件中那样。虽然一次性运行所有单元格来测试整个记事本很有用，但单独运行每个单元格允许你从正在开发的代码中拆分出复杂、耗时的逻辑，而不必每次都重新运行这些逻辑。

为了演示这种功能的有用性，我们将修改 `cpu_percent` 的使用方法。我们之前选择的 `interval` 是 0.1，因为这足以获得精确的数据。在现实中不太可能使用较大的 `interval` 值，但较大的 `interval` 值能够帮助我们理解为何 Jupyter 允许编写高开销设置代码的同时仍然允许我们只重新运行较快的代码，而不必等待较慢的代码。

```
import psutil
psutil.cpu_percent(interval=5)
```

1.4 导出到 .py 文件

虽然作为原型设计工具，Jupyter 为我们提供了很大的帮助，但它不适合作为项目的主体。我们想要的是传统的 Python 应用程序，所以 Jupyter 出色的展示功能在这个时候就没有什么作用了。Jupyter 支持以不同格式（如幻灯片或 HTML）导出记事本，但我们感兴趣的是 Python 脚本。

使用 Jupyter 命令的 `nbconvert`（notebook convert）子命令可以实现这种转换[⊖]。

```
> jupyter nbconvert --to script Untitled.ipynb
```

执行此命令不会改变创建的 `Untitled` 记事本，而是会生成一个新的 `Untitled.py` 文件（见代码清单 1-4）。如果你重命名了记事本，则生成文件的名称将匹配你使用的名称。如果之前没有注意到记事本的名称是 `Untitled.ipynb`，所以没有重命名，但是现在想重命名，则可以单击记事本视图顶部的 Untitled，然后输入新的名称。

代码清单 1-4 从前面的记事本生成的 Untitled.py 文件

```
#!/usr/bin/env python
# coding: utf-8

# In[1]:

import sys
sys.version_info
```

⊖ 能够兼容记事本的 IDE 和编辑器通常也在编辑器窗口中提供了实现这种转换的功能。

```
# In[4]:

import socket
hostname = socket.gethostname()

addresses = socket.getaddrinfo(hostname, None)

for address in addresses:
    print(address[0].name, address[4][0])

# In[5]:

import psutil

# In[6]:

psutil.cpu_percent()

# In[7]:

psutil.virtual_memory().available

# In[8]:

psutil.sensors_battery().power_plugged

# In[ ]:
```

可以看到，每个单元格都通过注释与其他单元格分开，并且文件顶部包含文本编码和 #! 标准样板代码。在 Jupyter 中设计原型，而不是直接在 Python 脚本或者 REPL 中设计原型，并没有导致灵活性或时间上的损失。相反，这让我们在探索过程中更好地控制如何执行单独的代码块。

现在整理一下代码，把 import 语句移到文件开头，将每个单元格转换为一个命名函数，使它们不再是一条条简单语句，从而成为一个实用脚本。# In 注释显示了单元格在什么位置开始，所以能够方便地提醒我们在什么位置开始编写函数。还必须转换代码来返回值，不能简单地把它们留在函数末尾（对于 IP 地址的情况，不能简单地打印值）。结果如代码清单 1-5 所示。

代码清单 1-5　serverstatus.py

```
# coding: utf-8
import sys
import socket

import psutil

def python_version():
    return sys.version_info

def ip_addresses():
    hostname = socket.gethostname()
```

```
    addresses = socket.getaddrinfo(hostname, None)
    address_info = []
    for address in addresses:
        address_info.append(address[0].name, address[4][0])
    return address_info

def cpu_load():
    return psutil.cpu_percent()

def ram_available():
    return psutil.virtual_memory().available

def ac_connected():
    return psutil.sensors_battery().power_plugged
```

1.5 构建命令行接口

这些函数本身并不是特别有用，其中大部分只不过是封装了一个现有的 Python 函数。显然，我们要做的是打印它们的数据，所以你可能在想，为什么要不嫌麻烦，创建这些单行的封装函数？在创建更加复杂的数据源和使用这些数据源的多种方式的时候，这一点会变得很明显，因为没有让最简单的函数成为特殊情况，这种做法会让我们受益。现在，为了让这些函数有用，我们可以给用户提供一个简单的命令行应用程序来显示这些数据。

因为我们创建的是 Python 脚本，而非可安装的应用程序，所以要使用一个常被称为 ifmain 的习语。许多用于编码的文本编辑器和 IDE 内置了这段代码，因为它不太直观，难以记住。下面展示了这个习语：

```
def do_something():
    print("Do something")

if __name__ == '__main__':
    do_something()
```

这真的很别扭。`__name__`[⊖]变量是模块的完全限定名的引用。如果导入一个模块，那么 `__name__` 特性的值代表从什么位置导入该模块。

```
>>> from json import encoder
>>> type(encoder)
<class 'module'>
>>> encoder.__name__
'json.encoder'
```

⊖ 它的发音是“dunder main”，其中的“dunder”代表“double underscore”（双下划线），因为说 4 次“underscore”会增加 12 个音节，而且听起来很傻。

但是，通过交互会话来加载代码，或者通过提供要运行脚本的路径来加载代码，并不一定能够导入这些代码。因此，为这类模块起了一个特殊的名称 "__main__"。ifmain 技巧用来判断代码是如何加载的。也就是说，如果在命令行把一个模块指定为要运行的文件，则将执行该代码块的内容。当此模块被其他代码导入时，则不会运行其代码块中的代码，因为 __name__ 变量将被设为此模块的名称。如果没有这种防护措施，每当导入此模块时，命令行处理程序都会执行，导致它接管任何使用这些实用函数的程序。

警告　因为只有当模块是应用程序的入口时，ifmain 块的内容才会运行，所以应该使其尽可能简短。一般来说，最好将其限制为调用实用函数的单条语句。这使得该函数调用可被测试，下一章将介绍的一些技术必须使用这种方法。

1.5.1　sys 模块和 argv

大部分编程语言都提供一个名为 argv 的变量，代表程序的名称和用户调用该程序时传入的实参。在 Python 中，它是一个字符串列表，其第一项是 Python 脚本的名称（不是 Python 解释器的位置），其后是实参。

如果不检查 argv 变量，就只能创建非常基础的脚本。用户期望有一个命令行标志来提供关于所使用工具的帮助信息。此外，除了最简单的程序外，所有程序都需要允许用户从命令行传入配置变量。

要实现这些功能，最简单的方法是检查 sys.argv 中的值，并在条件语句中处理它们。代码清单 1-6 显示了如何实现 help 标志。

代码清单 1-6　sensors_argv.py——手动检查 argv 的 cli

```
#!/usr/bin/env python
# coding: utf-8

import socket
import sys

import psutil

HELP_TEXT = """usage: python {program_name:s}

Displays the values of the sensors

Options and arguments:
--help:    Display this message"""

def python_version():
    return sys.version_info
```

```
def ip_addresses():
    hostname = socket.gethostname()
    addresses = socket.getaddrinfo(socket.gethostname(), None)

    address_info = []
    for address in addresses:
        address_info.append((address[0].name, address[4][0]))
    return address_info

def cpu_load():
    return psutil.cpu_percent(interval=0.1)

def ram_available():
    return psutil.virtual_memory().available

def ac_connected():
    return psutil.sensors_battery().power_plugged

def show_sensors():
    print("Python version: {0.major}.{0.minor}".format(python_version()))
    for address in ip_addresses():
        print("IP addresses: {0[1]} ({0[0]})".format(address))
    print("CPU Load: {:.1f}".format(cpu_load()))
    print("RAM Available: {} MiB".format(ram_available() / 1024**2))
    print("AC Connected: {}".format(ac_connected()))

def command_line(argv):
    program_name, *arguments = argv
    if not arguments:
        show_sensors()
    elif arguments and arguments[0] == '--help':
        print(HELP_TEXT.format(program_name=program_name))
        return
    else:
        raise ValueError("Unknown arguments {}".format(arguments))

if __name__ == '__main__':
    command_line(sys.argv)
```

command_line(...) 函数并不复杂，不过这是因为这个程序很简单。很容易想象到更加复杂的场景：允许按任意顺序输入多个标志并且可配置的变量更复杂。之所以能够实现这种功能，是因为涉及的值没有排序或解析。标准库中提供了一些辅助功能，可帮助创建更加复杂的命令行实用工具。

1.5.2 argparse

argparse 模块是解析命令行实参的标准方法，不依赖于外部库。它使前面提到的复杂场景的处理简单了许多，但是，和许多为开发人员提供了选项的库一样，它的接口相当难记。

除非你经常编写命令行实用工具，否则可能每次需要使用它时，都需要查阅文档。

argparse 采用的模型是，程序员使用程序的一些基本信息来实例化 argparse.ArgumentParser，然后对该解析器调用其他函数来添加新选项，从而创建一个显式的解析器。这些函数指定了选项的名称，帮助文本是什么，有没有默认值，以及解析器如何处理该选项。例如，有些实参是简单的标志，如 --dry-run；有些实参是可叠加的，如 -v、-vv 和 -vvv；还有一些实参接受明确的值，如 --config config.ini。

我们的程序中还没有使用任何参数，所以可以跳过添加选项的操作，让解析器解析 sys.argv 的实参。该函数调用的结果是其从用户那里获取的信息。在这个阶段，也会做一些基本处理，例如处理 --help，它会根据添加的选项显示自动生成的帮助界面。

使用 argparse 编写时，命令行程序如代码清单 1-7 所示。

代码清单 1-7　sensors_argparse.py——使用标准库模块 argparse 的 cli

```
#!/usr/bin/env python
# coding: utf-8

import argparse
import socket
import sys

import psutil

def python_version():
    return sys.version_info

def ip_addresses():
    hostname = socket.gethostname()
    addresses = socket.getaddrinfo(socket.gethostname(), None)

    address_info = []
    for address in addresses:
        address_info.append((address[0].name, address[4][0]))
    return address_info

def cpu_load():
    return psutil.cpu_percent(interval=0.1)

def ram_available():
    return psutil.virtual_memory().available

def ac_connected():
    return psutil.sensors_battery().power_plugged

def show_sensors():
    print("Python version: {0.major}.{0.minor}".format(python_version()))
    for address in ip_addresses():
        print("IP addresses: {0[1]} ({0[0]})".format(address))
    print("CPU Load: {:.1f}".format(cpu_load()))
    print("RAM Available: {} MiB".format(ram_available() / 1024**2))
    print("AC Connected: {}".format(ac_connected()))
```

```
def command_line(argv):
    parser = argparse.ArgumentParser(
        description='Displays the values of the sensors',
        add_help=True,
    )
    arguments = parser.parse_args()
    show_sensors()

if __name__ == '__main__':
    command_line(sys.argv)
```

1.5.3 click

click 是一个增件式模块，能够简化创建命令行接口的过程，它假设你的接口大致类似于人们期望的标准接口。在创建命令行接口时，它能够使流程更自然，并鼓励你创建直观的接口。

argparse 要求程序员在构造解析器的时候指定可用的选项，click 使用方法的装饰器来推断参数。这种方法的灵活性要差一些，但也能够处理 80% 的典型用例。如果你正在编写一个命令行接口，那么一般来说会想要仿照其他工具的做法，使自己的接口对最终用户来说十分直观。

因为 click 不在标准库内，所以需要把它安装到环境中。与 psutil 一样，click 是代码依赖项，而不是开发工具，所以需要像下面这样安装它：

```
> pipenv install click
```

因为我们只有一个主命令，并没有选项，所以只需要使用两行代码就可以添加 click：一行为 `import` 语句，另一行为 `@click.command(...)` 装饰器。应该把所有 `print(...)` 调用都替换为 `click.echo(...)`，但并不是严格需要这么做。代码清单 1-8 显示了结果。`click.echo` 是一个辅助函数，其行为与 `print` 相似，但它能够处理字符编码不匹配的情况，并且能够根据调用程序的终端的能力以及是否把输出传输到其他地方，智能地去除或者保留颜色和格式标记。

代码清单 1-8 sensors_click.py——借助 click 库的 cli

```
#!/usr/bin/env python
# coding: utf-8
import socket
import sys

import click
import psutil
```

```
def python_version():
    return sys.version_info

def ip_addresses():
    hostname = socket.gethostname()
    addresses = socket.getaddrinfo(socket.gethostname(), None)

    address_info = []
    for address in addresses:
        address_info.append((address[0].name, address[4][0]))
    return address_info

def cpu_load():
    return psutil.cpu_percent(interval=0.1)

def ram_available():
    return psutil.virtual_memory().available

def ac_connected():
    return psutil.sensors_battery().power_plugged

@click.command(help="Displays the values of the sensors")
def show_sensors():
    click.echo("Python version: {0.major}.{0.minor}".format(python_version()))
    for address in ip_addresses():
        click.echo("IP addresses: {0[1]} ({0[0]})".format(address))
    click.echo("CPU Load: {:.1f}".format(cpu_load()))
    click.echo("RAM Available: {} MiB".format(ram_available() / 1024**2))
    click.echo("AC Connected: {}".format(ac_connected()))

if __name__ == '__main__':
    show_sensors()
```

它还有许多实用函数，可以简化创建复杂接口的工作，并且能够适应最终用户系统上的非标准终端环境。例如，如果我们决定在 `show_sensors` 命令中使标题加粗，就可以使用 click 中的 `secho(...)` 命令，它可以把样式信息发送到终端。代码清单 1-9 给出了设置标题样式的一个例子。

代码清单 1-9　sensors_click_bold.py 节选

```
@click.command(help="Displays the values of the sensors")
def show_sensors():
    click.secho("Python version: ", bold=True, nl=False)
    click.echo("{0.major}.{0.minor}".format(python_version()))
    for address in ip_addresses():
        click.secho("IP addresses: ", bold=True, nl=False)
        click.echo("{0[1]} ({0[0]})".format(address))
    click.secho("CPU Load: ", bold=True, nl=False)
    click.echo("{:.1f}".format(cpu_load()))
    click.secho("RAM Available: ", bold=True, nl=False)
```

```
    click.echo("{} MiB".format(ram_available() / 1024**2))
    click.secho("AC Connected: ", bold=True, nl=False)
    click.echo("{}".format(ac_connected()))
```

secho(...) 函数使用指定格式将信息打印到屏幕上。“nl= 实参”允许指定是否打印新行。如果不使用 click，那么最简单的方法如下：

```
BOLD = '\033[1m'
END = '\033[0m'
def show_sensors():
    print(BOLD + "Python version:" + END + " ({0.major}.{0.minor})".
    format(python_version()))
    for address in ip_addresses():
        print(BOLD  + "IP addresses: " + END + "{0[1]} ({0[0]})".
        format(address))
    print(BOLD + "CPU Load:" + END + " {:.1f}".format(cpu_load()))
    print(BOLD + "RAM Available:" + END + "{} MiB".format(ram_available() /
    1024**2))
    print(BOLD + "AC Connected:" + END + " {}".format(ac_connected()))
```

click 还为终端中的自动完成功能和其他许多有用的函数提供了透明的支持。本书后面会扩展这个接口，到时候会继续介绍这些函数。

1.6 打破界限

前面介绍了如何使用 Jupyter 和 IPython 设计原型，但有些时候，我们需要在特定的计算机上运行原型代码，而这个计算机并不是我们每天进行开发时使用的计算机。之所以出现这种情况，可能是该计算机有我们需要的外设或者软件。

这主要是一个舒适度的问题，在远程计算机上编辑和运行代码可能不太方便，甚至十分困难，当开发计算机和远程计算机使用不同的操作系统时尤其如此。

在前面的例子中，我们在本地运行全部代码。但是，我们计划在一台树莓派（Raspberry Pi）上运行最终代码，因为我们会把专用的传感器连接到这台计算机。树莓派是一个嵌入式系统，所以它的硬件在性能和外设上与开发计算机有很大的区别。

1.6.1 远程内核

测试最终代码需要在树莓派上运行 Jupyter 环境，并通过 HTTP 或者 SSH 连接到该树莓派，且手动与 Python 解释器交互。这并不是理想的场景，因为这要求确保树莓派有开放的端口供 Jupyter 绑定使用，并且要求使用 scp 之类的工具手动在本地和远程主机之间同步记事本的内容。对于现实场景，这一点更是问题。很难想象，我们在服务器上开放一个端口，然后通过该端口连接到 Jupyter 来测试日志分析代码。

我们可以使用 Jupyter 和 IPython 的可插入式内核基础设施，将本地运行的 Jupyter 记事本连接到众多远程计算机中的某一台。这样一来，只需要最少的手动操作，就可以在多个计算机上透明地测试相同的代码。

当 Jupyter 显示其潜在执行目标的列表时，显示的是已知的“内核规范”的列表。选择某个内核规范后，将创建该内核规范的一个实例，并将其连接到记事本。还可以连接到远程计算机，然后手动启动一个内核，让本地 Jupyter 实例连接到该内核。但是，这种做法的时间效率通常不高。本章一开始运行 `pipenv run ipython kernel install` 时，就是在为当前环境创建一个新的内核规范，并将该内核规范安装到已知内核规范的列表中。

要添加使用远程宿主的内核规范，可以使用辅助工具 remote_ikernel。应该把这个工具安装到 Jupyter 所在的位置，因为它是 Jupyter 的辅助工具，而不是这个环境的特定开发工具。

```
> pip install --user remote_ikernel
```

然后，我们需要在远程宿主上设置环境和内核辅助程序。连接到树莓派（或者想要发送数据的另一台计算机），并像之前那样，在该计算机上创建 pipenv：

```
rpi> python -m pip install --user pipenv
rpi> mkdir development-testing
rpi> cd development-testing
rpi> pipenv install ipykernel
```

在一些低性能的宿主（如树莓派）上，安装 ipython_kernel 的过程可能很慢。此时，可以考虑使用包管理器提供的 ipython_kernel。ipython 内核需要许多支持库，在低性能的计算机上安装时可能需要一段时间。在这种情况下，可以像下面这样设置环境：

```
rpi> sudo apt install python3-ipykernel
rpi> pipenv --three --site-packages
```

如果你使用的是树莓派，可以从 https://www.piwheels.org 找到预编译 wheel 的存储库。在 Pipfile 中现有源的基础上添加下面的新源，就能够启用这些预编译的 wheel：

```
[[source]]
url = "https://www.piwheels.org/simple"
name = "piwheels"
verify_ssl = true
```

然后，就可以使用 `pipenv install` 正常安装 ipython_kernel。如果你使用树莓派运行 Raspbian，则应该总是把 piwheel 添加到 Pipfile 中，因为 Raspbian 被预配置为全局使用 PiWheel。不在 Pipfile 中列出 piwheel 可能导致安装失败。

这会在树莓派计算机上安装 IPython 内核程序，但是，我们还需要把它安装到宿主计算机。首先，我们将安装一个内核，使其指向已经创建的 pipenv 环境。完成后，树莓派将有两个可用的内核，即用于系统 Python 的内核和用于环境的内核（其名称为 development-testing）。安装内核后，可以查看该内核规范的配置文件：

```
rpi> pipenv run ipython kernel install --user --name=development-testing
Installed kernelspec development-testing in /home/pi/.local/share/jupyter/
kernels/development-testing
> cat /home/pi/.local/share/jupyter/kernels/development-testing/kernel.json
 {
 "argv": [
  "/home/pi/.local/share/virtualenvs/development-testing-nbi70cWI/bin/
  python",
  "-m",
  "ipykernel_launcher",
  "-f",
  "{connection_file}"
 ],
 "display_name": "development-testing",
 "language": "python"
}
```

这个输出显示了如果在计算机上安装内核，Jupyter 将如何运行该内核。我们可以使用此规范的信息，在开发计算机上创建新的 remote_ikernel 规范，使其指向与树莓派上的 development-testing 内核相同的环境。

上面的内核规范说明了内核如何在树莓派上启动。通过在 SSH 上把命令发送给树莓派来进行测试，例如通过将 `-f {connection_file}` 改为 `--help` 来显示帮助文本，可以验证这一点。

```
rpi> /home/pi/.local/share/virtualenvs/development-testing-nbi70cWI/bin/
python -m ipykernel -help
```

现在，我们可以返回开发计算机，创建远程内核规范，如下所示：

```
> remote_ikernel manage --add --kernel_cmd="/home/pi/.local/share/
virtualenvs/development-testing-nbi70cWI/bin/python
-m ipykernel_launcher -f {connection_file}"
--name="development-testing" --interface=ssh --host=pi@raspberrypi
--workdir="/home/pi/developmenttesting" --language=python
```

这里用了 5 行文本，看起来有点吓人，但其实可以把它拆分一下：

- --kernel_cmd 是内核规范文件中 argv 节的内容。该节的每一行在这里由空格分隔，并且没有单独的双引号。这个命令启动内核。
- --name 参数相当于原内核规范的 display_name。当选择该内核时，Jupyter 中将显示此名称以及 SSH 信息。它无须匹配你复制内容的远程内核的名称，因为它只供你参考。
- --interface 和 --host 参数定义了如何连接到远程计算机。应该确保能够通过无密码[一]的 SSH 连接到此计算机，以便 Jupyter 能够建立连接。
- --workdir 参数是环境应该使用的默认工作目录。建议将此参数设置为包含远程 Pipfile 的目录。
- --language 参数是原内核规范中的 language 值，用于区分不同的编程语言。

如果不能连接到远程内核，可以试着在命令行使用 Jupyter 打开 shell。这通常会显示有用的错误消息。使用 jupyter kernelspec list 找到内核的名称，然后将该名称用到 jupyter console：

```
> jupyter kernelspec list
Available kernels:
  advancedpython
C:\Users\micro\AppData\Roaming\jupyter\kernels\advancedpython

  rik_ssh_pi_raspberrypi_developmenttesting
C:\Users\micro\AppData\Roaming\jupyter\kernels\
rik_ssh_pi_raspberrypi_developmenttesting

> jupyter console --kernel= rik_ssh_pi_raspberrypi_developmenttesting
In [1]:
```

此时，当我们重新进入 Jupyter 环境时，会看到一个新的可用内核，它与我们提供的连接信息相匹配。然后，就可以选择该内核，执行需要该环境的命令[二]，Jupyter 内核将负责连接到树莓派，并激活 ~/development-testing 中的环境。

[一] 不要手动编辑 authorized_hosts 文件，而是使用 ssh-copy-id user@host 来自动设置。

[二] 如果你喜欢使用控制台环境，而不是 Jupyter 记事本的 Web 环境，则可以使用 jupyter kernelspec list 查看可用内核的列表，然后使用 jupyter console --kernel kernelname（即内核的名称）来打开连接到所选择的规范的 IPython shell。

1.6.2 开发不能在本地运行的代码

树莓派上有一些有用的传感器，它们提供了我们需要收集的真实数据。在其他用例中，可能通过调用自定义的命令行实用工具，内省数据库或者进行本地 API 调用来收集信息。

本书并不介绍如何最大限度地利用树莓派，所以不会详细介绍它的工作原理，但需要知道的是，关于如何使用 Python 做一些有趣的开发，存在大量的文档和支持可供参阅。对于这里要实现的功能，我们将使用一个库，它提供的函数可以从连接到板子的传感器获取温度和相对湿度数据。与许多其他任务一样，获取数据的过程相对较慢（可能需要 1s 的时间来测量数据），需要有特定的环境（安装有外部传感器）才能执行。从这个角度来说，这类似于监控 Web 服务器上的活动进程（通过与它们的管理端口进行通信）。

首先，在环境中添加 Adafruit DHT[㊀]库。目前，我们在树莓派上和本地都有一个 Pipfile 副本。远程副本只包含 ipykernel 的依赖项，但本地副本已经包含该依赖项，所以使用在本地创建的文件覆盖远程文件是安全的。因为我们知道，DHT 库只在树莓派上有用，所以可以使用条件依赖语法来添加限制，只将其安装到使用 ARM 处理器的 Linux 系统上[㊁]：

```
> pipenv install "Adafruit-CircuitPython-DHT ; 'arm' in platform_machine"
```

这会更新 `Pipfile` 和 `Pipfile.lock` 文件，使其包含此依赖项。我们想在远程主机上使用这些依赖项，所以必须把这些文件复制到远程主机，并使用 pipenv 安装它们。可以在两个环境中都运行此命令，但这样做存在发生错误的风险。pipenv 假设你在开发环境和部署环境中使用相同版本的 Python，以避免在部署时出现问题。由于这个原因，如果你计划部署到特定版本的 Python，则应该在本地开发中也使用该版本。

但是，如果不想在本地环境中安装不常用的 Python 版本，或者想部署到多个不同的计算机上，则可以禁用此检查功能。为此，可以从 `Pipfile` 的末尾删除 `python_version` 行。这样一来，就可以把环境部署到任何 Python 版本。但是，应该确保自己知道需要哪些版本来提供相应的支持及测试。

使用 scp（或其他类似工具）将 `Pipfile` 和 `Pipfile.lock` 文件复制到远程主机，然后在远程主机上使用 `--deploy` 标志来运行 `pipenv install`。`--deploy` 标志告诉 pipenv，只有版本精确匹配时才继续安装，这对于将已知没有问题的环境从一台计算机部署到另一台计算机十分有用。

```
rpi> cd /home/pi/development-testing
rpi> pipenv install --deploy
```

㊀ 这是 Adafruit 优秀的 CircuitPython 生态系统的一部分。地址 https://learn.adafruit.com/dht 提供了关于传感器以及如何在各种项目中使用它们的信息。

㊁ 这是 PEP508（www.python.org/dev/peps/pep-0508/）定义的。在该页面上，可以看到一个表格，其中列出了有效的过滤器，将来可能还会增添更多的过滤器。

但是要注意，如果在不同的操作系统或者 CPU 架构上创建 Pipfile（如在标准笔记本电脑上创建文件，然后安装到树莓派上），那么当把包含的包部署到另一台计算机时，这些包可能并不适用。此时，运行 pipenv lock --keep-outdated 可以重新锁定依赖项，但不触发版本升级。

现在，在远程环境中就可以使用指定的依赖项了。如果重新锁定了文件，则应该把改变后的锁文件传输回去并存储下来，这样，在将来重新部署的时候，就不需要重新生成这个文件。现在可以通过 Jupyter 客户端连接到远程服务器，并开始原型设计了。我们预计会安装湿度传感器，所以将使用刚刚添加的库来接受有效的湿度百分比值。

我把这些文件复制到了一台树莓派上，它的引脚 D4 上连接了一个 DHT22 传感器，如图 1-8 所示。从树莓派或者普通的电子器件供应商那里都可以买到该传感器。如果手头没有这个传感器，可以尝试运行一个命令——platform.uname()，演示代码确实运行在树莓派上。

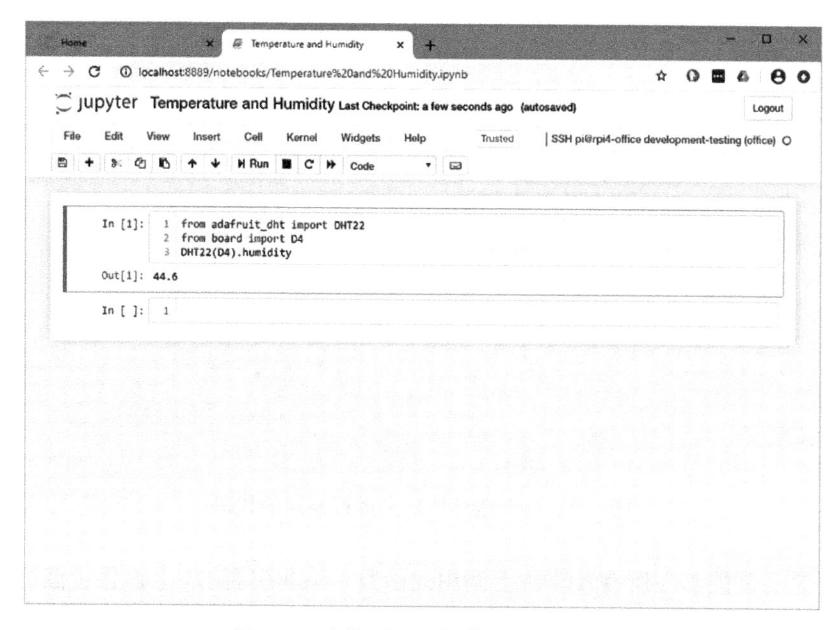

图 1-8　连接到远程树莓派的 Jupyter

此记事本存储在本地开发计算机上，而非存储在远程服务器上。使用 nbconvert 可以把它迁移为 Python 脚本，就像之前那样。但是，在那之前，还可以将内核改回本地实例，以检查代码在本地的行为是否正确。这里的目标是让创建的代码在两个环境中都能够正常工作，分别返回湿度值或者一个占位值。

图 1-9 表明，代码并不适合所有环境。我们希望至少能够在本地运行一部分代码，所以可以调整代码，将其他平台的局限性也考虑在内。将代码转换为更一般的函数形式后，

结果如下所示：

```
def get_relative_humidity():
    try:
        # Connect to a DHT22 sensor on GPIO pin 4
        from adafruit_dht import DHT22
        from board import D4
    except (ImportError, NotImplementedError):
        # No DHT library results in an ImportError.
        # Running on an unknown platform results in a NotImplementedError
        # when getting the pin
        return None
    return DHT22(D4).humidity
```

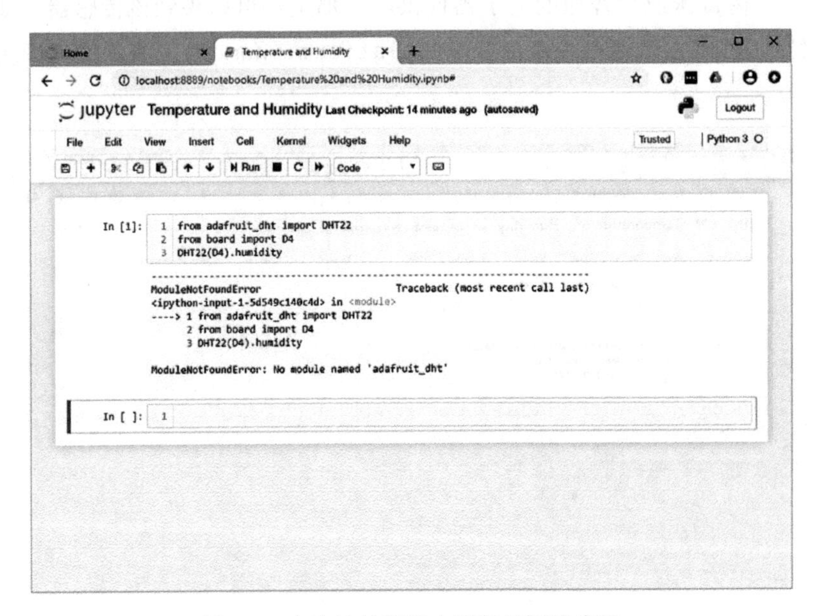

图 1-9　在本地计算机上运行相同的代码

这样一来，就能够在所有计算机上调用此函数。除非引脚 D4 上连接了温湿度传感器，否则返回 None。

1.7 完成后的脚本

代码清单 1-10 显示了完成后的脚本。我们还需要克服一些障碍，才能让这个脚本成为有用的库，其中最明显的障碍是，show_sensors 函数在对值进行格式化。在这个阶段，我们并不想把格式化数据集成到数据源中，因为我们要确保其他接口也可以使用原始数据。后面的章节将介绍这方面的内容。

代码清单 1-10　本章脚本的最终版本

```
#!/usr/bin/env python
# coding: utf-8
import socket
import sys

import click
import psutil

def python_version():
    return sys.version_info

def ip_addresses():
    hostname = socket.gethostname()
    addresses = socket.getaddrinfo(socket.gethostname(), None)
    address_info = []
    for address in addresses:
        address_info.append((address[0].name, address[4][0]))
    return address_info

def cpu_load():
    return psutil.cpu_percent(interval=0.1) / 100.0

def ram_available():
    return psutil.virtual_memory().available

def ac_connected():
    return psutil.sensors_battery().power_plugged

def get_relative_humidity():
    try:
        # Connect to a DHT22 sensor on GPIO pin 4
        from adafruit_dht import DHT22
        from board import D4
    except (ImportError, NotImplementedError):
        # No DHT library results in an ImportError.
        # Running on an unknown platform results in a NotImplementedError
        # when getting the pin
        return None
    return DHT22(D4).humidity

@click.command(help="Displays the values of the sensors")
def show_sensors():
    click.echo("Python version: {0.major}.{0.minor}".format(python_version()))
    for address in ip_addresses():
        click.echo("IP addresses: {0[1]} ({0[0]})".format(address))
    click.echo("CPU Load: {:.1%}".format(cpu_load()))
    click.echo("RAM Available: {:.0f} MiB".format(ram_available() / 1024**2))
    click.echo("AC Connected: {!r}".format(ac_connected()))
    click.echo("Humidity: {!r}".format(get_relative_humidity()))

if __name__ == '__main__':
    show_sensors()
```

1.8 小结

关于原型设计的内容到此结束。下面几章将把本章创建的数据提取函数作为基础，创建出符合 Python 最佳实践的库和工具。我们一开始试用一个库，到后来创建了一个能够工作的、真正有用的 shell 脚本。随着我们继续开发，这个脚本将越来越接近我们的最终目标：实现分布式数据聚合。

本章给出的“提示”在软件开发生命周期的不同阶段都有帮助，但尽管如此，一定要保持灵活，不能固守一种流程。虽然这些方法很有用，但有时候打开 REPL 或者使用 pdb（甚至简单的 `print(...)` 调用）要比设置远程内核更加直观。如果不了解自己能够使用的选项，就无法选出最适合解决某个问题的方法。

简要回顾：

- Jupyter 是一个出色的探索库及使用这些库设计原型的工具。
- 针对 Python 有一些专用的调试器，使用 `breakpoint()` 函数和环境变量很容易把它们集成到自己的工作流程中。
- pipenv 能够帮助定义版本需求，使版本保持最新，不需要太多配置，并且有助于重复生成。
- click 库允许创建简单的、符合 Python 习语风格的命令行接口。
- Jupyter 采用的内核系统允许将运行在本地和其他计算机上的多种编程语言无缝集成到同一个开发流程中。

更多资源

本章使用的每种工具都有着丰富的功能，我们在实现自己需要的目标时只触及了冰山一角：

- pipenv 文档（https://pipenv.pypa.io/en/latest/）针对如何自定义 pipenv 使其符合自己的需求，尤其是针对如何自定义虚拟环境的创建过程以及将其集成到现有的流程，给出了大量有用的解释。如果你刚开始接触 pipenv，但是有丰富的使用虚拟环境的经验，那么此文档能够帮助你学习如何使用 pipenv。
- 如果你想了解如何使用其他编程语言在 Jupyter 中设计原型，建议阅读 Jupyter 文档（https://jupyter.readthedocs.io/en/latest/），特别是其中关于内核的部分。
- 关于树莓派及与其兼容的传感器的更多信息，建议阅读 CircuitPython 项目关于树莓派的文档（https://learn.adafruit.com/circuitpython-on-raspberrypi-linux）。

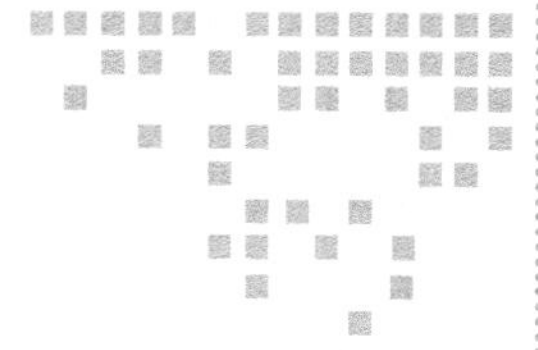

第2章 Chapter 2

测试、检查和linting

很多人都知道，Python采用了鸭子类型[㊀]，即编写的代码不会显式检查类型。如果编写的函数针对数值类型实现了某种算法，那么无论输入的数据是int、float、decimal.Decimal、fractions.Fraction还是numpy.uint64，它都应该能够正确工作。只要对象提供了正确的函数，并且这些函数具有正确的意义，它们就能正确工作。

Python通过两种相关的功能——**后期绑定**和**动态分发**——实现这种效果。后面将深入介绍这个主题，现在只需知道，动态分发允许运行下面的语句：

```
some_int + other_int
some_float + other_float
```

而不必使用[㊁]：

```
int.__add__(some_int, other_int)
float.__add__(some_float, other_float)
```

即通过对象来解析函数，以找到该类型的合适实现。后期绑定意味着当需要调用函数时才执行这种查找，而不是在编写程序时就完成查找。这两种功能结合起来，实现了所谓的鸭子类型，并允许在编写函数时，不必提前知道底层的对象实现，就能够信任它们。但是，

㊀ 这个名称取自俗语“如果走路像鸭子，叫声像鸭子，那么它很可能就是一只鸭子。”在这里，这句话的意思是，Python不检查变量的类型是否匹配现有的声明，相反，它可以接受用某个对象代替其他任何对象，只要前者提供了执行代码所需的所有方法和特性即可。

㊁ 严格来说，这两种代码运行方式的区别是指some_int.__add__(other_int)和int.__add__(some_int, other_int)之间的区别。Python将自动把x + y转换为x.__add__(y)，但是不应该认为这是计算整数加法的合适方法。

这也意味着使用早期绑定[㊀]的语言所提供的自动检查功能，在Python中无法利用。

到现在为止，我们编写的都是简单函数，使用的都是Python内置的数据类型，如`float`。对于简单函数，这么做没有问题，但随着程序越来越复杂，编写与其他代码没有关系的代码会变得越来越难。

在第1章，我们在数据集合中添加了一个湿度值，但提供湿度值的传感器还会收集环境温度，并且它以摄氏度为单位返回温度值。我们可以在代码中添加一个相应的温度传感器函数，如代码清单2-1所示。

代码清单2-1　一个简单的温度传感器函数

```
def get_temperature():
    # Connect to a DHT22 sensor on GPIO pin 4
    try:
        from adafruit_dht import DHT22
        from board import D4
    except (ImportError, NotImplementedError):
        # No DHT library results in an ImportError.
        # Running on an unknown platform results in a NotImplementedError
        # when getting the pin
        return None
    return DHT22(D4).temperature
```

但是，我们可能希望用户能够看到以其他格式显示的温度值。编写转换函数时，由于我们知道程序的作用，并且给函数起了一个含义明显的名称，因此也就知道这个函数操作的是数字，作用是将温度值从一个单位系统转换到另一个单位系统，但这种关系是开发人员自己理解的关系，并没有在代码中表示出来。代码清单2-2显示了执行转换的代码。

代码清单2-2　从摄氏度到华氏度和从摄氏度到开氏度的转换函数

```
In [1]:  1 def celsius_to_fahrenheit(celsius):
         2     return celsius * 9 / 5 + 32
         3
         4 def celsius_to_kelvin(celsius):
         5     return 273.15 + celsius

In [2]:  1 celsius_to_fahrenheit(21)

Out[2]: 69.8

In [3]:  1 celsius_to_kelvin(21)

Out[3]: 294.15
```

㊀ 早期绑定要求在编写程序时就知道要使用什么函数。

可以看到，这些函数能够正确处理整数实参。如果给它们提供 Fraction[⊖]、Decimal 或 float 实参，它们也能返回正确的值。实际上，我们的函数会为任何数值类型返回值。如果调用 celsius_to_fahrenheit("21")，Python 的类型系统会抛出 TypeError，因为字符串上没有指定除法运算。但是，让对象实现除法方法并不意味着应该把它们作为实参，只有当作用于实数时，我们的函数才有意义。我们还没有实现这种需求，所以如果有人向函数传入了不符合期望的数值，这些函数仍然会产生输出，如代码清单 2-3 所示。

代码清单 2-3　将复数或矩阵从摄氏度转换为华氏度的结果

```
In [3]:  1 celsius_to_fahrenheit(0.1 + 2j)
Out[3]: (32.18+3.6j)

In [3]:  1 import numpy
         2 celsius_to_fahrenheit(numpy.identity(3))
Out[3]: array([[33.8, 32. , 32. ],
               [32. , 33.8, 32. ],
               [32. , 32. , 33.8]])
```

本章章名中提到的前两个概念在这些例子中得到了体现。测试是确定函数是否能够正确工作的过程。检查（或者应该说静态类型检查）是指在编写过程时，而不是运行函数时，识别函数操作什么类型的过程。编写库的时候，为代码编写测试是标准的做法。可能只有你自己会运行这些测试，但它们的目的是提升你对代码的信心，并帮你多做贡献。

此外，你添加的任何类型检查对把你的代码用作库函数的任何人都有直接帮助。这些检查可能会降低你自己的信心（不过它们肯定有助于捕捉错误），但它们强大的地方是让代码变得更加易用，使不像代码编写人那样熟悉代码的人也能够更加轻松地使用代码。这并不是说，你自己不会从类型检查中获益，因为代码检查所提供的提示能够帮助你更加清晰地认识到之前存在的误解。许多 IDE 甚至使用代码检查提供的额外信息，提供对用户更加友好的编程体验。

⊖ fractions.Fraction(...) 类没有得到大量使用，这一点很令人遗憾。这个类在操纵分数时不会丢失精度。浮点数的精度对于大部分计算来说都足够了，但是如果值代表有意义的分数，那么使用分数可能会更好。假设把一个蛋糕切成了 4 份，然后吃掉了其中一份的 2/3。下面哪种结果能够更加清晰地说明你吃掉了多少蛋糕？

```
>>> from fractions import Fraction
>>> 1/4 * 2/3
0.16666666666666666
>>> Fraction("1/4") * Fraction("2/3")
Fraction(1, 6)
```

2.1 测试

未经测试的代码是不完整的代码。

Python通过标准库中的unittest模块，为测试提供了内置支持。该模块提供了一个TestCase类，它用准备代码和清理代码把单独的测试包装起来，还提供了辅助函数来断言值之间的关系。虽然仅仅使用这个模块也可以编写测试，但我强烈建议使用增件模块pytest。

使用pytest，就没有必要在初始化测试系统时使用大量样板代码。对比一下接下来的两个测试，它们分别采用了unittest风格（见代码清单2-5）和pytest风格（见代码清单2-6）。它们测试的是之前设计的温度转换函数（见代码清单2-4）。

代码清单2-4　被测试的temperature.py

```
def celsius_to_fahrenheit(celsius):
    return celsius * 9 / 5 + 32

def celsius_to_kelvin(celsius):
    return 273.15 + celsius
```

代码清单2-5　unittest风格的转换函数测试

```
import unittest
from temperature import celsius_to_fahrenheit

class TestTemperatureConversion(unittest.TestCase):

    def test_celsius_to_fahrenheit(self):
        self.assertEqual(celsius_to_fahrenheit(21), 69.8)

    def test_celsius_to_fahrenheit_equivlance_point(self):
        self.assertEqual(celsius_to_fahrenheit(-40), -40)

    def test_celsius_to_fahrenheit_float(self):
        self.assertEqual(celsius_to_fahrenheit(21.2), 70.16)

    def test_celsius_to_fahrenheit_string(self):
        with self.assertRaises(TypeError):
            f = celsius_to_fahrenheit("21")

if __name__ == '__main__':
    unittest.main()
```

代码清单2-6　pytest风格的转换函数测试

```
import pytest
from temperature import celsius_to_fahrenheit

def test_celsius_to_fahrenheit():
```

```
    assert celsius_to_fahrenheit(21) == 69.8

def test_celsius_to_fahrenheit_equivlance_point():
    assert celsius_to_fahrenheit(-40) == -40

def test_celsius_to_fahrenheit_float():
    assert celsius_to_fahrenheit(21.2) == 70.16

def test_celsius_to_fahrenheit_string():
    with pytest.raises(TypeError):
        f = celsius_to_fahrenheit("21")
```

最明显的区别是 `self.assertEqual(x, y)` 和 `assert x == y` 之间的区别。它们的作用相同，但使用 pytest 风格写出来的代码要自然得多。unittest 风格把大部分操作封装到辅助函数中，这些辅助函数执行比较功能，并且在断言失败时生成相应的错误消息。例如，如果 x 和 y 是不同的列表，那么 `assertEqual` 会调用 `assertListEqual`，后者对列表进行比较，生成缺少的或多出的元素的差异结果，并将当前测试标记为失败。表 2-1 显示，pytest 的断言风格比 unittest 的断言风格更容易让人理解。

表 2-1 unittest 和 pytest 风格中的一些常见断言格式

比较功能	unittest	pytest
值相等	`self.assertEqual(x, y)`	`assert x == y`
值不相等	`self.assertNotEqual(x, y)`	`assert x != y`
值为 None	`self.assertIsNone(x)`	`assert x is None`
列表包含	`self.assertIn(x, y)`	`assert x in y`
浮点数之间的差值小于 0.000001	`self.assertAlmostEqual(x, y)`	`assert x == pytest.approx(y)`
引发异常	`with self.assertRaises(TypeError):doSomething()`	`with pytest.raises(TypeError): doSomething()`

unittest 有一个 `TestCase` 类，它是所有测试的基类。这些测试用例有公共的准备和清理功能，以确保公共的变量和数据都是存在的。ifmain 块中调用的 `unittest.main()` 函数是测试系统的入口。该函数**收集**当前模块中的全部测试用例并执行它们。对于更大的项目，通常有多个包含测试的文件，测试加载器负责**发现**这些文件，并收集和运行它们的内容。

pytest 则有些区别，它不依赖于 Python 源文件来检查测试，而是通过运行可执行文件开始寻找测试的过程。发现测试后，将应用通过命令行实参传入的任何过滤器，然后运行剩下的测试。

定义测试的代码和执行准备及发现测试过程的独立可执行文件之间的分离，让我们能够更好地控制执行测试的 Python 环境，例如，允许我们使用简单的 `assert` 语句，而不必为断言使用封装函数。

2.1.1 何时编写测试

在软件工程中，关于什么时候适合编写测试，存在许多鲜明的观点，是应该在写代码之前写测试，还是应该在写完代码后写测试？先编写测试的方法称为测试驱动开发（Test-Driven Development，TDD），它有很多支持者。这是因为工作在测试驱动的环境中让人有成就感，功能开发过程的最后一步让人有成功完成功能的胜利感。而写完代码后再编写测试，有时可能会让你感觉没有必要。

在软件工程的许多场景中，对于给定的问题，存在一个最佳选项，但是对于编写测试的时间，我认为选择测试驱动开发或者在写完代码后再编写代码，是个人选择的问题。我坚信，无论选择哪种方法，开发人员都能够做到高效编码，有些人很自然地倾向于先编写测试，也有些人则认为，先编写测试使项目的开始阶段较慢，而这是他们想避免的。你还有可能根据自己的心情或者你对自己负责的代码库的熟悉程度，来选择其中一种方式。

我一般倾向于先编写测试，因为我发现，这有助于我在深入实现细节之前，先想明白代码的影响。但许多时候，我发现自己想快速实现一项功能，之后再进行优化。这两种方法都是合理的，在编写代码前先编写测试，并不比在编写代码后再编写测试更正确或者更合适。两种方法都试试，看哪种更加适合你。

在某些情况下，你甚至可能认为不值得编写测试，或者客户 / 经理给你施加了压力，要求你不要编写测试，以便节约时间。我不认为这是一个好主意，但另一方面，确实有些时候，这是合适的方法。如果编写的程序只会运行一次，或者使用的现有代码库非常复杂且没有经过测试，那么编写测试的成本收益比与正常情况下的完全不同。在这种情况下，认为对于时间投入来说，编写测试并不是首要的，这是完全能够接受的。但是，如果发生了这种情况，则应该记住，你做出的决定并不是不可撤销的。如果你发现自己在重复测试相同的功能，并对此感到沮丧，那么一般来说，这意味着你应该编写测试了。不要觉得编写测试会让之前手动测试时投入的时间浪费了，从而不去编写测试。如果你认为编写测试能够节约时间，那就花一些时间去编写测试。

练习 2-1：尝试测试驱动开发

本章将在编写代码后再编写测试。这并没有什么特殊的理由，这样做只是为了让章节内容进行得更加自然。如果想尝试先编写测试，那么可以通过此练习进行。如果你想在编写代码后再编写测试，那么可以跳过这个练习。

选择第 1 章介绍的一个传感器，为其编写一些测试。你可以在本章的支持代码中找到使用第 1 章的代码设置好的环境，其中还有说明如何运行测试的文档。

完成这个练习后你会发现，你得到的代码结构可能与本章完成的代码结构有相当大的区别。请记住，后面的章节以本章的代码为基础，而你现在还不知道所有的需求。解决这个问题有很多方法，本练习的目的只是帮助你感受一下在测试驱动开发过程中，编写测试时做决策的过程，这里并没有正确的答案。

2.1.2　创建格式化函数来提高可测试性

在第 1 章，我们创建了一个简单的命令行脚本来打印传感器的值。在这个过程中，我们手动调用预先编写的 `main()` 函数中的多个函数，并独立处理它们的格式。虽然这可作为一种概念的验证，但在构建大型系统时，这并不是一种可以持续使用的方式。对于每个传感器值，我们需要提取原始值来进行量化分析，也需要获得格式化后的值显示给最终用户。

进行这种拆分的另一个重要原因是，确保函数严格分离关注点。我们希望能够测试提取出的值是否正确，以及值是否被正确地格式化，但是并不想同时做这两种测试。如果我们有紧密耦合的数据提取和格式化函数，就不能检查一组不同的值的格式是否正确。我们将只能检查当前运行测试的机器的值，而这个值在几次运行之间可能发生很大的变化。

为了实现这种拆分，我们将把函数扩展为 Python 类，使其既提供传感器获取的原始值，也提供一个辅助函数，用来恰当地对原始值进行格式化（见代码清单 2-7）。这种方法使得在面向用户的环境（如命令行脚本）中显示传感器的当前值变得更加简单，因为在脚本中，并没有对传感器值进行特殊处理。

例如，检查有多少 RAM 可用的传感器在显示字节数时，应该采用合适的单位来进行格式化。我们在前面假定 megabyte[⊖] 是合适的单位，所以使用 `"{:.0f} MiB".format(ram_available() / 1024**2)` 调整了数字。对于放在一行代码中，这种方法过于复杂，但要想普遍适用，这种方法又过于简单。

代码清单 2-7　sensors.py 中新的温度传感器实现

```
class Temperature(Sensor[Optional[float]]):
    title = "Ambient Temperature"

    def value(self) -> Optional[float]:
        try:
            # Connect to a DHT22 sensor on GPIO pin 4
            from adafruit_dht import DHT22
            from board import D4
        except (ImportError, NotImplementedError):
```

⊖ 从技术上讲，应该是 mebibyte，即 1024 × 1024 字节而不是 1000 × 1000 字节。术语 megabyte（及其缩写 MB）常常用来表示这两种含义，但 mebibyte（其缩写为 MiB）则只代表其中较大的，且符合二进制的定义。

```
            # No DHT library results in an ImportError.
            # Running on an unknown platform results in a
            # NotImplementedError when getting the pin
            return None
        try:
            return DHT22(D4).temperature
        except RuntimeError:
            return None

    @staticmethod
    def celsius_to_fahrenheit(value: float) -> float:
        return value * 9 / 5 + 32

    @classmethod
    def format(cls, value: Optional[float]) -> str:
        if value is None:
            return "Unknown"
        else:
            return "{:.1f}C ({:.1f}F)".format(value,
              cls.celsius_to_fahrenheit(value))

    def __str__(self) -> str:
        return self.format(self.value())
```

这个版本和原版本之间最大的区别是从函数换成类。这是一个简单的类，没有继承基类，所以类名后面没有用括号来包含基类。其中最直观的方法[㊀]value()与原来的ram_available()函数直接对应，因为它提取值，但不做任何格式化处理。

format(...)方法相当于之前在命令行程序的显示逻辑中直接应用的格式化函数。使此函数成为传感器类的方法，我们隐式地将格式化函数与它们使用的数据获取函数联系了起来。这样一来，相比在全局作用域内包含几十个函数的情况，理解哪些代码彼此相关就容易多了，将模块作为一个整体来理解也简单多了。

实例、类和类的静态方法

celsius_to_fahrenheit(...)函数上方的装饰器将它定义为staticmethod，而format(...)方法则被定义为classmethod，其第一个实参为cls而不是self。

这些方法的表现与标准的实例方法稍有不同。在类上定义函数时，它的第一个参数为self。这使该函数成为实例方法，即它只能在该类的实例上调用，并且能够访问该实例上设置的特性和其他方法。Temperature().value()将返回结果，但Temperature.value()将引发TypeError。

㊀ 传统上，将在对象（而非全局作用域）上定义的函数称为“方法”。

在典型情况下，当在对象上定义函数时，它的第一个实参是 self。这个实参绑定到了类的实例上，所以每个函数都能访问该类中存储的数据，并能够调用具有相同访问权限的其他函数。当使用 Temperature() 调用类对象时，将返回该类的一个实例，而当调用该实例的方法时，将自动把该实例作为第一个实参传入该方法。这意味着要获取值，只需要调用 Temperature().value()。只要是通过实例调用方法，就不需要显式地传递 self 实参。

类方法的第一个实参是 cls[㊀]，它指向类而非实例。这种函数仍然可以访问类上的其他函数，以及类中存储的特性，但它不能调用实例方法，因为它无法访问该类的实例。可以在类实例上正常调用类方法，也可以在类上直接调用类方法。对于编写自定义构造函数（如 from_json(...)），或者使用该类的其他函数或特性的实用函数，类方法十分有用。可以在类上调用类方法（Temperature.format(21)），也可以在实例上调用类方法（Temperature().format(21)）。在这两种情况中，类方法都将接收该类作为第一个实参。

最后，静态方法没有隐含的第一个实参。静态方法相比类方法并没有明显的优势，但由于没有隐式实参，所以阅读代码的人能够清晰地知道，这是一个完全独立的方法，放到类中只是为了方便理解。它也可以在类或者实例上调用，如 Temperature.celsius_to_fahrenheit(21) 或 Temperature.celsius_to_fahrenheit(21)。

前面的传感器代码的目的是获取和格式化传感器数据。某些传感器的 __init__() 方法可能执行高开销[㊁]的初始化功能，以便让 value() 正常工作。我们之所以将 format(...) 方法标记为类方法，是为了确保不需要实例化类就可以格式化数据。这样一来，不需要有相关传感器的实例，而只需要有它的类，就可以格式化数据。

__str__() 方法是 Python 的内部约定，它决定了如何将对象转换为字符串表示[㊂]。因为只会在类实例上使用此方法，所以可以认为它代表着“获取当前值并对其格式化”。这样一来，显示所有传感器值的代码就能够显著简化，从而更加容易理解：

㊀ 或者是 klass。class 是一个保留字，所以不能用作变量名称。cls 和 self 这两个名称都只是约定使用的名称，不过我强烈建议你遵守这种约定。

㊁ 指的是时间或内存上的高开销。虽然一些 API 确实可能需要付费，但不建议在编写代码时通过实例化类来让这种行为隐式发生。

㊂ 当把对象转换为面向用户的字符串时，会使用 __str__()。当打印对象，或者在字符串操纵方法（如 "{}".format(obj)）中使用对象时，就会发生这种情况。Python 在内部，例如在堆栈跟踪和在 REPL 提示符中输入名称时，对面向程序员的字符串表示使用 __repr__()。使用内置的 str(obj) 和 repr(obj) 函数，可以显式地选择想要看到的结果。

```
@click.command(help="Displays the values of the sensors")
def show_sensors():
    for sensor in [PythonVersion(), IPAddresses(), CPULoad(), RAMAvailable(),
                   ACStatus(), RelativeHumidity()]:
        click.secho(sensor.title, bold=True)
        click.echo(sensor)
        click.echo("")
```

显示传感器值的工作几乎完全被委托给了传感器本身。这只需要传感器有一个 `__str__()` 方法和一个 `title` 特性，`__str__()` 方法用来返回当前值的格式化值，`title` 特性则包含显示的标头。

现在，我们已经重新组织了代码，有了独立的格式化函数和提取值的函数，所以可以编写测试，确保值的格式符合预期。在本书的网站上，可以从本章的支持代码文件中找到重新组织后的代码。

2.1.3 pytest

要运行测试，首先需要安装 pytest。我们将它视为开发包，因为使用系统时并不需要这个包，它只是为了帮助开发人员相信系统的行为符合预期。

```
pipenv install --dev pytest
```

这创建了一个能在项目环境中使用的 pytest 脚本。现在，可以运行 `pipenv run pytest`，查看测试运行的结果（已运行了 0 个测试）。为了测试我们是否有能够工作的环境，可以创建一个示例测试。这常常通过代码骨架生成器来完成，其中会使用类似于 `assert 1 == 1` 的测试。我们将会断言，包含 cli 脚本的文件有我们期望看到的传感器。

为此，创建一个新的目录 `tests/`，在其中添加一个空的 `__init__.py` 文件和一个如下所示的 `test_sensors.py` 文件：

```
import sensors

def test_sensors():
    assert hasattr(sensors, 'PythonVersion')
```

1. 单元测试、集成测试和功能测试

编写测试时，最困难的部分是知道编写什么样的测试。你可能很想让编写的测试运行整个应用程序，然后检查输出，实际上就是像最终用户那样与代码进行交互，这被称为“功能测试”。对于 Web 框架，功能测试特别受欢迎，因为在这种环境中，可能存在许多层代码，它们彼此交互，提供诸如身份验证、会话和模板渲染等服务。虽然这确实能够测试是否生成了正确的结果，但编写的测试只能确认常见情况，要想更加深入是很困难的。

如果对命令行脚本采用这种方法，则我们想要看到的是，在运行脚本时，脚本返回了我们期望的值。那么，此时面临的一个问题是，我们期望的正确值到底是什么？这是一个很困难的问题。传感器中最容易预测的是 Python 的版本，因为这只有几个可能的取值，但即便如此，也无法提前知道使用的是哪个 Python 版本。

例如，下面的测试使用 click 中的 CliRunner 辅助工具，模拟命令行工具的运行并捕捉其输出：

```
def test_python_version_is_first_two_lines_of_cli_output ():
    runner = CliRunner()
    result = runner.invoke(sensors.show_sensors)
    assert ["Python Version", "3.8"] == result.stdout.split("\n")[:2]
```

这看起来很好，但当在 Python 3.7 上第一次运行这个测试时，看到了下面的错误：

```
_________ test_python_version_is_first_two_lines_of_cli_output __________

    def test_python_version_is_first_two_lines_of_cli_output():
        runner = CliRunner()
        result = runner.invoke(sensors.show_sensors)
>       assert ["Python Version", "3.8"] == result.stdout.split("\n")[:2]
E       AssertionError: assert ['Python Version', '3.8'] == ['Python Version', '3.7']
E         At index 1 diff: '3.8' != '3.7'
E         Use -v to get the full diff

tests\test_sensors.py:11: AssertionError
```

此时，很多人会本能地去修改脚本来检测系统运行的 Python 版本，并使用这个版本来判断期望的结果，例如：

```
def test_python_version_is_first_two_lines_of_cli_output():
    runner = CliRunner()
    result = runner.invoke(sensors.show_sensors)
    python_version = "{}.{}".format(sys.version_info.major,
    sys.version_info.minor)
    assert ["Python Version", python_version] == (result.stdout.split("\n")[:2])
```

这个测试能够成功运行于所有 Python 版本。这是一次非常合理的修改，但要明白，测试的内容变了。回忆一下，`PythonVersion` 传感器的实现如下：

```
class PythonVersion:
    def value(self):
        return sys.version_info

    @classmethod
    def format(cls, value):
        return "{0.major}.{0.minor}".format(value)
```

如果在传感器脚本中去掉所有涉及的间接函数调用，那么这个测试实际上是在测试下面的内容：

```
assert "{}.{}".format(sys.version_info.major, sys.version_info.minor) ==
"{0.major}.{0.minor}".format(sys.version_info)
```

在编写测试时，如果断言的结果是计算出来的，而不是提前知道的，那么这常常会导致重复测试。可能不会像这里这么明显，但总归不是最优情况。这个测试并不是错误的测试，因为它仍然会检查标头、传感器的顺序，以及显示的值是否基于 sys.version_info，但它看起来像是在测试版本检查功能，而非传感器的顺序。

现在，这个测试所测试的只有两点：Python 版本“传感器”是否在列表中第一个出现，以及是否显示了合适的标头。它不再测试 Python 版本传感器的任何行为。

为了确保传感器的行为正确，我们将测试拆分为更小的单元。关于 PythonVersion 传感器，我们想知道的是：

- 传感器的值等于 sys.version_info。
- 传感器的格式化器返回的版本字符串类似于“3.8”，即 major.minor。
- 传感器的字符串表示的是当前值的格式化版本。
- CLI 输出的前两行分别是标头“Python version”和格式化值得到的结果。这是我们一开始使用的测试。

这些测试都应该是独立的测试，因为它们都有可能失败。如果只使用功能测试来检查脚本的输出，并遇到了失败的情况，那么不调试失败的测试并理解工具的完整上下文，就无法知道是值、格式化器还是脚本集成存在问题。

对于其中一些测试，我们可以独立调用函数，并查看其输入和输出。例如，格式化器接受一个输入，返回一个输出，并没有副作用[⊖]。这种测试称为“单元测试”，因为我们一次只测试源代码的一个逻辑单元。

对于复杂代码，单元测试是最难编写的测试。如果代码的结构不便于测试，则可能无法编写有用的单元测试。回想一下第 1 章结尾时的脚本版本会发现，它的逻辑单元不如基于类的实现中那样有清晰的定义。

我们编写的每个函数都需要调用其他函数来获取它们的数据，而格式化逻辑则与命令行处理逻辑紧密联系在一起。单元测试也是最有帮助的测试类型之一，因为当单元测试失败时，我们能够把出错的代码准确地缩小到某个位置。单元测试的执行速度一般很快，并且只需要极少的测试配置，所以能够为开发人员带来更加满意的体验。

⊖ 这种函数称为“纯函数”，它的输出完全由输入决定。行为不一致的函数（如 random.random()）不是纯函数，它们更难测试。

其他函数（如 `__str__()` 方法）更加复杂，需要调用其他函数来获取它们的结果。获取字符串值时，首先需要获取值（这会委托给库方法），然后格式化这个值。需要先进行一些初始化工作，才能有效地测试这种函数，因为我们需要编写测试，使其覆盖代码调用的库函数的行为，从而使它们返回已知的值。这种类型的测试称为"集成测试"，但是很难给这个名称下一个准确的定义。集成测试一般将少量彼此相关的函数作为一个整体进行测试，但对于什么是集成测试，不同的开发人员有不同的观点。

集成测试介于单元测试和功能测试之间。通过编写覆盖一组相关函数的测试，能够确保代码库的逻辑组件正确工作，对于给定输入，能够得到期望的输出。集成测试很难用来测试边缘场景，但是对于测试是否正确处理已知没问题或者已知有问题的数据，它们是很好的选择。

前面计划的 4 种测试大致属于这三种测试类型。第一个测试检查简单函数是否有正确的行为。对于更复杂的传感器，测试可能更加接近集成测试，但做这种区分只是为了帮助理解测试，并不是说这是我们需要关心的地方。

第三个测试是集成测试。字符串表示函数调用前一步测试的两个函数，确保它们结合在一起时能够正确工作。这些测试应该是互补的，集成测试顺带测试多个功能，其中一些功能与已经写好的单元测试所测试的功能重叠，这是很正常的。

最后，我们进行功能测试，确保 CLI 程序的输出中用到了传感器。与集成测试一样，这难免会测试更适合用其他测试方法进行测试的功能，但你不应该试图把这种情况降到最低限度。这里重要的是，通过功能测试的名称和注释，能够清晰理解它要测试的内容。功能测试常常覆盖面广，但不解释逻辑，当由于某处修改导致功能测试失败时，这种做法会降低生产效率。如果不能清晰理解测试在做什么，那么在测试失败时，就不能清晰判断是什么地方引入了 bug。导致功能测试失败的问题有很多，其中有些乍一看可能并没有关联。

提示　当修改代码库导致集成测试或功能测试失败时，编写一个更加具体的测试来覆盖这种情况是个好主意。也就是说，如果功能测试失败，就应该添加一个单元测试或集成测试来隔离问题。有一个测试来演示修复了什么 bug，比在 JIRA 中有一条时间久远的记录要好得多，尤其是当这个 bug 再次被引入代码库时。

---

2. pytest 的测试夹具

除非是最基础的函数，否则可能需要测试多种不同的场景，而这些场景都应该有自己的测试函数。它们常常需要编写准备代码，例如，如果函数是类成员，而非可导入的函数，就需要实例化类。为了满足这种需求，一种方法是把这些测试组织为类，使类包含所有相关的测试以及这些测试都需要用到的准备代码。

所有测试框架就支持测试提供了一种方法，用于创建公共的准备和清理代码。在 pytest 中，这称为“测试夹具”（fixture），它们允许以非常灵活的方式来选择不同的支持代码。pytest 测试夹具会被自动调用，以匹配测试函数的实参。

设计测试结构的一种好方法是定义一个类，使其包含相关的测试和专门用于这些测试的夹具，而将更加通用的夹具留给其他测试根据情况使用。这允许采用一种常被称为“测试主体”（Subject Under Test，SUT）的风格。上下文发生变化时，“主体”也会变化。你可能还会看到 FUT（Function Under Test，测试函数）、MUT（Method Under Test，测试方法）和 OUT（Object Under Test，测试对象）等风格。

在这种测试布局中，每个类有一个测试夹具，其名称可能是 `MUT()`、`method()` 或 `subject()`，它返回要测试的函数[⊖]。FUT 风格的测试夹具可能只是导入函数并将其返回，而在 MUT 风格中，因为要测试的是类方法，所以可能需要创建类的实例，然后返回该实例的具体方法。这允许单独的函数在测试可调用对象时，不必担心如何获取该可调用对象，当测试的类方法需要许多实参才能构造出来时，这一点尤其有用。

首先，我们将创建一个测试类来测试 Python 版本传感器的格式化器，并为其提供一组测试值。这需要为版本传感器创建测试文件（见代码清单 2-8），使其提供一个 `sensor` 夹具（代表被测试的传感器）和一个 `TestPythonVersionFormatter` 类（它使用 `subject` 夹具将 MUT 定义为该传感器的格式化方法）。

代码清单 2-8　test_pythonversion.py 的初始版本

```
from collections import namedtuple

import pytest

from sensors import PythonVersion

@pytest.fixture
def version():
    return namedtuple(
        "sys_versioninfo", ("major", "minor", "micro", "releaselevel", "serial")
    )

@pytest.fixture
def sensor():
    return PythonVersion()

class TestPythonVersionFormatter:
    @pytest.fixture
    def subject(self, sensor):
        return sensor.format
```

⊖ 具体如何命名是个人风格问题。你可能认为，让夹具的名称清晰地表达出要测试什么函数，会更加容易理解。

```
    def test_format_py38(self, subject, version):
        py38 = version(3, 8, 0, "final", 0)
        assert subject(py38) == "3.8"

    def test_format_large_version(self, subject, version):
        large = version(255, 128, 0, "final", 0)
        assert subject(large) == "255.128"

    def test_alpha_of_minor_is_marked(self, subject, version):
        py39 = version(3, 9, 0, "alpha", 1)
        assert subject(py39) == "3.9.0a1"

    def test_alpha_of_micro_is_unmarked(self, subject, version):
        py39 = version(3, 9, 1, "alpha", 1)
        assert subject(py39) == "3.9"
```

`version`夹具的结构看上去与`sys.version_info`的结果相似，这是因为Python在内部为后者使用的对象类型是不允许用新值实例化的。`version`夹具的这种结构确保我们创建的值的行为与`sys.version_info`相同，但这个值是我们能够控制的。

使用`pipenv run pytest tests`可以运行这些测试，并且测试也会通过，但是使用过其他单元测试框架的读者可能会担心，把太多的内容放到夹具中是不是会让调试问题变得困难？具体来说，浏览代码的时候，并不能一眼看出`subject`指代什么。为了说明这不是问题，我们将新添加一个失败的测试，使其覆盖我们想要添加的一个功能。

这里的格式化器只显示了主版本和小版本，因为我们假设修订版本不包含值得关注的重要修改。但是，在撰写本书时，有一个新的Python版本处于alpha阶段，而在这个阶段，从添加新功能的角度来说，alpha版本之间的区别就变得重要了。对于这种情况，为第一个修订版本的预发布版本进行特殊处理可能会有帮助。下面将添加一对新测试，演示我们期望为3.9.0a1得到不同的输出（但是对于3.9.1a1，则使用默认输出）。

```
def test_prerelease_of_minor_is_marked(self, subject, version):
    py39 = version(3, 9, 0, "alpha", 1)
    assert subject(py39) == "3.9.0a1"

def test_prerelease_of_micro_is_unmarked(self, subject):
    py39 = (3, 9, 1, "alpha", 1)
    assert subject(py39) == "3.9"
```

这两个测试，一个会失败，另一个会通过。这里之所以要添加两个测试，是为了清楚地表达，只有当修订版本为0时，alpha标签才值得关注。假如没有第二个测试，那么如果所有预发布版本都显示完整的版本字符串，我们将得到一个全部通过的测试套件，而这不是我们想要的功能。

如果现在重新运行测试，将看到`test_prerelease_of_minor_is_marked`测试失败，还将看到pytest自动包含的上下文信息：

```
________ TestPythonVersionFormatter.test_alpha_of_minor_is_marked ________
self = <tests.test_pythonversion.TestPythonVersionFormatter object at 0x03BA4670>
subject = <bound method PythonVersion.format of <class 'sensors.
PythonVersion'>>
version = <class 'tests.test_pythonversion.sys_versioninfo'>

    def test_alpha_of_minor_is_marked(self, subject, version):
        py39 = version(3, 9, 0, "alpha", 1)
>       assert subject(py39) == "3.9.0a1"
E       AssertionError: assert '3.9' == '3.9.0a1'
E         - 3.9
E         + 3.9.0a1

tests\test_pythonversion.py:28: AssertionError
=============== 1 failed, 3 passed in 0.11 seconds ========================
```

首先报告的是失败测试的名称，然后是使用的夹具的描述。这些信息显示在失败信息的上部，所以我们一眼就能够看到 `subject` 夹具是 `PythonVersion` 类的一个实例的 `format` 方法[⊖]。

接下来显示的是测试方法的方法体，一直显示到出错的代码行，然后显示格式化后的错误。在本例中，这是一个断言错误，因为失败的是断言代码。查看展开后的断言，可以看到 `subject(py39)` 的计算结果，其下方显示了两个字符串的差异。在本例中，显示的差异并不是特别有用，但是对于更长的字符串，能够看到行与行之间的差异是很方便的。

如果把格式化方法改为：

```
@classmethod
def format(cls, value):
    if value.micro == 0 and value.releaselevel == "alpha":
        return "{0.major}.{0.minor}.{0.micro}a{0.serial}".format(value)
    return "{0.major}.{0.minor}".format(value)
```

然后重新运行测试，则会看到一条确认消息，告诉我们 `test_pythonversion.py` 中的所有测试都通过了。

将测试函数归类

我们决定为代码编写不同类型的测试，包括从单元测试到全栈功能测试的所有测试。因为功能测试比单元测试慢得多，所以我们可能会时不时地在运行测试时排除它们，只运行较快的测试子集。如果我们预计会有测试失败，那么这么做可以节省大量时间，因为这允许我们推迟耗时较长的验证测试，直到我们确信快速单元测试不再失败时再运行它们。

这可以通过 `@pytest.mark` 装饰器实现。我们将使用 `functional` 标记将 `test_python_version_is_first_two_lines_of_cli_output` 标记为功能测试。

⊖ 方法的描述信息中提到了“bound method”，这意味着它是一个附加到实例的方法。

```
@pytest.mark.functional
def test_python_version_is_first_two_lines_of_cli_output():
    runner = CliRunner()
    result = runner.invoke(sensors.show_sensors)
    python_version = str(sensors.PythonVersion())
    assert ["Python Version", python_version] == result.stdout.split("\n")[:2]
```

这允许我们使用 `pytest -m functional` 来运行测试，而且只会运行功能测试。

```
============ 1 passed, 5 deselected, 1 warnings in 3.17 seconds ============
```

使用 `pytest -m "not functional"` 会运行除功能测试之外的全部测试：

```
============ 5 passed, 1 deselected, 1 warnings in 0.11 seconds ============
```

运行功能测试的开销很高。从上面的运行结果来看，运行一个功能测试的时间大约是运行 5 个单元测试的 30 倍。3s 的测试运行并没有慢到让你不想运行测试，但是我们才刚刚开始编写测试套件。当测试套件量是现在的 10 倍时，我们面对的将是 30s 与 1s 的差异。如果测试过于麻烦，导致你不想运行测试，那么它们的有用程度就大大降低了。

使用 `@pytest.mark.something` 作为装饰器，可以创建任意标记，但是这会生成一个警告，提醒你并没有显式声明该标记。对于识别标记名称中的拼写错误，这些警告十分有用，所以我们应该创建一个 pytest.ini 文件，在其中声明我们将使用 `functional` 标记。

```
[pytest]
markers = functional: these tests are significantly slower
```

3. 测试覆盖率

代码覆盖率衡量测试套件的全面程度，它代表运行测试的时候，应用程序代码库有多大比例得到执行。一些人坚定地认为必须实现很高的测试覆盖率，甚至常常说所有软件都应该实现 100% 的覆盖率。

我鼓励大家采取一种更加实际的观点。测试套件最重要的作用，是让你相信软件的行为符合预期。高覆盖率通常与信心正相关，我也鼓励你努力实现高覆盖率，但不应该由此产生错误的安全感。特别是，覆盖率越接近 100%，就越难保证覆盖到最后几行代码，但获得的回报是不变的。覆盖率稍低但更容易理解的测试套件，比覆盖率达到 100% 但过于复杂的测试套件更好。

为了启用代码覆盖率分析，需要添加一个 pytest 插件来收集数据。最简单的方法是使用 `pipenv install --dev pytest-cov` 来安装 pytest-cov 插件。之后，就可以在 pytest 可执行文件中使用 `--cov` 实参了。这个实参可以接受代码库中一部分代码的路径作为可选参数。当提供了该可选参数时，覆盖率报告将只显示子路径的覆盖率数据。要查看全部代码的覆盖率，只需要使用 `--cov` 即可，如下所示：

```
> pipenv run pytest tests --cov
```

我们还应该创建一个 .coveragerc 文件，以配置我们想要查看的覆盖率报告。最重要的是排除掉测试目录，因为在运行测试时执行的测试文件的比例并不是有用的指标，只会扭曲平均值。

```
[run]
branch = True
omit = tests/*
```

我们还添加了 branch（分支）配置参数，它会修改覆盖率的计算方式。对于 if 语句，只有当 True 条件和 False 条件都测试到时，才认为测试覆盖了 if 语句。如果使用 --cov 标志运行测试，则可以看到现在项目的覆盖率：

```
----------- coverage: platform win32, python 3.8.0-alpha-1 -----------
Name          Stmts   Miss Branch BrPart  Cover
-----------------------------------------------
sensors.py      121     17     22      7    83%

========================= 8 passed in 3.23 seconds =========================
```

以上结果显示，测试运行检测到 83% 的代码被测试套件覆盖到了，这个覆盖率恰恰说明，对于将覆盖率数据作为衡量测试质量的指标，我们应该持怀疑态度。我们只是为 7 个传感器中的一个编写了测试，说 83% 的代码被有效测试到，这显然不正确。造成这种错误的原因在于运行脚本并查看输出的功能测试，因为功能测试会导致执行所有代码。如果排除功能测试，然后重新运行测试，将得到下面的结果：

```
----------- coverage: platform win32, python 3.8.0-alpha-1 -----------
Name          Stmts   Miss Branch BrPart  Cover
-----------------------------------------------
sensors.py      121     62     22      1    43%

================= 7 passed, 1 deselected in 0.38 seconds =================
```

因为我们知道自己编写了多少测试，所以 43% 看起来仍然过高。不过，覆盖率选项能让我们看到哪些行被覆盖，哪些行没有被覆盖。显示这种信息有几种不同的方式，不过它们都通过 --cov-report 标志来控制。可以选择的格式包括一些机器可读的格式，如 XML，这种格式对于持续集成很有帮助，但是就方便程序员查阅而言，最有帮助的两种格式是 --cov-report html 和 --cov-report annotate。

HTML 报告格式会创建一个名为 htmlcov 的目录，其中包含的 index.html 文件列出了总体覆盖率和每个文件的覆盖情况。单击感兴趣的文件名，可以看到文件内容的清单，其中各行根据它们在覆盖率报告中的状态进行了着色，如图 2-1 所示[1]。

---

[1] 如果阅读的是非彩印版本，则只需知道，红色行显示在绿色行的下方。

带有绿色边框，但没有底纹的代码行是覆盖到的代码行。测试套件执行了这些代码行。带有红色边框和红色底纹的行是未覆盖的行。测试套件没有执行这些代码行。假设启用了分支覆盖，那么可能有一些行会有黄色边框和黄色底纹。这些是部分覆盖的行，如文件底部的 `if __name__== "__main__"`。因为该 if 语句是红色的，所以很明显，条件计算为 False 的分支被覆盖了，但是条件计算为 True 的情况没有被覆盖。

```
10
11  class PythonVersion:
12      title = "Python Version"
13
14      def value(self):
15          return sys.version_info
16
17      @classmethod
18      def format(cls, value):
19          if value.micro == 0 and value.releaselevel == "alpha":
20              return "{0.major}.{0.minor}.{0.micro}a{0.serial}".format(value)
21          return "{0.major}.{0.minor}".format(value)
22
23      def __str__(self):
24          return self.format(self.value())
25
26
27  class IPAddresses():
28      title = "IP Addresses"
29
30      def value(self):
31          hostname = socket.gethostname()
32          addresses = socket.getaddrinfo(socket.gethostname(), None)
33
34          address_info = []
35          for address in addresses:
36              value = (address[0].name, address[4][0])
37              if value not in address_info:
38                  address_info.append(value)
39          return address_info
```

图 2-1　不运行功能测试时，覆盖和未覆盖的代码行的可视化展示

与之不同，annotate 报告类型会在 sensors.py 所在的目录中创建一个 sensors.py,cover 文件。前面带有 > 的行是被覆盖或者部分覆盖的行，前面带有 ! 的行是未被覆盖的行。代码清单 2-9 显示了 sensors.py,cover 中与前面的 HTML 截图（图 2-1）相对应的部分。

代码清单 2-9　不运行功能测试时，sensors.py,cover 展示的覆盖率

```
> class PythonVersion:
>     title = "Python Version"

>     def value(self):
>         return sys.version_info

>     @classmethod
>     def format(cls, value):
>         if value.micro == 0 and value.releaselevel == "alpha":
>             return "{0.major}.{0.minor}.{0.micro}a{0.serial}".
```

```
              format(value)
>           return "{0.major}.{0.minor}".format(value)

>       def __str__(self):
>           return self.format(self.value())

> class IPAddresses:
>       title = "IP Addresses"

>       def value(self):
!           hostname = socket.gethostname()
!           addresses = socket.getaddrinfo(socket.gethostname(), None)

!           address_info = []
!           for address in addresses:
!               value = (address[0].name, address[4][0])
!               if value not in address_info:
!                   address_info.append(value)
!           return address_info
```

我认为 HTML 报告使用起来更加方便，但是你可能有不同的观点。无论选择哪种格式，都能够看到，除 PythonVersion 之外，各个传感器的函数体都没有被覆盖到，但是类和函数定义都被覆盖到了。这是合理的，因为 Python 解释器必须执行声明行，才能知道哪些函数、类和类特性是可用的。因为我们的函数体相对较短，所以测试的函数体加上类声明和函数声明，确实占据了几乎一半包含语句的代码行。

练习 2-2：扩展测试套件

我们为最简单的传感器编写了测试，但还有几个传感器没有测试。通过为这些传感器添加测试来练习如何编写测试。

大部分传感器都遵守相同的模式，但温度传感器和湿度传感器例外，为它们编写能够覆盖 value() 方法的测试要更加困难一些。

如果编写的测试套件能够在使用 -m "not functional" 运行时覆盖 75% 的 sensors.py，那么该测试套件应该能够让你对整个程序有很高的信心。

2.2 类型检查

我们对测试套件做的工作，让我们对代码行为符合预期有了很大的信心，但是这并不能让我们确信自己在正确地使用代码。我们在多个传感器中大量使用了 psutil 库，但并没有为此直接编写任何测试。有些程序员陷入了一种误区，让自己编写的测试更多地去测试代码的依赖库，而不是测试自己的代码。

如果你觉得自己需要编写一些测试，让它们来覆盖代码所依赖的库的工作方式，那么就应该回过头来，思考一下最佳行动方案。在库的测试套件中为库编写测试，要比在使用这些库的应用程序的测试中为它们编写测试简单得多。

当人们使用第三方库的时候，一般需要从以下方面确信自己在正确使用库：用一致的方式传递实参，处理异常和异常返回值，以及理解函数的设计用途。没有哪种方法可以自动检查我们的理解是否正确，但是对于其他情况，类型检查能够提供帮助。

如果你使用过类似Java这样的编程语言，就会熟知完善的类型检查器对代码产生的影响。有了类型检查器，就不可能忽略异常或者使用无效值调用函数的情况。但是，对其他人来说，类型检查器的限制性可能太强。

Python近来新增了一种使用类型注解变量的语法（这是一种可选特性），允许在基本Python语言的上方增加检查类型功能。Python本身不会进行任何类型检查，但是mypy项目提供了一个程序，它可以对Python代码运行静态类型检查。

2.2.1 安装mypy

mypy作为一个Python模块发布，所以安装它的方式与安装其他开发依赖项相同，只需要使用下面的命令即可：

```
> pipenv install --dev mypy
```

这将把mypy可执行文件安装到环境中，还会安装mypy类型检查库以及typeshed类型定义集合。Python标准库不包含类型检查提示，而且在撰写本书时，大部分第三方库也不包含。类型注解被设计为可选特性，所以许多开发人员选择不使用它们，这一点并不奇怪。typeshed是Python软件基金会（Python Software Foundation）的一个项目，它为标准库和各种常用的第三方库维护类型声明集合。

虽然如此，许多库既不提供类型注解，在typeshed中也没有条目，所以当我们对使用这些库的代码运行类型检查时，会生成类型警告。如果对我们的代码调用mypy，会看到关于psutil以及可选依赖项adafruit_dht和board的这类错误。

```
> pipenv run mypy sensors.py
sensors.py:9: error: No library stub file for module 'psutil'
sensors.py:9: note: (Stub files are from https://github.com/python/
typeshed)
sensors.py:116: error: Cannot find module named 'adafruit_dht'
sensors.py:116: note: See https://mypy.readthedocs.io/en/latest/
running_mypy.html#missing-imports
sensors.py:117: error: Cannot find module named 'board'
```

对于这种问题，有两种处理方法：忽略它们或者修复它们。在几乎所有情况下，配置

mypy 来忽略这些问题更能有效利用时间，否则就需要为代码使用的所有依赖项添加类型提示。为此，我们需要添加一个 mypy 配置文件，既可以选择添加 mypy.ini，也可以选择将其包含到 setup.cfg 文件中，后者可包含多个不同工具的配置。将下面的内容添加到 setup.cfg 中，然后重新运行 mypy，这次它将成功完成，不给出警告：

```
[mypy]
ignore_missing_imports = True
```

2.2.2 添加类型提示

因为我们的代码现在相对简单，所以逐个修改传感器并添加类型提示并不困难。Python 使用的格式如下：

```
def function_name(argument: type, other: type) -> type:
```

现在，CPULoad 传感器如下：

```
class CPULoad:
    title = "CPU Usage"

    def value(self) -> float:
        return psutil.cpu_percent(interval=3) / 100.0

    @classmethod
    def format(cls, value: float) -> str:
        return "{:.1%}".format(value)

    def __str__(self) -> str:
        return self.format(self.value())
```

value 函数的返回值总是与 format 函数的 value 参数相同。添加类型提示后，就可以直接使用 mypy 进行测试。例如，我们可以创建一个错误使用该传感器的新文件，如代码清单 2-10 所示。

代码清单 2-10 incorrect.py

```
import sensors

sensor = sensors.CPULoad()
print("The CPU load is " + sensor.value())
```

mypy 在分析包含错误代码的文件和 sensors.py 文件后，会发现如下所示的错误：

```
> pipenv run mypy incorrect.py
incorrect.py:4: error: Unsupported operand types for + ("str" and "float")
```

但是，有些传感器更加复杂。如果由于某种原因无法确定值是多少，ACStatus、

Temperature 和 RelativeHumidity 传感器的值可以为 None。对于这些传感器，需要以不同的方式声明返回类型。Python 的类型设计允许把类型封装到容器中，这与其他语言中的泛型类似。typing.Union 类型定义的类型是多个不同类型中的某一个。对于我们的例子，ACStatus.value 返回 typing.Union[bool, None]，温度传感器返回 typing.Union[float, None]。

使用 Optional 类型可以进一步简化类型。Optional 是 Union 的一种特例，它接受一个类型实参，将其与 None 联合起来。它的行为不变，只不过读起来更加方便。因此，ACStatus.value() 函数现在就变成：

```
def value(self) -> typing.Optional[bool]:
    battery = psutil.sensors_battery()
    if battery is not None:
        return battery.power_plugged
    else:
        return None
```

最后，IPAddresses 传感器的 value 是一个更加复杂的对象。每个 IP 地址由包含两个元素的元组表示，这两个元素分别是地址族的字符串表示和地址自身。传感器返回元组的一个列表。我们可以使用下面的声明：

```
def value(self) -> typing.List:
    ...
```

但是如果是这样，那么 [None, None, None] 也会被认为是有效的返回值。对列表的内部结构提供更多规定能够确保 mypy 执行严格的检查。声明 List 的内部结构的语法与 Union 相同。对于 (str, str) 元组的列表，可以使用下面的语法：

```
def value(self) -> typing.List[typing.Tuple[str, str]]:
    ...
```

因为现在仍然不能自动检查语义，所以这种语法不能阻止那些数据结构符合期望的错误，但是确实可以避免拼写错误和由于粗心犯下的错误。例如，我们无法防止元组中的值的顺序出错，但是在阅读代码时，我们不会错误地认为代码直接返回一个元素，或者返回类型是包含 IP 地址但不包含地址族信息的字符串的列表。

对于此传感器，我们可以让 value 的返回类型和 format 的实参类型不必完全对应。在其他传感器中，这两种类型必须完全相同，因为我们只想对收到的数据进行格式化。在有些情况下，让格式化器更加灵活会有帮助。格式化器的类型定义应该表示能够格式化的数据，而不是我们期望的数据。我们可以格式化任何符合以下条件的可迭代对象：它包含一个可索引序列，序列中包含至少两个元素，且这些元素均为字符串。传入列表的元素或者传入元组的列表时，我们的格式化器代码都能够工作。

下面的类型都是有效的：

- List[Tuple[str, str]]
- List[Sequence[str]]
- Sequence[Tuple[str, str]]
- Sequence[Sequence[str]]
- Iterable[Tuple[str, str]]
- Iterable[Sequence[str]]

这些选项在语义上稍有区别。使用 Sequence 代替 List 时，外层变量类型可以是列表或元组，而使用 Iterable 作为外层类型时，它可以是列表、元组、集合或生成器。如果为内层类型使用 Sequence[str] 而不是 Tuple[str, str]，则灵活性得以提高，因为内层类型可以是列表，但我们将失去断言序列内部结构的能力。在这些选项中，我认为最好的选项为：

```
def format(cls, value: Iterable[Tuple[str, str]]) -> str:
```

这是限制性最低同时仍然不允许传入无效数据的类型提示。

提示　你不必单独导入所有这些标记类型，而是可以使用 import typing as t，这样就能够使用 t.Union[...]、t.Sequence[...] 等。通过这种方式，阅读源代码的人就能够更加清晰地知道，这些类型是类型提示的一部分。而且在添加具有新的类型签名的函数时，就不必再管理 import 语句。

2.2.3 子类和继承

如果不熟悉使用类型提示但又要使用 mypy 来检查这些代码，那么更加严格的类型继承会让开发人员感到困惑，因为这与他们习惯的方式不同。在现在的传感器文件中，有多个类具有相同的 __str__() 方法实现。你很自然地会想把它们移动到超类中，认为这样对类型提示有很大的帮助，理由是这能够让编写的代码显式操作 Sensor 的子类。

这种做法的问题在于，对于 Sensor，没有一个公共接口。我们有几个行为相似的子类，但它们不能互换。如果我们知道有一个 Sensor 实例，那么就知道有 value 函数，但对于该函数的输出是什么，我们并不能保证。

如果在超类中添加 __str__() 方法，那么需要在超类上对该方法进行类型检查。如果没有 value() 或 format(...) 方法，那么即使子类中实现了这些方法，类型检查也会失败。类型检查必须失败，因为基类不能独立工作。同理，如果在超类中定义了占位的value()和format(...)方法，则将使用这些定义来判断__str__()方法是否正确，而不是使用子类中的定义。

这是静态类型和动态类型的关键区别。在动态类型语言中，能够依赖于某个条件刚好被满足，而在静态类型环境中，断言则必须满足。

设想一下我们要定义的超类。基本的、无类型的版本如下：

```
class Sensor:
    def __str__(self):
        return self.format(self.value())
```

使用类型时，编写__str__(self) -> str会导致对该函数进行类型检查，引发Sensor没有format特性的错误。因此，我们需要添加占位用的format(...)和value()方法。问题是，value方法应该返回什么类型呢？传感器可能返回float、Optional[bool]、Optional[float]或List[Tuple[str, str]]。占位方法不能使用其中的任何返回类型，否则会与其他选项不兼容。如果使用特殊的typing.Any类型，实际上又相当于对这个方法禁用了类型检查。如果为value()方法使用冗长的Union[float, Optional[bool],Optional[float], List[Tuple[str, str]]]，那么这意味着对于任何传感器，所有这些类型都是有效的输出类型。

如果把这个Union用作format(...)方法的实参类型，则会引发更加隐蔽的错误。所有子类都受制于其超类的类型限制，但可能以不同的方式表现。当指定函数的输出时，子类返回的值要和超类中的定义一样具体，甚至更加具体。因此，下面的代码是完全有效的，因为期望收到Sensor但实际收到ToySensor的代码，总是能够找到一个返回Optional[bool]的value方法。它期望收到多种可能的类型，其中就包括Optional[bool]。

```
class Sensor:
    ...
    def value(self) -> Union[float, Optional[bool], Optional[float],
    List[Tuple[str, str]]]:
        raise NotImplementedError

class ToySensor(Sensor):
    ...
    def value(self) -> Optional[bool]:
        return True
```

处理函数实参时，情况就反过来了。对于format(...)函数，超类的类型定义向使用者保证，任何传入的value类型都是可以接受的，子类不能对此加以限制，否则调用代码必须准确知道使用了哪个传感器。因此，下面的代码将会失败：

```
class Sensor:
    ...
    def format(self, value:Union[float, Optional[bool], Optional[float],
    List[Tuple[str, str]]]) -> str:
        raise NotImplementedError

class ToySensor(Sensor):
    ...
    def format(self, value: Optional[bool]) -> str:
        return "Yes"
```

报出的错误为：

```
Argument 1 of "format" incompatible with supertype "Sensor".
```

在这里，有两种方法可以选择，具体选择哪种方法取决于从类型检查能够获得多大的帮助。最简单的方法是隐式或显式地让一些函数没有类型。保持无类型，意味着在使用基类传感器时，类型检查不会给我们带来太大帮助，只有当使用单独的、具体的传感器时，才能从类型检查获益。对于许多应用程序来说，这么处理就足够了，而且这种方法无疑更加简单。为了实现这种行为，需要创建一个 `Sensor` 超类，如下所示：

```
class Sensor:

    def value(self) -> Any:
        raise NotImplementedError

    @classmethod
    def format(cls, value: Any) -> str:
        raise NotImplementedError
    def __str__(self) -> str:
        return self.format(self.value())
```

将来编写的所有代码都会将类型检查限制为 `__str__()` 和 `format(...)` 方法总是返回字符串。对 `value` 的类型不会进行检查。

2.2.4 泛型类型

另外一种方法是全面进行类型检查。我们已经看到，`typing.List` 类型可以接受实参，由实参来指定列表的内容。同样，我们可以告诉类型系统，`Sensor` 基类接受类型实参，由它代表此传感器操作的类型。

能够指定被包含的类型，称为使类型成为泛型。我们需要将 `Sensor` 转换为有一个类型变量的泛型类型，该类型变量将用作 `value` 函数的返回类型和超类的实参类型。

```
T_value = TypeVar("T_value")

class Sensor(Generic[T_value]):
```

```
    def value(self) -> T_value:
        raise NotImplementedError

    @classmethod
    def format(cls, value: T_value) -> str:
        raise NotImplementedError

    def __str__(self) -> str:
        return self.format(self.value())
```

在这里，T_value 并非类型，而是占位符，代表在 Sensor 上使用方括号语法指定的值的类型。如果有一个 Sensor[str] 类型的变量，则 mypy 将把该变量的 T_value 与 str 关联起来，此时 value() 和 format(...) 方法都与 str 关联了起来。重点是，与 T_value 关联的类型随着传感器的不同而不同，它不是绑定到一个具体类型，而是动态绑定到代码声明的 Sensor 的子类型。

传感器自己使用 Sensor[type] 作为基类，但仍然需要在函数上声明自己的类型提示。虽然 mypy 会分析父类的类型提示，但它要求子类仍然必须定义类型提示，才能参与类型检查。这看似浪费时间，但阅读代码的人不必查看超类就能清晰地理解需要什么类型。这还能检查子类内部的代码是否一致，以及是否与超类的断言一致。因此，真正的传感器实现如代码清单 2-11 所示。

代码清单 2-11　传感器的类型化版本

```
class CPULoad(Sensor[float]):
    title = "CPU Usage"

    def value(self) -> float:
        return psutil.cpu_percent(interval=3) / 100.0

    @classmethod
    def format(cls, value: float) -> str:
        return "{:.1%}".format(value)
```

在上面的 CPULoad 传感器示例中，有一个 value(self) -> float 语句，但将其改为 value(self) -> int，甚至 value(self) -> bool，都不会看到错误。这是为支持更加简单的鸭子类型而做的一种不那么理想的设计决策。其观点是，任何函数如果能够接受 float，就能够接受 int，虽然这种观点不完全准确，但大部分时候可以这么认为。另外，在 Python 中，bool 是 int 的子类，所以接受 float 的函数在接受 bool 时，并不会引发错误。因此，如果期望函数返回 float，但它返回了 bool，这种情况会认为该函数返回了兼容的值。希望在将来，这种情况会引发警告，但是现在需要把这种局限牢记在心。

T_value 绑定到指定的子类型会导致一种令人惊讶的结果，即 Sensor[Any] 的意义出人意料。看起来它指的是任何有效的 Sensor，但实际上，它指的是没有对值进行类型检查的 Sensor。相比完全不使用类型检查，使用 Sensor[Any] 仍然有其优势。尽管类型检查器不能对处理 Iterable[Sensor[Any]] 循环的代码进行类型检查，以查看其在处理 value 参数时是否实现类型安全，但其关于存在 title 特性和公共的 __str__() 方法的断言在所有传感器类型中都存在，所以仍然可以检查这一点。

2.2.5 调试以及过度使用类型

使用 mypy 时，有时候查看调试信息很有帮助。mypy 没有交互式调试器，所以如果难以理解为什么会发生某个错误，就必须借助 reveal_type 函数来使用 printf 风格的调试。

例如，我们创建一个测试脚本，使其以错误的方式使用 sensors.py 中的一些代码：

```
from sensors import CPULoad

sensor = CPULoad()
print(sensor.format("3.2"))
```

如果运行 pipenv run mypy broken.py，将得到下面符合预期的错误：

```
broken.py:4: error: Argument 1 to "format" of "CPULoad" has incompatible
type "str"; expected "float"
```

但是，如果更新 broken.py，使其更加复杂一些：

```
from sensors import CPULoad, ACStatus

two_sensors = [CPULoad(), ACStatus()]
print(two_sensors[0].format("3.2"))
```

然后重新运行 mypy，则会看到一个更加基础的错误：

```
broken.py:4: error: "object" has no attribute "format"
```

在这里，mypy 看起来错误地推断了 two_sensors 列表的类型。我们可以在源文件中添加 reveal_type(two_sensors)，将其放到 two_sensors 的定义之后，看 mypy 发现了什么。需要注意的是，reveal_type 并不是一个真正的函数。它是 mypy 解析器的一个结构，而不是 Python 代码，所以不需要导入。如果将它留在代码中，那么运行代码的时候会报错。只应该在运行 mypy 的时候添加它，把它作为一种临时的调试助手。添加 reveal_type(two_sensors) 后，会看到 mypy 的输出中多出了以下行：

```
broken.py:4: error: Revealed type is 'builtins.list[builtins.object*]'
```

这说明，mypy 将该变量解释为对象列表，而不是传感器列表。如果我们从 typing 模块导入合适的名称，并为 two_sensors 行添加显式类型，例如：

```
two_sensors: List[Sensor[Any]] = [CPULoad(), ACStatus()]
```

那么，mypy 的输出会变成：

```
broken.py:6: error: Revealed type is 'builtins.list[sensors.Sensor[Any]]'
```

如前所述，typing.Any 混合了多种类型。该定义的含义是，从这个列表获取的任何传感器都是 Sensor[Any] 类型，所以 mypy 不会再把 two_sensors[0].format("3.2") 检测为一个错误。

在当前示例中，有两个传感器，一个返回 float，另一个返回 Optional[bool]，所以可以把列表声明为：

```
two_sensors: List[Union[Sensor[float], Sensor[Optional[bool]]]] = [
CPULoad(), ACStatus()]
```

意思是，two_sensors 只会包含这些传感器类型，但这仍然不是特别有用。现在，我们将看到下面的两个错误行：

```
broken.py:7: error: Argument 1 to "format" of "Sensor" has incompatible
type "str"; expected "float"
broken.py:7: error: Argument 1 to "format" of "Sensor" has incompatible
type "str"; expected "Optional[bool]"
```

这说明，mypy 确实发现调用有错，但是根据它给出的信息可知，它不知道 float 或 Optional[bool] 才是正确的选择。通过使用 reveal_type(two_sensors[0].format)，可以获得它报错的 format 方法的更多信息，如下所示：

```
broken.py:6: error: Revealed type is 'Union[def (value: builtins.float*) ->
builtins.str, def (value: Union[builtins.bool, None]) -> builtins.str]'
```

即 mypy 知道出错的是两个函数签名之一，其中一个接受名为 value 的 float 值，另一个接受名为 value 的 bool 或 None 值，并且这两个函数都返回 str。根据类型提示，这两个函数签名都是有效的。我们无法使 mypy 检测到正确的那个函数，除非将类型声明为：

```
two_sensors: Tuple[Sensor[float], Sensor[Optional[bool]]] = (CPULoad(),
ACStatus())
```

这么做太麻烦了。这说明，如果教条地使用类型，代码很快会变得难以维护。在这种情况下，你有两个选择，即接受较低级别的类型检查，或者完全重构程序，通过避免将类型混合在一起实现更加简单的类型检查。从我个人的角度来说，我倾向于减少检查。

2.2.6 何时使用类型，何时避免使用类型

一般来说，在Python中，类型提示只是一种可选特性。一些人倾向于静态类型所鼓励的更加严格的风格，但如果你自己对这种风格不是很适应，那么不建议你仅仅因为静态类型让使用工具变得简单，就转向使用静态类型。

对于类型检查，应该认为这是一种为自己提供帮助的方式，而不能认为它可以检测到所有可能存在的错误。在编写代码时应该判断一下，保证每个类型正确带来的好处，是否超过了代码复杂度增加所产生的不便。通常，这两者之间存在一个清晰的中间点。到中间点时，继续增加类型会更难正确地表示，而减少类型并不会显著简化代码。

例如，在上述项目的后续阶段，我们将对一些传感器在一段时间中的输出进行绘图。对返回float或int的传感器绘图很容易，因为它们是定量值。对于返回字符串列表的列表或者sys.version_info的传感器，没有一种很自然的方式能够把它们转换成图表。

对于这些传感器，我们可以想到，让代码使用一个传感器序列并且这些传感器都使用数值类型（或可选数值类型）作为输入。这允许我们限制value函数返回的期望类型，并确保函数其余部分是类型安全的，但并不需要确保每个传感器的确切类型在代码库的所有变量中维护。

更一般来说，并不是所有项目都会从静态类型获益良多。如果项目中使用了一组简单的函数，并且这些函数返回已知类型，则静态类型真的会有帮助。一旦开始需要大量使用Union或自定义泛型类型，那么使用类型的帮助就开始减小。

在我看来，最重要的因素是，开发软件的人是否想要使用静态类型。如果你和你的同事喜欢这种方式带来的严谨性，那么使用静态类型可能是一个好主意。如果把大部分时间和精力花费在代码评审和测试上，那么添加测试的优势会小得多。

如果你正在编写供其他人使用的库，那么至少要对外部接口使用类型提示，因为这允许该库的用户能够使用类型提示，而不必把你的库从类型检查过程中排除掉。

在本书中，我们将使代码包含类型提示。因为代码是我一个人编写的，而我不反对使用类型提示，所以并没有特殊的理由来避免使用类型提示。这会带来两个优点。首先，在代码示例中发现小bug时，很难更新书的内容。使用类型提示有助于保证代码一开始就是正确的。其次，如果使用过类型提示，就更容易在直觉上判断这个功能在你的项目中是否有用。在本书创建示例的过程中，你可能发现自己不同意我选择的类型提示。不要因此而认为自己的观点是错误的，因为在设计测试套件和静态检查器的过程中，知道自己认为什么是更加自然的选择，就完成了一半的设计工作。

2.2.7　将类型提示与代码分离

在代码中使用类型提示的另一种方法是，在一个不同于代码文件的 pyi 文件中定义它们。pyi 文件类似于 C 编程语言中的 .h 文件，它保留代码的结构，但不包含具体实现。如果负责一个软件的大部分开发人员不使用类型提示（如它们是供代码的外部使用者使用的），或者类型结构非常复杂，会让代码显得很杂乱，那么这种做法很有帮助。代码清单 2-12 显示了部分实现。

代码清单 2-12　不包含内联类型定义的 sensors.py 文件的一部分

```
#!/usr/bin/env python
# coding: utf-8
import math
import socket
import sys

import click
import psutil
class Sensor:

    def value(self):
        raise NotImplementedError

    @classmethod
    def format(cls, value):
        raise NotImplementedError

    def __str__(self):
        return self.format(self.value())

class PythonVersion(Sensor):
    title = "Python Version"

    def value(self):
        return sys.version_info

    @classmethod
    def format(cls, value):
        if value.micro == 0 and value.releaselevel == "alpha":
            return "{0.major}.{0.minor}.{0.micro}a{0.serial}".format(value)
        return "{0.major}.{0.minor}".format(value)
```

与上面的部分文件对应的 sensors.pyi 如下：

```
from typing import Any, Iterable, List, Optional, Tuple, TypeVar, Generic

T_value = TypeVar('T_value')

class Sensor(Generic[T_value]):
    title: str
```

```
    def value(self) -> T_value: ...
    @classmethod
    def format(cls: Any, value: T_value) -> str: ...

class PythonVersion(Sensor[Any]):
    title: str = ...
    def value(self) -> Any: ...
    @classmethod
    def format(cls: Any, value: Any) -> str: ...
```

mypy 能够从标准 Python 文件生成这些占位文件。在使用生成的文件前，必须先编辑它们，因为它们除了 `typing.Any` 之外，不包含任何类型声明。这些文件是使用 stubgen 工具生成的，如下所示：

```
> pipenv run stubgen sensors.py
> cp out/sensors.pyi ./sensors.pyi
```

在我看来，除非有充分的理由，否则应该避免使用这种格式。这种格式更难维护，因为在添加新函数时，除了要添加到 py 文件中，还需要添加到 pyi 文件中。不止如此，在某些情况下，使用类型注解更加困难。例如，在混合语法中，`Sensor[float]` 是有效的 Python，但是在分开的形式中，`Sensor` 基类没有从 `Generic` 继承 `__getitem__` 方法，所以 `Sensor[float]` 只在 pyi 文件中有效，在 py 文件中是无效的。如果不想只是在 pyi 文件中使用 `Sensor[float]`，还想在 py 文件中使用，就必须使用遗留的注释语法来定义该类型：

```
sensor = [CPULoad(), ]  # type: List[Sensor[float]]
```

练习 2-3：扩展类型覆盖

我们已经创建了传感器的基类，并看到了如何把它应用到一个传感器。更新 `sensors.py` 文件中的其余传感器，通过添加合适的类型提示，使它们使用 `Sensor` 基类。

你可能想要对 mypy 使用 `--strict` 命令行标志，以查看默认情况下不会给出的一些警告（例如，由于忽略了外部模块而不会给出的警告）。

关于如何处理来自 psutil 中的无类型变量以及一种难以确定类型的传感器，必须做出一些选择。

2.3 linting

linting 是一个通用术语，表示多种不同类型的静态代码分析。在某种意义上，2.2 节中 mypy 执行的静态分析就是一种技术性很强的、计算机科学驱动的 linting。本节将讨论的 linting 的复杂性要低得多，并且比类型检查更容易引入现有项目中。

我首选的 linter 是 flake8，这个名称源自《Python 增强建议书》（*Python Enhancement Proposal*，PEP8），该建议书为 Python 代码定义了一种风格指南㊀。flake8 和其他 linter 比这个风格指南更加深入，使得生成的代码符合最佳实践和一些备受尊敬的 Python 开发人员的意见。你可能发现，有另外的 linter 能够更好地与你使用的代码编辑器集成，对于这种情况，建议使用该 linter。

你会发现，一些 linter 执行了你认为并不重要的检查，而没有执行你认为应该执行的检查。由于这种原因，flake8 可高度定制，允许软件开发者定义如何检查代码。作为软件的开发者或维护者，你将能够根据自己的需要设置这些值，从而让 linter 发挥最大作用。如果你在为其他人维护的代码做贡献，那么通过查看他们在 flake8 配置中做出的选择，就可以在提交自己的补丁前，知道他们会不会喜欢你编写的代码的风格。必须调整代码使其通过一个过于严格的 linter，这个过程可能令人沮丧，但相比在拉取（pull）请求中逐行查看维护者在注意到问题后写下的注释，这个过程就容易接受一些了。

因为 linter 报出的许多警告都与格式有关，所以现在的一个趋势是让 linter 修改格式以便保持一致。在这个领域，black 是 Python 社区中的领头羊㊁。black 会自动以一致的方式来格式化你的代码。相比其他 linter，black 有许多优势，其中最主要的是，从情感上来说，接受自己不能控制代码的格式，要比被要求处理大量看起来不重要的修改容易得多。使用 black 的一大优点是不需要在空格问题上安抚 linter。

如果你在为没有使用 black 的代码库做贡献，则应该确保只提交自己想做的修改。git 命令 `git add --patch` 是一个优秀的工具，可用来精确选择暂存哪些修改，以便进行提交。如果你提交到一个项目，但提交的内容会改变与你的修改没有关系的代码的格式，那么提交的内容很可能会被撤销，而且人们会对你的修改感到不高兴。

2.3.1　安装 flake8 和 black

我们将安装并设置 flake8 和 black，以便在代码上运行它们。这两个库都是开发依赖

㊀ 严格来说，flake8 这个名称实际上基于 pyflakes 和 pep8 库，这两个库都是静态分析工具。pep8 库以 PEP8 命名，因为它旨在检查 PEP8 合规性。

㊁ black 的配置选项很少，它会执行自己认为最好的处理。它的名称取自亨利·福特（Henry Ford）的一句名言："任何顾客都可以把汽车漆成他喜欢的颜色，只要这个颜色是黑色就可以。"

项，而非核心依赖项，所以在安装时需要使用 `--dev` 标志[一]。

```
> pipenv install --dev flake8 black
```

2.3.2 修复现有代码

现在，我们可以使用下面的命令对代码（或测试）运行 flake8：

```
> pipenv run flake8 sensors.py
> pipenv run flake8 tests
```

运行上面的命令时，会看到几个必要的修改。其中许多是要求修改空格，但另外一些与代码格式有关。我们不想手动做这些修改，所以可以使用 black 来重新格式化代码[二]。

```
> pipenv run black sensors.py tests
```

重新格式化这些文件后，我们期望 flake8 只报告与格式没有关系的错误。但是，还有一些工作要做。首先，black 默认的行长度是 88 个字符，而 flake8 默认的行长度是 80 个字符。我们需要更新 flake8 的配置，使用与 black 相同的值。为此，需要在 `setup.cfg` 中现有的 mypy 配置的后面添加一个 `[flake8]` 节。

```
[mypy]
ignore_missing_imports = True

[flake8]
max-line-length = 88
```

运行 `pipenv run flake8 sensors.py` 时，会看到一些错误。这是因为我们有一些超长的注释。注释是让人读的，而不是让 Python 解释器读的，所以 black 不会为我们拆分注释。要让 `sensors.py` 通过 flake8 测试，需要做的改动不大，但当我们对测试运行 flake8 时，会看到一些需要修复的真正的错误[三]。

[一] 在撰写本书时，black 的开发者在过去 18 个月中一直承诺会从 black 移除预发布标志。如果在你读到本书时，这还没有发生，那么可能需要在 pipenv 的后面加上 `--pre` 标志，才能安装 black。虽然 black 的开发者声称他们不认为 black 已经成熟到适合生产环境，但我认为已经可以在生产环境使用它了。

[二] 当转换项目以使用 black 时，应该在一个 `git commit`（提交命令）中把 black 添加到环境中，然后在另一个 `git commit` 中自动进行所有修改。这样一来，如果后面发生了合并冲突，就很容易丢弃第二次提交命令，然后重新运行 black。包含重新格式化的代码的提交命令应该如下所示：

```
git commit -m "Apply initial black formatting" --author="Black Formatter
<black@example.com>"
```

这是为了确保将来的开发人员清晰理解这个命令在执行自动重新格式化。如果不指定作者，那么会认为你是最后一个修改代码库中各处代码的那个人。

[三] 其中有一些错误我假装没有注意到，主要为了让你在本节能够发现一些问题，但也有一些错误可能是我确实没有注意到的。在重构代码时，即使非常认真，也有可能错过一些问题。

```
> pipenv run flake8 tests
tests\test_acstatus.py:2:1: F401 'socket' imported but unused
tests\test_acstatus.py:41:26: E712 comparison to True should be 'if cond is
True:' or 'if cond:'
tests\test_acstatus.py:46:26: E711 comparison to None should be 'if cond is
None:'
tests\test_acstatus.py:51:26: E711 comparison to None should be 'if cond is
None:'
tests\test_cpuusage.py:2:1: F401 'socket' imported but unused
tests\test_dht.py:2:1: F401 'socket' imported but unused
tests\test_dht.py:57:13: F841 local variable 'f' is assigned to but never
used
tests\test_ramusage.py:2:1: F401 'socket' imported but unused
tests\test_sensors.py:1:1: F401 'sys' imported but unused
```

在这个输出中，我们会看到文件名后跟行号，行号后跟该行中的列号（如果不适用，则显示数字1）。最后，可以看到flake8为该样式错误给出的编号，以及容易阅读的解释。通过把编号添加到`setup.cfg`中的`ignore=`行中，可以排除某些检查。

每个报错的含义都很清晰，一行行查看它们并按照建议修改代码是一个相对来说比较机械的任务。建议从错误列表的底部开始向上一个个修复。如果从顶部开始向下修复，那么由于在修复F401错误时删除了不必要的`import`行，代码中的行号可能不再准确。

2.3.3 自动运行

手动运行linter肯定是可以的，但是现在我们有4个不同的检查需要运行，以确保代码是可被接受的。手动运行时，很容易忘记执行其中某个检查，从而不小心提交不符合标准的代码。一旦提交，再进行修复就要困难得多，要么需要编辑提交的代码使其包含修复代码，要么需要再提交一次并且让提交的代码只包含需要的修复代码。在使用linter但没有以一致的方式使用它们的项目中，经常会看到类似"PEP8""Fixes"或"Flake8"的提交消息。

使用linter的主要原因之一是，一开始就让代码准确，所以为了最大限度利用linter，应该在每次提交时都运行linter，而不只是在每个push中运行，或者当开发人员想起来的时候才运行。如果代码库接受来自外部的多名开发人员的贡献或者工作，这一点尤为重要，因为如果某些开发人员不运行linter，那么就不能保证linter发现的错误与你做出的修改有关。

因此，本章最后推荐的一个工具是pre-commit。此工具用于管理Git提供的钩子，判断是否应该允许某次提交。它是使用Python编写的，所以安装起来很容易，就像安装其他开发工具那样。

```
> pipenv install --dev pre-commit
```

我们需要配置 pre-commit，使其了解我们想运行的 3 个工具。这需要把它们输入 .pre-commit-config.yaml 配置文件中。pre-commit 广泛支持通过 GitHub 使用社区编写的配置，这也是官方推荐的配置钩子的方法。但是，我发现，对于许多人来说，直接在存储库中手动编写钩子更快，如代码清单 2-13 所示。如果愿意，可以选择许多外部维护的钩子，但是这里的这种显式方法通常足以满足需要。

代码清单 2-13 .pre-commit-config.yaml

```
repos:

- repo: local
  hooks:
  - id: black
    name: black
    entry: pipenv run black
    args: [--quiet]
    language: system
    types: [python]

  - id: mypy
    name: mypy
    entry: pipenv run mypy
    args: ["--follow-imports=skip"]
    language: system
    types: [python]

  - id: flake8
    name: flake8
    entry: pipenv run flake8
    language: system
    types: [python]
```

在此套件中，我们没有自动运行 pytest，因为我们预计随着项目的开发，pytest 会变得更慢。在代码库增长时，静态分析工具不会变慢太多，但是测试却很可能会变慢很多。

有了这个文件后，就配置好了 pre-commit。每个用户都需要在签出时启用 pre-commit，这通过下面的命令实现：

```
> pipenv run pre-commit install
```

从现在开始，这 3 个检查器会保护所有提交。可以选择跳过这些检查（例如，你可能快速提交还未完成的代码并准备后期进行修改时）。跳过检查有两种方法，即在 `git commit` 调用中指定 `--no-verify` 参数，或者将 `SKIP` 环境变量设置为要跳过的检查器的名称[㊀]。

㊀ 对于除 Windows cmd.exe 之外的大部分 shell，可以使用 `SKIP="mypy" git commit` 命令来实现。

提示 我常常使用 `git add --patch` 以交互式方式暂存我工作内容的“变更块”(hunk)[⊖]，而不是一次性添加完整文件。如果你也采用这种方式工作，那么应该谨慎对待 linter 和格式化器，因为当你进行提交时，可能已经存在下一次想要提交的代码。

pre-commit 能够很好地处理这种情况。所有未暂存的修改会被保存到 pre-commit 管理的一个独立的存储区（它不会干预已暂存的内容），所以验证器和重新格式化工具只会处理暂存的代码。在我看来，这是 pre-commit 最出色的功能。

2.3.4 拉取时运行

版本控制软件（如 GitHub 和 GitLab）的现代前端支持持续集成（Continuous Integration, CI）钩子。它们允许外部服务对提交的内容、分支的内容和拉取请求进行验证，并在用户界面中使用结果注解它们。许多产品都提供了这种功能，但它们有着不同的功能集和定价结构。

GitHub 提供了一个简单的基于 docker 的 CI 运行器，以及一些商用功能。GitLab 采用的方法与 GitLab 自身相同，即所有功能都是开源的，可根据需求进行配置。由于存在众多不同的方法，所以这里无法给出一个适用于所有人的推荐方法。本节只介绍最一般的方法。我个人通常使用 GitHub 的 Actions。

持续集成软件提供的信息有两种目标用户。最明显的用户是包的维护者。如果你有一些代码是其他人可以访问的，无论是被编写公共补丁的人访问，还是被同事访问，你都会想要知道他们建议的补丁是否包含明显的错误。维护软件是一项很艰难的工作，如果必须签出一个分支，在本地计算机上生成软件，然后才能发现提交的代码中存在让软件无法工作的拼写错误，这项工作就更难了。持续集成能够执行你经常做的检查，使你能够将精力集中到代码评审上，从而减轻你的工作量。

另一种用户不太明显，即变更的作者。当你第一次为某个软件做贡献时，确保没有犯错误是一项非常令人头疼的工作。没有人想犯错，尤其是在公众或者同行面前。持续集成并不需要与其他人进行交互，就能够警告你某个地方存在问题。当你提交拉取请求时，就能够看到各个检查通过的情况，确信你的贡献中不存在简单的错误，不会被认为是在浪费他人的时间。

如果项目的测试套件很慢，或者测试套件依赖于特定的操作系统或依赖项版本，这一点尤为有用。可以设置持续集成，使其在 Linux、Windows 和 macOS 上运行软件。Django

⊖ 我不知道为什么 GNU diff 的作者选择把一组更改过的行叫做 hunk，但自那之后，hunk 已经成为一个标准术语。

测试套件能够针对每种支持的数据库架构运行，包括付费数据库（如 Oracle）。要求所有提交补丁的人都针对所有这些不同的配置运行测试并不现实，所以 CI 服务器处理了这项工作。

2.4 小结

本章扩展了示例项目，将几个基本函数改写成了类，以一种方便构造后续功能的方式来实现这些功能。我们实现了自动测试，以便确信自己做出的修改不会破坏其他代码，还实现了类型检查和 linting，以便能够捕捉到代码中存在的基本错误。

本章介绍了 3 大类软件（测试、类型检查和 linting），它们可以帮助软件工程师自信地编写代码。常常可以看到人们提倡这三种方法，以及他们认为在使用这些方法时应该遵守的特定理念（如 100% 测试覆盖率）。这些方法的价值在于帮助你以及为你的软件做出贡献的人们节省时间，应该将这一点作为评判是否应该使用它们的标准。

一般来说，需要付出最大努力的方法带来的回报往往也最大。因此，测试代码能够带来的潜在回报最大，一般被认为是一个好主意。相比之下，测试驱动开发、在完成主要开发后再编写测试、100% 的测试覆盖率，以及不同类型的测试带来的优势并没有那么显著。对于成一定规模的项目，我强烈建议至少编写一些测试。它们不需要是优秀的测试。只要做了一些测试，就会随着时间的推移给你带来帮助。

静态类型检查有巨大的优势，尤其在编写大规模复杂代码时。对于如何进行静态类型检查，也需要做一些决策，并且它的学习曲线较陡。不熟悉测试的开发人员并不会时刻遇到测试套件的细节，但对于静态类型来说，情况则不一样。在整个代码库中，都会看到类型的存在，而且编写新的函数时需要考虑静态类型。因此，建议只有在有充分的理由时，才使用静态类型。在我看来，开发团队认为静态类型有用就是最好的理由。其他理由——如预期代码的复杂度很高或者未来的用户可能希望对其代码使用类型检查——也是很有说服力的理由。

最后，linting 实现起来很容易，但是优势相对较小。它肯定能够帮你节省一些时间（可能还会避免一些“自行车棚”现象[⊖]），但它只能发现浅显的 bug 和风格改进方向。linting 是值得做的，但是没有必要过于强调。强烈建议所有 Python 项目都使用某个 linter，也鼓励有多个人共同参与的项目使用代码格式化器。虽然如此，如果你认为某些类型的警告没有帮助，完全可以忽略它们。

⊖ “自行车棚”（bikeshedding）现象指关注设计的细枝末节，而非关注真正重要的部分。这个名称源自一种观点，即当拿到核电厂的详细计划后，人们更有可能讨论一些琐碎但普遍的问题（如自行车棚的颜色），而不是一些复杂的问题（如核电厂的设计）。

下一章将用一种可安装的方式来打包这个软件，并将提供一种通过插件架构在可用传感器集合中添加更多传感器的方式。

更多资源

与本章讨论的主题有关的更多信息请参见以下资源：

- typeshed 库包含了针对标准库和许多第三方库的类型提示。该库及其文档提供的示例说明了如何有效地实现复杂类型。从 https://github.com/python/typeshed 可以访问其 Git 存储库。
- pre-commit 的文档包含关于高级功能和为各种工具预编写的钩子的大量信息。更多信息请访问 https://pre-commit.com/。
- PEP561 定义了如何分发类型提示，尤其是作为只为现有包提供提示的包时如何分发。下一章将讨论包，不过在 https://www.python.org/dev/peps/pep-0561/#stub-only-packages 上也可以找到相关信息，对于正在思考在现有代码库中添加存根是否实用的开发人员来说，这些信息可能有用。
- 从 https://flake8.pycqa.org/en/latest/user/error-codes.html 可以找到 flake8 使用的错误编号列表，除此之外，flake8 也会使用 https://pycodestyle.readthedocs.io/en/latest/intro.html#error-codes 上的 pycodestyle 列表。

Chapter 3 第3章

打包脚本

我们想让到现在为止开发的Python代码能够运行在不同的计算机上，但因为代码被存储为Python文件的一个目录，所以很难部署更新版本以及确保所有部署都是同步的。在前两章中，通过使用pipenv脚本，我们已经与Python中的包管理系统进行过交互，下一步是我们自己来使用这个系统，而不只是依赖它。

Python中采用的打包过程近年来一直在变动。总体过程一直在稳定改进，并且不断有新的变化。多年来，安装过程都是通过`setup.py`文件来协调，该文件在函数调用中声明依赖项和元数据。而该函数是从某个辅助库（通常是setuptools，但并非一定如此）中导入的。

这种方法最大的问题可能是，有些包想要使用依赖库来计算`setup.py`中的元数据（如从版本控制软件中提取版本信息），但这种依赖必须在`setup.py`文件中指定。这就导致了“先有鸡还是先有蛋”的情况，即无法确定需要哪些依赖项来运行声明依赖项的脚本。

这不是一种理想的情况，但因为大部分软件不使用这种功能，所以它多多少少算是一种学术性问题。可用于分发的格式也有许多。多年来，tar.gz和zip一直是非常常用的分发格式，它们是源代码的简单归档，创建起来最容易，但是有循环依赖问题，并要求执行代码来进行安装。如果要安装到系统Python环境中，就意味着需要作为根用户运行从互联网下载的代码，这会让大部分信息安全团队感到不安。

因此，在2012年，一种基于zip的标准格式被开发了出来，命名为wheel。wheel允许在安装Python包时不执行任何自定义代码。事实上，要安装Python wheel，只需要将其内容提取到正确的目录[1]。wheel 与 egg（一种早期分发格式）相似，后者也允许在安装 Python 代码时不随意执行代码，但它在技术上做了一些不同的决策。一般来说，你不需要与 egg 文件交互，但考虑到有可能遇到这样的文件，了解它们是什么会有帮助。

多年来，打包 Python 文件的方式发生了许多变化。事实上，多年来针对 Python 一直存在的一个批评就与打包有关。几乎每个专业 Python 开发人员都遇到过打包结果不符合预期的情况。不过，在过去几年间，包安装的可靠性似乎得到了提升。目前的大部分创新似乎围绕着在环境管理方面提高用户体验，而不是修复出问题的系统。Python 打包技术还有一段路要走。针对打包 Python 软件的问题，有一些不同的方法，其中一些在将来很可能取代本章推荐的方法成为新的最佳实践。目前还不清楚哪个软件会赢得这场竞赛。

3.1 术语

本章使用的一些术语有时候在非正式表达时会被误用，比大部分编程术语被误用的情况更严重。通常，从上下文中能够清晰地理解要表达的含义，而且在日常工作中，开发人员并不需要关心每个术语的具体含义，但在文档中使用时，确保术语有清晰的意义非常重要。

提到 Python 代码时，**文件**、**脚本**和**模块**常被用来指代相同的东西。Python 文件是文件系统中包含代码的文件，如 `foo.py`。脚本是能够作为逻辑单元直接执行的文件。模块是从 Python 环境中导入代码时得到的东西。

类似地，**目录**（或**文件夹**）和**包**也被误用。目录是文件系统中存储文件的位置，包是模块的可导入容器。如果 `import foo.bar` 是有效的，那么 `foo` 一定是一个包，但是 `bar` 可能是一个包，也可能是一个模块。在本例中，执行 `import foo` 的代码会绑定 `foo`，成为文件 `foo/__init__.py` 支持的模块。如果需要将包和它们包含的包进行区分，则分别将它们称为“顶层包”和“子包”。

最令人困惑的地方在于，准备一组文件和文件夹来分发给用户的过程称为“打包”。其结果（可能是 zip、tar.gz 或 wheel 文件）称为“发行版”。发行版可以直接包含多个顶层包（及其包含的子包和模块）以及模块。

在非正式交流中，常常把独立分发的库或应用程序叫作包，使用顶层包代替发行版。

3.2 目录结构

在打包代码时，首先要做的是把代码移动到一个目录中，以便将相关代码放到一起。

[1] 这里做了一些简化。对于某些包，根据它们的内容可能还需要解析各种配置文件，以及复制子树。关键因素是不会发生随意执行代码的情况。

严格来说，并非必须这么做，例如一些包就是作为单独的文件分发的，如 Python 2/3 的兼容垫片 six 作为 six.py 文件分发，而不是作为 six/ 目录分发。但是，放到一个目录中进行分发是目前为止最常用的方法。大部分 Python 包都安装在扁平的命名空间中，用一个目录包含 Python 文件和子目录，然后将该目录添加到 import 命名空间中。例如，django 打包在目录 django/ 中，所以可以使用 import django 来导入它。导入 django 将得到一个模块对象，它对应于 django/__init__.py，后者存储在 Python 环境内部的 site_packages/ 目录中。一般来说，软件应该采用这种结构。

另一种方法是使用**命名空间包**。命名空间包是模块命名空间中的目录，它们只包含其他包，不包含任何代码。这允许开发人员为代码创建多个不同的发行版，并让它们将软件安装到同一位置。对于简单程序来说，这种方式通常有点大材小用，但在规模很大的应用程序中，可能存在多个松耦合的组件，此时这种方式很适用。这种多包方法有优点，也有缺点。它允许应用程序的不同逻辑组件有独立的版本，并独立发布，其代价是，如果要同时发布所有组件，发布过程的开销就增加了许多。

如果将代码发布为多个发行版确实合理，那么有几种不同的方法可以为它们命名。命名空间包本身并没有许多天然优势，import apd_sensors 和 import apd.sensors 之间实际上并没有太大的区别。命名空间的布局看起来要整洁一些，所以当代码要分发成多个包的时候，我一般会使用命名空间包。

提示 根据经验，如果你预计会创建 foo.bar、foo.baz 和 foo.xyzzy，但是不会创建 foo，那么 foo 应该是一个命名空间包。

对于我们的示例而言，创建 apd 命名空间很合理，这允许我们把 apd.sensors 包和 apd.collector 包放在一起。apd.collector 是第 4 章中创建的一个包，用于对照和分析收集的数据。

我们需要把 sensors.py 移动到新的目录结构中，这个目录结构与我们想要提供的包对应，所以现在 sensors.py 所在的目录就成了 apd/sensors/sensors.py。apd/sensors 目录需要有一个 __init__.py，才能成为有效的包，不过我们可以将其留空。命名空间包不能包含 __init__.py，因为同一命名空间中包含多块代码，如果允许命名空间包含 __init__.py，就可能存在多个同样有效的 __init__.py[①]。

这种目录布局在 Python 项目中应用广泛，但我强烈推荐另一种布局，它常被称为“src 布局”。使用这种布局时，apd/ 目录将存储在 src/ 目录中，这样一来，就可以在

① 这种要求并非一直存在。你可能会遇到一些早期的包，它们在命名空间包中有 __init__.py 文件。这些文件总是包含一些特殊代码，以便能够让自己被忽略，但是不包含其他内容。

src/apd/sensors/sensors.py 目录中找到 sensors.py 文件。使用这种布局的理由是，Python 允许从当前工作目录导入代码，所以 import apd.sensors 会自动从 apd/sensors/__init__.py 目录中读取代码（前提是存在该文件）。src/ 结构保证了不会发生这种情况，所以导入的版本总是环境中安装的版本。

到现在为止，我们一直依靠这种技巧来让代码可被导入。sensors.py 文件存储在工作目录中，所以测试代码可以导入它。因此，能够从当前工作目录导入代码看起来是一种优点。这意味着正在编写的代码总是对 Python 可用，但在某些情况下，这可能会产生令人困惑的 bug。

pipenv 支持 -e 标志，它代表“可编辑”（editable），这提供了一种实现相同效果的结构化方式。当我们在环境中安装代码时，相关文件将被复制到该环境的内部目录中，所以就有了一个一致的位置，使 Python 可以找到所有文件。使用此标志安装代码时，不会将代码隐藏在虚拟环境中。相反，会在 Python 文件的内部目录和工作目录中的文件或者从版本控制系统签出的文件（后者的前提是给定 VCS URL 而非文件系统路径，请参考表 3-1 来了解此标志如何影响不同的安装类型）之间建立一个链接。这意味着对这些文件做的任何修改将立即反映在虚拟环境中。

表 3-1 使用和不使用可编辑标志（-e）时从不同源安装包的行为

安装源	使用 -e	不使用 -e
文件系统路径 ./six	安装脚本中定义的包将作为引用就地安装	安装脚本中定义的包将被复制到虚拟环境中
VCS 路径[①] git+ssh://git@github.com/benjaminp/six.git#egg=six	将存储库签出到 $(pipenv --venv)/src，然后作为引用就地安装	下载存储库，然后将其复制到虚拟环境中
从 PyPI 分发 six	不支持。将正常下载并安装包	正常下载和安装包

① 注意，这里使用了 #egg=six。在现代 Python 开发中，这是能够看到 egg 术语的少数几个地方之一。这里使用它是为了在一次性安装多个包时帮助解析依赖项。

这种方法使我们能够确保正在编辑的代码是 Python 解释器使用的代码，同时，通过使用与最终用户相同的依赖项和环境管理系统，使我们能够相信代码的打包没有问题。

考虑到我们有办法确保在环境中使用本地文件，所以没有理由再依赖使用当前工作目录的小技巧。事实上，在极少数情况中，那种技巧可能让人感到困惑。例如，如果由于代码的元数据文件中存在错误导致在安装到虚拟环境中时出现问题，就可能导致安装项部分工作（而不是我们预想的那样完全不能工作）。这种行为通常是不同的，从不同工作目录发出命令，表现出的行为也不同。

调整代码后，目录结构如下所示：

```
apd.sensors/
├── src/
│   └── apd/
│       └── sensors/
│           ├── __init__.py
│           └── sensors.py
├── tests/
│   ├── __init__.py
│   ├── test_acstatus.py
│   └── ...
├── .pre-commit-config.yaml
├── Pipfile
├── Pipfile.lock
├── pytest.ini
└── setup.cfg
```

3.3 安装脚本和元数据

本章之初提到，传统上，Python 包的元数据存储在 setup.py 文件中。该文件包含对特殊函数 setup(...) 的调用，并将关于包的各个元数据作为参数传递给该函数。对于我们的包，至少需要下面的 setup.py：

```
from distutils.core import setup

setup(
    name="apd.sensors",
    version="1.0",
    packages=["apd.sensors"],
    package_dir={"": "src"},
    license='MIT'
)
```

有了这个文件后，我们的打包过程就进入了一个最起码能够工作的阶段。我们可以把当前目录中的包安装到隔离环境中，然后运行 apd.sensors 的 sensors 模块中定义的脚本：

```
> pipenv install -e .
> pipenv run python -m apd.sensors.sensors
```

3.4 依赖项

现在，我们有一个包含所有依赖库的环境，代码也已安装到该环境中，就像 PyPI 上可用的任何包那样。但是，依赖项仍然由 pipenv 管理，而不是通过 apd.sensors 包解析。

我们总共在环境中安装了8个开发依赖项，但它们的直接依赖项和间接依赖项向环境中添加了70个包。apd.sensors需要一些库才能正确工作，但我们不想让用户必须手动安装这些库。为此，我们把库的硬性依赖项移动到setup.py中。

Pipfile的[packages]中的内容是非开发需求，如下所示：

```
[packages]
psutil = "*"
click = "*"
adafruit-circuitpython-dht = {markers = "'arm' in platform_machine",
version = "*"}
apd-sensors = {editable = true,path = "."}
```

可以看到，这里声明了3个依赖项。这3个依赖项都将版本设为"*"，这说明它们都没有设置任何版本限制，但其中一个有平台标记。如果将这段内容转换为setup.py期望的格式，将变为：

```
from setuptools import setup

setup(
    name="apd.sensors",
    version="1.0",
    packages=["apd.sensors"],
    package_dir={"": "src"},
    install_requires=[
        "psutil",
        "click",
        "adafruit-circuitpython-dht ; 'arm' in platform_machine"
    ],
    license='MIT'
)
```

现在，就可以从Pipfile中移除无关的行，既可以手动移除，也可以使用pipenv uninstall psutil等移除。

> **警告** Pipfile中定义的条件依赖项总是会被添加到Pipfile.lock文件中，无论当前平台上是否需要它们。只有当前平台需要时，才会添加你安装的包的条件依赖项。对我们来说，这意味着需要在树莓派上重新运行pipenv lock，以锁定专用于ARM的依赖项。一般来说，Pipfile.lock文件会在给定计算机上创建可重建的版本。它不保证能创建一个能够在多种不同Python版本、操作系统或处理器硬件上工作的可重建版本（尽管通常会创建这样的版本）。

要生成供他人使用的发行版，setup.py文件最少要具有这些内容。pipenv run

python setup.py sdist 命令会生成一个源代码发行版，将其分享给其他人，能够方便他们安装代码。对于 Python 软件分发，源代码发行版是最常用的格式。该文件存储在 dist/ 目录中，可以在线共享，用户能够通过 URL 安装它。

3.5 声明式配置

到目前为止，我们采用了大部分 Python 包都使用的 setup.py 方法，不过，setuptools 也允许一种使用 setup.cfg 的更加偏向声明式的配置方法。这是一种较新的方法，也是我的首选方法，因为它针对人们在管理元数据时呼声很高的多种功能提供了辅助功能。

3.5.1 节将解释包元数据常见的 3 种需求，当使用 setup.py 方法时，这 3 种需求都可能产生问题。虽然使用 setup.py 能够实现其中某些需求，但当使用 3.5.2 节中介绍的 setup.cfg 方法时，实现这些需求将非常容易。

3.5.1 在 setup.py 中需要避免的事项

在 setup.py 中，最好避免使用任何逻辑，因为环境管理工具会做一些假定，它们期望 setup.py 表现的行为就像它只调用了 setup(...)。任何多出的逻辑都可能导致这些假定出现问题。

1. 条件依赖

在过去，根据检测到的宿主计算机的状态来相应地包含依赖项，是一种很常见的做法。例如，我们只在树莓派上需要温度传感器的代码。这是通过一个带内置条件的依赖定义实现的。考虑下面的假想手动系统示例，了解如何使用条件依赖：

```
if sys.platform == "win32":
    dependencies = [
        "example-forwindows"
    ]
else:
    dependencies = [
        "example"
    ]
setup(
    ...
    install_requires=dependencies
)
```

对于大部分人来说，这样的代码在许多情况下都能够按预期工作。以上代码表示，当安装到 Windows 计算机上时，example 包的一个分支被分发为 example-forwindows。当用户想要在某个平台上使用包，但是包的维护者不想维护对该平台的兼容性时，这个包就可能被分支，不过这种情况并不是很常见。

这种方法的问题是，不能保证在目标安装计算机上执行了 `setup.py`（或者在其他计算机上没有执行 `setup.py`）。如果我们同时在 Windows 开发环境和 Linux 生产环境中使用这段代码，就会看到这种情况会产生的结果。当开发人员运行 `pipenv lock` 时，pipenv 会执行每个依赖项的 `setup.py` 脚本，找到需要的依赖项的完整集合[㊀]。因此，它会发现这里的包依赖于 `example-forwindows`，并锁定 `example-forwindows` 的最新版本（包括保存具有权限的所有安装文件的验证哈希），而不会查看 `example`。条件依赖的这种过程式声明使得用户能够在声明依赖项时，让 `setup(...)` 函数（及包管理器）不知道它们是根据条件安装的。

如果之后使用 `Pipfile.lock` 在生产宿主上安装软件，pipenv 就会安装 Windows 分支库。在最好的情况下，结果只是不能成功安装，但也可能发生另外一种情况：创建不一致的安装环境。如果其他包使用合适的条件依赖关系依赖于 `example` 库，就可以一次性安装两个发行版。

这些分支通常在全局包命名空间中使用相同的名称，所以无论使用哪个版本的 `example`，代码都能无缝工作。如果同时安装了两个版本，则一个版本会覆盖另一个版本的文件[㊁]。pipenv 在安装时禁用依赖项解析，只在生成锁定文件时才进行解析[㊂]，这意味着只会安装锁定文件中提到的包。

在前面的章节中已经看到，展示这一点的正确方式是无条件地声明依赖项，让依赖项自身有条件，例如：

```
dependencies = [
    "example-forwindows ; sys_platform == 'win32' "
    "example ; sys_platform != 'win32' "
]
setup(
    ...
    install_requires=dependencies
)
```

这会使 pipenv 调查两个包的合适版本并锁定对应版本，还会注解合适的元数据，以确保在安装时只会使用正确的版本。通常查看我们的示例的 `Pipfile.lock` 就能看到这一点，

㊀ 如果存在缓存文件，则它可能使用缓存的元数据，而不是执行脚本。

㊁ 实际上比这种情况更加糟糕。如果文件只存在于两个发行版中的一个，那么该文件将继续存在，并可被导入，所以最终不是只存在两个版本中的某一个，而是会存在两个版本的混合体。

㊂ 当使用 `pipenv install example` 时，会解析依赖项，因为 `example` 文件被添加到了 `Pipfile` 中，这会导致锁定文件被视为过期。

因为只有当运行在 ARM 处理器上时，其中一个包才会被使用。

2. 元数据中的 README

将代码放到 setup.py 而不是 setup(...) 调用中的常见原因是避免重复，尤其是避免 long_description 字段的重复。该字段的值通常是 README 文件的内容，或者 README 文件和 HISTORY 文件的内容的结合。有时候，开发人员通过在 setup.py 中读取这些文件来设置 long_description：

```
with open("README") as readme_file:
    readme_text = readme_file.read()
setup(
    ...
    long_description=readme_text
)
```

这个示例存在几个问题。首先，open(...) 有两个可选的参数应该被指定，但却没有被指定。它们分别是 mode 和 encoding。因为我们没有明确 mode，所以实际上是在使用 rt 模式，这会导致 Python 替我们处理把字符串编码为字节和把字节解码为字符串的操作。由于没有指定 encoding，所以编码将依赖于所使用的计算机的设置。这个函数的两个默认值会导致它在不同计算机上有不一致的行为。这段代码实际隐含的假设是，在读取文件的系统上，系统的默认编码与保存文件时使用的编码相同。

文件模式

默认情况下，使用 rt（只读文本）模式打开文件。除了使用 r，还可以使用下面的模式：

- w：以只写模式打开文件，如果文件中已经存在内容，则丢弃内容。
- x：以只写模式打开文件，如果已经存在该文件，则引发异常。
- a：以只写模式打开文件，将文件指针放到现有内容的后面。
- r+：以读写模式打开文件，但是将文件指针放到文件的开始位置。
- w+：以读写模式打开文件，如果文件中已经存在内容，则丢弃内容。

在这些访问模式中，可以使用 b 修饰符代替 t，表示在二进制模式下打开该文件，这意味着读写调用应该使用字节而不是字符串。由于 t 是默认模式，所以通常会省略 t，建议保留 r，因为虽然它也是默认模式，但保留它能够清晰表明在读文件。

随着表情符号越来越受欢迎，编码问题变得越来越常见。讲欧洲语言的许多人原来一直能忽略编码，文本处理看起来也能正确工作。但是，他们现在遇到了表情符号导致应用程序出现问题的 bug，因为系统的默认编码不能恰当地处理表情符号。

主要原因在于，Latin-1 编码（和非常近似的 Windows-1252）与 UTF-8 编码使用相同的字节表示欧洲语言中常用的大部分字符。因此，对于欧洲语言使用的大部分字符，在这三种编码之间切换仍然会得到正确的值。

因为 Windows 的默认编码是 Windows-1252，而 Linux 的默认编码是 UTF-8，所以除非指定编码，否则，同时在这两个操作系统上运行的程序将产生不一致的输出文件。

£（英镑符号）字符在 Windows-1252 和 UTF-8 之间的编码就不同。表 3-2 给出了在涉及该符号的文件操作中，不包含编码会产生什么样的效果。

表 3-2 操作系统间隐含的编码问题

将“£100”写入文件，然后读取出来的结果	Windows 读取	Linux 读取
Windows 写入	`"£100"`	`UnicodeDecodeError`
Linux 写入	`"Â£100"`	`"£100"`

当使用同一系统读取和写入文件时，这个字符不会出现问题[⊖]。当读取文件和写入文件的系统不同时，就可能出现错误。这可能表现为读取成错误的字符（如读取成“Â£”而不是“£”），引发异常，或者也有可能正确工作。确切的结果取决于两种默认编码组合到一起的效果。

回到前面的 `long_description` 示例，如果 README 文件包含“Thanks to Company X for supporting the development of this package with a donation of £1000”，就可能遇到这个问题。如果在 Windows 计算机上写入这句话并使用默认的 Windows 编码来保存数据，那么在 Linux 宿主上，`setup.py` 将无法执行。

这意味着我们为包创建的源分发文件对于大部分用户来说将无法工作，将这个包指定为依赖项的用户会发现，在 Linux 宿主上调用 `pipenv install` 和 `pipenv lock` 会失败。

通过修改 `open` 调用，可以避免这种缺陷，得到可靠的 `setup.py`。下面展示了将 README 载入 `long_description` 的一个改进后的例子：

```
with open("README", "rt", encoding="utf-8") as readme_file:
    readme_text = readme_file.read()
setup(
    ...
    long_description=readme_text
)
```

⊖ 这并非在所有情况下都成立，只是对于本例成立。如果在 Windows 计算机上将😊写入文件，但不指定编码，将立即引发 `UnicodeEncodeError` 错误。

open(...)仍然可能引发异常，例如README文件缺失时就会引发异常。但是，这种情况下引发的异常很可能是暂时性的，或者反映出存在着会导致安装失败的底层问题。

有些人会在setup.py中对输入文件做更加复杂的处理，例如在不同标记语言之间进行转换，但这会增加不小心引入有bug代码的概率，导致在其他硬件上运行时引发异常。

3. 版本号

最后，许多包采用Python代码可以访问的方式包含版本号，通常把版本号存储到包中最高层的__init__.py中的__version__或VERSION中。之前，我们将apd/sensors/__init__.py留空，现在为其添加一个版本号：

```
VERSION = "1.0.0"
```

可以按apd.sensors.VERSION将这个版本号导入。使版本号在代码中可用，对库的用户很有帮助。这意味着他们能轻松地记录使用哪个版本的库生成了数据，或者在交互式会话或调试器中查看版本号以确认给定环境中安装了依赖项的哪个版本。

提示　如果想在__init__.py文件中包含其他内容，可能需要在version.py文件中设置版本号。然后，将这个值导入__init__.py中来方便使用，或者从verson.py文件中访问该值，以确保__init__.py中的其他代码不会产生副作用。

问题是，添加这个特性意味着每次发布新版本时，需要更新两个位置：setup.py和src/apd/sensors/__init__.py。这可能导致更新了一处版本号，但没有更新另一处版本号的错误。如果两处的版本号不同步，那么提供它们就没有帮助，因为用户无法信任它们。因此，这两处的版本号必须绝对同步。

在setup.py脚本中，需要能访问该特性，但setup.py脚本在安装代码之前执行（升级时例外，此时可使用前一个版本），所以它不能仅使用import apd.sensors。

尽管这是一个很有用的功能，但是在使用setup.py风格的元数据时，没有合适的方式能够实现这种功能。有一些方法试图迂回解决这个问题，例如自动同步版本号的工具。

3.5.2 使用setup.cfg

通过在setup.cfg中声明那些通常作为参数传递给setup.py的信息，能够实现相同的结果，但不必在setup.py中编写任何代码。

将现有的setup.py转换为setup.cfg中的声明十分简单。此时，不把所有值存储到setup(...)函数的实参构成的平面命名空间中，而是把它们存储到init文件中。前面看到的两种比较复杂的模式已被包含到代码清单3-1的配置语言中，并使用粗体显示。

代码清单 3-1 setup.cfg

```
[mypy]
ignore_missing_imports = True

[flake8]
max-line-length = 88

[metadata]
name = apd.sensors
version = attr: apd.sensors.VERSION
description = APD Sensor package
long_description = file: README.md, CHANGES.md, LICENCE
keywords = iot
license = MIT
classifiers =
    Programming Language :: Python :: 3
    Programming Language :: Python :: 3.7

[options]
zip_safe = False
include_package_data = True
package-dir =
    =src
packages = find-namespace:
install_requires =
    psutil
    click
    adafruit-circuitpython-dht ; 'arm' in platform_machine

[options.packages.find]
where = src
```

setup.py

```
from setuptools import setup

setup()
```

pyproject.toml 和 PEP517

这种方法特定于setuptools。setuptools是Python打包的默认生成系统，也是推荐的生成系统，但打包过程的这个领域总是在不断变化。根据PEP517和PEP518这两个标准的定义，可以使用pyproject.toml选择不同的打包工具。这是一个重要的步骤，阐明了针对如何生成Python包存在的一些观念。

PEP517启用了setuptools的一些替代工具，如poetry和flit。这两个工具在将来可能成为最佳实践，但在撰写本书时，它们还只是潜力十足的小众方法。

但是，PEP517提出的一些重要问题还没有得到解决。影响我们的一个问题是，我们使用 pipenv install -e. 来把代码安装为可编辑的依赖项。这告诉 setuptools 生成系统，在环境中创建指向我们的代码的链接，以便能直接加载代码而不需要复制代码。

这种功能只用于 setuptools，虽然其他生成工具也提供了同样的功能，但这些功能还没有被标准化。任何包含 pyproject.toml 文件的代码库将被视为选择了只使用 PEP17 生成系统，所以不能保证 pipenv install -e. 按照预期工作。

有些工具（如 mypy）使用 setup.cfg 来存储配置，而有些工具（如 black）使用 pyproject.toml 来存储配置。随着越来越多的工具开始将配置存储到 pyproject.toml 文件中，很可能你也需要创建这个文件，从而使用 PEP517。

目前，在使用 setuptools 的代码库中，建议避免添加 pyproject.toml 文件。但是，如果你在试用其他生成系统（如 flit 和 poetry），它们会生成一个 pyproject.toml 文件，该文件不能删除，否则用户将无法安装你的包。希望可编辑安装存在的问题很快会得到解决。下面简单来看这种新功能的大致结构。

该文件的 [build-system] 节声明了使用什么工具来生成软件版本，它由 requires 行和 build-backend 行构成。下面给出了使用 setuptools 时的 pyproject.toml 文件。它声明，生成软件需要 setuptools 并支持 wheel 格式，且使用现代 setuptools 生成器（而不是遗留的 setuptools 生成器）。

```
[build-system]
requires = [
    "setuptools >= 40.6.0",
    "wheel"
]
build-backend = "setuptools.build_meta"
```

有了这个文件后，setup.py 文件就完全变成了可选的文件，但不保证一定能够实现可编辑的安装。

3.6 自定义索引服务器

使用索引服务器来允许人们下载你的代码是一个好主意。Python 软件基金会提供了一个名为PyPI的索引服务器[1]。考虑所有Python开发人员的利益，PyPI由Python软件基金会进行管理，并通过捐助来获取资金支持，捐助形式包括现金和实物捐助，如大型技术公司提供的Web托管服务。对于所有人都能依赖的开源库，这是合适的做法，但是对于私有项目就不合适了。如果你乐于让其他人使用你的代码，则可以大胆地在PyPI上发布代码。

有些开源项目可替代PyPI，它们遵守PEP503中的要求，允许存储私有包。运行pypi.org的代码叫做Warehouse，作为开源项目提供。这看起来是一个有吸引力的起点，但你的需求很可能与PyPI的需求不同。

对于PyPI提供的接口，还有另外一个开源实现，叫作pypiserver。注意，pypiserver不用于托管pypi.org，相反，它是一个提供pypi.org的替代选项的服务器。

这两种实现都允许通过Web浏览项目，以及通过名称下载发行版。开发人员通过https://pypi.org访问的站点版本与pip和setuptools在寻找包时访问的版本不同。依赖项管理工具使用“简单”（simple）索引，它也基于HTTP，但不是供人使用的。从https://pypi.org/simple/可以看到，它是没有使用样式的页面，只包含PyPI上可用的大约20万个包的名称。单击其中某个链接，将看到已上传的每个发行版的文件名和下载链接。

对于发行版的存储库，最少需要这个简单的清单。Warehouse和pypiserver也提供了一个上传API，它们在两个系统中都可以使用。使用twine工具可以访问该API，该工具可以把你提供给它的发行版本上传到选择的索引服务器。

使用twine上传包的时候，可能需要提供凭据。Warehouse会进行身份验证，确认你有在相关项目中上传新版本的权限。只有在项目的最初上传者授权后，用户才能上传新版本。这种授权既可能是最初上传者直接授权，也可能是最初上传者将访问控制委托给其他人，然后由这些人授权给用户。这可以避免他人恶意修改代码。

对于只有少数彼此信任的人使用的私有索引服务器，针对每个包委托权限有些小题大做。pypiserver使用扁平结构来保护操作，如果你能将发行版本上传给pypiserver的实例，那么就能上传任意发行版本，而不必显式获得每个项目的授权。

对于商用环境来说，这是一个好的选项，因为所有开发人员（或者负责处理发行版本的那些开发人员）都能添加内部包的新发行版本，而不必担心访问级别的协调问题。如果你和同事经常创建你写的包的新版本，那么pypiserver是管理这种场景的出色方式。

还有其他一些选项，它们提供的功能要少一些，但是更容易设置。因为索引服务器只需要一个按名称列出的包列表，其中每个名称链接到一个文件列表，所以Web服务器（提供文件目录，并将该服务器配置为生成目录列表）足够了。这可以使用Apache或Nginx来实现，甚至可以通过在合适的目录中使用`python -m http.server`来实现。

---

[1] PyPI常被读作“pie pie”，但为了避免在PyPI和Python实现PyPy之间造成误解，将其读作“pie pee eye”可能更好。

由于不存在支持服务器的逻辑，它不支持直接上传，但确实允许以上传过程变得更加复杂为代价在任意标准 Web 服务器上托管依赖项。这种方法不能像完整索引服务器那样提供元数据信息，所以有些任务（如让 pipenv 锁定依赖项）会需要更长的时间。因此，不建议采用这种方法。

3.6.1 创建 pypiserver

我们将为自己开发的代码创建索引服务器，以便将它发布到存储库中，而不会在 PyPI 中混杂该工具的多个版本。应该在新的隔离环境中建立索引服务器，而不应该将其安装为 `apd.sensors` 的开发环境的一部分。

我将在树莓派 4B 上安装索引服务器。为此，连接到树莓派，为索引服务器创建一个新的用户账户，并按照屏幕上的提示进行操作。使用不同的用户账户能够更好地分离系统的主用户及其作为索引服务器的角色。

```
rpi> sudo adduser indexserver
```

我们还应该运行 `sudo apt install apache2-utils` 来安装 htpassword 实用工具，因为稍后将需要使用该工具来配置身份验证信息。

现在，将用户改为 indexserver，这可以使用 `sudo -iu indexserver` 完成，也可以通过 SSH 重新连接为 indexserver。现在就可以为此用户安装 pipenv，将其添加到用户路径中，然后设置新环境。

```
rpi> sudo -iu indexserver
rpi> pip install --user pipenv
rpi> echo "export PATH=/home/indexserver/.local/bin:$PATH" >> ~/.bashrc
rpi> source ~/.bashrc
rpi> mkdir indexserver
rpi> mkdir packages
rpi> cd indexserver
rpi> pipenv install pypiserver passlib>=1.6
rpi> htpasswd -c htaccess your_desired_username
```

然后，需要配置树莓派，使其在启动时自动运行此服务器，这可以使用 systemd 文件完成[⊖]。由于需要使用 `sudo` 来编辑系统文件，这需要作为默认 pi 用户来完成。创建代码清单 3-2 中的文件来配置系统。

⊖ 根据操作系统的不同会有所变化。这里的说明适用于默认的树莓派操作系统 Raspbian。

代码清单 3-2 /lib/systemd/system/indexserver.service

```
[Unit]
Description=Custom Index Server for Python distributions
After=multi-user.target

[Service]
Type=idle
User=indexserver
WorkingDirectory=/home/indexserver/indexserver
ExecStart=/home/indexserver/.local/bin/pipenv run pypi-server -p 8080 -P
htaccess ../packages

[Install]
WantedBy=multi-user.target
```

然后，使用下面的命令启用和启动服务：

```
$ sudo systemctl enable indexserver
$ sudo service indexserver start
```

从现在开始，当计算机启动并监听 http://rpi4:8080，或者监听树莓派在你的网络上关联的主机名或 IP 地址时，该服务就会自动启动。

3.6.2 持久性

运行自己的索引服务器时，需要考虑基础设施上发生灾难性硬件故障时会出现什么情况，这一点非常重要。发行版本并不存储在版本控制系统中，但是，应该为这些发行版的源代码的版本添加标记，以便将来能方便地访问它们。使用相同的标记重新生成发行版可能导致生成的文件具有不同的检查哈希。确保完全相同的文件总是可用，是重新生成老版本软件的关键所在。

pipenv 自动记录上次执行锁定时可用的所有发行版的哈希值，所以在将来，只要相同的文件是可用的，就能重新创建相同的环境。

因此，就像应该备份主源代码树一样，也应该备份索引服务器上存储的发行版文件。因为要准确地重新创建环境，需要用到所有依赖项，所以许多 Python 开发人员还选择在其私有索引服务器上备份所有依赖项的发行版。这样，在生成应用程序时就无须访问 PyPI，例如在私有网络或者预定维护时间生成应用程序就属于这种情况。

这有多种实现方法，例如，使用专门的代理服务器在下载包的时候缓存它们。但是，这很容易让问题过度复杂化。建议使用 wget 这样的工具，为依赖的包创建 pypi 的部分镜像。

使用 `pipenv lock -r` 和 `pipenv lock -r --dev` 可以提取给定环境需要的包的完

整集合。这些命令将输出一个依赖包清单，包括选用的包版本，以及应用于依赖项的条件。可以使用这些输出创建必要包的列表。

另外，开源项目 jq 提供了一种简单的方式，可以从 JSON 文件（如 Pipenv.lock 文件）提取数据。jq ".default + .develop | keys" Pipfile.lock 命令可提取主开发依赖项列表中引用的每个包的名称及其依赖项。

3.6.3 保密性

如果运行自己的索引服务器，则几乎一定会有不想让外界使用的包。一般来说，这些是基于商业开发的闭源包，发布它们会对版权所有者造成问题。它们也可能是一些专用工具，对于常规场景没有什么帮助，甚至可能是分支后的开源包，只要分支继续保持相关许可条款即可。尽管从法律的角度讲，你有义务将代码分享给向你请求代码的人，但并没有规定要求你必须使他们访问索引服务器。

保密性是索引服务器的一个属性，可以确保未经授权的人员无法访问索引服务器上存储的发行版。这通常也包括防止未经授权的人员访问索引服务器上存储的包的名称。

处理这个问题的最佳方式取决于你对风险的承受能力，以及你对访问代码的人的预期。有一种风险是有人针对基础设施进行直接攻击，企图获取源代码，但对于大部分公司来说，这种风险相对较小。对于这些公司来说，使用 pypiserver 或者 Web 服务器（如 Apache 或 Nginx）提供的安全功能是可以接受的做法。

使用私有网络能实现较高级别的控制，例如，在办公室运行索引服务器或者在云托管提供商的虚拟网络中运行索引服务器，以确保只有通过公司控制的网络建立连接的计算机才能访问索引服务器。通常会把基于网络的安全机制与更加传统的身份验证系统结合起来，实现额外的保护层。

谨记，开发人员并不是索引服务器的唯一用户，生产部署同样被授权访问索引服务器，以方便自动下载和安装应用程序代码。

我发现，保密性通常是这三个支柱中最不重要的那个，原因是，对于大部分开发人员来说，缺少能够让他们相信的潜在威胁。当然，你应该为索引服务器设置至少一个保护层，以防止网络蜘蛛对代码进行索引，同时防止人们随便窥探你的代码，但也应该评估有人试图访问代码的概率（及其对业务造成的影响），以及建立更加安全的系统所需要付出的努力，然后在二者之间取得一种平衡。

3.6.4 完整性

最后一个支柱是完整性，即是否能确定发行版本没有被心存恶意的第三方篡改。为此，通常会记录把包添加到依赖项集合时或者更新包的版本时可用的加密哈希值列表。安装包的时候，会检查下载的文件并计算它们的哈希值。如果计算出的哈希值与允许的哈希值不匹配，那么将认为文件不正确，并拒绝安装该文件。

重要的是，我们期望发行版本永远不会改变。如果安装了某个软件的 1.0.3 版本，则它与该软件的其他 1.0.3 版本的副本应该有相同的 bug，但在 PyPI 之外，并非总是如此。当注意到软件存在令人汗颜的简单错误后，一些开发人员会悄悄替换他们公开发布的发行版。这种做法非常危险，因为除非检查下载的发行版的哈希值（或者手动审计代码），否则无法知道自己的版本是修复 bug 后的版本还是没有修复 bug 的版本。

完整性检查还存在另一个不太常用的方面：发行版签名。PyPI 服务器支持在添加发行版时，上传加密签名。通过与发行版文件相同的接口，可以获得这些签名。使用这些签名能够检查发行版是否由某个可信方上传。

这一点只有当使用这样的威胁模型时才合理：不能信任索引服务器只允许获得授权的人们上传文件。很少有人能给出合理的理由，说明他们为什么不信任 PyPI 这样的公共索引服务器。但是，不信任 PyPI 的人也不太可能信任 PyPI 的贡献者。我不使用签名功能。

3.6.5 wheel 格式和在安装时执行代码

一般来说，在执行安装时，不应该使用 `sudo pipenv`（或 `sudo pip`、`sudo easy_install` 或者 `curl ... | sudo ...`），因为这允许将看不到的下载代码作为 root 执行。最好所有的开发人员都在审计了第三方代码后再信任它们，但对于大部分人来说，这一点并不现实。如果你很幸运，工作于采用这种做法并且高效审计代码的环境，那么最佳方法是运行索引服务器，以确保只有通过公司审核的代码才能被安装。

如果你在审计第三方代码后才允许安装这些代码，或者如果你所在组织的安全政策不允许在安装过程中运行代码，则应该确保以 wheel 格式提供全部依赖项[1]。前面提到，wheel 格式允许以纯机械性的方式安装 Python 包。许多软件开发者强调要将 wheel 格式的发行版上传到 PyPI，这对于纯粹的 Python 包来说很简单。

> **警告** 虽然对于纯 Python 包来说，创建 wheel 发行版很简单，但如果使用的代码需要在安装过程中编译库，那么应该记住，需要为使用 wheel 格式的每个环境创建 wheel。wheel 标记它支持的环境，`-manylinux` 就是一个常用的标记，表明 wheel 能够在 GNU/Linux 操作系统的大部分发行版中使用。

[1] 无论采用何种方式安装，从 `.tar.gz` 或 `.zip` 文件安装的包都可能在安装过程中随意执行代码。许多基础设施安全团队不了解这一点，他们认为只有 `python setup.py install` 才有机会随意运行代码。

如果使用这样的包，则在生成wheel时，使用的系统应该非常接近未来安装该wheel的系统。如果生产环境和开发环境不同，建议为这两种环境都生成wheel。相比在安装时需要编译的发行版，wheel的安装速度要快得多，所以生成wheel会让其他开发人员感谢你。

从现有发行版创建wheel

可以将现有发行版转换为wheel格式，即使你不是该包的维护者。通过重建该包的开发环境，可以完成这种转换，但有时候这项任务并不简单，所以我不建议采用这种方法。另一种方法是，使用现有的包安装基础设施来生成wheel，它使用pip工具（pipenv基于该工具）来下载和生成wheel。

首先，应该创建全新的pipenv环境，因为用来生成wheel的任何包都可能定义了生成和安装需求。

```
> cd ~
> mkdir wheelbuilding
> cd wheelbuilding
> pipenv install
```

警告 pipenv不允许嵌套环境。如果在主目录中创建了pipenv环境，则其子目录中不能有其他环境。一般不会出现这种情况，因为我们通常让每个环境独立存在，而不是包含在主目录中。但是，如果确实出现了这种情况，就在主目录中运行`pipenv --rm`，将`Pipfile`和`Pipfile.lock`文件移动到合适的位置即可。

使用新的pipenv环境来运行工具，能够确保这些生成需求不影响其他环境。使用`pipenv run pip wheel packagename`命令，可以生成指定包的wheel[⊖]。根据你的Python版本和安装方法，可能还需要先运行`pipenv install wheel`。

如果想为所有依赖项生成wheel，则可以在某个环境中使用`Pipfile.lock`文件。pip本身不能读取`Pipfile.lock`文件格式，所以我们需要提取这些信息。正如在3.6.2节中提到的，可以使用命令`pipfile lock -r > ~/wheelbuilding/requirements.txt`读取信息。

⊖ 如果已经下载了文件，想要将该文件转换成wheel格式，则可以提供该文件的路径而不是名称：

```
> pipenv run pip wheel ./packagename-1.0.0.tar.gz
```

练习 3-1：提取更好的 requirements.txt

Pipfile.lock 文件包含的信息比 pipenv lock -r 导出的信息更多，特别是，它还包含哈希信息。

例如，提取出的将是 adafruit-pureio==0.2.3，而不是 adafruit-pureio==0.2.3 --hash=sha256:e65cd929f1d8e109513ed1e457c2742bf4f15349c1a9b7f5b1e04191624d7488。

因此，生成的需求列表没有启用哈希检查。编写一个 Python 小脚本来提取这些额外的数据，并把它们保存到 requirements.txt 文件中。同样，这是练习原型设计和测试的好机会。本章的配套代码中包含一个示例实现，可供你检查学习成果。

有了需求列表文件后，就可以将其传递给 pip 工具来生成 wheel。用到的命令如下：

```
> cd ~/wheelbuilding
> pipenv run pip wheel -r requirements.txt -w wheels
```

生成的 wheel 文件将被保存到 wheels/ 目录中，准备上传到自定义索引服务器。

在第 1 章中，我们在 Pipfile 中添加了 PiWheels 服务器。刚刚的过程与 PiWheels 的操作非常相似。PiWheels 自动下载 PyPI 上可用的每个发行版，将其转换成 wheel 格式，放到自己的索引服务器上。

PiWheels 的过程要复杂一点，因为它们有一个自定义的 wheel 生成过程，使生成的文件很可能在安装不同版本软件的不同树莓派主机上工作，但其思想是相同的。仅使用 Python 代码的发行版很容易转换为 wheel 格式，但可以添加编译后的组件，这些组件可能需要安装合适的库和工具。

这带来的好处是，sysv_ipc 和 psutil 等包原本在每个树莓派安装目标上都需要耗时的生成步骤，但现在安装起来要快得多。一般来说，如果对于目标环境，存在包的 wheel，就不需要在生产服务器上安装编译器和生成链。对于许多系统管理员来说，能够提前在非生产服务器上进行编译是很有诱惑力的。

3.7 使用入口点安装控制台脚本

现在，我们能使生成的发行版本干净地安装到其他用户的环境中，而不会出现错误，但是，命令行工具的调用方式再次发生了变化。我们使用过 python sensors.py、python src/apd/sensors/sensors.py 和 python -m apd.sensors.sensors 来调用脚本。但是，对于用户来说，这些都不是可以接受的方案，所以发生的变化说明我们的设置中缺少间接转换。

我们希望用户在运行脚本时，就好像这个脚本是他们的环境中安装的任何二进制文件一样。Python 使用包的 console_scripts 功能来实现这一点。当安装的发行版在 console_scripts 元数据字段中有值时，就会把它们作为可执行文件创建到安装位置的二进制文件目录中。

例如，在第 1 章中，我们把 pipenv 安装到了全局环境中。在典型的 Windows 计算机上，这将把 Python 代码安装到 `C:\Users\micro\AppData\Roaming\Python\Python38\site-packages\pipenv\__init__.py`。在命令行调用 pipenv 时，shell 执行的文件是 `C:\Users\micro\AppData\Roaming\Python\Python38\Scripts\pipenv.exe`。这是一个真正的可执行文件，而不是批处理文件，所以它可以原生运行。虽然如此，它不是自包含的，它只是一个包装器，使用合适的选项来调用 Python，代码本身并不会编译到可执行文件中。如果查看 pipenv 的 `setup.py`，则可以看到下面的内容：

```
entry_points={
    "console_scripts": [
        "pipenv=pipenv:cli",
        "pipenv-resolver=pipenv.resolver:main",
    ]
},
```

这是 `setup(...)` 调用的一部分。这里声明了两个 Python 可调用函数，它们应该被包装为可以直接运行的可执行文件。这些行首先指定一个名称，它将作为可执行文件的名称。对于这里的第一个条目，可执行文件的名称是 `pipenv`。之后，使用“=”将可执行文件的名称与应该调用的可调用函数分隔开。这是一个用句点分隔的模块名称，后跟一个冒号，然后是该模块中的可调用函数的名称。本例中，在 Python 代码中可通过 `from pipenv import cli` 使用 `cli`。

我们想让 `apd.sensors.sensors` 中的 `show_sensors` 可调用函数成为可以在命令行调用的脚本，所以在 `setup.cfg` 文件中添加下面的内容，这相当于前面的 `setup.py` 示例中的列表字典：

```
[options.entry_points]
console_scripts =
  sensors = apd.sensors.sensors:show_sensors
```

这些可执行文件只在安装时创建，所以我们需要重新运行安装过程，以便能够处理这个新脚本。对大部分变更来说，并不需要这么做，因为我们在可编辑模式下安装了该目录，这意味着能够立即获取 Python 代码的变化。这是 `setup.cfg` 方法相比 `setup.py` 的另一个优势，因为 `setup.py` 也是一个 Python 文件，所以让 `setup.py` 中的变更重新安装是不符合直观认识的。将元数据放到 setup.cfg 中，有助于记住是在安装元数据，而不是普通的 Python 代码。

为了触发安装，需要运行 pipenv install。现在，可以使用 pipenv run sensors 来运行该脚本。现在，我们几乎已经得到软件的第一个完整版本，剩下的只是文档文件了。

3.8 README、DEVELOP 和 CHANGES

如果你的直觉告诉你，撰写这些文件相比打包系统的其他部分而言不那么重要，那么只能说到目前为止，你的开发生涯很顺利。当接触新项目的时候，手头有足够的文档是极有帮助的。最佳实践会随着时间发生变化，有关如何使用一些不再常用的工具的知识会失去价值。不止如此，让其他开发人员尽可能方便地开始使用软件是一种常见的需求。

开始新项目时，有时最大的挑战是了解开发人员遵守什么模式。是使用 pipenv 来安装依赖项，还是使用较老的系统，如 virtualenv 和 pip？运行什么命令来开始测试或启动程序？需要配置 API 访问或者加载样本数据吗？要在新环境中有效工作，必须获得这些信息。

我们需要为 apd.sensors 包写 README 文件，解释该包是什么，如何安装它以及如何使用它。当用户访问 GitHub[㊀]存储库和 PyPI 信息页时，将首先看到这个文件，因为 long_description 就使用了它。大部分用户从不会提取归档文件来查看发行版中的其他文件。事实上，在一些发行版格式中，甚至不会包含 README 文件。其内容仅作为包的元数据存在。

PyPI 支持使用纯文本、reStructuredText 和 Markdown 格式来写 README 文件。很多人熟悉 reStructuredText，是因为流行的 Sphinx 文档使用了这种格式。另外，许多网站（如 GitHub、Bitbucket 和 Stack Exchange）使用 Markdown 格式。因为 Git 托管提供商大多使用 Markdown，而且在使用纯文本查看时，Markdown 比 reStructuredText 更容易阅读，所以推荐使用 Markdown 格式来写 README 文件。

通过将 setup.cfg 文件的 long_description_content_type 参数设置为 text/plain、text/x-rst 或 text/markdown，可以声明自己选择的格式。

3.8.1 Markdown 格式

使用 Markdown 格式编写的 README 文件使用 .md 扩展名，所以我们首先在项目的根目录中创建一个 README.md 文件。然后，就可以在标题下为项目写一个简单的描述。使用 Markdown 格式时，通过在前面加上 # 符号来表示标题。下面给出了一个极为简单的

㊀ 也有其他一些分布式版本控制托管服务提供商。

README.md 文件：

```
# Advanced Python Development Sensors

This is the data collection package that forms part of the running example
for the book Advanced Python Development.
```

许多读者可能很熟悉这种格式的其他方面，因为现在它们在网络上很常用。代码清单 3-3 显示了一个扩展后的示例。

代码清单 3-3 cheatsheet.md

````
# Header 1
## Header 2
### Header 3
#### Header 4
_italic_ **bold** **_bold and italic_**

1. Numbered List
2. With more items
    1. Sublists are indented
    1. The numbers in any level of list need not be correct
3. It can be confusing if the numbers don't match the reader's expectation

* Unordered lists
* Use asterisks in the first position
    - Sublists are indented
    - Hyphens can be used to visually differentiate sublists
    + As with numbered lists, * - and + are interchangeable and do not need
    to be used consistently
* but it is best to use them consistently

When referring to things that should be rendered in a monospace font,
such as file names or the names of classes, these should be surrounded by
`backticks`.

Larger blocks of code should be surrounded with three backticks. They
can optionally have a language following the first three backticks, to
facilitate syntax highlighting
```python
def example():
    return True
```

> Quotations are declared with a leading right chevron
> and can cover multiple lines

Links and images are handled similarly to each other, as a pair of square
brackets that defines the text that should be shown followed by a pair of
parentheses that contain the target URL.

[Link to book's website](https://advancedpython.dev)
````

```
Images are differentiated by having a leading exclamation mark:

![Book's cover](https://advancedpython.dev/cover.png)

Finally, tables use pipes to delimit columns and new lines to delimit rows.
Hyphens are used to split the header row from the body, resulting in a very
readable ASCII art style table:

| Multiplications | One | Two |
| --------------- | --- | --- |
| One             |  1  |  2  |
| Two             |  2  |  4  |

However, the alignment is not important. The table will still render
correctly even if the pipes are not aligned correctly. The row that
contains the hyphens must include at least three hyphens per column, but
otherwise, the format is relatively forgiving.
```

3.8.2 reStructuredText 格式

使用 reStructuredText 格式编写的 README 文件使用 `.rst` 扩展名，所以如果要使用这种格式，就需要创建一个 `README.rst` 文件。这个文件可能不会放到根目录下，因为 `rst` 格式的 README 文件常常用于和 Sphinx 文档系统配合使用。在这种情况下，它们很可能存储在项目的 `docs/` 目录中。代码清单 3-4 显示了一个 `rst` 格式的 README 文件，它的内容与代码清单 3-3 中使用 Markdown 格式编写的 README 文件相同。

代码清单 3-4 cheatsheet.rst

```
Header 1
========

Header 2
--------

Header 3
++++++++

Header 4
********

*italic* **bold** Combining bold and italic is not possible.

1. Numbered List
2. With more items

   #. Sublists are indented with a blank line surrounding them
   #. The # symbol can be used in place of the number to auto-number the list

3. It can be confusing if the numbers don't match the reader's
   expectation
```

```
- Unordered lists
- Use asterisks in the first position

  - Sublists are indented with a blank line surrounding them
  - Hyphens can be used to visually differentiate sublists
  - As with numbered lists, \* - and + are interchangeable but must be
    used consistently

- but it is best to use them consistently

When referring to things that should be rendered in a monospace font,
such as file names or the names of classes. These should be surrounded
by ``double backticks``.

Larger blocks of code are in a named block, starting with ``.. code ::``. They
can optionally have a language following the double colon, to
facilitate syntax highlighting

.. code:: python

  def example():
      return True

..

  Quotations are declared with an unnamed block, declared with ``..``
  and can cover multiple lines. They must be surrounded by blank lines.
Links have a confusing structure. The link definition is a pair of backticks
with a trailing underscore. Inside the backticks are the link text followed by
the target in angle brackets.

`Link to book's website <https://advancedpython.dev>`_

Images are handled similarly to code blocks, with a ``.. image::``
declaration followed by the URL of the image. They can have indented
arguments, such as to define alt text.

.. image:: https://advancedpython.dev/cover.png
   :alt: Book's cover

Finally, tables use pipes to delimit columns and new lines to delimit
rows. Equals signs are used to delimit the columns as well as the top
and bottom of the table and the end of the header.

=============== === ===
Multiplications One Two
=============== === ===
One              1   2
Two              2   4
=============== === ===

The alignment here is essential. The table will not render unless the
equals signs all match the extent of the column they define, with no
discrepancy. Any text that extends wider will also cause rendering to fail.
```

3.8.3 README

我们通常不会写巨大的文档，所以使用Markdown格式来编写README文件最合适。我们应该在文件中给出简单描述，用来说明包的用途，还应该包含潜在用户应该知道的重要信息，如代码清单3-5所示。

代码清单3-5 README.md

```
# Advanced Python Development Sensors

This is the data collection package that forms part of the running example
for the book [Advanced Python Development](https://advancedpython.dev).

## Usage

This installs a console script called `sensors` that returns a report on
various aspects of the system. The available sensors are:

* Python version
* IP Addresses
* CPU Usage
* RAM Available
* Battery charging state
* Ambient Temperature
* Ambient Humidity

There are no command-line options, to view the report run `sensors` on the
command line.

## Caveats

The Ambient Temperature and Ambient Humidity sensors are only available on
Raspberry Pi hosts and assume that a DHT22 sensor is connected to pin `D4`.

If there is an entry in `/etc/hosts` for the current machine's hostname that
value will be the only result from the IP Addresses sensor.

## Installation

Install with `pip3 install apd.sensors` under Python 3.7 or higher
```

3.8.4 CHANGES.md和版本化

我们还应该在apd.sensors包中创建一个CHANGES.md文件，用来说明不同版本间发生的变化。这有助于人们了解什么时候需要升级版本，以便能使用自己需要的新功能或者修复某个bug。

在setup.cfg中，将README.md和CHANGES.md文件的内容连接起来，作为long_description，后者将会在PyPI上显示，所以我们需要让这两个文件的格式相同，即让

CHANGES 文件也采用 Markdown 格式。同时，还需要确保标题级别是一致的。

CHANGES 文件有一个非常标准的格式，即对于每个版本，都采用合适级别的标题（我们通常采用三级标题），后跟版本号，并在圆括号中给出发布日期。之后，用一个无序列表来列出变更，可能还会用圆括号给出变更的发布者，如下所示：

```
## Changes

### 1.0.0 (2019-06-20)

* Added initial sensors (Matthew Wilkes)
```

版本号本身不带有意义，但它们需要遵守 PEP440 标准，该标准定义了 Python 代码如何解析版本字符串。一般来说，版本号是用句点分隔的一系列整数，如 1.0.0 或 2019.06。这些整数后面常常会追加一些字符，如 a1、b1 或 rc1 后缀，表明某个发行版本是指定版本号的预发布版本[⊖]。

1. 语义版本化

决定版本号时，遵守语义版本化（https://semver.org/）规则在很多情况下是一种合理的方法。语义版本化是针对库的一种版本化策略，但对于应用程序的版本化，也可以使用一种大体上类似的策略。语义版本化使用 3 个位置来决定版本号，这些位置称为主版本号、小版本号和修订版本号。

每当对 API 进行向后不兼容变更时，不管变更多么小，都应该递增主版本号。对于下述场景，都需要递增主版本号，例如，增加了函数的必要参数，重命名了函数，将函数移动到了另一个模块，或者修改了公共 API 中的函数的返回值或者异常行为。对不包含在公共 API 中的函数进行上述变更，并不需要递增主版本号，但前提是开发人员清楚公共 API 包含哪些函数。另外，当函数中存在 bug 时，只要能够预见到人们没有依赖这种 bug 行为，就可以改变这种函数的行为来修复 bug。这种做法的目的是，让用户升级到主版本系列中的任何后续版本时，代码仍然能够工作。

只要公共 API 中发生变更，且这种变更不会破坏向后兼容性，就递增小版本号。例如，添加新函数，或者对现有函数添加新的可选参数，就属于这种变更。这种方法允许用户使用两位数字指定提供必要功能集的最低版本号。

最后，如果软件中修复了一些 bug，但是没有对公共 API 添加任何功能，就递增修订版本号。修订发布版是最小递增版本，没有造成错误用例的最终用户不应该看到这些版本。

2. 日历版本化

决定版本号的另一种流行的方案是使用发布日期作为版本号。日历版本化（https://

⊖ a1 代表第一个 alpha 测试版本，b1 代表第一个 beta 测试版本，rc1 代表第一个候选发布版本。

calver.org/）让决定版本号的工作变得简单了许多，因为不需要考虑变更对用户的影响。其缺点是，通过版本号不能很好地判断两个版本之间的变化。

如果总是在有重大调整时才发布版本，或者总是在有小变更时就发布版本，那么日历版本化很有用。如果既可能在有大变更时发布版本，又可能在有小变更时发布版本，那么日历版本化就不是一个好选择。对于日历版本号，有几种不同的方式来设置日期格式，但它们通常很容易辨认，因为它们以年份开头，而不是以主版本号开头。

3.9 上游依赖项版本锁定

对于自己愿意接受的库版本号，库的使用者会设置一个限制：从需要的最低版本到下一个主版本的前一个版本。为了演示这一点，我们将查看 `apd.sensors` 中使用的直接依赖项，判断什么样的锁定范围对它们来说是合适的。

最终用户很难覆盖 `install_requires` 行中设置的版本号，所以应该宽松地指定版本限制。当然，应该排除已知无法工作的版本，但应用程序的最终用户也可能锁定他们自己的版本。一些库的开发者在锁定版本时走了极端，锁定了已知能够工作的单个版本，或者他们期望能够工作的一个很窄的版本范围。这会比不锁定版本导致更多的问题。

为了演示这一点，假设我们将 psutil 库锁定为 5.6.3 版本，即撰写本书时的最新版本。一段时间后，有人想创建一个应用程序，使用我们开发的传感器函数，还使用另一个库的函数，但该库依赖于 psutil 的一个更新的版本。此时，版本需求发生了冲突，该应用程序的开发者必须手动解决这种冲突，自行判断应该使用哪个版本的 psutil。

如果不使用 `==5.6.3`，而是使用限制性更低的版本指定方式，则依赖项解析系统可能能够找出两个库都接受的版本，而不需要下游开发人员手动干预。

3.9.1 宽松锁定

宽松版本锁定策略在设置版本锁定时，只排除已知无法工作的版本。这有两种方法：搜索特定的版本或者不锁定某个版本。第二种方法比第一种方法更常用，因为它需要做的工作要少得多。

确定锁定的一种方式是运行 `pipenv install psutil==4.0.0` 或类似命令，记下通过测试套件的最早版本。因为最新版本的软件能正常工作，所以我们没办法针对未来不兼容的版本号设置上限。在我现在使用的计算机上，`psutil==5.5.0` 是能够干净安装的最早版本（虽然在不同的系统上，更早的版本可能也可以工作，但在 MS Windows 上，它为 Python 3.7 提供了预编译的 wheel），`click==6.7` 没能通过测试套件，而 adafruit-circuitpython-dht 的任何版本都能工作。我们不太相信 psutil >= 5.5 和 click >= 7.0 是合适的版本范围。

因为我们不知道任何绝对不能工作的版本，所以不锁定这些依赖项可能是更合适的做法，直到我们了解了真正的限制才进行锁定。在这种情况下，记录下已知能够工作的依赖项集合非常重要，例如可以提交 Pipfile.lock 文件。这为将来的用户提供了一个起点，使他们在为将来的某个未被维护的版本构造版本锁定时知道哪些版本确实能够工作。下面给出了宽松方案中推荐使用的版本锁定：

```
install_requires =
    psutil
    click
    adafruit-circuitpython-dht ; 'arm' in platform_machine
```

3.9.2 严格锁定

另一种方法是根据已知正在使用（或者假设正在使用）的版本化方案，为肯定能工作的版本设置一个相对宽的锁定范围。这是语义版本化非常有用的原因之一，它允许开发人员思考如何安全地设置锁定范围，而不必检查代码或者变更日志来分析意图。

click 库并不使用语义版本号。但是，查看其变更日志，可以看到它们使用了主版本 . 小版本方案，在意义上相对来说接近于语义版本。因此，我们假定更新小版本是安全的，主版本则不然。因为我们现在使用的是版本 7.0，所以将设置一个包含 >=7.0 的版本锁定范围。我们还想允许 7.1、7.2 等版本，但不允许 8.0。你可能想指定 <8.0，但此时 8.0a1 将被捕捉到，因为 8.0 比 8.0a1 发布得晚。因此，我们想使用的版本范围是 >=7.0,==7.*，意思是，可以是任何 7.x 版本，但至少是 7.0 版本。这种模式很常用，所以有了自己的别名：~=7.0。

psutil 的情况也类似，它也不遵守语义版本化规则，但看起来它在小版本中不引入向后不兼容的变更。同样，这里需要根据自己的判断来指定版本范围，但看起来使用 5.6.0 以后的 5.x 版本是安全的，所以使用 ~=5.6 来指定版本。

最后，我们来看第三个依赖库：adafruit-circuitpython-dht。这个依赖库的情况最复杂，因为它没有声明自己遵守语义版本化规则，也没有包含变更日志。其最早发布的版本是 3.2.0，而在撰写本书时，它的最新版本是 3.2.3，这就让我们很难推断作者的意图。在这种情况下，我的直觉认为，使用 3.2.x 很可能是安全的。下面给出了推荐在严格方案中使用的版本锁定范围：

```
install_requires =
    psutil ~= 5.6
    click ~= 7.0
    adafruit-circuitpython-dht ~= 3.2.0 ; 'arm' in platform_machine
```

3.9.3 应该使用哪种锁定方案

每种方案都有其优缺点，每种方案在Python生存期的某个时间段都很流行，但在其他时间段不受人青睐。在撰写本书时，宽松方案十分流行，而我也倾向于认同这种方案。如果你在开发一个极大的应用程序，并且该应用程序作为多个包分发，那么可能会发现严格方案更适合你的需求，但是使用严格方案意味着需要更加频繁地测试版本，并且发布的新修订版本只更新上游依赖项的版本锁定范围。

除非有充分的理由，否则我不推荐使用严格方案，环境管理工具（如pipenv）的出现，使最终用户能轻松地管理他们的依赖项版本集合。在设置版本锁定范围时，应该防止安装已知无法工作的版本，但是让最终用户来处理将来的版本。

3.10 上传版本

现在，我们有了`apd.sensors`包的完整的1.0.0版本，是时候将其上传到自定义索引服务器了。我还会将其上传到PyPI，因为这能够让这些代码有实际用途，也有助于学习本书后面的一些示例。另外，我确保将这些代码上传到PyPI，也是因为我想确保学习本书示例的读者能够获取我分发的正确代码，这意味着我需要确保在PyPI上占用这个名称。

注意 你不应该使用`apd.sensors`或其他任何名称，将你自己创建的这个包的版本上传到PyPI。在许可允许的情况下，如果做了一些有意义的工作，那么对其他人的包进行分支来添加功能或修复bug是可以接受的行为，但不应该为了个人学习目的而上传自己创建的包。https://test.pypi.org/是学习分发工具的一个很好的服务器。它专门用于使用测试，所以会经常删除数据。

我将使用twine工具来上传到PyPI。twine是上传包的首选方法，可以使用`pipenv install --dev twine`来进行安装。也可以考虑按照安装pipenv的方式来安装twine，因为它对于所有Python开发人员来说都是一个有用的包。此时，需要使用的命令是`pip install --user twine`。

现在，我们需要生成计划安装的发行版本。这可以使用`pipenv run python setup.py sdist bdist_wheel`来完成。此命令将生成一个源代码发行版本和一个wheel发行版本。作为一种最佳实践，应该同时上传源代码发行版本和wheel，即使在wheel普遍适用的情况下也应该上传。这确保了不同Python版本之间的互操作性。

`dist`目录中现在有两个文件：`apd.sensors-1.0.0.tar.gz`和`apd.sensors-`

`1.0.0-py3-none-any.whl`。wheel 名称中的标签指出这是与 Python 3 兼容的 wheel，它没有指定 Python ABI[㊀]需求，能够在任何操作系统上工作。

twine 包含一个基本的 linter，可以确保生成的发行版本在 PyPI 上显示时，不存在任何渲染错误。使用 `twine check` 命令可以执行这种检查，如下所示：

```
> pipenv run twine check dist\*
Checking distribution dist\apd.sensors-1.0.0-py3-none-any.whl: Passed
Checking distribution dist\apd.sensors-1.0.0.tar.gz: Passed
```

然后，如果合适，就可以把这些文件上传到 PyPI。上传命令如下：

```
> pipenv run twine upload dist\*
```

在此过程中，系统会提示你输入身份验证信息（可以在 https://pypi.org 注册一个账户）。此过程完成后，你将无法重写该发行版本。做出任何变更时，即使很小，也都需要递增修订版本[㊁]。

配置 twine

你可能发现，twine 的一些配置选项很有用。例如，如果安装了 keyring 库，就可以配置 twine，使其在操作系统的凭据管理器中记住你的凭据，这些凭据管理器包括 macOS 中的 Keyring、Windows 中的 Windows Credential Locker 或 KDE 中的 KWallet。如果使用了 keyring 支持的操作系统，就可以使用下面的命令来存储凭据：

```
> keyring set https://upload.pypi.org/legacy/ your-username
```

如果对风险的承受度较高，那么也可以使用纯文本来保存这些值。此时，可以在 `~/.pypirc` 文件中设置它们，该文件也用于配置自定义索引服务器的数据。

```
[distutils]
index-servers =
  pypi
  rpi4

[pypi]
username:MatthewWilkes

[rpi4]
repository: http://rpi4:8080
```

㊀ ABI 代表 Application Binary Interface（应用程序二进制接口），这是关于编译后的组件如何交互的一个规范。Python 的 ABI 可能存在区别，这取决于为字符串分配的内存大小等因素。

㊁ 事实上，在撰写本章时，我不小心在上传的发行版本中包含了错误的元数据，所以很快就上传了 1.0.1 版本来替换 1.0.0 版本。`twine check` 其实能够避免这种错误。

```
username: MatthewWilkes
password: hunter2
```

然后，就可以把这些文件上传到本地存储库服务器，就像上传到 PyPI 那样。为此，需要指定目标索引（这里是 `rpi4`）：

```
> pipenv run twine upload -r rpi4 dist\*
```

你可以使用 twine 将任何包上传到本地索引服务器，包括前面生成的 wheel，如下所示：

```
> pipenv lock -r requirements.txt
> pipenv run pip wheel -r requirements.txt -w wheels
> pipenv run twine upload --skip-existing -r rpi4 wheels\*
```

如果你生成了自己的 wheel，并把它们上传到了自己的索引服务器，就需要重新运行 `pipenv lock`，以确保将新哈希值记录为有效的安装选项。

3.11 小结

除非是开发最简单的 Python 项目，否则建议使用 setuptools 来打包代码。其声明式格式相较原来的 `setup.py` 格式有显著的优势，得到了广泛的支持。即使对于小型验证概念项目，打包系统也非常有用，因为它有助于避免出现由于 Python 代码位于不正确的导入位置而发生的 bug。

对于商业环境，强烈建议使用 pypiserver 设置私有索引服务器，并使用其内置的身份验证机制（在对系统合适的情况下，还可以使用 IP 过滤）来保护该服务器。此外，也建议在私有索引服务器中对所使用的依赖项进行镜像处理，例如可以作为在基础设施上生成的 wheel 文件。

更多资源

打包工具发展很快，如果你对这个主题感兴趣，建议阅读下面链接的有关内容，并试用一些其他工具：

- 许多 Python 规范文档解释了为什么针对打包系统做出改进，以及这些改进的技术细节。下面是其中一些重要的规范：https://www.python.org/dev/peps/pep-0508/（条件依赖规范）、https://www.python.org/dev/peps/pep-0517/（可插入生成系统）、https://www.python.org/dev/peps/pep-0518/（生成系统的依赖项）、https://www.python.

org/dev/peps/pep-0420（命名空间包）和 http://www.python.org/dev/peps/pep-0427/（wheel）。

- poetry 是不同于 setuptools 和 pipenv 的一个工具，有着与后两者大不相同的目标，值得研究。它的依赖项解析方案尤为出色，见 https://python-poetry.org/。
- flit（https://flit.readthedocs.io/en/latest/）是 setuptools 和 twine 的一种替代工具，特别适合小型项目。对于没有许多依赖项的独立工具，你会想要避免 setuptools 的一些复杂性，此时特别适合使用 flit。
- setuptools 文档包含关于遗留配置的大量信息，但 https://setuptools.readthedocs.io/en/latest/setuptools.html#configuring-setup-using-setupcfg-files 尤为详细地解释了 `setup.cfg` 文件中使用的不同键。
- https://www.markdownguide.org/ 提供了关于 Markdown 格式的详细信息。
- http://www.sphinx-doc.org/en/stable/ 说明了如何使用 reStructuredText 编写详尽的文档。

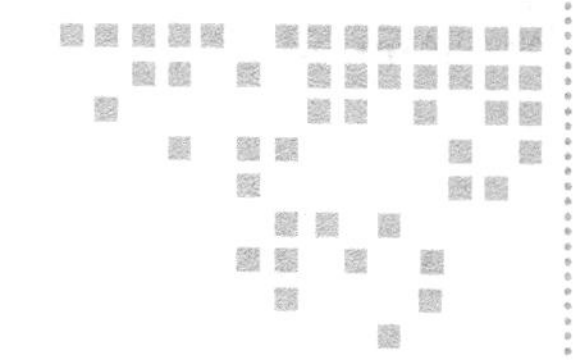

第 4 章 Chapter 4

从脚本到框架

我们到目前为止创建的包有一个相对基础的脚本接口，没有办法扩展。大部分应用程序不需要被扩展。将所有可选代码打包到一起，通常比维护独立于主代码库分发的插件要容易得多。但是，使用插件架构来管理应用程序的可选功能是很有诱惑力的。

如果你的直接用户是其他程序员，那么提供插件架构，让他们的工作变得更加简单，可能是一个好主意。开源框架通常属于这种情况，因为对于开源框架，外部开发人员可能创建额外的功能供自己使用，或者通过达成咨询协议为他们的客户创建这些功能。如果你正在开发开源项目，不能确定是否应该使用插件架构，那么建议选择将插件架构包含在内。不管做出什么样的选择，人们都会扩展你的代码，理解包含清晰定义的插件的 bug 报告，要比理解添加了额外功能的软件分支容易得多。

使用我们的传感器的用户是想获得给定系统的信息的人们，他们不一定是程序员。但是，在他们自己的用例中，他们可能想获得自定义信息，此时很可能会让程序员来添加新功能。

我们目前做的工作已经为提供插件架构打下了良好的基础。我们现在有一个定义良好的类，它采用 `Sensor[type]` 泛型基类的形式描述了传感器的行为。除了定义良好的接口，我们还需要能够枚举可用的传感器。这可以通过 `show_sensors` 函数实现，它硬编码了文件中的所有传感器。对于不需要插件架构的应用程序，这种方法的效果很好，因为在这种应用程序中，所有传感器都由同一批开发人员编写，然后作为一组传感器分发。但如果有第三方开始编写自定义传感器，这种方法就会失败。

4.1 编写传感器插件

我们先来想一下，如果作为用户，我们希望这个工具提供什么。除了许多人可能使用的温度和湿度传感器，我还希望监控一些其他对象，但很少有人认为这些对象有用。我要检测的对象之一是房顶上安装的太阳能电池板的输出。我用一个脚本通过蓝牙读取逆变器的读数，而该逆变器使用现有的一个开源命令行工具来完成收集和解释数据的复杂工作。我希望把读取结果包含到数据集合中。

因为对于大部分人来说，与特定品牌和型号的太阳能电池板逆变器进行集成并不是很有用，所以我不会把它集成到核心的 apd.sensors 包中。相反，我将其创建为一个独立的插件，就像用户可能将他们的自定义逻辑创建成插件那样。

如果我能预见到这会是一个用途广泛的传感器，可能会把它添加到包含现有传感器的文件中，并在 show_sensors 中把它跟其他传感器一起列出来。这意味着软件的其他所有用户都会在脚本输出中看到下面的内容：

```
> pipenv run sensors
...
Solar panel cumulative output
Unknown
```

太阳能电池板的输出对于绝大多数人来说没有用处，所以最好作为可选组件，让用户在有需要时安装。我甚至不会在我设置的所有树莓派节点上运行这个传感器，因为只有一个树莓派节点连接了太阳能电池板逆变器。

如果要使用这些代码创建服务器监控功能，则很可能需要几组不同的插件。虽然在所有计算机上都能获取 CPU 和 RAM 使用数据，但对于一些服务器角色，有一些特定于应用程序的指标。例如，对于处理异步任务的计算机，这个指标可能是作业队列的长度；对于 Web 应用防火墙服务器，可能是阻塞的宿主的数量；对于数据库服务器，则可能是关于连接的统计数据。

要处理这种需要外部工具的情况，大体上有两种方法。第一种方法是，创建一个 Python 发行版，使其包含所需工具的 C 代码。这样一来，就需要设法在安装我的 Python 包时，编译并链接这些 C 代码。这需要包含错误处理代码，以处理不能安装这个工具时发生的问题，还需要记录这个工具的需求。安装该工具后，就可以通过两种方法使用其二进制文件，这两种方法分别是使用现有的脚本接口和直接利用 Python 对调用原生代码的支持。

第二种方法是，在文档中说明只有安装了该工具后传感器才能工作，并让代码假定存在该工具。对于开发人员来说，这种方法大大减少了工作量，但最终用户的安装过程会变得更加困难。因为我不认为这个工具对很多人有用，所以这在目前来说是最有吸引力的选择。如果软件已经足够好，就没有必要让它尽善尽美，在只有少数用户的时候更是如此。

我选择第二种方法，假定该工具已经就位，所以在没有该工具时，代码不会返回结果。对于这种情况，标准库函数 `subprocess.check_output(...)` 非常有用，因为它可以方便地用来调用另一个进程，等待该进程完成，然后读取其输出状态和打印内容。

开发插件

开发这个传感器，给我们创建了另一个使用 Jupyter 记事本设计原型的好机会。如第 1 章所述，我们需要在树莓派服务器上创建远程环境，并在该远程环境中安装 `apd.sensors` 包。这允许我们通过本地 Jupyter 实例建立连接，并从服务器上安装的 `apd.sensors` 版本导入 `Sensor` 基类。

然后，就可以开始设计原型了。首先在一个 Jupyter 单元格中只获取逆变器的数据，然后在其下方的另一个单元格中根据需要设置数据格式，如代码清单 4-1 所示。

代码清单 4-1　提取太阳能信息的原型

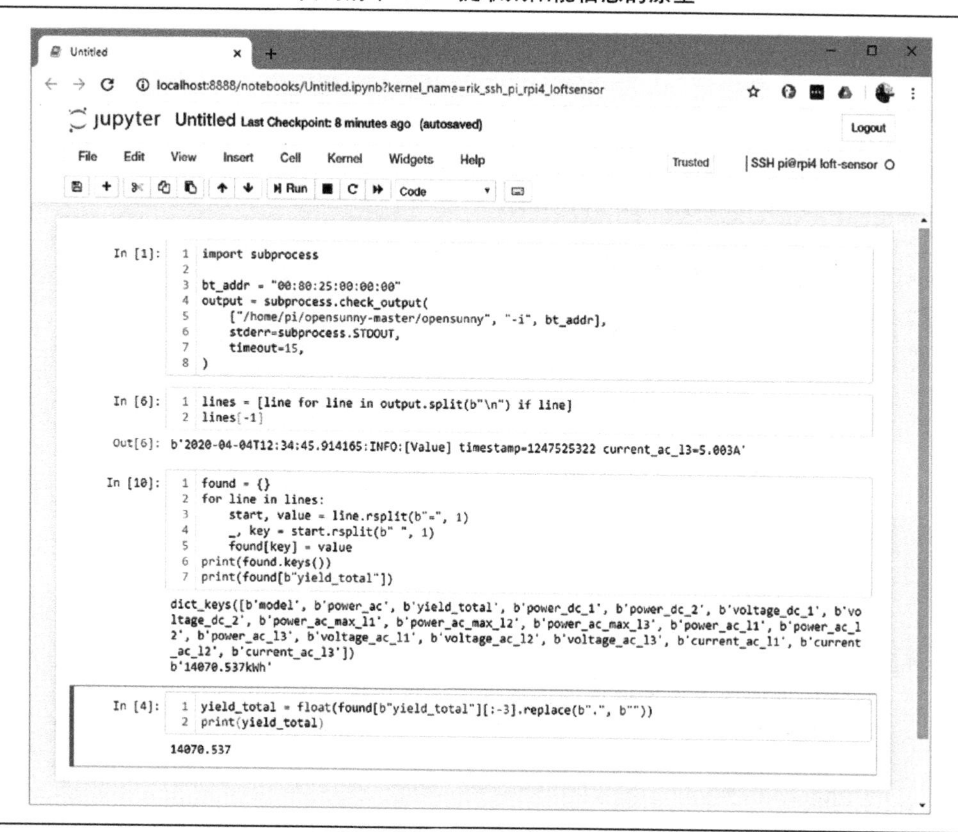

然后，扩展这些代码，在一个单元格中包含整个传感器子类，并检查 str(SolarCumulativeOutput) 和类似的函数调用的行为是否符合预期。你也可能想利用这个机会，在 Jupyter 单元格中编写一些测试体。有些项目试图在 Jupyter 中直接集成 pytest，例如 ipytest，但是你的测试很少需要在目标主机上运行。如果有些测试确实需要特定的主机硬件，那么在把它们转换为标准 Python 文件时，应该使用 @pytest.mark.skipif(...) 装饰器修饰它们。在记事本中，只应该写足够的测试代码来确保没有在原始数据收集中犯错。

可以把设计原型时使用的相关单元格的内容添加到 sensory.py 文件中，如代码清单 4-2 所示。

代码清单 4-2　apd/sunnyboy_solar/sensor.py

```
import typing as t
import subprocess
import sys

from apd.sensors.sensors import Sensor

bt_addr = "00:80:25:00:00:00"

class SolarCumulativeOutput(Sensor[t.Optional[float]]):
    title = "Solar panel cumulative output"

    def value(self) -> t.Optional[float]:
        try:
            output: bytes = subprocess.check_output(
                ["opensunny", "-i", bt_addr],
                stderr=subprocess.STDOUT,
                timeout=15,
            )
        except subprocess.CalledProcessError:
            return None

        lines = [line for line in output.split(b"\n") if line]
        found = {}
        # Data format: datetime:INFO:[value] timestamp=0000 key=value
        for line in lines:
            start, value = line.rsplit(b"=", 1)
            _, key = start.rsplit(b" ", 1)
            found[key] = value

        try:
            yield_total = float(found[b"yield_total"][:-3].replace(b".", b""))
        except (ValueError, IndexError):
            return None
        return yield_total

    @classmethod
    def format(cls, value: t.Optional[float]) -> str:
```

```
    if value is None:
        return "Unknown"
    return "{} kWh".format(value / 1000)
```

即使对于这个只创建一次的传感器，我也强烈建议按照第 3 章介绍的方法创建一个包。使用包能方便地将传感器代码分发到服务器，并使它们保持最新。如果想减少相关开销，可以让一个包包含多个自定义传感器，但不应该试图绕开打包系统，使用独立存在的 Python 文件。

编写好传感器后，可以把相关细节放到其 setup.cfg 中和与 apd.sensors 包相同的 setup.py 中，生成发行版本，然后把该发行版本发布到本地索引服务器。如果不能完全确信在开发过程中覆盖了所有边缘用例，则可能选择在目标服务器上从版本控制系统安装一个可编辑的签出。这允许我们运行它的测试，并调整它的代码，而不必在本地计算机和远程主机之间来回同步代码。

4.2　添加新的命令行选项

我们刚刚创建了一个新包，其中包含一个传感器，但现在还没有方法使用第 3 章创建的命令行工具来查看它的数据。该工具有一些内置的传感器，在生成输出时会迭代这些传感器。我们需要修改它的脚本，使其能显示其他 Python 文件中的传感器的值。

首先，我们可以为 apd.sensors 添加一个新选项，用于按照 Python 导入位置来加载传感器。即给定传感器的名称及定义它的模块时，这个选项将加载该传感器并显示其结果。这是受 pre-commit 脚本的 --develop 选项的启发，该脚本为了方便测试，通过 --develop 选项来按照路径加载钩子。

有了这个选项，就可以指定我们想要的是太阳能传感器而非内置传感器的值，这意味着不需要编写特殊的命令来专门处理这个传感器。

4.2.1　子命令

目前，我们有一个 show_sensors 函数，它采用硬编码列表的方式包含要显示的传感器。在本例中，我们希望进行相同的处理，但要改变生成列表的方式，以便接受命令行实参。这大体上有两种方法：创建子命令或添加命令行标志。

你以前可能没有听说过“子命令”这个术语，但肯定使用过它们。Git 等工具大量使用子命令，对于 Git 来说，git 命令本身并没有意义。事实上，git、git --help 和 git help 的作用是相同的：它们都把使用指南打印到终端。更常用的 git 调用，如 git add、 git clone和git commit都是子命令。Git并没有用一个函数来实现程序的所有行为，它使用子命令把相似的功能按组分到一起。一些git命令甚至使用多级子命令，如git bisect start[⊖]。

将现有的show_sensors(...)函数改为名为show的子命令，并添加一个新的develop子命令，即为可以采用创建子命令的方法。

click为此提供了基础设施，称为参数。你可以向函数添加选项或实参，它们将作为命令行接口的一部分对外公开。你应该认为实参总是存在的，即使最终用户没有为它们指定值。如果用户没有提供值，它就会使用默认值。函数操作的数据主要就是其实参。

另一方面，选项是不一定总会传递的标志。这些选项存在，就可以改变行为，它们可以包含类似于实参的可选值。

下面的子命令使用@click.argument，指定数据在命令行作为必要参数传递过来。@argument的metavar=参数是一个占位符，代表当用户使用--help时，显示给他们的值。

```
@click.argument("sensor_path", required=True, metavar="path")
```

下面的例子还没有包含get_sensor_by_path(...)的实现，它现在只能简单地返回太阳能传感器的一个硬编码的实例。后面将为它提供一个实现，但是现在，我们将把注意力放到是否应该使用子命令上。下面的示例使用click创建了子命令：

```
@click.group()
def sensors() -> None:
    return

@sensors.command(help="Displays the values of the sensors")
def show() -> None:
    sensors = get_sensors()
    for sensor in sensors:
        click.secho(sensor.title, bold=True)
        click.echo(str(sensor))
        click.echo("")

@sensors.command(help="Displays the values of a specific sensor in"
"development")
```

⊖ git bisect是最有用的git功能之一，理应得到更多的关注。如果你试图找出什么地方引入了问题，该命令会自动在提交历史中执行二分查找。例如，如果针对某个bug编写新测试，知道该bug是在1.0版本后1.2版本前引入，要找到哪一次提交引入了这个bug，就可以运行下面的命令：

```
> git bisect start
> git bisect bad 1.2
> git bisect good 1.0
> pipenv run git bisect run pytest tests/test_new_bug.py
```

```
@click.argument("sensor_path", required=True, metavar="path")
def develop(sensor_path) -> None:
    sensor = get_sensor_by_path(sensor_path)

    click.secho(sensor.title, bold=True)
    click.echo(str(sensor))
    click.echo("")

if __name__ == "__main__":
    sensors()
```

在这里，系统的入口点不再是 show_sensors() 命令，而是 sensors() 组。show_sensors() 函数被重命名为 show()，并且用 @sensors.command 而非 @click.command 进行了声明。正是 command 装饰器的变化，将此命令与名为 sensors 的组连接了起来。

还需要修改 console_scripts 入口点来匹配这种重构：

```
[options.entry_points]
console_scripts =
  sensors = apd.sensors.sensors:sensors
```

提示　就像我们第一次添加 console_scripts 声明时那样，这种变更会在安装包的时候生效。通过运行 pipenv install -e，可以强制安装。当尝试不同的方法时，此命令很有用。在 __init__.py 中递增版本号并重新运行 pipenv lock 后，pipenv 会注意到这种变更，并立即重新安装包。可以利用这一点，设置类似 1.1.0dev1 的版本号。使用 dev 标记，让你能够递增版本号，却没有使用将来会用作真正发布版的版本号的风险。

对于这样的功能，建议将 VERSION 特性递增到 dev 版本，除非只有少数开发人员在开发代码，并且他们之间没有沟通障碍（如时区差异）。

做了这些修改后，就可以执行子命令，显示正在开发的传感器的值。由于已经创建了 apd.sunnyboy_solar 包，其中包含 sensor.py 文件和 SolarCumulativeOutput 类，所以代表传感器的字符串是 apd.sunnyboy_solar.sensor:SolarCumulativeOutput[1]。可以使用下面的命令检查输出：

```
> pipenv run sensors develop apd.sunnyboy_solar.
sensor:SolarCumulativeOutput
Solar panel cumulative output
14070.867 kWh
```

[1] 当然，按路径解析传感器的函数现在只是一个占位符，所以其值并不重要。

但是，转换为子命令，意味着 pipenv run sensors 命令的行为与之前相比发生了变化。为获取预设传感器的数据，现在需要运行 pipenv run sensors show。由于发生了这种变化，用户如果不改变与软件的交互方式，就不能安全地从老版本升级到新版本。因此，我们需要显著增加版本号，以便用户能够理解这种变化的重要性。

如果考虑语义版本化策略的原则，就可以知道，我们要做的变更是添加一项新功能，但这项功能破坏了向后兼容性。这意味着我们应该修改主版本号，让使用此新的子命令格式发布的软件成为 2.0.0 版本。一些开发人员可能认为这么做不够直观，因为 1.0.0 版本和 2.0.0 版本在概念上并没有发生巨大变化。但是，这常常是因为他们从美学的角度看，想避免很大的主版本号。我强烈建议，当发生了向后不兼容的变化时，不要回避递增主版本号，因为这真的能够帮助用户理解他们可以安全应用哪些升级。

4.2.2 命令选项

看待此功能的另一种方式是，显示单个传感器的输出与显示所有传感器的输出在本质上是相同的任务，只不过它们存在一些不同的首选项。在选择使用子命令还是选项时，做决定的核心因素有：要添加的功能是应用程序的另一个逻辑功能，还是现有功能的一种不同的行为？

对于如何区分这两者，并没有固定不变的规则。在我们的示例中，使用哪种都有理由。在我看来，无论是改变读取的传感器，还是改变输出的格式，都说明适合使用相同的底层“show”函数。我的实现使用了“选项”方法，但因为这是一种细微的区别，所以使用哪种方法在很大程度上取决于你如何看待要创建的工具。

要使用选项方法，需要在现有的 show_sensors(...) 函数中添加一个 @click.option 行，用于代表我们应该使用的传感器的路径，而不是硬编码的传感器列表。

在我们的示例中，将添加一个名为 --develop 的非必要选项，然后使用 if 语句来判断是应该加载 develop 选项指定的传感器，还是应该像原来那样使用硬编码的列表：

```
@click.command(help="Displays the values of the sensors")
@click.option(
    "--develop", required=False, metavar="path",
    help="Load a sensor by Python path"
)
def show_sensors(develop: str) -> None:
    sensors: Iterable[Sensor[Any]]
    if develop:
        sensors = [get_sensor_by_path(develop)]
    else:
        sensors = get_sensors()
```

```
    for sensor in sensors:
        click.secho(sensor.title, bold=True)
        click.echo(str(sensor))
        click.echo("")
    return
```

这种行为与子命令方法的行为非常相似，没有改变默认语法，并且可通过下面的命令使用新的代码路径：

```
> pipenv run sensors --develop=apd.sunnyboy_solar.
sensor:SolarCumulativeOutput
Solar panel cumulative output
14070.867 kW
```

4.2.3　错误处理

我们编写的程序到现在为止还没有真正实现 `get_sensor_by_path(...)`，这个方法对于让程序变得真正有用十分关键。我们可以编写一个简单实现，例如：

不安全版本的 `get_sensor_by_path`：

```
def get_sensor_by_path(sensor_path: str) -> Any:
    module_name, sensor_name = sensor_path.split(":")
    module = importlib.import_module(module_name)
    return getattr(module, sensor_name)()
```

这种实现有些严重缺陷。首先，我们假定了 `sensor_path` 总是包含冒号。如果事实并非如此，那么第一行就没有足够的值来解压缩，这会引发 `ValueError`。第二行可能引发 `ImportError`，第三行可能引发 `AttributeError`。这些错误将以堆栈跟踪形式显示给用户，但这对用户十分不友好。显示给用户的错误消息越有用，需要添加的条件就越多。

无论如何，对于这个实现，这还不是最大的问题。在该函数的最后一行中，我们想实例化用户选择的传感器，但并不知道它是一个传感器子类。如果用户运行 `pipenv run sensors --develop=sys:exit`，那么该命令将调用 `sys.exit()`，并立即终止。如果运行 `pipenv run sensors --develop=http.server:test`，那么该命令将阻塞，启动一个未经配置的 HTTP 服务器，并监听所有地址的端口 8000。

这些并不是很严重的安全漏洞，因为任何人如果能够运行传感器脚本，就可能能自己运行 Python 并调用这些函数。但是，没有理由允许用户做一些明显错误、并可能造成破坏的操作。每当编写这种代码时，必须考虑代码的安全性，因为每次的权衡结果都是不同的。

下面实现的 `get_sensor_by_path(...)` 将捕捉不当用户输入可能引发的所有常见错

误，并使用合适的用户消息重新抛出 RuntimeError[注]。

可以引发 RuntimeError 的 get_sensor_by_path 实现如下：

```
def get_sensor_by_path(sensor_path: str) -> Sensor[Any]:
    try:
        module_name, sensor_name = sensor_path.split(":")
except ValueError:
    raise RuntimeError("Sensor path must be in the format "
    "dotted.path.to.module:ClassName")

try:
    module = importlib.import_module(module_name)
except ImportError:
    raise RuntimeError(f"Could not import module {module_name}")

try:
    sensor_class = getattr(module, sensor_name)
except AttributeError:
    raise RuntimeError(f"Could not find attribute {sensor_name} in "
    f"{module_name}")

if (isinstance(sensor_class, type) and issubclass(sensor_class, Sensor)
and sensor_class != Sensor):
    return sensor_class()
else:
    raise RuntimeError(f"Detected object {sensor_class!r} is not "
    f"recognised as a Sensor type")
```

自动推断类型

有必要关注一下这个函数的两个版本的类型注解。第一个版本没有检查指定组件是不是传感器，所以将其声明为返回 Any。

如果在 src/apd/sensors/mypyexample.py 中创建下面的测试代码，然后使用 mypy 类型检查器运行它，就会发现它不能识别传感器的类型：

```
import importlib

module = importlib.import_module("apd.sensors.sensors")
class_ = getattr(module, "PythonVersion")
sensor = class_()
reveal_type(sensor)
```

Result

```
mypyexample.py:6: note: Revealed type is 'Any'
```

[注] 这里使用 ValueError 更合适，但是我使用 RuntimeError，是为了保证只有我显式引发的错误才会作为面向用户的消息被捕捉到。第 11 章将继续介绍这种选择。

解析器不能判断 class_ 变量中的类是什么类型，因为它需要执行 import_module 和 getattr(...) 中的特定代码，才能知道返回什么对象。在前面的示例中，这两个方法都是硬编码的，但是如果其中一个或者两个字符串都是通过用户输入提供的，那么不提前知道用户输入是什么，就不能做出判断。因此，就 mypy 而言，class_ 和 sensor 可以是任何类型。

但是，如果进行一些检查将实例化 class_ 的代码行保护起来，判断 class_ 是不是类型，并且如果是类型的话，是不是 Sensor 的子类，那么 mypy 将能够很好地理解这些情况[1]，检测出传感器是 Sensor[Any] 的一个实例。

```
import importlib

from .sensors import Sensor

module = importlib.import_module("apd.sensors.sensors")
class_ = getattr(module, "PythonVersion")
if isinstance(class_, type) and issubclass(class_, Sensor):
    sensor = class_()
    reveal_type(sensor)
```

结果：

```
mypyexample.py:6: note: Revealed type is 'sensors.sensors.Sensor[Any]'
```

使用 typing.cast(Sensor[Any], sensor)，可以强制将实例视为 Sensor[Any]，但一般没必要这么做，而且这么做有可能会把一些错误隐藏起来。

然后，调用函数可以捕捉生成的所有 RuntimeError，并将异常强制转换为字符串，

[1] 在撰写本书时，mypy 在理解命名空间包方面还有一些小问题。这就是为什么它给出的类型是 sensors.sensors.Sensor[Any]，没有前面的 apd.，也因此，我将这个小示例放到了 src/apd/sensors 目录下。在实际开发中，这不太可能造成问题，但是在 setup.cfg 中添加下面的内容，有助于在本地开发中绕过这个问题：

```
[mypy]

namespace_packages = True

mypy_path = src
```

这显式启用了命名空间包查找，并声明了在搜索路径中包含目录 src。然后，可以使用特定于包的配置节将缺少的模块添加到白名单中，以确保在处理中只排除已知不包含类型信息的模块，如下所示：

```
[mypy-psutil]
ignore_missing_imports = True
```

以显示对用户友好的错误消息：

```
if sensor_path:
    try:
        sensors = [get_sensor_by_path(sensor_path)]
    except RuntimeError as error:
        click.secho(str(error), fg="red", bold=True, err=True)
        sys.exit(ReturnCodes.BAD_SENSOR_PATH)
```

这将采用红色粗体文本将 `RuntimeError` 的值打印到标准错误流，然后用已知的退出码退出脚本。退出码是类 UNIX 环境中的控制台脚本的一个方便的功能。它允许用脚本调用处理错误用例的程序，而不需要解析错误结果。

我们应该使用枚举来存储合法值。这是一个特殊基类，从它派生出的类只包含从名称到整数的映射。该基类包含一些有用的功能，如自定义字符串表示（在调试的时候很有用）：

```
class ReturnCodes(enum.IntEnum):
    OK = 0
    BAD_SENSOR_PATH = 17
```

许多工具使用小数字和近似于 255 的数字来定义内部错误，所以选择 16 作为偏移量使我们的返回代码不太可能与使用的工具引发的返回代码发生冲突。特别是，只应该把 1 用作一般故障代码。我选择使用 17 作为退出码，让它代表这样一种错误：传递给程序的实参导致解析无法成功。

4.2.4 通过实参类型将解析工作交给 click

click 支持自动解码作为参数传入的值。对于有些实参类型，这很符合直觉理解。将参数声明为数字（或布尔值等），要比总是传递字符串让命令自己解析它的值更加简单。

click 有些内置的类型，可用于提高命令行工具的可用性。简单类型 `click.STRING`、`click.INT`、`click.FLOAT` 和 `click.BOOL` 对输入值做一些相对直观的解析，将命令行调用转换为 Python 值。例如，`click.FLOAT` 对输入调用 `float(...)`，`click.BOOL` 根据已知代表 `True` 或 `False` 的值（如 `y/n`、`t/f`、`1/0` 等）的列表来检查输入。可以直接使用 Python 类型（如 `str`、`int`、`float`、`bool`）作为速写方式来指定这些类型，如果没有指定任何类型，click 将尝试猜测类型。

还有些更加复杂的类型，例如 `click.IntRange`（在 `click.INT` 的基础上应用验证）和 `click.Tuple(...)`（允许指定可接受多个选项的选项类型）。例如，如果你开发的程序接受地理位置，则可以像下面这样定义 `--coordinate` 实参：

```
@click.option(
    "--coordinate",
    nargs=2,
    metavar="LAT LON",
    help="Specify a latitude and longitude according to the WGS84 \
    coordinate system",
    type=click.Tuple((click.FloatRange(-90, 90), click.FloatRange(-180, 180))),
)
```

使用这些类型能够确保传递给函数的数据是合法的，并且最终用户会得到有用的错误消息。这还大大减少了要编写的解析和验证逻辑。对于click提供的最复杂的类型`click.File`，这一点尤为有用。该类型允许指定向函数传递一个打开文件的引用，并在函数执行完后恰当地关闭文件。它还允许指定“-”，表示应该使用标准输入和输出流，而不是使用磁盘上的文件，这是许多命令行工具都提供的一种功能，通常必须作为特殊用例来添加。

最令人意外的一个有用的类型可能是`click.Choice`，它将值与字符串元组进行对比。例如，`click.Choice(("red", "green", "blue"), case_sensitive=False)`提供的类型验证器只接受字符串“red”“green”和“blue”。另外，如果用户为程序启用了自动完成功能，则在输入实参的过程中，如果用户按下<Tab>键，就会自动建议填入这些值。

4.2.5　自定义click实参类型

可以向click的解析系统添加新类型，这允许需要经常执行相同命令行解析的程序将其拆分为一个单独的可重用函数，并相信框架会调用它。

在我们的示例中，只在一个地方需要把Python类的引用作为实参传递，所以并没有实际的理由来将Python类实现为函数可以接受的参数类型。相对来说，这很少会作为正确的方法，但有可能在将来的某个项目中就需要这么做。

下面给出了Python类的一个解析器：

```
from click.types import ParamType

class PythonClassParameterType(ParamType):
    name = "pythonclass"

    def __init__(self, superclass=type):
        self.superclass = superclass

    def get_sensor_by_path(self, sensor_path: str, fail: Callable[[str],
    None]) -> Any:
        try:
            module_name, sensor_name = sensor_path.split(":")
        except ValueError:
            return fail(
```

```
                "Class path must be in the format dotted.path."
                "to.module:ClassName"
            )
        try:
            module = importlib.import_module(module_name)
        except ImportError:
            return fail(f"Could not import module {module_name}")
        try:
            sensor_class = getattr(module, sensor_name)
        except AttributeError:
            return fail(f"Could not find attribute {sensor_name} in "
            f"{module_name}")
        if (
            isinstance(sensor_class, type)
            and issubclass(sensor_class, self.superclass)
            and sensor_class != self.superclass
        ):
            return sensor_class
        else:
            return fail(
                f"Detected object {sensor_class!r} is not recognised as a "
                f"{self.superclass} type"
            )

    def convert(self, value, param, ctx):
        fail = functools.partial(self.fail, param=param, ctx=ctx)
        return self.get_sensor_by_path(value, fail)

    def __repr__(self):
        return "PythonClass"

# A PythonClassParameterType that only accepts sensors
SensorClassParameter = PythonClassParameterType(Sensor)
```

下面更新了选项调用，以使用内置解析器：

```
@click.option(
    "--develop",
    required=False,
    metavar="path",
    help="Load a sensor by Python path",
    type=SensorClassParameter,
)
```

练习 4-1：添加自动完成支持

本章前面提到了click.Choice，它支持自动完成特定选项的值处理功能。为任意选项参数提供回调，可以实现自定义的自动完成功能。

我们无法针对 --develop 标志编写完美的自动完成实现，因为这涉及自动完成 Python 模块名称。扫描环境来确定各种可能性太过困难。

但是，编写一个自动完成实现在进入模块后自动完成类的部分要简单许多。本章配套代码中给出了这种实现的一个示例。建议在查看该示例之前，试着自己编写一下。

该自动完成方法的方法签名如下：

```
def AutocompleteSensorPath(
    ctx: click.core.Context, args: list, incomplete: str
) -> t.List[t.Tuple[str, str]]:
```

添加 autocompletion=AutocompleteSensorPath 作为实参，可以为选项启用自动完成方法。

测试自动完成功能时，可能需要进入虚拟环境的 shell，手动为传感器可执行文件启用自动完成功能。例如，要为 bash shell 启用自动完成功能，应该使用如下命令：

```
> pipenv shell
> eval "$(_SENSORS_COMPLETE=source_bash sensors)"
```

你需要手动启用自动完成功能，因为自动完成配置通常由包安装程序处理，在不同操作系统间可能存在巨大差异。_SENSORS_COMPLETE=source_bash 环境变量告诉 click 生成 bash 自动完成配置，而非进行正常处理。在上面的示例中，使用 eval 立即进行处理，但也可以把结果保存到文件中，然后使其出现在 shell 的 profile 中。你应该检查对于你使用的操作系统和 shell，推荐采用什么方法。

另外，“:”字符可能导致 shell 停止自动完成功能。在这种情况下，应该使用引号括住 --develop 的实参，然后再次尝试。

4.2.6 常用选项

最后，有些选项比其他选项更加常用。人们最想让程序具备的选项是 --help，用于显示如何调用命令的信息。click 自动为所有命令添加此选项，除非在 @click.command(...) 调用中指定了 add_help_option=False。如果需要支持不同的语言，可以使用 @click.help_option(...) 装饰器函数手动添加 help 选项：

```
@click.command(help="Displays the values of the sensors")
@click.help_option("--hilfe")
def show_sensors(develop: str) -> int:
    ...
```

另一个经常使用的函数是 --version，它打印用户计算机上安装的命令的版本。与 --help 类似，它在内部实现为一个选项，令 is_flag=True，is_eager=True，还有一个专门的 callback 方法。设置了 is_flag 的选项不会关联显式的值，它们要么存在，要么不存在，这是通过它们的值为 True 或 False 来表示的。

is_eager 参数的作用是标记选项，使其在解析命令行选项的过程中早早得到解析。它允许在解析函数的其他实参前，让 --help 和 --version 命令实现它们的逻辑，这能够让程序看起来更快、响应性更好。

使用 @click.version_option(...) 装饰器来应用版本参数。该装饰器使用 prog_name 指定当前应用程序的名称，使用 version 指定当前版本号。这两个选项都是可选的，如果没有设置 prog_name，则使用调用程序时使用的名称；如果省略了 version 参数，则在 Python 环境中查找当前安装的版本。因此，通常不需要覆盖这两个值。也因此，添加此选项的标准方式是添加装饰器 @click.version_option()。

对于某些操作，如删除操作，可能需要在继续操作前获取用户的明确确认。这可以使用 @click.confirmation_option(prompt="Are you sure you want to delete all records?") 实现。prompt= 选项是可选的，如果省略了它，将使用默认提示“Do you want to continue？”通过传递命令行标志 --yes，用户也可以跳过提示。

最后，还有一个 @click.password_option 装饰器，它在应用程序启动后立即提示用户输入密码。其默认行为是向用户询问密码，然后确认，就好像正在设置密码一样，但是使用 confirmation_prompt=False 可以禁用确认步骤。终端中不会显示密码，从而防止当时在计算机附近的人读到密码。如果使用此选项，需要确保底层命令接受 password= 选项，以便能够访问用户输入的密码。

4.3 允许使用第三方传感器插件

现在，我们已经升级了命令行工具来允许测试外部传感器，并且完成了一个返回有用数据的实现，覆盖了两种少见的用例之一：帮助开发人员编写新插件。更常见的用例涉及最终用户，即那些安装插件传感器并希望它能够工作的人们。要求这些用户在每次命令行调用都指定 Python 路径并不合适。我们需要有一种方式来动态生成可用传感器的列表。

对于这个问题，大体上有两种方法：自动检测和配置。自动检测需要传感器向命令行工具注册自己，使得在运行时有全部已安装传感器的列表可用。与之不同，配置则要求用户维护一个文件，使该文件指向他们想要安装的传感器，以便在运行时解析。

与我们到目前为止看到的大部分二选一选项一样，每种方法都有其优点和缺点，所以关键在于为自己的特定用例选择合适的方法，如表 4-1 所示。

表 4-1　传感器类型的配置和自动检测方法对比

对比角度	配　置	自动检测
安装难易程度	安装包并编辑配置文件	安装包
是否重新排序插件	是	否
是否使用新实现覆盖内置插件	是	否
是否排除已安装插件	是	否
插件是否有参数	是	否
用户友好度	需要用户熟悉配置文件的编辑	不需要额外步骤

使用基于配置方法的系统时，能够对插件系统的细节做更多配置。它非常适合由开发人员或系统调查人员使用的插件架构，因为它允许这些人精确配置需要的环境，并把这种配置存储到版本控制系统中。Django 应用系统就是这样的例子。在添加到 `settings.py` 文件之前，在本地环境中安装的应用程序不会影响网站，但当添加到 `settings.py` 文件之后，就可以为它们添加特定于插件的设置。

对于 Django 以及通过混搭第三方代码和专门开发的环境来创建的自定义部署，这种方法很合适。想要使用已安装应用程序提供的部分功能的需求很常见，例如，省略一些中间件选项或者设置不同的 URL 方案可以实现这种需求。这种复杂度与 WordPress 等系统形成了鲜明的对比，因为后面这些系统旨在让非技术用户能够安装插件。在这种情况下，安装插件就够了，复杂的配置将由应用程序处理，而不是通过集中的配置文件来处理。

对于不懂技术的最终用户，自动检测方法要简单得多，因为它不需要用户编辑配置文件。这也使系统不容易受到拼写错误的影响。对于我们的用例，不太可能需要禁用插件，因为用户可以无视他们不需要的任何数据。同样，插件的排序并不重要。

一开始看上去，使用新实现覆盖插件很有用，但这意味着在使用不同的版本时，收集到的值可能存在不同含义。例如，我们可能想添加一个“温度”传感器，使其返回系统温度，而不是环境温度。对于某些用例，这二者是可以互换的，但最好对数据进行区分。在分析数据的时候，如果有必要，总是可以将二者视为等同。

对于这个程序，基于配置方法的系统有一个功能很有用，即可以将配置值传递给传感器。到目前为止，有 3 个传感器能够从配置中受益良多。温度传感器和湿度传感器是硬编码的，期望将传感器安装在系统的 IO 引脚 D4 上；太阳能电池板传感器也被硬编码到特定的蓝牙硬件地址上。

对于我们不期望供他人使用的私有插件（如太阳能电池板监控器），这种硬编码是可以接受的，但温度传感器和湿度传感器是通用的传感器，预期会有许多用户会安装它们。对于最终用户来说，温度传感器和湿度传感器要有尽可能少的配置选项。

4.3.1 使用固定名称检测插件

我们可以编写一个插件架构，使其检测可导入的文件中定义的传感器。该文件可导入，是因为它存储在当前工作目录中。这种方法使用Python的源代码解析功能，作为配置文件的解析系统。例如，我们可以创建一个custom_sensors.py文件，并在该文件中导入任何我们想使用的传感器。

```
def get_sensors() -> t.Iterable[Sensor[t.Any]]:
    try:
        import custom_sensors
    except ImportError:
        discovered = []
    else:
        discovered = [
            attribute
            for attribute in vars(custom_sensors).values()
            if isinstance(attribute, type)
            and issubclass(attribute, Sensor)
        ]
    return discovered
```

在这里，vars(custom_sensors)函数是最与众不同的部分。它返回该模块中定义的所有内容的一个字典，其中键是变量名，值是变量的内容。

注意　在调试时，vars(...)函数很有帮助。如果你有一个变量obj，并调用vars(obj)，则将得到该对象的数据集的一个字典[㊀]。相关函数dir(obj)返回该实例上可解析的所有特性名称的列表。如果想在调试会话中获取对象的信息，那么这两个函数将很有用。

使用Python作为配置的优势是十分简单，但是编写自定义Python文件是对技术要求很高的工作，所以大部分用户不想使用这种方法。用户必须手动把传感器代码复制到这个文件中（或者从其他地方导入传感器代码），然后自行管理依赖项。在任何场景中，我都不推荐使用这种方法作为插件架构系统，但是同一工作目录中的Python文件可被导入这种思想有时候很便于采用配置方法，详见本书结尾。

㊀ 这几乎对所有对象都适用，但是有些高度优化的对象不支持此功能。具体来说，它适用于Python代码中没有__slots__特性的对象。

4.3.2 使用入口点检测插件

对于我们的用例，我认为易于使用是最重要的考虑因素，所以采用的方法应该不依赖于使用配置文件来检测插件。Python 有一种功能实现了这种类型的自动检测，前面曾简单提到过。这种功能就是入口点。我们使用入口点功能来声明某个函数应该被公开为控制台脚本（事实上，这是该功能最常见的用途），但是任何 Python 代码都可以将入口点系统用于自己的插件。

Python 包可以声明自己提供了入口点，但因为入口点是打包工具的一种功能，所以只能在 Python 包的元数据中设置入口点。当创建 Python 发行版时，许多元数据会被拆分到元数据目录的文件中。该元数据目录将随着实际代码一起分发。当代码请求入口点的注册值时，将扫描元数据的这种解析后的版本。如果包提供了入口点，则一旦安装了该包，就可以枚举它们，这就能让代码在不同包中有效地发现插件。

入口点在包含两个级别的命名空间中注册。外层名称是入口点组，它是一个简单的字符串标识符。对于自动生成命令行工具，组的名称是 `console_scripts`。对于图形工具，组的名称是 `gui_scripts`，不过图形工具不太常用。这些组的名称不需要预先注册，所以你的包能够提供其他软件可以使用的入口点。如果最终用户没有安装该软件，则会忽略它们。组名称可以是任意字符串，它们可用于查询该入口点指代的所有内容。

使用 `pkg_resources` 模块，可以找出 Python 安装中使用了哪些入口点组。在代码中并不需要这么做，这一点可通过这种用途没有简单 API 的事实来证明，但是在学习该功能以及其他 Python 工具使用它的方式时，查看一下会很有帮助。下面展示了包含一行代码的程序[⊖]（为方便阅读，没有包含导入语句和格式化语句），它用于列举 Python 环境中使用的入

⊖ 该程序是 Python 中的扁平列表（在本例中其实是集合）的一个例子。这是我首选的方法——使用列表推导式创建集合列表，然后使用 `reduce` 函数，对于包含 4 个条目的列表 `x`，这相当于：

```
set.union(set.union(set.union(x[0], x[1]), x[2]), x[3])
```

另一种方法是创建空集合，然后通过 `for` 循环迭代条目来更新它，例如：

```
groups = set()
for package in pkg_resources.working_set: groups.update(set(
package.get_entry_map(group=None).keys()))
```

也可以使用 `itertools` 模块，例如：

```
set(itertools.chain.from_iterable(package.get_entry_map(group=None).keys() for
package in pkg_resources.working_set))
```

这些方法都很合适，你觉得哪种方法更自然，就使用哪种方法。有时还推荐另一种风格，但在我看来，那种方法更难阅读，所以应该避免使用。那种方法也是使用列表（或集合）推导式，但让两个或更多个循环构成一个从左向右阅读的推导式，如下所示：

```
{group for package in pkg_resources.working_set for group in
package.get_entry_map(group=None).keys()}
```

口点类型：

```
>>> functools.reduce(
...     set.union,
...     [
...         set(package.get_entry_map(group=None).keys())
...         for package in pkg_resources.working_set
...     ],
... )
...
{'nbconvert.exporters', 'egg_info.writers', 'gui_scripts', 'pygments.
lexers', 'console_scripts', 'babel.extractors', 'setuptools.installation',
'distutils.setup_keywords', 'distutils.commands'}
```

上面的示例显示，我的计算机上使用了 9 组不同的入口点。其中大部分与 Python 包管理有关，但有 3 个是计算机上安装的其他插件系统。`nbconvert.exporters` 是 Jupyter 工具套件的一部分。在第 1 章中，我们使用 `nbconvert` 将记事本转换为标准的 Python 脚本。该转换器就是通过检查这个入口点找到的，这意味着如果愿意，我们能够编写自己的导出器。`pygments.lexers` 是 pygments 代码格式化库的一部分，这些入口点允许 pygments 支持新的语言。`babel.extractors` 也是入口点，可以帮助 i18n 工具 babel 在不同类型的源代码中寻找可翻译的字符串。

命名空间的第二层是入口点的名称。在组内，这些名称必须是唯一的，本身不具有意义。使用 `iter_entry_points(group, name)` 可以搜索特定入口点的名称，但更常见的做法是使用 `iter_entry_points(group)` 获取组内的所有入口点。

这意味着我们需要确定一个标准字符串，用作入口点组的名称，然后让插件声明自己在此组中提供入口点。我们还必须更新核心代码，确保按照这种方式声明所有插件。我们将使用字符串 `apd.sensors.sensor`，因为它具有含义，并且不太可能与其他开发人员使用的名称发生冲突。例如，我们需要像下面这样修改 `adp.sensors` 的 `setup.cfg` 文件的入口点节：

```
[options.entry_points]
console_scripts =
  sensors = apd.sensors.cli:show_sensors
apd.sensors.sensor =
  PythonVersion = apd.sensors.sensors:PythonVersion
  IPAddresses = apd.sensors.sensors:IPAddresses
  CPULoad = apd.sensors.sensors:CPULoad
  RAMAvailable = apd.sensors.sensors:RAMAvailable
  ACStatus = apd.sensors.sensors:ACStatus
  Temperature = apd.sensors.sensors:Temperature
  RelativeHumidity = apd.sensors.sensors:RelativeHumidity
```

通过在 setup.cfg 中声明下面的入口点节，apd.sunnyboy_solar 包使用相同的入口点组名称在已知插件的集合中添加自己的插件：

```
[options.entry_points]
apd.sensors.sensor =
  SolarCumulativeOutput = apd.sunnyboy_solar.sensor:SolarCumulativeOutput
```

要让代码使用入口点，而不是硬编码传感器，唯一要做的修改是像下面这样重写 get_sensors 方法：

```
def get_sensors() -> t.Iterable[Sensor[t.Any]]:
    sensors = []
    for sensor_class in pkg_resources.iter_entry_points(
    "apd.sensors.sensor"):
        class_ = sensor_class.load()
        sensors.append(t.cast(Sensor[t.Any], class_()))
    return sensors
```

这里使用的强制转换并不是严格必需的。我们也可以使用之前为 --develop 选项使用过的 isinstance(...) 防护[一]，但在这里，我们愿意信任插件的开发者，相信他们只会创建引用了有效传感器的入口点。此前，我们依赖于命令行调用，所以产生错误的概率更高。这里这种做法的效果是，我们告诉类型框架，加载 apd_sensors 入口点并调用其结果得到的会是有效的传感器。

与 console_scripts 入口点一样，我们需要重新安装这两个包，以确保入口点得到处理。在真正发布脚本时，我们会递增小版本号，因为引入了不破坏向后兼容性的新功能，但因为我们在进行开发安装，所以将重新运行 pipenv install -e. 来强制安装。

4.3.3　配置文件

另一种方法是前面摒弃的一种方法：编写配置文件。Python 的标准库支持解析 ini 文件，用户编辑这些文件相对容易。其他配置格式，如 YAML 或 TOML，让解析变得更加简单，但用户不太熟悉如何编辑这些格式。

一般来说，我建议对配置文件使用 ini 格式，因为最终用户熟悉这种格式[二]。我们还需要决定将 ini 文件保存到什么位置，可以把它们保存到工作目录中（在合适的情况下还可以显式作为命令行实参），也可以把它们保存到当前操作系统中广为人知的默认目录中。

[一] 即 isinstance(sensor_class, type) and issubclass(sensor_class, Sensor) and sensor_class != Sensor。

[二] TOML 很接近 ini 格式，所以也是一个好的选择。

无论决定在什么位置存储文件，都需要创建一个新的命令行实参，用来接受要使用的配置文件的位置，只是其默认行为会有区别。此外，还需要创建一个函数，用来读取配置文件并使用相关配置数据实例化传感器。

标准库中的 configparser 模块针对从文件中加载 ini 格式的数据提供了一个简单的接口，我们将用它来加载配置值。在定义 ini 格式时，包含一个 [config] 节，并在其中添加 plugins= 值。plugins 值中的项指向新的节，每节定义一个传感器及其（可选的）配置值。下面给出了 apd.sensors 的基本的 config.cfg 文件：

```
[config]
plugins =
    PythonVersion
    IPAddress

[PythonVersion]
plugin = apd.sensors.sensors:PythonVersion

[IPAddress]
plugin = apd.sensors.sensors:IPAddresses
```

这展现了配置系统的一些强大之处：配置文件只加载了两个传感器，所以显著加快了执行速度。不太明显的是传感器配置块的名称不必与派生它们的传感器类相同，例如，可以使用 IPAddress 而不是 IPAddresses。通过这种方式，可以多次列举相同的传感器类，从而在一个配置文件中定义同一传感器的多个实例，让这些实例具有不同的参数，然后从每个实例收集数据[㊀]。也可以从 plugins 行中删除传感器，以临时禁用它，并不需要删除该传感器的配置。

此配置文件的解析器将 [config] 节的 plugins 行映射到键 config.plugins。代码必须检查这个值，提取名称，然后迭代它引用的节。最好创建独立的解析函数和传感器实例化函数，因为这能够显著提高每个函数的可测试性。如果将读取配置和解析配置的工作也放到不同的函数中，可测试性也会更好一些。由于 configparser 提供了这种功能，所以减少我们自己需要编写的文件处理代码量而将这项工作交给 configparser 更加合理。

与前面的 --develop 辅助函数一样，我们将在这里捕获相关错误，并使用对用户友好的消息重新引发 RuntimeError。它们将作为错误消息展示给最终用户，并使用新的返回码来代表配置文件中的问题：

```
def parse_config_file(
    path: t.Union[str, t.Iterable[str]]
) -> t.Dict[str, t.Dict[str, str]]:
    parser = configparser.ConfigParser()
    parser.read(path, encoding="utf-8")
```

㊀ 要想做到有用，还需要有支持代码来允许为不同实例使用人类易读的名称。

```
    try:
        plugin_names = [
            name for name in parser.get("config", "plugins").split() if name
        ]
    except configparser.NoSectionError:
        raise RuntimeError(f"Could not find [config] section in file")
    except configparser.NoOptionError:
        raise RuntimeError(f"Could not find plugins line in [config] section")
    plugin_data = {}
    for plugin_name in plugin_names:
        try:
            plugin_data[plugin_name] = dict(parser.items(plugin_name))
        except configparser.NoSectionError:
            raise RuntimeError(f"Could not find [{plugin_name}] section "
            f"in file")
    return plugin_data

def get_sensors(path: t.Iterable[str]) -> t.Iterable[Sensor[t.Any]]:
    sensors = []
    for plugin_name, sensor_data in parse_config_file(path).items():
        try:
            class_path = sensor_data.pop("plugin")
        except TypeError:
            raise RuntimeError(
                f"Could not find plugin= line in [{plugin_name}] section"
            )
        sensors.append(get_sensor_by_path(class_path, **sensor_data))
    return sensors
```

get_sensors(...) 函数接受字符串可迭代对象，代表配置文件的潜在路径。可以向 show_sensors 命令新添加一个默认值为 "config.cfg" 的 --config 参数，用于收集传递给 get_sensors(...) 的路径的值。

```
@click.option(
    "--config",
    required=False,
    metavar="config_path",
    help="Load the specified configuration file",
)
```

现在，每个需要配置变量的传感器都需要接受它作为传感器类的 __init__(...) 函数的参数。该函数定义了如何创建类的实例，所以需要在这里处理类实例化过程中收到的实参。温度传感器会在 __init__(...) 函数中存储它需要的变量，然后在 value(...) 函数中引用它们。下面给出了接受配置参数的 Temperature 传感器的部分代码：

```
class Temperature(Sensor[Optional[float]]):
    title = "Ambient Temperature"
```

```
    def __init__(self, board="DHT22", pin="D4"):
        self.board = board
        self.pin = pin

    def value(self) -> Optional[float]:
        try:
            import adafruit_dht
            import board
        except (ImportError, NotImplementedError):
            return None
        try:
            sensor_type = getattr(adafruit_dht, self.board)
            pin = getattr(board, self.pin)
            return sensor_type(pin).temperature
        except RuntimeError:
            return None
```

对于某些应用程序，你可能想要针对加载配置文件提供一种更加标准的方式。此时，可以利用这一事实：configparser 能够处理一个潜在路径列表，以传入所有潜在配置文件位置[⊖]。为此，一种简单的方法是在代码中包含 `/etc/apd.sensors/config.cfg` 和 `~/.apd_sensors/config.cfg`，但这在 Windows 上无法工作。Python 包安装程序 pip 遵守配置模式。它使用非常复杂的代码路径来判断配置文件的位置，为多种平台正确找到了期望的位置。因为 pip 采用了 MIT 许可，这与 `apd.sensors` 的许可兼容，所以我们可以使用这些函数让传感器命令看起来就像这些操作系统生态系统中的良民。本章配套代码中就包含这样的示例。

当然，修改插件的加载方式，对 `apd.sensors` 测试有连带效应，意思是需要有一些新的 fixture（测试夹具）和补丁来支持 `cli.py` 中的重大修改。这也让我们在进行测试时更加灵活，使包含的配置文件设置只有在测试程序的基础设施时会使用到的哑元传感器。

4.3.4 环境变量

在配置少量传感器时，最后一种可以采用的方法是使用环境变量。它们是系统提供给程序使用的变量，通常包含库路径这样的信息。在编写需要配置的少量传感器时，可以让它们在环境变量中查找配置。在这种情况下，不需要加载任何配置文件。我们可以使用发现传感器时用到的自动检测方法，将提取值的代码放到 `__init__` 函数中。环境变量像字典那样保存在 `os.environ` 特性中，所以对于前面的 `Temperature` 实现，可以使用环境变量改写为：

⊖ 后面列出的文件中的配置会覆盖之前列出的文件中存在冲突的配置。因此，列举配置文件的顺序总是从系统配置到用户配置，再到特定于实例的配置。

```
def __init__(self):
    self.board = os.environ.get("APD_SENSORS_TEMPERATURE_BOARD", "DHT22")
    self.pin = os.environ.get("APD_SENSORS_TEMPERATURE_PIN", "D4")
```

可以在命令行设置它们。但是，当使用pipenv时，定义它们最简单的方式是使用“dotenv”标准，即在pipenv安装的根目录中创建名为`.env`的文件，使其包含相关定义。每次运行程序时，`pipenv run`命令将加载此文件，并设置其中定义的变量。在本例中，该文件的内容如下：

.env

```
APD_SENSORS_TEMPERATURE_BOARD=DHT22
APD_SENSORS_TEMPERATURE_PIN=D4
```

在某些平台上，环境变量很难管理。这种`.env`文件范式允许我们把环境变量作为极小的配置文件，这使它们成为进行极小配置的一个好选择。它有与命令行参数类似的权衡，我们选择了不会自动解析配置的简单方案，而没有对实参进行复杂解析，因为与实参解析不同，这些决定对程序的可用性有巨大影响。

4.3.5 apd.sensors与类似程序的方法对比

虽然有理由使用全面的配置文件系统，但对于本书的特定用例，我希望让程序能够直接使用，不需要最终用户做太多操作。脑中想着服务器状态聚合的读者可能发现自己做出了不同的决定。这在很大程度上取决于你想要提供的用户接口，有可能需要编写越来越复杂的代码来支持你的具体需求。

例如，一些工具使用了命令调用的子命令方法，它们实际上会定义`config`命令辅助用户管理配置文件，而不需要他们直接编辑配置文件。版本控制软件git就是一种这样的工具，它允许使用`git config`命令来设置面向用户的配置，指定应该读取多个配置文件中的哪一个。

对于`apd.sensors`，在现在这个阶段，阻力最小的办法是使用入口点来枚举插件和环境变量，然后配置它们，并不考虑有可能忽略已安装的插件或者需要重新排序这些插件的情况。

4.4 小结

本章用大量篇幅介绍了一般性的软件工程主题，如配置文件的管理和命令行工具的用户体验。Python中可用的工具在这些方面非常灵活，使我们能够把注意力放到为用户做出最优决策上，而不是受软件限制不得不选择某种方法。

不过，插件系统需求是 Python 真正引人注目的地方。我们正在构建的工具有些与众不同，因为它允许其他代码对其进行扩展。虽然开发框架使用插件系统是很常见的，但你编写的大部分软件都是独立的应用程序。正因如此，Python 的入口点系统如此之好，就更让人惊讶了。它是定义简单插件接口的出色的方式，理应得到更多人的关注。

在本章中，我们总体上为软件使用的方法是选择能够为用户提供最简单的用户接口的方法。我们探讨了可能在将来选择引入的其他方案，但最终认为，在目前这个阶段，它们提供的功能并不重要。

我们的命令行工具实际上已经完成了。我们有了一个能够工作的插件接口，它允许配置各个传感器参数，也允许安装特定于应用程序的传感器。这个程序是一个独立的 Python 应用程序，可安装到我们想要监控的各种计算机上。为此，最好的方法是使用一个新的 `Pipfile`，因为我们到目前为止使用的那个 `Pipfile` 是用于构建代码的开发环境的。

新的 `Pipfile` 将使用 `apd.sensors` 的发布版本，以及为存储该发布版本而创建的私有分发服务器。我们可以在一台树莓派上创建 `Pipfile` 和 `Pipfile.lock`，然后将它们分发到其他所有想要安装的树莓派上。

生产部署 `Pipfile` 如下：

```
[[source]]
name = "pypi"
url = "https://pypi.org/simple"
verify_ssl = true
[[source]]
name = "piwheels"
url = "https://piwheels.org/simple"
verify_ssl = true

[[source]]
name = "rpi"
url = "http://rpi4:8080/simple"
verify_ssl = false

[packages]
apd-sensors = "*"

[requires]
python_version = "3.8"
```

更多资源

本章更多地关注如何做决策，而不是 Python 的功能，所以并没有介绍太多软件的新功能。下面列出的在线资源提供了与我们的用例不太相关的方法的更多信息，还为不同操作系统上的命令行脚本的高级用法提供了帮助信息。

- Python Packaging Authority 文档中有一节介绍了如何使用其他方法（如找出匹配给定名称的模块）枚举插件。如果你想了解其他发现代码的方法，可以访问网址 https://packaging.python.org/guides/creating-and-discovering-plugins/。
- 如果你想编写基于配置文件的系统，那么可能对 TOML 语言规范文档（https://github.com/toml-lang/toml）感兴趣。https://pypi.org/project/toml/ 提供了一个 Python 实现。
- Microsoft 网页（https://docs.microsoft.com/en-us/powershell/module/microsoft.powershell.core/about/about_environment_variables）介绍了如何使用 PowerShell 管理环境变量，可能对开发人员有帮助（Linux 和 macOS 用户更加方便，可使用 `NAME=value` 和 `echo $NAME` 进行管理）。
- click 文档详细地介绍了如何为基于 click 的程序设置自动完成功能，该文档见 https://click.palletsprojects.com/en/7.x/bashcomplete。

Chapter 5 第5章

其他接口

我们创建了一个命令行工具，用来报告多个数据收集函数在服务器上的执行结果，但是对于监控大量数据收集系统，连接到服务器并运行命令行工具来检查其当前状态并不是可以持续的方法。我们并不想记录多个命令行工具的调用结果，然后进行手动分析。更好的方法是自动收集这些信息并分析原始值，而不是分析显示给用户的格式化后的结果。

与其创建通过 SSH 逐个连接到每个服务器的程序，然后调用命令行工具，不如创建基于 HTTP 的简单 Web 服务器，使其在收到 API 调用后返回传感器的值。为此，我们需要为同一传感器创建新的接口。

5.1 Web 微服务

过去几年间出现了这样一种趋势：通过耦合多种服务，让每个服务执行特定的任务来创建 Web 应用程序。这种架构牺牲了统一代码库的便捷性，换来了能够独立演化每个组件的灵活性。一些 Web 框架比其他 Web 框架更适合处理这种问题，甚至有一些是专门针对这种场景设计的。

许多 Python Web 框架（如 Django、Pyramid、Flask 和 Bottle）都可以用作 API 服务器的基础。Django 和 Pyramid 都非常适合用于复杂的 Web 应用程序，因为它们提供了众多内置的功能，如翻译、会话管理和数据库事务管理。其他框架，如 Flask 和 Bottle，则小得多。它们的依赖项集合更小，适合作为微服务的基础。

我们需要一个非常简单的 API 服务器，它不需要有任何针对人设计的接口，也不需要有 HTML 模板、导航系统或者 CSS 和 JavaScript 管理。针对微服务设计的 Web 框架非常适合极小的 API 服务器。

5.1.1 WSGI

所有 Python Web 框架都采用同一标准来创建通过 HTTP 访问的应用程序，该标准叫作 Web 服务器网关接口（Web Server Gateway Interface，WSGI）。WSGI 是一个简单的 API，我们可以直接用它来编写在 Web 上公开的函数。

WSGI 是一个 Python 可调用函数，它接受两个实参。第一个实参是代表环境的字典，包含各种 HTTP 头和服务器信息，如客户端的远程地址；第二个实参是 `start_response(...)` 函数，它接受一个二元数组，该数组包含一个字符串格式的 HTTP 状态码和响应头的一个可迭代对象。

Python 标准库包含简单的 WSGI 服务器，用于尝试创建 WSGI 应用程序。它没有好到可用于生产代码的地步，但是对于开发过程，它用起来很方便。使用 `wsgiref.simple_server` 模块的 `make_server(...)` 上下文管理器可以导入该 WSGI 服务器，该上下文管理器接受主机、端口绑定参数和要服务的函数作为参数。得到的上下文对象有一个 `serve_forever()` 方法，用于运行 HTTP 服务器，直到用快捷键 <CTRL+C> 中断该服务器；还有一个 `handle_request()` 方法，用于响应单个请求。代码清单 5-1 演示了如何使用 wsgiref 来运行一个 Hello World 示例网站。

代码清单 5-1 Hello World WSGI 应用

```
import wsgiref.simple_server

def hello_world(environ, start_response):
    headers = [
        ("Content-type", "text/plain; charset=utf-8"),
        ("Content-Security-Policy", "default-src 'none';"),
    ]
    start_response("200 OK", headers)
    return [b"hello  world", ]

if __name__ == "__main__":
    with wsgiref.simple_server.make_server("", 8000, hello_world) as
    server:
        server.serve_forever()
```

`start_response(...)` 函数专用于负责处理入站连接的、与 WSGI 兼容的服务器，但它总是以相同的方式工作。即使在 Python 内置的测试 Web 服务器、专用的生产质量的 Web 服务器（如 Gunicorn）甚至 PaaS 平台（如 Heroku）上提供，`hello_world(...)` 函数同样能工作得很好。`hello_world(...)` 中没有专用于服务器的导入或者函数调用，它是完全通用的。

该函数的返回值是响应体，它是一个字节字符串的可迭代对象，而不是一个单独字节字符串，这一点可能让你感到意外。如果在 Web 浏览器中打开 http://localhost:8000，将看到“hello world”，如图 5-1 所示。

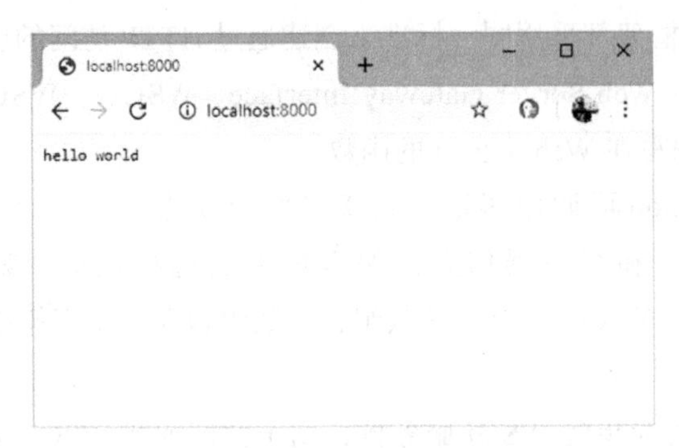

图 5-1　Hello World 应用程序的浏览器视图

使用生成器函数时，在计算其余数据前先生成（`yield`）一部分数据，让服务器在生成所有内容前，先把一些数据传递给客户端。如果从纯文本改为 HTML[㊀]，通过故意引入延迟，就可以看到这种效果，如代码清单 5-2 所示。

代码清单 5-2　基于生成器的 Hello World WSGI 应用

```
import time
import wsgiref.simple_server

def hello_world(environ, start_response):
    headers = [
        ("Content-type", "text/html; charset=utf-8"),
        ("Content-Security-Policy", "default-src 'none';"),
    ]
    start_response("200 OK", headers)
    yield b"<html><body>"
    for i in range(20):
        yield b"<p>hello world</p>"
        time.sleep(1)
    yield b"</body></html>"

if __name__ == "__main__":
    with wsgiref.simple_server.make_server("", 8000, hello_world) as
    server:
        server.serve_forever()
```

㊀ 许多浏览器只会将纯文本数据整体进行渲染，但是在渲染 HTML 响应时，会先渲染一部分 HTML，然后等待其余 HTML。

在浏览器中打开 http://localhost:8000 时，将看到 hello world 消息以每秒一次的频率显示在新的行中。从吞吐量的角度来说，这对于大响应很有用，而且还能减少服务器上的内存使用。例如，如果我们编写一个 WSGI 应用程序，它传输一个 500MB 的日志文件的每一行内容，那么迭代这些行并逐个生成（yield）意味着内存中一次只有一行，而且一旦开始读取文件，就会立即发送该数据。如果我们必须返回单个字符串，就必须把整个文件读入内存，然后传递给服务器作为一个整体进行传输。

我们可以使用相同的方法来创建 WSGI 端点，使它迭代传感器，并依次生成（yield）每个传感器的信息。但是，将 JSON 对象作为 API 响应进行解析更加方便，所以更好的方法是以传感器名称和值创建字典，将其作为一个整体进行序列化。现在，我们在这个函数中添加类型信息，以便利用 mypy 的类型提示来标记错误。得到的服务器如代码清单 5-3 所示，我们将把它存储为 src/apd/sensors/wsgi.py。

代码清单 5-3 用于显示传感器数据的基本 WSGI 服务器

```
import json
import typing as t
import wsgiref.simple_server

from apd.sensors.cli import get_sensors

if t.TYPE_CHECKING:
    # Use the exact definition of StartResponse, if possible
    from wsgiref.types import StartResponse
else:
    StartResponse = t.Callable

def sensor_values(
    environ: t.Dict[str, str], start_response: StartResponse
) -> t.List[bytes]:
    headers = [
        ("Content-type", "application/json; charset=utf-8"),
        ("Content-Security-Policy", "default-src 'none';"),
    ]
    start_response("200 OK", headers)
    data = {}
    for sensor in get_sensors():
        data[sensor.title] = sensor.value()
    encoded = json.dumps(data).encode("utf-8")
    return [encoded]

if __name__ == "__main__":
    with wsgiref.simple_server.make_server("", 8000, sensor_values) as server:
        server.handle_request()
```

使用下面的命令在开发计算机上启动服务器，可以进行测试：

```
> pipenv run python -m apd.sensors.wsgi
```

访问此 Web 服务器并将其传递给 jq JSON 格式化器[㊀]将得到下面的输出：

```
{
  "AC Connected": false,
  "CPU Usage": 0.098,
  "IP Addresses": [
    [
      "AF_INET6",
      "fe80::xxxx:xxxx:xxxx:fa5"
    ],
    [
      "AF_INET6",
      "2001:xxxx:xxxx:xxxx:xxxx:xxxx:xxxx:1b9b"
    ],
    [
      "AF_INET6",
      "2001:xxxx:xxxx:xxxx:xxxx:xxxx:xxxx:fa5"
    ],
    [
      "AF_INET",
      "192.168.1.246"
    ]
  ],
  "Python Version": [
    3,
    8,
    0,
    "final",
    0
  ],
  "RAM Available": 716476416,
  "Relative Humidity": null,
  "Ambient Temperature": null,
  "Solar panel cumulative output": null
}
```

注意 我们检查了 t.TYPE_CHECKING，并根据条件导入了一些内容。有些名称只能导入 mypy 中，而不能导入正常的 Python 代码中。当在 .pyi 文件中定义了辅助变量，而没有在 .py 文件中直接集成类型提示时，就会发生这种情况。StartResponse 变量就是一个这样的变量，它代表标准的 start_response(...) 函数的类

㊀ 在安装了相应程序的 Linux 或 maxOS 系统上，使用 curl http://localhost:8000/ | jq。你也可以在浏览器中打开此 URL 并在那里查看数据。

型。wsgiref 服务器的实际定义并不需要这个类型，只需要类型提示。这段代码允许我们在类型检查时导入正确的值，但是在其他场景中，将采用不那么具体的 `t.Callable`，因为不运行类型检查的时候，类型提示并不重要。

当然，我们应该编写一个测试，确保该端点能够按预期工作。因为我们还没有编写任何代码来处理错误情况，所以还不能编写很多有用的测试，但是编写一个类似于 `test_sensors.py` 中的 CLI 的高层功能测试是很合适的。

因为 WSGI 是一个 Python API，所以通过调用 `sensor_values(...)` 函数，并为 `environ` 和 `start_response` 参数提供占位值，可以为它们编写功能测试。WebTest 包提供了一种封装 WSGI 函数的方式，并且允许使用与高层 HTTP API 类似的 API 来与之交互，这让功能测试的编写简单了许多。在安装了 WebTest 后，可以把代码清单 5-4 中的测试添加到 `tests/` 目录，并运行该测试。

```
> pipenv install --dev webtest
```

代码清单 5-4　wsgi 服务的功能测试

```
import pytest

from webtest import TestApp

from apd.sensors.wsgi import sensor_values
from apd.sensors.sensors import PythonVersion

@pytest.fixture
def subject():
    return sensor_values

@pytest.fixture
def api_server(subject):
    return TestApp(subject)

@pytest.mark.functional
def test_sensor_values_returned_as_json(api_server):
    json_response = api_server.get("/sensors/").json
    python_version = PythonVersion().value()
sensor_names = json_response.keys()
assert "Python Version" in sensor_names
assert json_response["Python Version"] == list(python_version)
```

虽然我们的 WSGI 应用程序能够工作，但还未达到生产质量要求。此时，微框架可以提供帮助，使用微框架，可以把没有错误检查的单端点 Web 应用程序转换成可靠的、达到生产质量的 Web 应用程序。

5.1.2 API设计

在继续介绍前，应该对想要提供的API进行规划。我们想要获取全部传感器值，但获取单独的某个值也可能很有用，因为提取传感器值可能需要一段时间才能完成。我们还需要确定此API的身份验证机制，因为并不是只有登录相关服务器的用户才能访问它。

大部分API不使用传统的用户名/密码登录系统，而是使用API键作为其凭据。无论用户是通过用户名和密码识别的人，还是通过API键识别的其他程序，选择授权系统时要考虑的因素都一样。

1. 授权

对于用户授权[⊖]，大致有三种方法。对于简单的应用程序，扁平权限结构很流行，在这种结构中，用户只需要登录系统，就可以访问网站的全部功能。简单Django应用程序常常使用这种方法。如果用户登录了系统，并且用户对象设置了`is_staff`特性，他们就能访问网站的管理员功能。

Django中的完整授权系统展示了第二种方法。它处理的是组和权限系统。在给用户授权时，可以直接授权，也可以通过他们所在的组授权。这些权限粒度很细，但相对来说还是全局的。例如，如果用户有“编辑用户”的权限，就能够编辑任何用户。

最后，最复杂的系统中的权限在用户和数据之间存在灵活的关系。在这种情况下，不会直接给用户分配权限，而是在该网站中的某条数据的上下文中向用户或组分配权限。例如，在给定用户的上下文中，可能将“编辑用户”的权限分配给整个管理员组和正在活动的某个用户。

图5-2给出了一个决策树，推荐使用该决策树来判断哪种方法最适合你的用例。

我们的API将是只读的，唯一需要保护的是读取传感器值的函数。要回答第一个问题，我们需要确定是否根据发出请求的用户的身份，授予不同传感器集合的API访问权限。是否只允许某些用户查看Python版本，但不允许他们查看温度？对于这个API，我们唯一的用例是从多个源收集信息，然后集中存储起来，这意味着我们只会用少量的HTTP请求加载所有传感器值。采用一个对所有用户一视同仁的授权方案最合适。这种访问控制的目标并不是区分具有不同权限级别的用户，所关心的只不过是某用户是否是合法用户。

因此，回答第一个问题后，我们将遵从右侧分支。下一个要确定的是，是需要通过系统创建新用户，还是可以提前定义用户凭据。我们只需要有一个用户来访问信息，所以不需要在使用过程中添加新用户。

⊖ 这里说的是授权，而不是身份验证。**授权**指判断是否允许某人执行某种操作的过程，而**身份验证**指判断某用户是否是其自称的那个人的过程。这两个术语常被缩写为authz（这可能让使用英式英语的人感到困惑，因为在英式英语中，“授权”被拼写为authorisation）和authn。

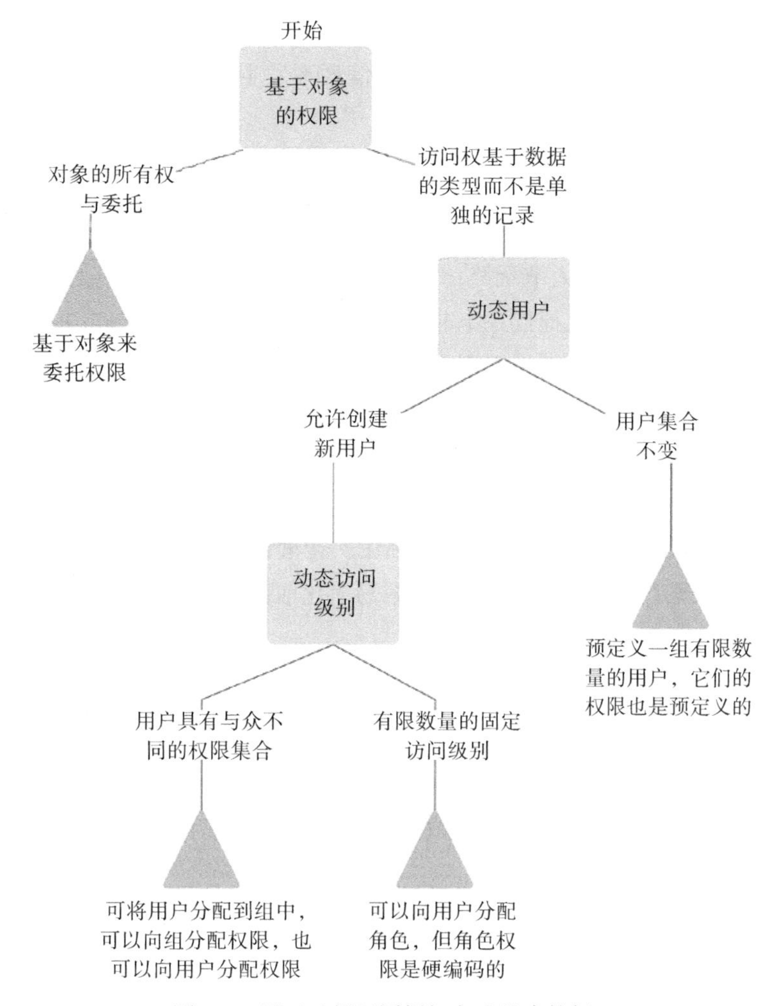

图 5-2　用于选择不同授权方法的决策树

其结果是，我们会使用最右侧的身份验证系统，提前将用户账户作为部署过程的一个属性进行定义。

2. 身份验证

我们选择的身份验证框架也应该与期望和 API 服务器进行交互的方式匹配。用户最熟悉的身份验证形式是有一个专门的登录页面，它通常以 cookie 的形式提供会话凭据。cookie 的生存期是有限的，但这个有限的生存期可能是很长时间，这就避免了用户频繁地进行重新验证。

另一种形式在 API 中更常用一些，它允许每个请求包含身份验证信息，既可以使用专门的 HTTP 头来包含身份验证信息，也可以使用 HTTP Basic 和 Digest 身份验证功能来包含这些信息。

因为我们想自动调用 API，并且希望登录信息不发生变化，所以 API 键风格的身份验证系统符合要求。

5.1.3 Flask

Flask 微框架源自一个愚人节玩笑：在愚人节那天，发布了一个叫作 denied（拒绝）的微框架，它只有一个文件，只提供一个非常简单的接口。其作者 Armin Ronacher 写了一个包含 160 行代码的框架，强调营销而不是框架的高级功能。当时，大部分 Web 框架都关注大型的、功能完备的应用程序，所以许多人实际上对使用简单接口进行 Web 编程很有兴趣。一年以后，Flask 诞生了，它是一个高质量的 Web 框架，旨在满足对 denied 非常感兴趣的人们的需求。

Flask 支持使用 Jinja2 模板语言生成 HTML，管理请求和响应头，管理 URL 路由，以及在需要时生成错误。这种灵活性让我们更容易简化前面编写的函数（删除一些实现细节），并扩展接口来提供更多功能。

在开始编写基于 Flask 的 Web 服务器之前，需要把 Flask 添加为项目的依赖项。我们将采取与之前不同的方法，将它添加为一个"额外项"（extra）。extra 是 Python 包的可选依赖项集合，允许用户在安装时选择。只想使用命令行工具的用户可以运行 `pipenv install apd.sensors`，而还想获得 API 访问的用户可以运行 `pipenv install apd.sensors[webapp]`。

用于定义 `webapp` 额外项的 `setup.cfg` 节如下：

```
[options.extras_require]
webapp = flask
```

让 CLI 依赖项成为核心需求，API 服务器成为可选需求，这是随意做出的一个决定。开发人员完全可以让两个功能都成为额外功能，或者把它们都包含为默认依赖项。

提示 应该根据用户的需求，确定默认安装哪些依赖项，以及将哪些依赖项作为额外项。如果你认为用户不想使用某个完全自包含的功能，特别是如果该功能有很多依赖项时，那么它就可以作为额外项的候选项。

需要记住，在导入模块时，如果它导入了 `extras_require` 中指定的包的内容，那么这会导致发生导入错误。如果在这种模块中有命令行脚本，就应该捕捉导入错误，然后在命令行返回有用的错误消息。当用户试图运行 CLI 工具，但在安装时没有指定 CLI 依赖项的时候，向他们显示 `ImportError` 堆栈跟踪并不合适。

添加了 webapp 额外功能的声明后，可以使用 pipenv install -e .[webapp] 声明我们的环境需要这个额外项。这会把 Flask 添加到依赖项集合中，并在环境中进行安装。这会安装一个 Flask 可执行文件（可通过 pipenv run flask 访问），但重要的是，我们能够导入 Flask 应用程序代码了。

代码清单 5-5 给出了与我们创建的列举传感器的基本 WSGI 应用程序等效的 Flask 应用程序，它看起来与前者很相似，说明 Flask 在 Web 服务器和程序员之间几乎不做干预。这里的关键是 @app.route(...) 装饰器调用。5.1.4 节将介绍装饰器，现在只需知道，装饰器会操纵紧跟着它定义的函数或类。在本例中，@app.route("/sensors/") 表示接下来的函数实现负责处理 http://localhost:8000/sensors/。

代码清单 5-5　使用 Flask 实现的传感器 API 服务器的小示例

```
import json
import typing as t
import wsgiref.simple_server

from flask import Flask

from apd.sensors.cli import get_sensors

app = Flask(__name__)

@app.route("/sensors/")
def sensor_values() -> t.Tuple[t.Dict[str, t.Any], int, t.Dict[str, str]]:
    headers = {"Content-Security-Policy": "default-src 'none'"}
    data = {}
    for sensor in get_sensors():
        data[sensor.title] = sensor.value()
    return data, 200, headers

if __name__ == "__main__":
    with wsgiref.simple_server.make_server("", 8000, app) as server:
        server.serve_forever()
```

如果不显式地设置头（header）值，就可以进一步简化 sensor_values() 函数，只返回数据字典[⊖]。Flask 会自动把视图函数返回的字典转换为 JSON 表示，编码字符串，并设置合适的 Content-Type 头。

相比之前手动创建的基本 WSGI 端点，这里的 WSGI 端点的最大区别是，它根据 URL 返回不同的内容。原来的实现不检查特定的 URL，总是返回传感器的值。新的实现将为除了 /sensors/（包括 /sensors，因为它会被重定向为 /sensors/）以外的任何 URL 返回 404。

⊖ Flask 提供了类型注解功能，所以 mypy 能够捕捉到定义此函数时发生的一些错误。例如，如果想提供一个状态，则它必须是一个整数。返回 t.Tuple[t.Dict, str] 将导致类型检查错误。

为了测试这个新的 Flask 版本，我们需要导入名称 app，而不是 sensor_values()，因为 sensor_values() 已经成为一种实现细节，而 app 才是实际的 WSGI 端点。另外，还需要确保对正确的 URL 发出 GET 请求。

在 Web 上分发函数

第 2 章中讨论了动态分发的概念，即在运行时调用函数时，通过包含该函数的类来查找函数。因此，@app.route(...) 装饰器的第一个实参是隐式的实参 app，它允许该装饰器将被装饰的函数注册为 app 对象上的已知路由。

WSGI 应用程序有相同的函数，该函数用相同的环境和请求类型调用，与请求是什么无关。该函数将决定哪些代码负责响应该请求。

app 对象有一组注册的视图函数可供选择。它们通常带有条件标记，例如使用特定正则表达式来匹配 URL，判断请求是 GET、POST 还是 DELETE 等，甚至还会使用复杂的条件，如权限查找或者 Accept 头。

框架负责判断应该为给定 Web 请求调用用户提供的哪个函数。因为这允许把单个函数映射到 URL，所以相比 WSGI 在默认情况下让一个函数做所有工作，这种方法使编写 Web 代码的过程变得简单了许多。

Pyramid Web 框架的谓词系统将这种方法发挥到了极致，允许把任意条件关联到视图函数。它允许不同的函数基于任意条件来负责处理给定 URL，这是一种十分强大的功能。

5.1.4 Python 装饰器

在把这个 API 放到生产环境之前，还需要实现之前讨论过的访问控制。这可以使用装饰器实现，就像 Flask 通过路由装饰器，使用自己关联到的 URL 模式来标识函数一样。

装饰器是一个 Python 函数，它接受可调用函数或者类作为实参，返回与传入类型相同的实参[⊖]。装饰器模式允许用户编写自定义的函数前序或后序代码，即在函数主体之前或之后运行的代码。你无法访问函数的内部变量，只能访问其输入和输出，但这已经足以针对输入添加额外的错误检查功能，或者针对输出添加变换功能。另外，有些装饰器函数代码在定义函数时运行，所以可以用来在应用程序启动时设置元数据（如 URL 路由）。

⊖ 从技术上讲，可以返回任意值，但是，如果返回值具有不兼容的调用签名，会让最终用户感到十分困惑。

通过在函数体的开头或结尾调用实用函数，也能够完成装饰器的许多功能。装饰器在很大程度上只是一种便捷功能。Python 开发人员一般选择编写装饰器，因为他们认为装饰器更加符合 Python 语言的用法，但除此以外，装饰器的确还有一些实际优势。

使用实用函数来完成装饰器的工作，意味着被操纵的函数必须添加一些条件逻辑来处理各种实用函数结果。表 5-1 展示的是当某个函数的任意实参为负数时，让该函数返回 0 的实用函数和装饰器的示例对比。`has_negative_arguments(...)` 函数判断是否发生了我们不希望发生的情形，但是必须把处理那种情形的代码添加到 `power(...)` 函数中。

表 5-1 用于验证实参的辅助函数和装饰器方法

<table>
<tr><th>辅助函数方法</th><th>装饰器方法</th></tr>
<tr><td><pre>def has_negative_arguments(*args):
    for arg in args:
        if arg < 0:
            return True
    return False

def power(x, y):
    if has_negative_arguments(x, y):
        return 0
    return x ** y</pre></td><td><pre>def disallow_negative(func):
    def inner(*args):
        for arg in args:
            if arg < 0:
                return 0
        return func(*args)
    return inner

@disallow_negative
def power(x, y):
    return x ** y</pre></td></tr>
</table>

装饰器方法将条件和测试一起放到了装饰器中。这意味着装饰器完全是自包含的，想要使用装饰器的函数除了要包含自己的实现代码以外，不需要包含任何逻辑代码。

这两种方法在行为上没有区别。但是，装饰器方法将所有复杂处理代码移动到了装饰器定义中，让用户的函数不必承担这些工作。一般来说，装饰器会被多个函数使用，所以这种方法使代码更干净、更易于理解。

1. 闭包

装饰器依赖于一种叫作“闭包”的语言特性，这是变量作用域的一种有些复杂的结果。在 Python 中，当函数使用内部变量时，在该函数中只能通过名称访问这些变量。虽然它们的值可能会被返回，但是，当该函数执行完成后，变量的内部名称的绑定就会丢失。

```
def example(x, y):
    a = x + y
    b = x * y
    c = b * a
    print(f"a: {a}, b: {b}, c: {c}")
    return c
```

```
>>> result = example(1, 2)
a: 3, b: 2, c: 6
>>> print(result)
6
```

在执行 `example(...)` 函数时，变量 x 和 y 是传入该函数的参数。随着代码的逐步执行，会逐步定义变量 a、b 和 c。当 return 函数把执行传递给外层作用域时，这些变量关联将会丢失。保留下来的只有跟 c 关联在一起的值，该值会被存储到外层作用域的 `result` 变量中。

但是，如果函数中定义了另一个函数，并返回该函数，那么该函数必须仍然能够访问它在执行时需要用到的所有变量。只要仍然需要变量，解释器就不会取消变量的关联。在外层函数作用域定义，但是被内层函数使用的任何变量将把它们的关联传递给新函数[㊀]，并且这些变量仍然可被内层函数使用，但是不能被其他函数使用。这个内层函数就叫作**闭包**。

```
def example(x, y):
    a = x + y
    b = x * y
    c = b * a
    print(f"a: {a}, b: {b}, c: {c}")
    def get_value_of_c():
        print(f"Returning c: {c}")
        return c
    return get_value_of_c
>>> getter = example(1, 2)
a: 3, b: 2, c: 6
>>> print(getter)
<function example.<locals>.get_value_of_c at 0x034F96F0>
>>> print(getter())
Returning c: 6
6
```

在本例中，变量 c 与 `get_value_of_c()` 函数关联，所以当调用该函数时，能够返回 c 的值。当我们调用 `get_value_of_c()` 函数时，它能够访问示例中的变量 c，但是因为它没有使用变量 a 或 b，所以不能访问它们。

修改父作用域中的变量

还可以在上述基础上更进一步，编写复杂的函数集合来操作它们的外层作用域中的变量，甚至改变它们的值。我想不到什么时候需要这么做，但它有助于理解变量作用域的工

㊀ 这个函数的关联被存储为该函数及其代码对象的特性。值的名称被存储为 `inner_function.__code__.co_freevars`，值被存储为 `inner_function.__closure__` 上的 cell 对象，它们自身有一个 `cell_contents` 特性。名称“freevars”指的是“free variables”（自由变量），即在某个作用域中使用但没有在该作用域中定义的变量。除非对 Python 解释器的工作方式感到好奇，否则不需要查看这些特性。

作方式。

为了实现这种操作，需要使用关键字 nonlocal。虽然在使用变量的值的时候，Python 能够推断出是否应该从外层作用域中获取该变量，但是，它无法推断出设置变量的操作是试图修改外层变量，还是试图创建新变量。它将假定你在创建新变量，且该变量将覆盖[⊖]外层变量，就像函数能够覆盖其模块的全局作用域内可用的名称一样。

下面是一对示例函数，它们操作通过闭包共享的一个变量：

```
def private_variable():
    value = None
    def set(new_value):
        nonlocal value
        value = new_value
    def get():
        return value
    return set, get
>>> a_set, a_get = private_variable()
>>> b_set, b_get = private_variable()

>>> print(a_get, a_set)
<function private_variable.<locals>.get at 0x034F98E8>
<function private_variable.<locals>.set at 0x034F9660>
>>> print(b_get, b_set)
<function private_variable.<locals>.get at 0x034F9858>
<function private_variable.<locals>.set at 0x034F97C8>

>>> a_set(10)
>>> print(f"a={a_get()} b={b_get()}")
a=10 b=None

>>> b_set(4)
>>> print(f"a={a_get()} b={b_get()}")
a=10 b=4
```

这个示例说明，可以编写包含函数的函数，且内层函数可以使用外层函数中定义的数据。装饰器则更进一步，可以让外层函数和内层函数共享的数据成为第三个函数，即被扩展的函数。

2. 基本装饰器

最简单的装饰器函数对其装饰的函数没有作用，如代表清单 5-6 所示。在该示例中，函数 outer() 接受用户函数作为实参 func=，并返回一个名为 inner(...) 的函数作为结果。这使得 @outer 成为一个装饰器函数，其行为由 inner(...) 定义。函数 inner

---

⊖ “覆盖”是指定义新变量，其名称与可访问的其他某个变量同名。例如，list = [1, 2, 3] 覆盖内置的 list 类型，使得在该作用域内无法使用 list(...)。

是一个闭包，所以能够访问 outer(...) 函数的 func= 实参。这个变量是原函数，所以 inner(...) 能够使用它收到的实参来调用该函数，并将返回结果委托给被装饰的函数。

代码清单 5-6　只打印内部使用的变量不做其他操作的装饰器

```
def outer(func):
    print(f"Decorating {func}")
    def inner(*args, **kwargs):
        print(f"Calling {func}(*{args}, **{kwargs})")
        value = func(*args, **kwargs)
        print(f"Returning {value}")
        return value
    return inner

@outer
def add_five(num):
    return num+5
```

一旦开始解释这段代码，立即会打印出 Decorating <function add_five at 0x034F9930>。如果它存储为模块，则一旦开始导入模块，就会显示这行内容。这说明，当解析函数而不是执行函数时，装饰器中 outer(...) 函数的内容就会运行。

如果在交互会话中使用这段代码，就可以看到，add_five(...) 函数被 inner 替换，但它的工作方式是相同的，只不过添加了额外的打印。

```
>>> print(add_five)
<function outer.<locals>.inner at 0x034F9A50>
>>> add_five(1)
Calling <function add_five at 0x034F9930>(*(1,), **{})
Returning 6
6
```

inner 函数使用 *args 和 **kwargs 作为实参，以接受任意数量的实参，并把它们传递给 func。这里编写的装饰器不修改实参，所以 inner 和 func 的函数签名必须兼容。如果 inner(...) 定义的实参与 func 的不同，就不能使用这个装饰器。

> **提示**　封装函数常常需要访问内层函数的一个以上的实参，但会不加修改地传递它们。在这里，建议尝试准确匹配函数实参，而不是从 *args 或 **kwargs 中提取值。这避免了在从 args 或 kwargs 中寻找正确的值时引入 bug。

有时候，我们想要创建装饰器，使它操纵实参来填入一个或多个实参，而不需要调用者传递这些实参，或者让它丢掉底层函数不期望收到的一个或多个实参。这样一来，就可以使用装饰器来修改函数签名。能够修改签名，意味着我们能够编写装饰器来为程序员简化 API，同时仍然能够匹配应用程序其他部分用到的更加复杂的签名。

例如，sorted(...) 标准库函数原来除了有 key= 实参，还有一个可选的 cmp= 实参。Python 3 中移除了 cmp= 实参，所以在把老代码移植到 Python 3 时，有时需要更新这些老代码。

这两种方法有相当大的区别，将写作 cmp 函数的代码转换为等效的 key 函数并不简单。标准库中的 functools 模块包含一个 cmp_to_key 函数，可用作装饰器来执行这种转换。

3. 带实参的装饰器

装饰器还有另一种常见的形式，它涉及另一个嵌套的函数。这种形式是到现在为止看起来最令人困惑的，但它是我们目前看到的代码的一个自然而然的结果。这种形式就是直接接受实参的装饰器。

使用装饰器的语法是在函数或者类的前一行添加 @decorator，这相当于在定义函数后添加 function = decorator(function) 行。

当使用接受实参的装饰器时，需要使用 @decorator(arg) 来提供参数，也可以写作 function = decorator(arg)(function)。也就是说，装饰器函数不再是 decorator(...) 本身，而是 decorator(arg) 的返回值。代码清单 5-7 中给出了一个示例。

代码清单 5-7　接受实参的简单装饰器

```
def add_integer_to_all_arguments(offset):
    def decorator(func):
        def inner(*args):
            args = [arg + offset for arg in args]
            return func(*args)
        return inner
    return decorator

@add_integer_to_all_arguments(10)
def power(x, y):
    return x ** y

@add_integer_to_all_arguments(3)
def add(x, y):
    return x + y
```

这些被装饰的函数在所有实参上添加了一个偏移量，但是，因为装饰器的参数定义了偏移量，所以偏移量在每种情况下都是不同的。

```
>>> print(power)
<function add_integer_to_all_arguments.<locals>.decorator.<locals>.inner at
0x00B0CBB8>
```

```
>>> power(0, 0)
10000000000
>>> print(add)
<function add_integer_to_all_arguments.<locals>.decorator.<locals>.inner at
0x00B0CC48>
>>> add(0,0)
6
```

提示 有一个装饰器能够帮助编写对用户友好的装饰器。使用 `@functools.wraps(func)` 来装饰内层函数，可以确保当用户查看被装饰函数的文档、帮助甚至名称时，将看到与该函数未装饰时相同的信息。

如果前面对 `inner(...)` 函数使用了这个装饰器，则终端会话为：

```
>>> print(power)
<function power at 0x00B0CCD8>
>>> power(0, 0)
10000000000
>>> print(add)
<function add at 0x00B0CB70>
>>> add(0,0)
6
```

嵌套三个函数很难在脑中厘清，尤其是存在两级闭包时，它们一个提供 `offset` 变量，另一个提供 `func`。这种语法使用了令人困惑的嵌套逻辑，一般来说最好避免使用。在极少数情况下，如果确实需要用到这种装饰器，此时开发人员常常需要查阅文档来了解正确的语法。

除了嵌套三个函数，另一种方法是使用基于类的装饰器（见代码清单 5-8），它看起来与标准 Python 很相像，所以看起来更加容易理解。之所以能够这样使用，是因为类定义了 `__init__(...)` 函数，可在实例化时接受参数，并且类可以提供 `__call__(...)` 方法，从而能够像函数一样被直接调用。它的模式与本章前面的私有变量示例相同。在函数使用变量前，使用闭包来长时间存储变量不是一个好主意。类实例更适合这种场合。

代码清单 5-8 偏移装饰器的基于类的版本

```
class add_integer_to_all_arguments:
    def __init__(self, offset):
        self.offset = offset

    def __call__(self, func):
        def inner(*args):
            args = [arg + self.offset for arg in args]
            return func(*args)
        return inner
```

基于类的装饰器和基于多层嵌套函数的装饰器在功能上是等效的，但是，我认为基于类的装饰器更自然，更容易记住。

4. 基于装饰器的安全性

现在，我们已经了解了装饰器的工作方式，可以在函数中应用装饰器来检查授权API访问。Flask视图函数不接受实参，HTTP请求数据将存储在全局变量中，所以我们要编写的装饰器不需要处理任何实参。因为极少有Flask视图函数接受实参，所以我们不必担心需要把实参与函数匹配起来的情况。

不过，我们确实需要保证函数的返回值是类型注解允许的类型。Flask支持多种从视图函数返回响应的方式。响应体可以作为字符串返回，不过对于JSON响应，也可以作为字典返回。函数可以返回`body`、`(body, status)`、`(body, headers)`、`(body, status, headers)`等许多结果。这种灵活性让类型变得更加复杂[⊖]。

代码清单5-9展示的是一个不做任何处理的Flask视图的装饰器，它被设置了类型。这是一个泛型函数，就像我们把`Sensor`定义为泛型类一样。装饰器`@outer`接受函数作为实参，并返回结果。它的实参函数不需要参数。装饰器的返回值是一个函数，它不接受实参，返回与实参函数相同的函数。

代码清单5-9 某Flask函数的装饰器

```
import functools
import typing as t

ViewFuncReturn = t.TypeVar("ViewFuncReturn")

def outer(func: t.Callable[[], ViewFuncReturn]) -> t.Callable[[],
ViewFuncReturn]:

    @functools.wraps(func)
    def wrapped() -> ViewFuncReturn:
        return func()

    return wrapped
```

`ViewFuncReturn`类型变量是被装饰函数的返回值的占位符。如果该函数被声明为返回字符串，那么该字典相当于：

```
def outer(func: t.Callable[[], str]) -> t.Callable[[], str]:

    @functools.wraps(func)
    def wrapped() -> str:
```

⊖ 选择返回什么类型，仍然是一种个人选择问题。如果你认为它们有用，就使用它们。因为这个函数没有包含在公共API中，所以使用哪种类型对代码的用户并没有附加帮助，只是对维护该函数的人有帮助。

```
        return func()
    return wrapped
```

如果使用相同的函数来装饰一个返回(dict, int)元组的视图，那么装饰器将匹配该类型。

我们想创建一个装饰器来检查被验证的用户，相关代码如代码清单 5-10 所示。如果用户通过身份验证，则正常使用该函数；如果用户没有通过身份验证，则装饰器应该返回一个错误值。可以返回 JSON 文档作为合适的错误，在文档中包含错误的详细信息和 403 Forbidden 状态码。因此，应该将封装函数声明为返回内层函数应该返回的类型或返回 t.Tuple[t.Dict[str, str], int]。

代码清单 5-10 Flask API 方法的身份验证装饰器

```
from hmac import compare_digest
import functools
import os
import typing as t

import flask

ViewFuncReturn = t.TypeVar("ViewFuncReturn")
ErrorReturn = t.Tuple[t.Dict[str, str], int]  # The type of response we
# generate as an error

def require_api_key(
    func: t.Callable[[], ViewFuncReturn]
) -> t.Callable[[], t.Union[ViewFuncReturn, ErrorReturn]]:
    """ Check for the valid API key and return an error if missing. """

    api_key = os.environ.get["APD_SENSORS_API_KEY"]

    @functools.wraps(func)
    def wrapped(*args, **kwargs) -> t.Union[ViewFuncReturn, ErrorReturn]:
        """ Extract the API key from the inbound request and return an
        error if no match """

        headers = flask.request.headers
        supplied_key = headers.get("X-API-Key", "")

        if not compare_digest(api_key, supplied_key):
            return {"error": "Supply API key in X-API-Key header"}, 403

        # Return the value of the underlying view
        return func(*args, **kwargs)

    return wrapped
```

这段代码的效果是，require_api_key 装饰器会改变它装饰的函数，使其返回与

func 的返回值相同的类型[1]，或者返回一个元组，让该元组中包含一个字符串到字符串的字典和一个整数。

该函数实现权限检查的方式如下。首先，从环境中提取要查找的 API 键，它包含在名称 APD_SENSORS_API_Key 中。这里没有设置默认值，而且这段装饰器代码在启动时执行，所以如果没有设置 API 键，程序将会失败，给出一个 KeyError。

接着，创建函数 wrapped()，使其封装原来的 func() 函数。这个封装函数被定义为返回 ViewFuncReturn 或 ErrorReturn。

练习 5-1：类型

本节的类型定义十分复杂，理解起来可能比较困难。建议试着编写一些简单的函数，并使用 mypy 检查它们，以直观地理解这里发生了什么。

可以将代码清单 5-11 中的基本程序作为起点，尝试修改 hello() 函数的类型或 ErrorReturn 类型，并试着让 hello 函数使用或不使用 @result_or_number 装饰器。这可能相对简单，因为这里的返回类型比实际的 Flask 函数的返回类型要简单。

代码清单 5-11 用于练习装饰器类型的示例文件

```
import functools
import random
import typing as t

ViewFuncReturn = t.TypeVar("ViewFuncReturn")
ErrorReturn = int

def result_or_number(
    func: t.Callable[[], ViewFuncReturn]
) -> t.Callable[[], t.Union[ViewFuncReturn, ErrorReturn]]:

    @functools.wraps(func)
    def wrapped() -> t.Union[ViewFuncReturn, ErrorReturn]:

        pass_through = random.choice([True, False])
        if pass_through:
            return func()
        else:
            return random.randint(0, 100)

    return wrapped

@result_or_number
def hello() -> str:
    return "Hello!"

if t.TYPE_CHECKING:
```

[1] 注意，只是返回相同的类型，不保证返回相同的数据。

```
    reveal_type(hello)
else:
    print(hello())
```

实际处理发生在wrapped函数的函数体中。它从Flask请求头读取提供的API键，由于这些Flask请求头在Flask框架中是全局状态，因此这些函数中不需要请求实参。请求提供的键是从X-API-Key头读取的，如果没有提供头，则使用空字符串作为默认值。

这里之所以添加空字符串默认值，是因为下一行调用了compare_digest来比较收到的API键和期望的API键。这是一个字符串比较函数，适合比较已知长度的身份验证字符串，如HMAC摘要[1]。理论上，使用标准比较时，返回错误的时长可能导致有关正确API键的信息被泄露，所以最好使用常量时间比较。compare_digest函数仍然可能泄露关于这个秘密字符串的长度信息。虽然在本例中这不是一个严重的问题，但修复这个问题很简单，所以没有理由不使用安全的比较函数。

最后，取决于compare_digest函数的结果，我们要么委托给原函数，要么返回标准错误响应。

传感器端点代码如下：

```
@app.route("/sensors/")
@require_api_key
def sensor_values() -> t.Tuple[t.Dict[str, t.Any], int, t.Dict[str, str]]:
headers = {"Content-Security-Policy": "default-src 'none'"}
data = {}
for sensor in get_sensors():
    data[sensor.title] = sensor.value()
return data, 200, headers
```

这里使用新的@require_api_key装饰器来装饰前面创建的传感器视图函数，所以将自动检查API键。需要注意的是，这里的装饰器是有顺序的，它们自底向上应用，底部装饰器的输出成为其上方装饰器的输入。

```
def sensor_values():
    ...
sensor_values = app.route("/sensors/")(require_api_key(sensor_values))
```

app.route(...)装饰器将函数与Flask URL路由系统关联起来。它所装饰的函数将关联到该URL，并不会在运行时查找该函数。虽然这种区别听起来很学术，但它意味着只有app.route(...)装饰器下方的装饰器才会应用到Web上可用的函数。

[1] HMAC摘要是一种加密哈希值，用于对共享的私钥进行数据验证。由于HMAC哈希值几乎无法伪造，因此常常用于身份验证系统。

如果按照相反的顺序应用这些装饰器，则此视图不会进行API键的验证。此时，我们就返回功能测试。从单元测试中直接调用该函数无法在Flask视图注册表中找到该函数，可能导致程序员认为视图已被正确保护。采用端到端的方式测试安全功能十分重要，不能仅仅孤立地测试它们。

5.1.5 测试视图函数

我们已经使用WebTest框架创建了一个基本测试，用来检查API请求是否返回了传感器数据。但是，添加API键的验证破坏了这个测试。如果环境中没有设置API键，并且运行了`pipenv run pytest`，那么测试将会失败并报告`KeyError`。如果本地环境中设置了API键，则会报告`Forbidden`错误。

从可测试性的角度来说，我们在装饰器函数中犯了一个小的判断错误。如前所述，在导入时加载了期望的API键，如果没有设置API键，在启动时将报错。但是，导入时加载数据会让代码的测试变得困难。我们想使用已知的API键设置来运行测试，但要做到这一点，需要确保在第一次导入包含视图函数的模块前，就在环境中设置了键。

Flask在应用程序上提供了`config`特性，可用于存储配置数据，在该特性中存储期望的API键，要比在装饰器闭包中存储更合理。这样一来，当Web服务器启动时，仍然能够加载配置数据，测试框架能够为任何特定于测试的配置提供这些数据。

Flask假定从Python文件中加载配置数据，所以我们可能会将`apd.sensors`包的配置系统修改为相同的模式，但是因为我们只需要添加一个配置变量，所以将继续采用这里的模式，即使用现有的环境变量。

最好的方法是创建一个设置函数，让它使用环境中的信息填充Flask配置。这里将显式检查API键配置变量，因为我们需要从装饰器内移除对`os.environ`的检查处理，以便能够支持测试。显式检查通常比导致`KeyError`的隐式需求更容易理解，所以我们能够确信这是一种更好的方法。如果这里没有进行显式检查，那么直到第一次加载受保护的视图，才会检查API键。

设置函数如下：

```
REQUIRED_CONFIG_KEYS = {"APD_SENSORS_API_KEY"}

def set_up_config(environ: t.Optional[t.Dict[str, str]] = None) -> flask.
Flask:
    if environ is None:
        environ = dict(os.environ)
    missing_keys = REQUIRED_CONFIG_KEYS - environ.keys()
    if missing_keys:
        raise ValueError("Missing config variables: {}".format(",
```

```
        ".join(missing_keys)))
    app.config.from_mapping(environ)
    return app
```

注意 这里的 REQUIRED_CONFIG_KEYS 变量被设置为集合字面量，而不是字典字面量。集合字面量看起来与字典字面量非常相似，同样，集合推导式与字典推导式也非常相似。两者的区别在于是否有 :value。

然后，就可以修改测试设置，使用合适的测试配置值来调用这个设置函数。我们创建一个新的测试夹具（fixture）来提供测试 API 键，既可以硬编码一个，也可以随机生成一个[⊖]，然后修改 subject fixture，使之依赖于此 API 键 fixture，并将其值作为显式设置传入。

```
import pytest
from webtest import TestApp

from apd.sensors.wsgi import app, set_up_config
from apd.sensors.sensors import PythonVersion

@pytest.fixture
def api_key():
    return "Test API Key"

@pytest.fixture
def subject(api_key):
    set_up_config({"APD_SENSORS_API_KEY": api_key})
    return app

@pytest.fixture
def api_server(subject):
    return TestApp(subject)
```

单独的测试要么是在测试授权访问的行为，此时它们需要依赖于 api_key fixture，要么需要使用 WebTest 框架的 expect_errors 选项，以允许检查错误响应，而不需要使用 try/except 块包围 get 请求。

API 端点的示例测试如下：

```
@pytest.mark.functional
def test_sensor_values_fails_on_missing_api_key(api_server):
    response = api_server.get("/sensors/", expect_errors=True)
    assert response.status_code == 403
    assert response.json["error"] == "Supply API key in X-API-Key header"
```

⊖ 如果随机生成 API 键，那么还必须确保 subject fixture 得到的值与各测试方法得到的值相同。在 pytest 中，这是通过 fixture 作用域实现的，详见第 11 章。

```
@pytest.mark.functional
def test_sensor_values_returned_as_json(api_server, api_key):
    value = api_server.get("/sensors/", headers={"X-API-Key": api_key}).json
    python_version = PythonVersion().value()

    sensor_names = value.keys()
    assert "Python Version" in sensor_names
    assert value["Python Version"] == list(python_version)
```

这些测试将验证 API 服务器是否正确工作，因此，现在能够安全地发布 apd.sensors 包的新版本，在其中包含新的 API 服务器，以便能够将其安装到树莓派服务器上。

新版本添加了新功能，但没有破坏向后兼容性，所以需要递增小版本号，这使得支持 Web API 访问的第一个版本是 1.3.0。

5.1.6 部署

现在，我们有了一个能够工作的 API 端点，可以使用 python -m apd.sensors.wsgi 在本地作为测试提供，也可以使用符合生产质量要求的 WSGI 服务器（如 Waitress）来提供该端点。对于后面这种方法，我们需要安装 Waitress，并将想要运行的 WSGI 的引用提供给它。除了 Waitress，还有许多其他 WSGI 服务器，如 mod_wsgi（它与 Apache 紧密集成）、Gunicorn（它是一个独立的应用程序，实现了很好的性能）、Circus 和 Chaussette（它们包含进程管理，并可对工作线程进行细粒度控制），以及 uWSGI（它以高性能著称）。

我们选择使用 Waitress，因为它有一个简单的接口，并且是使用纯 Python 实现的，没有编译过的扩展，所以可以把它安装到多种操作系统上。

```
> pipenv install waitress
> pipenv run waitress-serve --call apd.sensors.wsgi:set_up_config
```

默认情况下，在端口 8080 上提供 API Web 服务，但也可以使用任意端口或 UNIX 套接字来配置该服务。如果打算在能够通过互联网访问的计算机器上运行该服务，而不是在本地网络上运行，就应该考虑设置 TLS 终止反向代理（如 Apache、Nginx 或 HAProxy）来进行部署。现代 Web 在默认情况下是加密的，用户期望只通过安全的连接来访问服务。好在，有多种方式可以为自己的域获取免费 TLS 证书，最常用的可能是 LetsEncrypt 和 AWS Certificate Manager。

在上面的例子中，apd.sensors.wsgi:set_up_config 采用了相同的点路径加冒号的语法，我们在命令行实参和定义入口点时都采用了这种格式。我将其指向 set_up_config(...) 函数，但它本身不是一个 WSGI 可调用函数。能够这么做，全在于 --call

选项，它表示目标不是 WSGI 应用程序，而是 WSGI 应用程序工厂，即返回配置好的 WSGI 应用程序的可调用函数。

Flask 应用程序在模块作用域内实例化。我们可以使用 `pipenv run waitress-serve apd.sensors.wsgi:app` 来直接引用它，但因为还没有设置配置变量，所以它不能正常工作。通过从 `set_up_config` 函数返回模块作用域的 `app` 对象，能够使它像工厂一样工作，确保配置变量得到加载。

`set_up_config(...)` 函数修改全局作用域的值，如 `app`，而不是返回独立的应用程序，所以它不是真正的工厂。但是，因为它的签名是相同的，而我们一次只需要一个 `app`，所以可以像这样使用这种功能。

用户自己编写 `wsgi.py` 文件来设置自己的 WSGI 应用程序，甚至将该文件放到中间件中来提供额外功能，这是很常见的。如果要为这个 API 服务器采用这种方法，该 wsgi.py 文件将如下所示：

```
from apd.sensors.wsgi import set_up_config
app = set_up_config()
```

启动服务器：

```
> pipenv run waitress-serve wsgi:app
```

5.2 将软件作为第三方软件扩展

本章到现在所做的工作不涉及修改 `apd.sensors` 包的 API，所以我们在核心包中创建的 API 服务器其实也可以由其他人（非软件的核心维护人）创建。任何人都可以编写 WSGI 服务器来公开传感器值并创建新包（例如命名为 `apd.apiserver`），使其加载传感器并提供 API 端点来查询传感器的值。

> **注意** 接下来直到 5.3 节之前的内容，考虑的是其他开发人员在尝试扩展我们的代码时可能遇到的情形，以及他们可以使用的工具。之后，我们将继续讨论自己能够做出哪些改进。

但是，有些时候，我们确实需要修改接口来扩展软件。回看 `Temperature` 传感器，我们早早地做了一个决定，让 JSON 序列化变得很简单。`value` 函数返回浮点数，代表以摄氏度为单位的温度。JSON 可以序列化整数、字符串、列表和字典，但不能序列化日期时间或自定义对象。名为pint的包能够表示物理常量，我们也可以选择使用这个包[1]，此时，温度传感器的值无法序列化。

pint没有声明支持类型注解，因为它使用了元类，并且会从数据文件动态构建类型，很难提供有用的类型集合来公开给最终用户。可以理解的是，pint的开发者选择更加关注灵活性，让最终用户能够控制单位集合，而不是关注优化类型检查。

使用pint值作为返回类型的传感器如下：

```
import os
from typing import Optional, Any

import pint

ureg = pint.UnitRegistry()

class Temperature(Sensor[Optional[Any]]):
    title = "Ambient Temperature"

    def __init__(self, board=None, pin=None):
        self.board = os.environ.get("APD_SENSORS_TEMPERATURE_BOARD", "DHT22")
        self.pin = os.environ.get("APD_SENSORS_TEMPERATURE_PIN", "D4")

    def value(self) -> Optional[Any]:
        try:
            import adafruit_dht
            import board
            sensor_type = getattr(adafruit_dht, self.board)
            pin = getattr(board, self.pin)
        except (ImportError, NotImplementedError, AttributeError):
            # No DHT library results in an ImportError.
            # Running on an unknown platform results in a
            # NotImplementedError when getting the pin
            return None
        try:
            return ureg.Quantity(sensor_type(pin).temperature, ureg.celsius)
        except RuntimeError:
            return None
```

[1] 事实上，如果在写代码时没有想到很快就需要添加JSON支持，那我会选择使用pint。我常常使用pint和Python REPL或Jupyter来计算长度、面积和电学物理量值（例如计算电路中应该使用的正确电阻值）：

```
>>> import pint
>>> ureg = pint.UnitRegistry()
>>> Vs = 3.3 * ureg.volt
>>> Vf = 1.85 * ureg.volt
>>> I = 20 * ureg.milliamp
>>> R = (Vs - Vf) / I
>>> print(R.to(ureg.ohm))
72.49999999999999 ohm
```

```
    @classmethod
    def format(cls, value: Optional[Any]) -> str:
        if value is None:
            return "Unknown"
        else:
            return "{:.3~P} ({:.3~P})".format(value, value.to(ureg.fahrenheit))

    def __str__(self) -> str:
        return self.format(self.value())
```

因为pint没有声明支持类型检查，所以将这些函数定义为返回Any，意思是很难检查它们的类型。我们还需要把pint作为一个忽略模块添加到setup.cfg中，这样一来，当搜索类型定义的过程没有找到它时，就不会发出警告。

要添加到setup.cfg的代码

```
[mypy-pint]
ignore_missing_imports = True
```

元类

前面提到，pint使用元类，并会动态构建类型。它们是两种有关联的技术：都自定义类本身的行为，而不是类实例的行为。在pint中，这些方法用于添加额外的钩子after_init(...)，它在__init__(...)函数后自动调用，还用于创建某些内置类型的不限数量的子类，它们引用不同的类变量。

一些读者可能期待本书详尽讨论元类的用法，认为元类是典型的Python高级功能。但是，因为本书旨在解释专业Python程序员在使用时能够受益的功能，所以我决定不详细介绍元类。

在我的Python开发生涯中，从来没有一个场合需要我创建元类，也没有在我自己写的类中显式使用过元类。不过，我确实常常通过基类隐式地使用它们。虽然只有很少的Python开发人员需要创建元类，但大部分开发人员都会用到元类，只不过他们自己不知道。

Python标准库模块enum和ORM SQLAlchemy是我知道的合理使用元类的最好范例。这两个模块都大量使用了元类，但是它们的开发者运用技能让接口非常直观，但代价是模块本身的实现的可读性降低了。如果你正确使用元类，用户将意识不到它们的存在。

关于元类，大部分人给的建议是，除非明确知道自己需要使用元类，否则就不需要使用它们。这句话不太容易理解，所以在做决定时可以参考图 5-3。我使用该决策树来判断是否需要使用元类。

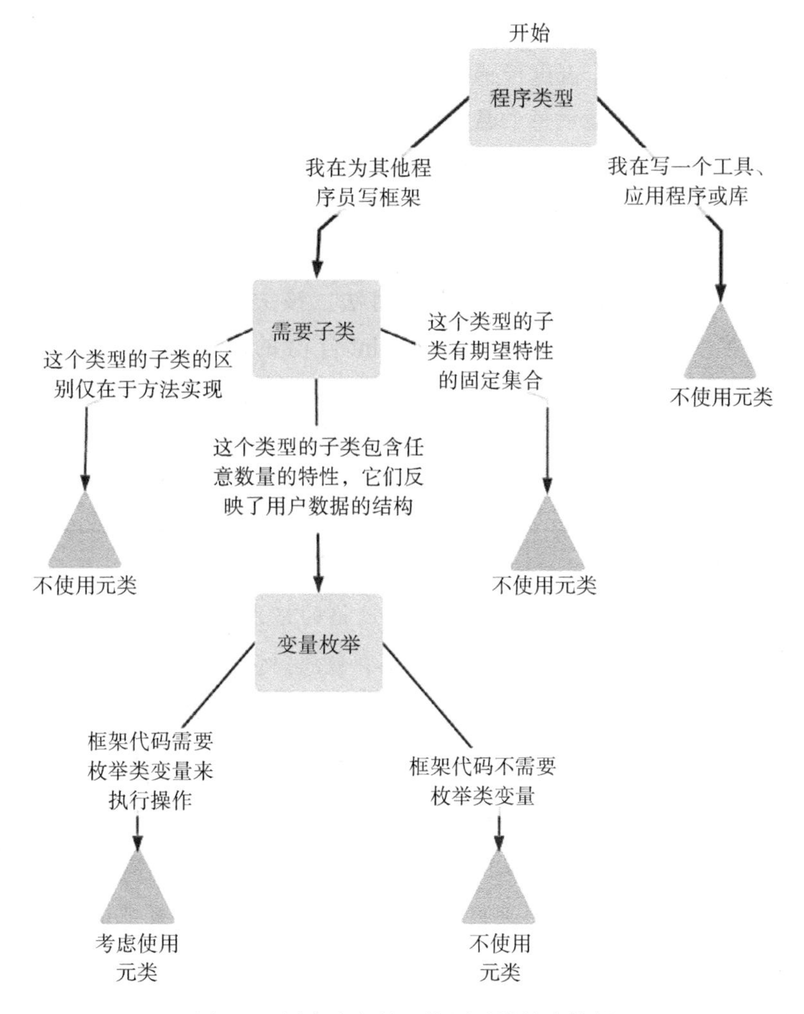

图 5-3 用来决定是否使用元类的决策树

这个决策树并不覆盖所有场景，只是反映了我自己认为什么时候应该考虑使用元类。可能在其他场景中，它们也是合适的解决方案，但一般来说，只有当以声明方式将用户数据的结构公开给框架时，我才考虑使用元类。元类的其他大部分用法能够用标准 Python 更加直观地表达。我强烈建议你将注意力放在如何编写一眼就能够理解的代码，而不是如何编写巧妙的代码上。

浮点实现和基于 pint 的实现的第一大区别在于 value() 函数，它接受温度的浮点表示，将其标记为摄氏度单位的代码表示方式 Quantity。就像动态分发允许整数相加和字符串相加具有不同的行为，它允许开发人员忘记温度单位的精确类型，以相同的方式处理所有温度。

想象一下，我们还有一个温度传感器连接到智能家居恒温器，它只能返回以华氏度为单位的温度。我们很可能想显示每个温度传感器与这个中央传感器的温度差。如果使用浮点单位，那么要么需要在收集数据时把所有温度传感器归一化到相同的单位系统，要么由于提前知道有些读数使用不同单位，因此在制作报表时进行转换。pint 使我们能够无缝地处理来自不同测量系统的数字，并不需要进行显式换算。

在 format(...) 方法中能够看到这种用法。该方法没有调用自定义的类方法来把摄氏度转换为华氏度，而是使用了 pint 自己的转换功能。cls.celsius_to_fahrenheit(value) 变成了 value.to(ureg.fahrenheit)，这就把逻辑拆分成了收集数据和设置格式两部分。在原来的形式中，format 方法要求其值采用摄氏度单位，而在后面这种形式中，可以让值自己来决定是否需要转换。

{:.3~P} 格式规范

在 Python 中，"{}".format(value) 风格的格式允许 value 函数的类型定义自己的格式规范。Python 中没有内置 .3~P 规范，它是由 pint 提供的。

__format__(self, spec) 方法允许类定义自己的格式规则。pint 分别为 LaTex、HTML 和 PrettyPrint 提供了 L、H 和 P 格式化器，并使用可选的 ~ 来使用缩写的单位名称，同时使用标准浮点格式选项来指定数量级。

自己编写的所有类都可以提供这些选项，所以我们的传感器也可以定义一个 __format__(...) 方法，在适用时提供不同的格式选项。一般来说，只有当项目提供复杂的数据存储类供其他程序员使用时，这种功能才有用，pint 就属于这样的项目。

但是这些优势都是有代价的。当我们试图访问 JSON API 时，会看到一个 HTTP 错误 500 页面，而且在 Web 服务器的日志中，能够看到如下堆栈跟踪：

```
TypeError: Object of type Quantity is not JSON serializable
```

我们让 value() 方法变得更加灵活的同时，破坏了 Flask 应用程序中的一个隐式假定：value() 函数的结果可被 JSON 序列化。在之前任何版本的文档中，我们都没有写明 value 方法只能返回可 JSON 序列化的类型。由于不能保证软件的其他用户没有使用插件架构做类型的处理，所以无意之中，我们打破了语义版本化策略。

我们还应该创建一对方法，用来在传感器返回的值和 JSON 可序列化表示之间进行转换。此时，Sensor 类如下（更新 Sensor 类型以包含 JSON 序列化逻辑）：

```
class Sensor(Generic[T_value]):
    title: str

    def value(self) -> T_value:
        raise NotImplementedError

    @classmethod
    def format(cls, value: T_value) -> str:
        raise NotImplementedError

    def __str__(self) -> str:
        return self.format(self.value())

    @classmethod
    def to_json_compatible(cls, value: T_value) -> t.Any:
        return json.dumps(value)

    @classmethod
    def from_json_compatible(cls, json_version: t.Any) -> T_value:
        return json.loads(value)
```

to_json_compatible(...) 和 from_json_compatible(...) 这对方法负责在值及其可序列化的表示之间进行转换。它们是类方法，因为和 format(...) 一样，它们在操作值时，并不需要存在该类型的活跃的传感器。这些方法推动用户返回 JSON 结构，这非常适合我们的 API 输出。

可以在标准 Sensor 类中像这样更新 API，也可以创建一个子类（如 Serializable-Sensor[⊖]），允许用户选择只实现传感器 API 的老版本。

但是，在本节开始时，我们决定考虑以下情形：如果将这个 API 服务器作为第三方软件创建，也就是不能修改 Sensor 类型，那么会发生什么？此时，我们不能简单地决定修改 Sensor 接口：如果在现实中遇到这种情形，Sensor 接口将包含在我们无法控制的包中，所以是其他人在实现该接口。

5.2.1 与其他开发人员就签名达成一致

如果想扩展其他人维护的代码中的接口，首先需要确定的是你认为软件开发者定义的接口中缺少哪些函数。作为最终用户，你可以在自己创建的子类中添加任意函数，但很难

⊖ 与 authorization（授权）一样，在 API 中，传统上使用美式英语拼写方法来拼写 serialize 这个词，所以这里是“z”而不是“s”。

要求类的其他开发者实现相同的函数。

在决定向接口添加哪些函数时，应该选择其他开发人员可能认为有用的函数。如果选择容易实现并且一般来说很有用的函数，那么其他类开发人员更有可能选择实现它们。如果选择非常具体的函数，那么其他类开发者可能认为没有必要实现它们。

因此，虽然作为软件的维护者，我们选择实现 to_json_compatible(...) 和 from_json_compatible(...)，但其他开发人员可能认为它们太过具体。我认为更应该实现像 serialize(...) 和 deserialize(...) 这样的方法。

我们可以让 Flask 函数迭代传感器，并在可以使用 serialize(...) 时使用该方法，在无法使用该方法时使用 value。我们假定，当传入有效数据时，传感器的 serialize(...) 方法不会引发任何异常，但我们知道，并非所有传感器都有这个方法，而且有些传感器数据会导致 json.dumps(...) 失败，所以在序列化值时，我们需要有三个备用方法。

首先，从传感器获取值，然后传递给 serialize(...) 方法。如果报出 AttributeError，则很可能没有 serialize(...) 方法，此时应尝试 json.dumps(...)。如果仍然失败，报出 TypeError，则无法序列化此传感器，应该返回一个占位值。

逐步支持 serialize(...) 方法的一个示例：

```
for sensor in get_sensors():
    raw_value = sensor.value()
    try:
        value = {"serialized": sensor.serialize(raw_value)}
    except AttributeError:
        try:
            value = {"serialized": json.dumps(raw_value)}
        except TypeError:
            value = {"error": f"Cannot serialize value {raw_value}"}
    data[sensor.title] = value
```

这样一来，只要现有传感器的值可被序列化为 JSON 格式，它们就能够继续工作，并不需要修改代码；如果不能被序列化为 JSON 格式，则会返回错误。如果传感器实现了 serialize(...) 方法，则会返回该方法的结果。

像这样嵌套两次 try/except 语句，看起来不太好看，但确实能够工作。在其他编程语言中，要实现相同的逻辑，可能需要检查 serialize(...) 方法是否存在，而不是直接调用它。在 Python 中，首选的方法是试着调用方法并捕捉错误，而不是检查方法是否存在。但是，有时候进行检查是最好的选择。

上面的示例仍然有一个潜在的失败模式。由于传感器 API 的其他某个流行的使用者的需求，完全有可能有人实现了 serialize() 方法，但没有实现 deserialize(...) 方法。

在这种情况下，最好仍然使用 `value()` 方法，因为我们不能保证能够获得真实的值来进行分析。此时，必须检查两个方法是否都存在，而不是直接使用当时需要用到的方法。

```
for sensor in get_sensors():
    raw_value = sensor.value()
    if hasattr(sensor, "serialize") and hasattr(sensor, "deserialize"):
        value = {"serialized": sensor.serialize(raw_value)}
else:
    try:
        value = {"serialized": json.dumps(raw_value)}
    except TypeError:
        value = {"error": f"Cannot serialize value {raw_value}"}
data[sensor.title] = value
```

当然，代码可能需要检查更加复杂的方法和变量集合来判断特定的功能集是否存在。你可能想把这种内省功能合并成一个函数，例如 `does_sensor_support_serialization(sensor: Sensor[Any]) -> bool`，然后使用该函数作为条件。代码路径在两种情况间分叉的次数越多，这种方法的吸引力就越大。

Python 有一种叫作抽象基类（Abstract Base Class，ABC）的功能，可用来让这种类内省在 Python 上下文中更加自然。例如，一种常用的类内省是检查对象是否是特定类或其子类的实例，ABC 允许使用 `isinstance(...)` 调用代替复杂的类内省。

5.2.2 抽象基类

抽象基类是一种特殊类型的类：它们不能直接实例化，但可以用作代码的父类。它们也可以声明拥有其他类，使这些类被视为它们的子类，这可能是通过把这些类显式注册为虚拟子类实现的，也可能是通过编写函数来检查并判断是否应该把某个类视为子类。

人们常常认为抽象基类是一种特别高级的功能，因为他们并没有遇到需要使用抽象基类的场景。大部分开发人员没有使用过抽象基类，这其实也合理，因为抽象基类特别适用于不适合常规的面向对象软件工程实践的地方。内聚的、统一的代码库一般没有理由使用抽象基类，但当应用程序基于软件多个部分蔓延式开发时，使用抽象基类可能是正确的方法，因为它允许应用程序最小化技术不足的影响。

抽象基类采用的方法是覆盖 `isinstance(...)` 和 `issubclass(...)`。在 Python 中，`issubclass(...)` 的标准定义是，如果类 A 的定义中将类 B 列为父类，或者如果它列出的类是 B 的子类，那么类 A 就是类 B 的子类。抽象基类还有另外两个检查：如果 A 是 B 的子类，或者如果 `B.register(A)` 先于 `issubclass` 检查调用，又或者如果 `B.__subclasshook__(A)` 返回 `True`，那么 `issubclass(A, B)` 将返回 `True`。

另外，看起来更加熟悉的 isinstance(...) 函数的工作方式也类似，但它检查的是类的实例而不是类。大部分 Python 开发人员认为在某些场景中编写 instance(...) 是很自然的事情，但他们反对检查特定方法集合，更乐于使用鸭子类型，即使这会降低代码的可读性。

对于这种情况，抽象基类特别有用，因为在使用抽象基类后，执行复杂类内省的方式对浏览代码的开发人员来说十分自然，对熟悉代码的开发人员来说十分容易维护。

注意　任何继承了 abc.ABC 类[1]的类都遵守 ABC 类的特殊类规则，包括能够自定义 isinstance(...) 行为，但严格来说，只有当类有至少一个抽象方法（使用 @abc.abstractmethod 装饰器定义）时，这个类才能作为抽象基类。

针对序列化行为创建抽象基类很有帮助，这可以避免在 Flask 路由中显式检查两个相关方法。SerializableSensor 将用于序列化和反序列化的方法定义为抽象方法[2]。

```
class SerializableSensor(ABC):
    @classmethod
    @abstractmethod
    def deserialize(cls, value):
        pass
    @classmethod
    @abstractmethod
    def serialize(cls, value):
        pass
```

然后，通过继承该抽象基类，或者注册一个实现，就可以使用它。表 5-2 展示了这两种方法。

每种方法都有其优缺点。对于子类方法，父类提供辅助函数，或者提供 serialize(...) 和 deserialize(...) 方法的默认实现。对于注册方法，可以把刚好实现了正确方法的类标记为子类，并不需要修改它们。当你无法控制这些类（例如依赖项中的类）的时候，这种方法尤其有用。子类方法和注册方法并不是二选一的关系，你可以从抽象基类继承子类，同时把其他类注册为虚拟子类。

---

[1] 也包括定义为 class MyClass(metaclass=abc.ABCMeta) 的类，但我认为这种方法不如正文中的方法清晰。Python 使用元类来实现抽象基类，因为它需要能够内省定义的方法，以判断某个类是否可被实例化。

[2] 抽象方法是抽象基类的另一个有用的功能。它们阻止把抽象基类作为超类的类被实例化。子类必须覆盖抽象方法，否则不能实例化。Python 开发人员常常创建使用 raise NotImplementedError 的方法，以表示某个方法必须被覆盖，但这种方式也让错误发生在实例化对象而不是使用方法时，所以定位 bug 也变得简单了。

表 5-2 创建被认为是 SerializableSensor 的子类的 ExampleSensor 的两种方式

子类方法

```
class ExampleSensor(
    Sensor[bool],
    SerializableSensor
):

    def value(self) -> bool:
        return True

    @classmethod
    def format(cls, value: bool
    ) -> str:
        return "{}".format(value)

    @classmethod
    def serialize(cls, value: bool
    ) -> str:
        return "1" if value else "0"

    @classmethod
    def deserialize(cls, serialized:
    str) -> bool:
        return bool(int(serialized))
```

注册方法[①]

```
class ExampleSensor(Sensor[bool]):

    def value(self) -> bool:
        return True

    @classmethod
    def format(cls, value: bool) -> str:
        return "{}".format(value)

    @classmethod
    def serialize(cls, value: bool
    ) -> str:
        return "1" if value else "0"

    @classmethod
    def deserialize(cls, serialized:
    str) -> bool:
        return bool(int(serialized))

SerializableSensor.register(
ExampleSensor)
```

① 注册函数 SerializableSensor.register(other_class) 接受要被注册的类作为唯一实参，并返回相同的类，这意味着它满足类装饰器的定义。因此，也可以选择在类定义之前，将其直接写作 @SerializableSensor.register。

最后可以使用的一种方法叫作子类钩子，不需要显式注册。要实现这种功能，需要在 SerializableSensor 类中添加一个新方法，使其包含判断某个类是不是 Serializable-Sensor 的逻辑。__subclasshook__ 类方法接受一个实参，即要内省的类。

它可以返回 True 或 False，代表传入的类是不是抽象基类的实例，也可以返回 NotImplemented，使用正常的 Python 行为。NotImplemented 选项非常重要，因为不只会针对 SerializableSensor 调用 __subclasshook__，还会针对它的子类进行调用。返回 NotImplemented 避免了在这些类中重新实现默认的 Python 逻辑[㊀]。

```
@classmethod
def __subclasshook__(cls, C):
    if cls is SerializableSensor:
        has_abstract_methods = [hasattr(C, name) for name in {"value",
```

㊀ 为了演示为什么这一点很重要，假设我们使用 SerializableSensor 作为 Temperature 传感器的基类。我们想让 isinstance(obj, SerializableSensor) 使用子类钩子，但只有当 obj 是 Temperature 传感器的一个实例时，我们才让 isinstance(obj, Temperature) 返回 True。如果 obj 只是包含成为 SerializableSensor 所必须具有的方法，ininstance(obj, Temperature) 不返回 True。

```
        "serialize", "deserialize"}]
        return all(has_abstract_methods)
    return NotImplemented
```

抽象基类也支持类型注解，所以抽象基类的最终版本应该包含合适的注解，以便对直接继承基类的任何类使用静态类型。我们将把 `value(...)` 函数添加到基类的抽象方法列表中。我们还可以将 `SerializableSensor` 基类设置为泛型，使它必须接受一个子类型，且这个子类型必须与相应传感器的子类型兼容。这使我们能够在静态类型级别保证 `serialize` 方法支持与 `value(...)` 函数相同的类型：

```
from abc import ABC, abstractmethod
import typing as t

T_value = t.TypeVar("T_value")

class SerializableSensor(ABC, t.Generic[T_value]):

    title: str

    @abstractmethod
    def value(self) -> T_value:
        pass

    @classmethod
    @abstractmethod
    def serialize(cls, value: T_value) -> str:
        pass

    @classmethod
    @abstractmethod
    def deserialize(cls, serialized: str) -> T_value:
        pass

    @classmethod
    def __subclasshook__(cls, C: t.Type[t.Any]) -> t.Union[bool,
    "NotImplemented"]:
        if cls is SerializableSensor:
            has_abstract_methods = [hasattr(C, name) for name in {"value",
            "serialize", "deserialize"}]
            return all(has_abstract_methods)
        return NotImplemented
```

5.2.3 后备策略

使用抽象基类后，从序列化自己的值的 `Sensor` 切换到使用后备实现的 if 语句变得整洁了，但这并没有帮助我们实现后备策略。

我们能够选用的各种序列化方法（包括 JSON）都提供了序列化和反序列化方法，它们常常叫作dumps(...)和loads(...)。如果用户愿意，我们可以为他们提供混入类[⊖]。

JSON后备混入类的示例如下：

```
class JSONSerializedSensor(SerializableSensor[t.Any]):

    @classmethod
    def serialize(cls, value: t.Any) -> str:
        try:
            return json.dumps(value)
        except TypeError:
            return json.dumps(None)

    @classmethod
    def deserialize(cls, serialized: str) -> t.Any:
        return json.loads(serialized)
```

这个类继承了SerializableSensor，所以遵守抽象基类的特殊类处理规则。SerializableSensor类声明，value、serialize和deserialize方法是必要方法，但我们只定义了其中两个方法。这意味着JSONSerializedSensor仍然被认为是抽象基类，所以它不能实例化。如果试图实例化这个类，会引发下面的TypeError：

```
TypeError: Can't instantiate abstract class JSONSerializedSensor with
abstract methods value
```

1. 适配器模式

JSONSerializedSensor超类允许我们把JSON序列化方法添加到自己的类中，但这对于安装了其他传感器的情况没有帮助，因为我们不能直接编辑它们来使用超类。

处理该问题的经典方法叫作适配器模式，它是著名的"四人组"软件工程模式中较为知名的一种模式。适配器是一个对象，它封装了另一个对象，以提供不同的接口。在这里，我们可以为给定传感器创建适配器，将该传感器的实例存储为封装器实例的特性：

使用JSONSerializedSensor将ExampleSensor适配到SerializableSensor的适配器的示例：

```
class SerializableExample(JSONSerializedSensor):

    def __init__(self):
        self.wrapped = ExampleSensor()
        self.title = self.wrapped.title

    def value(self) -> bool:
        return self.wrapped.value()
```

⊖ 混入类指的是超类只提供了一些相关方法供其他类继承。很多时候，如果你看到一个类有多个超类，这是因为其中一些超类是混入类。

serialize(...) 和 deserialize(...) 方法来自我们已经开发的 JSONSerializedSensor，所以这种适配器模式允许使用混入类的实现作为后备策略。SerializedSensor 协议的其他部分实现也是如此，它们可能使用了不同的序列化方法。

我们不必为每个类创建后备传感器类型，而是可以动态地创建它们。这些动态封装传感器必须假定底层值类型是 Any，因为我们不能保证将传递什么类型的传感器给它。

```
def get_wrapped_sensor(sensor_class: Sensor[t.Any]) -> SerializableSensor:
    class Fallback(JSONSerializedSensor):

        def __init__(self):
            self.wrapped = sensor_class()
            self.title = self.wrapped.title

        def value(self) -> t.Any:
            return self.wrapped.value()

    return Fallback
```

现在可以修改用来迭代传感器并获取它们的值的代码，在传感器无法被序列化时实例化此封装器：

```
for sensor in get_sensors():
    raw_value = sensor.value()
    sensor_class = type(sensor)
    if not issubclass(sensor, SerializableSensor):
        sensor_class = get_wrapped_sensor(sensor_class)

    value = {"serialized": sensor_class.serialize(raw_value)}
    data[sensor.title] = value
```

2. 动态生成类

这种方法并不能精确对应到某种经典设计模式，部分是因为在编译语言中无法实现这种方法。这种方法动态定义一个新类，且让这个新类同时继承原 Sensor 类和序列化混入类，从而让创建的类具有这两种类的行为。只有当两种类实现的方法定义没有重合时，这种方式才可以可靠地工作。不过，它的优势在于可以把派生类当作直接实现了序列化的传感器使用，因为 format(...) 和 __str__() 方法仍然存在，并没有被封装器隐藏起来。

许多 Python 开发人员感觉难以选择，因为适配器模式更加简单清晰，而动态生成类方法虽然依赖于语言行为来解析方法，并且这种解析方式对最终用户并不透明，但动态生成类方法在旁观者看来更加简单。

将 JSON 序列化器实现合并到任意传感器的函数：

```
def get_merged_sensor(sensor_class: Sensor[t.Any]) -> SerializableSensor:
    class Fallback(sensor_class, JSONSerializedSensor):
```

```
        pass
    return Fallback
```

之后，在任何期望使用传感器的地方，以及任何需要使用可序列化传感器的地方，都可以使用这个传感器类。例如，我们可以提供一个 `get_serializable_sensors()` 方法，使其复制 `get_sensors()` 的实现，但过滤掉不可序列化的传感器。

```
def get_sensors() -> t.Iterable[Sensor[t.Any]]:
    sensors = []
    for sensor_class in pkg_resources.iter_entry_points("apd.sensors.sensors"):
        class_ = sensor_class.load()
        if not issubclass(class_, SerializableSensor):
            class _ = get_merged_sensor(class_)
        sensors.append(t.cast(Sensor[t.Any], class_()))
    return sensors
```

3. 其他序列化格式

前面的所有示例都使用了 JSON 协议，所以如果类没有提供显式序列化功能，也不与 JSON 可序列化对象兼容，就仍然无法工作。为此，我们需要使用更加通用的序列化器，如 pickle。

你经常会看到这样的警告：在不可信的数据上不应该使用 pickle，因为这样做不安全。这一点很重要，因为创建的 pickle 变量可能导致执行任意代码。如果传感器被攻击，或者包含恶意代码，返回了序列化后的值 `c__builtin__\neval\n(V__import__("webbrowser").open("https://advancedpython.dev/pickles")\ntR.`，那么当 API 使用者尝试反序列化该值时，将在 API 使用者的计算机上打开本书的网站。

我并不认为在本例中使用 pickle 是合适的选择，因为这里只有少量传感器类型，并且它们只返回相对简单的数据。之所以介绍 pickle，是因为序列化是一个常见的问题，而人们常常建议使用 pickle 处理这类问题。

一般来说，最好多投入一些开发工作来避免使用 pickle，但如果确实需要使用 pickle，则应该确保至少使用 HMAC 来验证它们，如表 5-3 所示。

这种方案是对称的，可以验证 pickle 的人也可以为任意 pickle 创建有效的签名，但这对于封闭的系统来说通常就足够了。因为它是对称的，所以避免私钥泄露非常重要。私钥通常存储在配置文件或环境变量中，所以对于每个使用代码的用户来说可以是不同的。使用非对称密钥创建更加复杂的签名也是可以实现的，但一般不值得投入这样的开发精力，因为定义 JSON（或其他）模式来安全地反序列化数据更加简单。

表 5-3 签署和验证 pickle 的示例函数

<table>
<tr><th>签署 pickle</th><th>验证签名</th></tr>
<tr><td><pre>
import hashlib
import hmac
import pickle
secret = bytearray([
0xb2,0x56,0xc4,0x88,0x09,0xa0,0x8a,0x1e,
0x28,0xe3,0xa3,0x25,0xe9,0x2b,0x98,0x6f,
0x13,0x60,0xfb,0x26,0x06,0x9b,0x9d,0x6f,
0x3a,0x01,0x2c,0x3f,0x9d,0x9f,0x72,0xcd
  ])
untrusted_pickle = pickle.dumps(2)
digest = hmac.digest(
    secret,
    untrusted_pickle,
    hashlib.sha256
)
signed_pickle = digest + b":" + untrusted_pickle
</pre></td><td><pre>
import hashlib
import hmac
import pickle
secret = bytearray([
0xb2,0x56,0xc4,0x88,0x09,0xa0,0x8a,0x1e,
0x28,0xe3,0xa3,0x25,0xe9,0x2b,0x98,0x6f,
0x13,0x60,0xfb,0x26,0x06,0x9b,0x9d,0x6f,
0x3a,0x01,0x2c,0x3f,0x9d,0x9f,0x72,0xcd
  ])
digest, untrusted = received_pickle.split(
    b":", 1
)
expected_digest = hmac.digest(
    secret,
    untrusted,
    hashlib.sha256
)
if not hmac.compare_digest(digest, expected_digest):
    raise ValueError("Bad Signature")
else:
    value = pickle.loads(untrusted)
</pre></td></tr>
</table>

5.2.4 综合运用

在平行世界中，我们试图把 WSGI 服务器改装到现有的 `Sensor` 生态系统。现在，我们有了所有必要的代码（见代码清单 5-12）。大部分 Web 服务器代码是相同的，因为它用于真正的集成 Flask 应用程序；Web 服务器代码中唯一重要的变化是在 `sensor_values()` 视图中添加了一个 `if` 语句及其对应的 `else` 子句，所以总共在视图代码中添加了 3 行代码。我们已经成功地把类内省和后备逻辑封装到了支持代码中，现在可以把支持代码拆分到 Python 文件中作为实用工具。

代码清单 5-12 在第三方代码中编写 WSGI 服务器和后备逻辑的一种可行的实现

```
from abc import ABC, abstractmethod
import typing as t
import json
```

```
import flask

from apd.sensors.sensors import Sensor
from apd.sensors.cli import get_sensors
from apd.sensors.wsgi import require_api_key, set_up_config

app = flask.Flask(__name__)

T_value = t.TypeVar("T_value")

class SerializableSensor(ABC, t.Generic[T_value]):

    title: str
    @abstractmethod
    def value(self) -> T_value:
        pass

    @classmethod
    @abstractmethod
    def serialize(cls, value: T_value) -> str:
        pass

    @classmethod
    @abstractmethod
    def deserialize(cls, serialized: str) -> T_value:
        pass

    @classmethod
    def __subclasshook__(cls, C: t.Type[t.Any]) -> t.Union[bool,
    "NotImplemented"]:
        if cls is SerializableSensor:
            has_abstract_methods = [
                hasattr(C, name) for name in {"value", "serialize", "deserialize"}
            ]
            return all(has_abstract_methods)
        return NotImplemented

class JSONSerializedSensor(SerializableSensor[t.Any]):
    @classmethod
    def serialize(cls, value: t.Any) -> str:
        try:
            return json.dumps(value)
        except TypeError:
            return json.dumps(None)

    @classmethod
    def deserialize(cls, serialized: str) -> t.Any:
        return json.loads(serialized)

class JSONWrappedSensor(JSONSerializedSensor):
    def __init__(self, sensor: Sensor[t.Any]):
        self.wrapped = sensor
        self.title = sensor.title
```

```
    def value(self) -> t.Any:
        return self.wrapped.value()

def get_serializable_sensors() -> t.Iterable[SerializableSensor[t.Any]]:
    sensors = get_sensors()
    found = []
    for sensor in sensors:
        if isinstance(sensor, SerializableSensor):
            found.append(sensor)
        else:
            found.append(JSONWrappedSensor(sensor))
    return found

@app.route("/sensors/")
@require_api_key
def sensor_values() -> t.Tuple[t.Dict[str, t.Any], int, t.Dict[str, str]]:
    headers = {"Content-Security-Policy": "default-src 'none'"}
    data = {}
    for sensor in get_serializable_sensors():
        data[sensor.title] = sensor.serialize(sensor.value())
    return data, 200, headers

if __name__ == "__main__":
    import wsgiref.simple_server

    set_up_config(None, app)

    with wsgiref.simple_server.make_server("", 8000, app) as server:
        server.serve_forever()
```

5.3 修复代码中的序列化问题

介绍了如何在第三方代码中解决这个问题后，我们还要在 `apd.sensors` 的主代码库中解决这个问题。作为第三方工具解决这个问题时，我们有强烈的动机来选择通用的函数签名，所以选择了 `serialize` 和 `deserialize` 方法，其他使用者可能使用它们来写日志文件等。现在，我们回归了软件维护者的角色，所以就能够更加灵活地决定使用何种接口。我们仍然希望代码易于实现，但现在有了更大的权力来决定什么样的函数最好。

我坚定地相信，这里只使用 JSON API 是有帮助的，因为它让原数据更容易理解。如果接口提供 `serialize(...)`，就不能保证得到的输出是人类可读的数据。因此，我们不创建 `serialize(...)` 和 `deserialize(...)` 函数，而是创建另外两个函数，让其中一个函数得到的值是可 JSON 序列化的值，另一个函数从这种值重新构造原始值。

我们可以在 `Sensor` 基类上定义这两个函数，并为它们提供默认实现。现在无法保证任意给定传感器与 JSON 序列化功能兼容，所以默认实现必须引发异常。

要添加到 Sensor 基类的其他方法：

```
@classmethod
def to_json_compatible(cls, value: T_value) -> Any:
    raise NotImplementedError

@classmethod
def from_json_compatible(cls, json_version: Any) -> T_value:
    raise NotImplementedError
```

现在，我们需要为现有传感器提供这对方法的实现。共有 3 条不同的代码路径需要更新。第一条路径适用于已经与 JSON 兼容的大部分传感器。为此，创建一个新的混入类：

```
class JSONSensor(Sensor[T_value]):
    @classmethod
    def to_json_compatible(cls, value: T_value) -> t.Any:
        return value

    @classmethod
    def from_json_compatible(cls, json_version: t.Any) -> T_value:
        return cast(JSONT_value, json_version)
```

JSON 值的类型

在 Python 类型提示中，很难表示某个对象是 JSON 兼容的，因为 JSON 兼容类型的定义本身是递归的。例如，只有当列表的所有元素与 JSON 兼容时，该列表才与 JSON 兼容。通过为 JSON 的类型限制一个最大递归层次，我们能够试着越来越近似地给出 JSON 兼容类型的定义，例如：

```
from typing import *

JSON_0 = Union[str, int, float, bool, None]
JSON_1 = Union[Dict[str, JSON_0], List[JSON_0], JSON_0]
JSON_2 = Union[Dict[str, JSON_1], List[JSON_1], JSON_1]
JSON_3 = Union[Dict[str, JSON_2], List[JSON_2], JSON_2]
JSON_4 = Union[Dict[str, JSON_3], List[JSON_3], JSON_3]
JSON_5 = Union[Dict[str, JSON_4], List[JSON_4], JSON_4]
JSON_like = JSON_5
```

我们对 Sensor 使用的 T_value 泛型引用可以是任意类型，但我们只希望 JSONSensor 超类用于 JSON 兼容的类型，所以需要一个不同的带绑定参数的 TypeVar：

```
JSONT_value = TypeVar("JSONT_value", bound=JSON_like)
```

> 在我看来，这种绕过类型检查器的做法无法帮助提高效率。类型是为了帮助开发人员，不是让他们受限制。如果很难表达为静态类型提示，则应该使用文档和注释清晰地说明这一点。你应该相信开发人员会做正确的事。因此，我将使用Any作为类型提示来表示与JSON兼容的Python对象。

我们编写的大部分传感器都能够透明地使用`JSONSensor`，但是`PythonVersion`传感器有一个非常奇怪的类型。它使用了一个不能被直接实例化的自定义类。Python的这种实现细节并不重要，但我们需要稍微修改传感器，以便将JSON转换回类似实际值的东西。

```
from typing import NamedTuple

version_info_type = NamedTuple(
    "version_info_type",
    [
        ("major", int),
        ("minor", int),
        ("micro", int),
        ("releaselevel", str),
        ("serial", int),
    ],
)

class PythonVersion(JSONSensor[version_info_type]):
    title = "Python Version"

    def value(self) -> version_info_type:
        return version_info_type(*sys.version_info)

    @classmethod
    def format(cls, value: version_info_type) -> str:
        if value.micro == 0 and value.releaselevel == "alpha":
            return "{0.major}.{0.minor}.{0.micro}a{0.serial}".format(value)
        return "{0.major}.{0.minor}".format(value)
```

这里使用类型化的命名元组来模拟真实的`sys.version_info`，否则无法实现`from_json_compatible(...)`来返回与`value()`完全相同的值。

最后，温度传感器和太阳能传感器都使用物理量作为值的类型，所以会为值使用pint的单位系统，并需要一对自定义的JSON方法。

用于温度传感器的JSON方法对：

```
class Temperature(Sensor[Optional[Any]]):
    ...
    @classmethod
    def to_json_compatible(cls, value: Optional[Any]) -> Any:
```

```
        if value is not None:
            return {"magnitude": value.magnitude, "unit": str(value.units)}
        else:
            return None

    @classmethod
    def from_json_compatible(cls, json_version: Any) -> Optional[Any]:
        if json_version:
            return ureg.Quantity(json_version["magnitude"],
            ureg[json_version["unit"]])
        else:
            return None
```

在创建这个版本的软件时，我们为传感器创建了不少支持代码，现在是时候把它们从传感器实现中移出去，让代码库更容易导航。

整理代码

现在，`sensors.py` 文件包含两个基类和一些实际的传感器。让这个文件只包含传感器会更加清晰，所以我们将把支持代码移动到 `base.py` 中。

让 JSON API 使用与传感器入口点相同的键也是一个好主意。这样一来，反序列化数据就简单多了，因为我们能够轻松地查找定义它的传感器类。为此，我们添加了一个新的 `name` 特性。代码清单 5-13 给出了 `Sensor` 基类的完整定义。

代码清单 5-13 base.py 中传感器基类的定义

```
import typing as t

T_value = t.TypeVar("T_value")

class Sensor(t.Generic[T_value]):
    name: str
    title: str

    def value(self) -> T_value:
        raise NotImplementedError
    @classmethod
    def format(cls, value: T_value) -> str:
        raise NotImplementedError

    def __str__(self) -> str:
        return self.format(self.value())

    @classmethod
    def to_json_compatible(cls, value: T_value) -> t.Any:
        raise NotImplementedError()

    @classmethod
    def from_json_compatible(cls, json_version: t.Any) -> T_value:
```

```
        raise NotImplementedError()

class JSONSensor(Sensor[T_value]):
    @classmethod
    def to_json_compatible(cls, value: T_value) -> t.Any:
        return value

    @classmethod
    def from_json_compatible(cls, json_version: t.Any) -> T_value:
        return t.cast(T_value, json_version)
```

5.4 版本化 API

在做出这些修改时，就改变了API的行为，尽管只是稍稍做了改变。在面向用户的层面，唯一的区别是现在API值的键是传感器ID，而不是人类可读的名称。我们需要为该API创建新的面向用户的版本，因为现在API的行为与过去的版本不同了。

通常，我们通过在一个略有不同的URL（包含版本号）上提供不同的API来创建新的API版本。我们也可以在原位置修改API，但这意味着所有依赖于该API的人将突然开始看到不同的行为。对于个人项目，这可能不是问题，但是如果API是对公众开放的或者是公司内的API，则很可能无法与用户提前讨论变化。

能够支持API的老版本，并不意味着必须支持它们。你完全有可能在有 `/v/1.0` 和 `/v/1.1` 的情况下决定发布 `/v/2.0`，它与前两个版本完全不同。在这种情况下，你可能彻底移除老版本的API。在URL中包含版本号并不会强制你维护对老版本的支持，但如果没有按版本限制API端点，则后期想要维护老版本时会很难。

版本化API时，需要决定如何处理bug。一般来说有两种策略。要么选择不处理bug，要求人们升级到API的最新版本，要么选择以不引人注目的方式修复bug。不处理bug是更加常见的选择，因为修复它们需要做很多工作。不过，总是应该修复旧API版本中涉及安全性的bug。

本章做的修改是处理温度传感器和湿度传感器的序列化问题，因为前面已经把它们改为使用pint。原API使用摄氏度单位返回这些值，新API则返回一个字典，在字典中包含温度的单位系统。

在本章配套代码中，我修复了一个bug，避免在v1.0 API的输出中显示不能被JSON序列化的传感器。这是通过捕捉 `TypeError` 并在必要时跳过传感器实现的。这意味着在该版本中，不会再显示温度传感器和湿度传感器。它们只会在v2.0 API的输出中显示。是否应该投入额外的时间和精力，在 v1.0 API 中为 pint 对象添加特殊处理，取决于用户的需求。

为了方便托管多个版本的 API，我们将把视图移动到使用 API 版本命名的新文件中，并把它们注册到该 API 版本的 `flask.Blueprint`（蓝图）实例上，而不是直接注册到 `flask.Flask` 对象上。Flask 蓝图允许我们编写工作于主网站的子路径的视图代码，而不需要修改所有 URL 来包含 API 版本号：

`v10.py`

```
version = flask.Blueprint(__name__, __name__)

@version.route("/sensors/")
@require_api_key
def sensor_values() -> t.Tuple[t.Dict[str, t.Any], int, t.Dict[str, str]]:
    ...
```

__init__.py

```
app = flask.Flask(__name__)
app.register_blueprint(v10.version, url_prefix="/v/1.0")
```

wsgi 目录的文件结构让每个 API 版本都有一个不同的文件（分别是 `v10.py` 和 `v20.py`），还包含一些支持代码，如身份验证函数。

```
src/apd/sensors/wsgi/
├── __init__.py
├── base.py
├── serve.py
├── v10.py
└── v20.py
```

这里给了 API 一个简单的版本号，但许多公共 API 使用日历版本号。日历版本号对用户更加友好，但选择什么版本号方案只取决于个人喜好。

可测试性

支持 API 的多个版本时，还需要测试这些版本。即使你认为老版本能不能正确工作并不重要，也仍然需要确保老版本的 API 中没有引入安全问题。

为了解决这个问题，我们为 API 的每个版本创建一个类。这使我们能够设置测试夹具（fixture），避免让每个测试指定它的目标 API 版本。例如，我们已经有一个测试，用来检查在访问传感器时，缺少 API 键是否会导致 HTTP forbidden 错误。该测试如下：

```
@pytest.mark.functional
def test_sensor_values_fails_on_missing_api_key(self, api_server):
    response = api_server.get("/sensors/", expect_errors=True)
```

```
        assert response.status_code == 403
        assert response.json["error"] == "Supply API key in X-API-Key header"
```

这个测试假定 `api_server` 是一个 WebTest 应用程序，它在根目录挂载 API。当没有为 API 版本使用命名空间时，这没有问题，但我们必须分别为 `/v/1.0/sensors` 和 `/v/2.0/sensors` 编写这个测试。为每个 API 版本使用一个支持类，意味着我们能够在 Flask 应用的根目录上挂载该版本的蓝图，而不必针对把蓝图挂载到其他位置的情形进行测试。

将 `/v/1.0` 视为根目录的测试类：

```
from apd.sensors.wsgi import v10

class Testv10API:
    @pytest.fixture
    def subject(self, api_key):
        app = flask.Flask("testapp")
        app.register_blueprint(v10.version)
        set_up_config({"APD_SENSORS_API_KEY": api_key}, to_configure=app)
        return app

    @pytest.fixture
    def api_server(self, subject):
        return TestApp(subject)
```

`TestV20API` 类执行相同的处理，只不过使用 `v20.version` 而不是 `v10.version`，这能让每个类中的测试在其 HTTP 命名空间的根目录下看到正确的 API 版本。之后，就可以把前面对缺少 API 键所做的测试，以及其他任何在所有 API 版本上都适用的测试添加到一个混入类中。对我们来说，这就是处理 API 身份验证的两个测试。

```
class CommonTests:
    @pytest.mark.functional
    def test_sensor_values_fails_on_missing_api_key(self, api_server):
        response = api_server.get("/sensors/", expect_errors=True)
        assert response.status_code == 403
        assert response.json["error"] == "Supply API key in X-API-Key header"
    @pytest.mark.functional
    def test_sensor_values_require_correct_api_key(self, api_server):
        response = api_server.get(
            "/sensors/", headers={"X-API-Key": "wrong_key"}, expect_errors=True
        )
        assert response.status_code == 403
        assert response.json["error"] == "Supply API key in X-API-Key header"
```

因为测试类的名称没有以 `Test` 开头，所以 pytest 运行器不会认为它们是独立的测试，这一点很好，因为它们依赖于叫作 `api_server` 的测试夹具，但我们还没有定义该测试夹具。但是，当我们把 `CommonTests` 作为 `TestV1OAPI` 和 `TestV2OAPI` 的基类时，这两个类会继承这些测试函数。pytest 只会检查以 `Test` 开头的测试类，所以 `CommonTests` 类从不会独立执行。它包含的方法会被特定于版本的类继承，而这些类包含支持它们的合适的测试夹具。

5.5 小结

本章介绍了许多内容，包括如何使用 Web API 和 Flask，以及如何扩展 Sensor 接口来避开 JSON 序列化的限制。Python Web 开发有一个庞大的生态系统，许多图书只专注于探究这个生态系统的一小部分。

虽然我们确实需要 HTTP API 来完成传感器聚合程序，但它本质上不是 Web 应用程序。如果你对 Python Web 开发感兴趣，建议试用一些流行的框架（如 Django、Pyramid 和 Flask），了解它们的优缺点。Django 被认为是适合全面 Web 开发的好框架，它也配得上这种赞誉，但在选择平台时，Flask 的极简风格和 Pyramid 的表达力让它们成了需要了解的有用工具。

本章还介绍了从系统原开发者的角度和从第三方的角度如何使用抽象基类扩展类定义。最后，还介绍了 Python 代码的许多常用技术，如使用 HMAC 验证消息，以及使用装饰器扩展函数行为。

修改 Sensor API 后，它不再向后兼容，所以我们把包的版本号更新为 2.0.0，并且让文档解释了如何访问 API。下一章将介绍如何使用这个新的 HTTP API 在源中整理信息。

更多资源

下面的资源提供了与本章主题以及 Web 编程相关的更多信息：

- WSGI 规范是针对 Python 的 Web 应用程序标准，其背景信息详见 http://wsgi.org。
- Flask Web 框架的完整文档见 https://flask.palletsprojects.com/。
- 建议了解 http://www.djangoproject.com/ 和 https://trypyramid.com/ 中的内容，它们也是特别值得注意的 Python Web 框架。
- 本章针对物理单位使用的 pint 库的更多示例和高级使用信息详见 https://pint.readthedocs.io/。
- JWT 项目（https://jwt.io/）详细介绍了使用 HMAC 进行身份验证的一种更加高级的

方式，并且提供了许多示例和代码。

- 符合生产质量的 WSGI 服务器详见 https://gunicorn.org/、https://modwsgi.readthedocs.io/en/develop/ 和 https://pypi.org/project/waitress/。
- 更多 WSGI 应用测试库 WebTest 的信息详见 https://docs.pylonsproject.org/projects/webtest/。

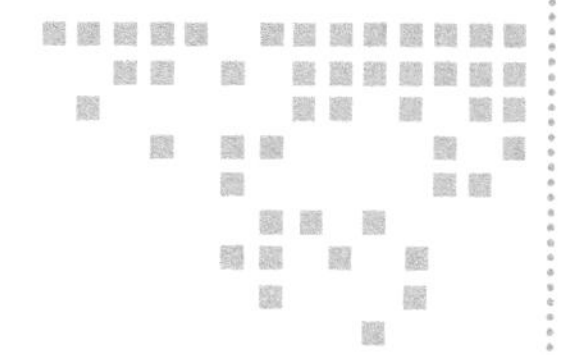

第6章 Chapter 6

聚合过程

现在，我们有了一个健壮的代码库，可用于从计算机收集数据以及通过HTTP接口报告数据，是时候记录和分析这些数据了。我们需要创建一个中央聚合过程，将它连接到各传感器来获取数据。这种过程使我们能够同时观察不同传感器的相关性以及一段时期内的趋势。

首先，我们需要创建一个新的Python包。把聚合过程的代码和数据收集代码放到一起分发并不合理，我们预期传感器的部署会比聚合过程的部署多得多。

程序员在开始新项目时，很少会从零开始自己编写所有样板代码。使用模板是更常见的做法，既可以显式使用模板，也可以复制另一个项目并删除其某些功能。从已经存在但不做任何处理的代码开始，要比从空目录开始要容易得多。

6.1 cookiecutter

虽然可以通过复制目录的方式从模板创建新项目，但有一些工具能够简化这个过程。虽然复制模板目录并对其进行修改看起来很简单，但这常常涉及重命名“骨架”或“示例”中的文件和目录，以匹配要创建的项目的名称。cookiecutter等工具能够自动实现这个过程，它们允许你创建模板，并让这些模板使用首次创建项目时提供的变量。

推荐使用cookiecutter来创建新项目。它应该作为一个全局开发工具，而不是特定于项目的工具。我们应该把它安装到系统 Python 环境中[1]，就像 pipenv 那样。

```
> pip install --user cookiecutter
```

cookiecutter 现在有许多模板，其中一些为通用 Python 包提供模板，一些为更加复杂的功能提供模板。还有一些专用模板，它们可用于各种不同的场景，例如 Python/rust 混合包、基于 Python 的智能手机应用程序和 Python Web 应用程序。

我们不需要安装 cookiecutter 模板，事实上，也无法安装 cookiecutter 模板。模板只能作为其本地副本的路径或 git 远程规范（即通常传递给 `git clone`[2]的规范）引用。当指定远程模板时，cookiecutter 将自动下载并使用该模板。如果之前已经使用过该模板，将提示你使用新下载的版本替换该模板。

提示　如果经常使用某个模板，建议将其签出到本地。不要忘记定期更新，因为 git 存储库中可能对它进行了修复。使用本地模板不仅稍稍提高了速度，而且在没有连接到网络时，仍然能够生成代码。

如果你发现自己没有网络连接，也没有把模板签出到本地，可以查看 ~/.cookiecutter/，cookiecutter 可能在这里缓存了过去调用的模板。

创建新模板

我们可以把这些模板作为聚合过程的基础，但是，它们都不能准确匹配我们在前面章节做出的决定。因此，我将根据本书为极简 Python 包做出的推荐，创建一个新模板。你可以调整这个模板来满足自己的偏好，也可以创建新的模板，自动生成适合自己工作的样板代码。

注意　如果你想使用这里描述的模板，并不需要自己创建它。通过 `cookiecutter gh:MatthewWilkes/cookiecutter-simplepackage` 可以使用此模板。本节介绍的是创建自定义模板的过程。

[1] cookiecutter 确实有许多依赖项。在我们到目前为止安装的所有系统级工具中，这是我最想隔离出来的一个工具。可以使用 pipenv 专门为 cookiecutter 创建一个环境，然后把与该环境关联的 `bin/`（在 Windows 上是 `Scripts/`）目录（可运行 `pipenv --venv` 来找到此目录）添加到系统路径中。如果你的系统 Python 环境的版本很老，那么也可能需要执行此操作。

[2] 对于流行的 Git 托管平台（如 GitHub），存在一些辅助程序。例如，`gh:MatthewWilkes/cookiecutter-simplepackage` 引用我的 GitHub 账户中的 `cookiecutter-simplepackage` 存储库。

我们将创建一个新的 git 存储库来保存该模板。首先需要添加 cookiecutter.json 文件，如代码清单 6-1 所示。该文件定义了我们将询问用户的变量以及它们的默认值。它们大部分是简单的字符串，对于这种情形，将提示用户输入一个值或按 <Enter> 键接受默认值（默认值显示在圆括号内）。通过将 Python 表达式包含在花括号内，它们也可以包含前面条目的变量替换，前面的条目本身也可以是表达式。此时，替换的结果将作为默认值。最后，它们还可以是列表，此时将向用户展示一个选项列表，要求他们做出选择，其中列表中的第一项为默认值。

代码清单 6-1 cookiecutter.json

```
{
    "full_name": "Advanced Python Development reader",
    "email": "example@advancedpython.dev",
    "project_name": "Example project",
    "project_slug": "{{ cookiecutter.project_name.lower().replace(' ',
    '_').replace('-', '_') }}",
    "project_short_description": "An example project.",
    "version": "1.0.0",
    "open_source_license": ["BSD", "GPL", "Not open source"]
}
```

我们还需要创建一个目录来包含将要创建的模板。这里也可以使用花括号包含用户在文件名中提供的值，所以应该使用 `{{ cookiecutter.project_slug }}` 来创建目录，其名称与 `project_slug` 值相同。我们可以使用 `cookiecutter.json` 中的任意值，但项目 `slug` 是最佳选择。此目录将成为新项目的 git 存储库的根目录，所以它的名称应该匹配期望的存储库名称。

在这里，可以创建想包含到这种类型的项目中的各种文件，例如生成文件（`setup.py`、`setup.cfg`）、文档（`README.md`、`CHANGES.md`、`LICENCE`）和 `test/` 及 `src/` 目录。

但是，这里有一个问题。模板在 `src/` 目录中包含 `{{ cookiecutter.project_slug }}/` 目录，这对于 `slug` 中不包含 `.`（点）的包没有问题，但如果我们创建 `apd.sensors`，就会看到 cookiecutter 生成的目录结构和我们期望的目录结构之间存在差异，如图 6-1 所示。

模板	生成的结构	期望的结构

{{ cookiecutter.project_slug }}/src/
└── {{ cookiecutter.project_slug }}
    └── __init__.py
	apd.sensors/src/
	└── apd.sensors
	    └── __init__.py
		apd.sensors/src/
		└── apd
		    └── sensors
		        └── __init__.py

图 6-1 获得的目录结构和期望的目录结构对比

我们需要的目录结构中有额外一层，因为 apd 是命名空间包。当首次创建 apd.sensors 时，我们决定将 apd 作为命名空间，这样一来，只要不在命名空间包中直接添加代码，而只添加标准包，就可以在命名空间中创建多个包。

这里需要一些自定义行为，而不只是模板提供的行为[㊀]。我们需要识别 slug 中存在 .（点）的情况，并且在存在点时拆分 slug，为每个部分创建嵌套目录。cookiecutter 通过后生成钩子来支持这种需求。在模板的根级，可以使用 post_gen_project.py 文件添加一个钩子目录。**预生成钩子**存储为 hooks/pre_gen_project.py，用于在开始生成前操纵和验证用户输入；**后生成钩子**存储为 hooks/post_gen_project.py，用于操纵生成的输出。

钩子是在生成过程的合适阶段直接执行的 Python 文件。它们不需要提供任何可导入的函数，其代码可以位于模块级别。cookiecutter 首先将这个文件解释为模板，并替换其中的所有变量，然后再执行钩子代码。这种行为允许使用变量将数据直接插入钩子的代码中（见代码清单 6-2），而不必采用更加普遍的做法，即使用 API 来获取数据。

代码清单 6-2 hooks/post_gen_project.py

```
import os

package_name = "{{ cookiecutter.project_slug }}"
*namespaces, base_name = package_name.split(".")

if namespaces:
    # We need to create the namespace directories and rename the inner directory
    directory = "src"
    # Find the directory the template created: src/example.with.namespaces
    existing_inner_directory = os.path.join("src", package_name)

    # Create directories for namespaces: src/example/with/
    innermost_namespace_directory = os.path.join("src", *namespaces)
    os.mkdir(innermost_namespace_directory)

    # Rename the inner directory to the last component
    # and move it into the namespace directory
    os.rename(
        existing_inner_directory,
        os.path.join(innermost_namespace_directory, base_name)
    )
```

注意 *namespaces, base_name = package_name.split(".") 行是扩展解包的例子。它的含义类似于函数定义中的 *args ；base_name 变量包含从 package_name

㊀ 仅使用模板也可以实现，但这要求模板特定于使用的嵌套命名空间包的个数。

拆分出的最后一项，之前的所有项则存储在名为 namespaces 的列表中。如果 package_name 中没有 .（点）字符，那么 base_name 将与 package_name 相同，namespaces 则会是一个空列表。

要使用这里创建的 cookiecutter 模板，可以借助 GitHub 辅助程序，因为我已经把代码存储到 GitHub 上了。本书配套代码中也包含此模板。调用 cookiecutter 的方式如下，其中的 gh: 是 GitHub 辅助程序的前缀：

```
> cookiecutter gh:MatthewWilkes/cookiecutter-simplepackage
```

或者，可以使用本地副本来测试调用，方式如下：

```
> cookiecutter ./cookiecutter-simplepackage
```

6.2 创建聚合包

现在，我们可以使用 cookiecutter 模板为聚合过程创建一个包，命名为 apd.aggregation。切换到 apd.code 目录的父目录，但不需要为聚合过程创建目录，因为 cookiecutter 模板完成了这项工作。我们调用 cookiecutter 生成器并填入需要的细节，然后就能在该目录中初始化一个新的 git 存储库，并在第一次提交时把生成的文件添加到该目录中。

生成 apd.aggregation 的控制台会话：

```
> cookiecutter gh:MatthewWilkes/cookiecutter-simplepackage
full_name [Advanced Python Development reader]: Matthew Wilkes
email [example@advancedpython.dev]: matt@advancedpython.dev
project_name [Example project]: APD Sensor aggregator
project_slug [apd_sensor_aggregator]: apd.aggregation
project_short_description [An example project.]: A programme that queries
apd.sensor endpoints and aggregates their results.
version [1.0.0]:
Select license:
1 - BSD
2 - MIT
3 - Not open source
Choose from 1, 2, 3 (1, 2, 3) [1]:
> cd apd.aggregation
> git init
Initialized empty Git repository in /apd.aggregation/.git/
> git add .
> git commit -m "Generated from skeleton"
```

下一步是创建实用函数和配套测试来收集数据。在此过程中，我们必须确定聚合过程的确切职责，以及它应该提供什么功能。

下面列出了我们希望聚合过程具有的所有功能。本书中可能不会构建这里列出的全部功能，但我们需要确保在设计时，不排除其中任何一个。

- 根据需求，从所有端点获取传感器的值。
- 在特定时间间隔，自动记录传感器的值。
- 取出在特定时间点为一个或多个端点记录的传感器数据。
- 取出一个或多个端点在一段时间内的传感器数据。
- 找出在所有时间或一段时间内，传感器值匹配某个条件（如落入一个范围、最大值、最小值）的时间。
- 支持所有传感器类型，不需要修改服务器来存储传感器数据。要求在服务器上安装传感器来分析其数据没有问题，但不能为获取数据而要求在服务器上安装传感器。
- 为实现数据移植并进行数据备份，必须能够导出和导入兼容数据。
- 必须能够按时间或端点删除数据[⊖]。

6.2.1 数据库类型

首先，我们需要决定如何在应用程序中存储数据。可用的数据库有很多，涵盖各种各样的功能集。开发人员常常基于当前流行趋势选择某个数据库，而不是在对数据库的优缺点进行客观分析后做出选择。图 6-2 给出了一个决策树，我在决定使用哪种风格的数据库时，常常问自己这个决策树中的问题。这个决策树只能帮助找到某类数据库，而不能具体到某个软件，因为它们的功能集可能存在很大区别。不过，我相信在选择数据库类型时，这里的问题会有所帮助。

我问自己第一个问题是为了排除一些特殊的数据库技术。这些技术很有价值，在其适用领域也非常优秀，但相对来说，这样的技术不太常用。这种数据库就是只追加数据库，即在数据写入后不能（或很难）删除或编辑这些数据。这种数据库非常适合写日志，如事务日志或审计日志。区块链和只追加数据库的主要区别在于信任度，在典型情况下，这两种数据库都阻止编辑或删除数据，但通过修改底层存储文件，能够编辑标准的只追加数据库。区块链则稍有不同，它允许一组人共同作为维护者，只有不少于 50% 的用户同意，才能编辑或删除数据。如果有用户不同意，就可以保留老数据，然后退出群组。在撰写本书时，

⊖ 当把传感器部署到公众成员所在的场所时，例如 2004 年在阿姆斯特丹附近的家庭中使用噪声传感器来监控飞机噪声，导出和删除选项特别重要。在创建软件时，尊重用户和公众的隐私非常重要。

区块链是当下流行的数据库，但它们不适合几乎所有应用程序。

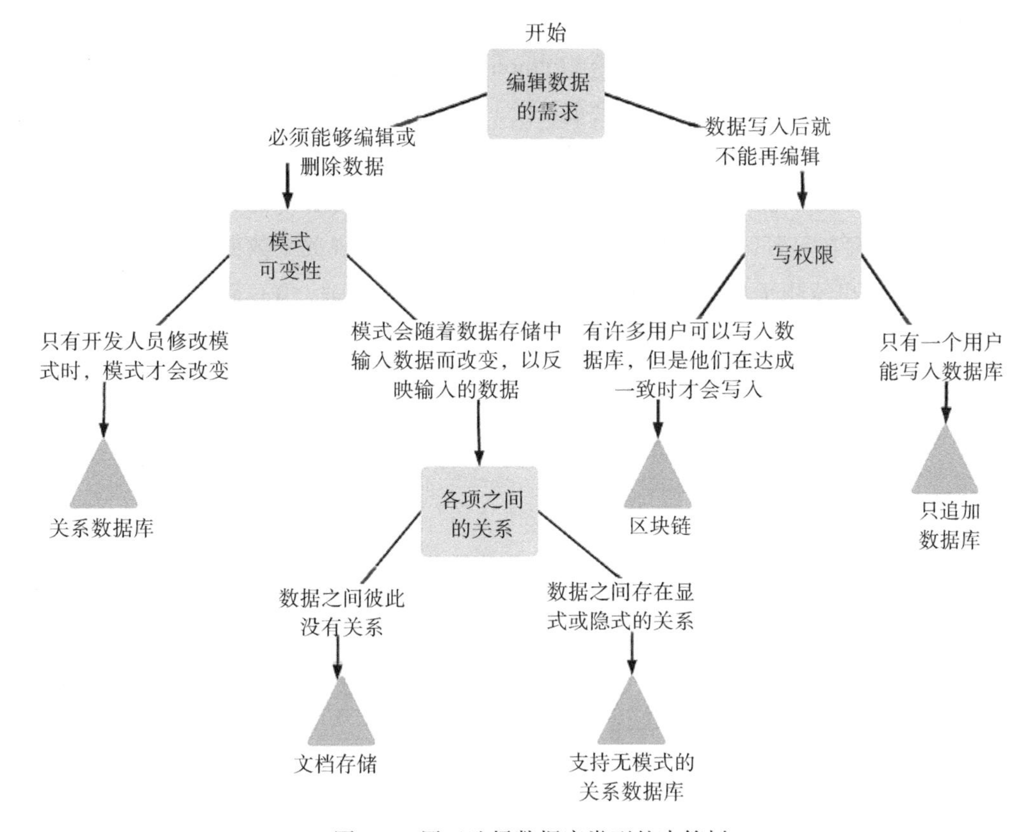

图 6-2　用于选择数据库类型的决策树

图中的其他数据库类型要有用得多。它们是 SQL 和 NoSQL 数据库。NoSQL 数据库在 21 世纪 10 年代早期很流行。从那时起，关系数据库采用了它们的一些功能作为扩展或额外的数据类型。区分这些数据库类型的关键并不是它们是否使用 SQL，而是它们是否是无模式的。这种区别类似于有类型提示和没有类型提示的 Python，无模式数据库允许用户添加任意形状的数据[1]，而有明确模式的数据库会验证数据，确保它们满足数据库创建者的期望。无模式数据库可能看起来很有吸引力，但它可能让查询和迁移数据变得更加困难。如果不能保证存在哪些列以及它们的类型是什么，就可能存储看起来正确但会在后面的开发过程中出现问题的数据。

例如，假设我们有一个温度日志表，它存储记录温度值的时间、记录该温度的传感器以及温度值。我们很可能把温度值声明为小数类型，但如果传感器提供了字符串 `"21.2c"`

[1] 当人们提到数据的形状时，指的是数据类型的结构。例如，`{"foo": 2}` 的形状与 `{"bar": 99}` 相同，但与 `["foo", 2]` 和 `{"foo": "2"}` 不同。

而不是21.2，会发生什么？在实施模式的数据库中，这会引发错误，从而无法插入数据。在无模式数据库中，插入操作能够成功，但如果检索的数据集中包含格式错误的数据，数据聚合（如计算平均值）操作会失败。与Python的类型提示一样，这不能防范所有错误，而只能防范一种错误。例如，值70.2会被接受，因为它是一个有效的数字，但人们能够识别出来，这个值采用的是华氏度单位而非摄氏度单位。

最后，我们需要考虑如何查询数据。在这三个问题中，对查询的支持最难泛化，因为各类数据库之间存在显著区别。在描述数据库时，人们常常说关系数据库更适合查询，而NoSQL数据库则更依赖于自然键，例如对象存储中的路径或键/值存储中的键。但是，这是一种过度简化的说法。例如，SQLite是一种关系数据库，但相比PostgreSQL等其他数据库，SQLite提供了相对较少的索引选项；Elasticsearch是一种NoSQL数据库，它是为灵活地进行索引和搜索设计的。

6.2.2 示例

在本例中，很难将传感器的值确定为某一种类型，只知道所有值都可JSON序列化。我们希望能够访问这种类型的内部信息，例如温度值的量级或IP地址列表的长度。如果使用标准的关系数据库结构，就很难以适应未来发展的方式来表示这些选项。这意味着在编写数据库结构时，必须提前知道可能返回的值的不同类型。

更好的方法是使用无模式数据库，存储API返回的传感器值的JSON表示。这使我们能够精确恢复此数据（前提是我们有相同版本的传感器代码），并且找到一种表示此数据的方式并不困难。

这个问题将我们带到了决策树底部的决策点。现在，我们需要考虑数据库中各项之间的关系。一个传感器值与其他值通过以下方式产生关系：它们由相同的传感器类型生成，取自相同的端点以及相同的时间。也就是说，传感器值通过传感器名称、端点URL和创建时间关联。关系的多种维度应该引导我们选择一种对索引和查询提供丰富支持的数据库，因为这种支持有助于我们找到相关数据。我们还希望数据库能够提供良好的查询支持，因为我们不只希望能够通过传感器和时间找到记录，还希望通过值找到记录。

这些需求把我们引向支持无模式的关系数据库。我们应该认真考虑的数据库本质上是关系数据库，但支持实现了无模式行为的类型。PostgreSQL及其JSONB类型就是一个好例子。JSONB用于以JSON格式[1]存储数据，并允许创建索引来操作其内部结构。

[1] 有两种JSON格式，JSON和JSONB。JSONB在加载数据时解析JSON，而JSON则更加宽容一些。如果需要存储的JSON中包含重复键、有意义的空格或者有意义的键顺序，就应该使用JSON类型，而不是JSONB。如果不打算在JSON数据中进行搜索，那么由于JSONB涉及的开销更大，所以就并不适合使用这种类型。

```
CREATE TABLE sensor_values(
    id SERIAL PRIMARY KEY,
    sensor_name TEXT NOT NULL,
    collected_at TIMESTAMP
    data JSONB
)
```

这种格式抵消了固定模式数据库的一些优势，因为它只是部分固定的。name 和 collected_at 字段是固定列，但剩下的数据字段是无模式字段。理论上，我们可以把 JSON 或其他任何序列化格式作为 TEXT 列存储到这个表中，但使用 JSONB 字段使我们能够编写查询和索引来内省这个值。

6.2.3　对象 – 关系映射器

完全可以使用 Python 直接写 SQL 代码，但很少有人这么做。数据库十分复杂，而 SQL 又特别容易遭受注入攻击。虽然我们不能彻底把每种数据库的特殊之处抽象出去，但有一些工具能够帮助我们创建表，映射列和生成 SQL。

在 Python 世界中，Michael Bayer 等人编写的 SQLAlchemy 是这类工具中最流行的一个。SQLAlchemy 是一个非常灵活的对象 – 关系映射器（Object-Relational Mapper，ORM），它以一种可扩展的方式来处理 SQL 语句与原生 Python 对象之间的翻译。Django ORM 是另一个常用的 ORM，它的灵活性稍低，但提供的接口对数据库工作原理的知识没有特别高的要求。一般来说，如果要负责 Django 项目，则使用 Django ORM，否则，SQLAlchemy 是最合适的 ORM。

注意　SQLAlchemy 没有提供类型提示，但是，有一个叫作 sqlmypy 的 mypy 插件为 SQLAlchemy 提供了提示，并使得 mypy 能够理解列定义暗示的类型。如果在基于 SQLAlchemy 的项目中使用了类型检查，那么建议使用这个插件。本章配套代码中使用了这个插件。

首先，我们需要安装 SQLAlchemy 及数据库驱动程序。我们需要把 SQLAlchemy 和 psycopg2 添加到 setup.cfg 的 install_requires 节，并在命令行使用 pipenv install -e . 来重新检查这些依赖项。

使用 SQLAlchemy 描述数据库结构有两种方法：经典风格和声明式风格。在经典风格中，实例化 Table 对象并把它们与现有类关联起来。在声明式风格中，使用特定基类（这引入了元类），然后直接在面向用户的类中定义列。在大部分情况下，声明式方法的 Python 风格让它成为一种很自然的选择。

使用 SQLAlchemy 声明式风格创建与前面相同的表：

```
import sqlalchemy
from sqlalchemy.ext.declarative import declarative_base
from sqlalchemy.dialects.postgresql import JSONB, TIMESTAMP

Base = declarative_base()

class DataPoint(Base):
    __tablename__ = 'sensor_values'
    id = sqlalchemy.Column(sqlalchemy.Integer, primary_key=True)
    sensor_name = sqlalchemy.Column(sqlalchemy.String)
    collected_at = sqlalchemy.Column(TIMESTAMP)
    data = sqlalchemy.Column(JSONB)
```

然后，就可以使用 Python 代码编写查询，这会自动创建合适的 SQL。使用 `create_engine(...)` 函数可从连接字符串创建数据库连接。可以传入 `echo=True` 设置，以查看生成的 SQL。接着使用 `sessionmaker(...)` 创建函数，以启动新会话和事务，然后为数据库连接创建会话，如下所示：

```
>>> engine = sqlalchemy.create_engine("postgresql+psycopg2://apd@localhost/
apd", echo=True)
>>> sm = sessionmaker(engine)
>>> Session = sm()
>>> Session.query(DataPoint).filter(DataPoint.sensor_name ==
"temperature").all()
INFO sqlalchemy.engine.base.Engine SELECT sensor_values.id AS
sensor_values_id, sensor_values.sensor_name AS sensor_values_sensor_name,
sensor_values.collected_at AS sensor_values_collected_at, sensor_values.data
AS sensor_values_data
FROM sensor_values
WHERE sensor_values.sensor_name = %(sensor_name_1)s
INFO sqlalchemy.engine.base.Engine {'sensor_name_1': 'temperature'}
[]
```

列对象及描述符

我们在类上使用的列对象表现出不同寻常的行为。当我们访问类中的列时，如 `DataPoint.sensor_name`，会得到一个代表该列的特殊对象。这些对象会拦截许多 Python 操作，并返回代表该操作的占位符。如果没有这种拦截，`DataPoint.sensor_name == "temperature"` 将被计算，`filter(...)` 函数将相当于 `Session.query(DataPoint).filter(False).all()`。

`DataPoint.sensor_name == "temperature"` 返回一个 `BinaryExpression`

对象。该对象不透明，但使用 str(...) 可以预览 SQL 模板（不包括常量值）：

```
>>> str((DataPoint.sensor_name=="temperature"))
                                    'sensor_values.sensor_name = :sensor_name_1'
```

表达式暗含的数据库类型存储在该表达式的结果的 type 特性中。对于比较来说，这个类型始终是 Boolean。

当在 DataPoint 类型的实例上执行相同的表达式时，它不保留 SQL 特定的任何行为，表达式将正常计算该对象的实际数据。SQLAlchemy 声明类的所有实例都像标准 Python 对象一样工作。

因此，开发人员可以使用相同的表达式来表示 Python 条件或 SQL 条件。

之所以能够如此，是因为 DataPoint.sensor_name 引用的对象是描述符。描述符是一个对象，具有 __get__(self, instance, owner)、__set__(self, instance, value) 和 __delete__(self, instance) 方法的某种组合。

描述符允许自定义实例特性的行为，这就允许在访问类或实例的值时，返回任意值。描述符还允许自定义在设置或删除值时发生什么。

下面给出了一个示例描述符，它在实例上表现得像是标准 Python 值，但在类上会公开自己：

```
class ExampleDescriptor:

    def __set_name__(self, instance, name):
        self.name = name

    def __get__(self, instance, owner):
        print(f"{self}.__get__({instance}, {owner})")
        if not instance:
            # We were called on the class available as `owner`
            return self
        else:
            # We were called on the instance called `instance`
            if self.name in instance.__dict__:
                return instance.__dict__[self.name]
            else:
                raise AttributeError(self.name)

    def __set__(self, instance, value):
        print(f"{self}.__set__({instance}, {value})")
        instance.__dict__[self.name] = value
```

```
    def __delete__(self, instance):
        print(f"{self}.__delete__({instance}")
        del instance.__dict__[self.name]

class A:
    foo = ExampleDescriptor()
```

下面的控制台会话演示了前面的 `__get__` 方法的两条代码路径，以及设置和删除功能。

```
>>> A.foo
<ExampleDescriptor object at 0x03A93110>.__get__(None, <class 'A'>)
<ExampleDescriptor object at 0x03A93110>
>>> instance = A()
>>> instance.foo
<ExampleDescriptor object at 0x03A93110>.__get__(<A object at 0x01664090>,
<class 'A'>)
Traceback (most recent call last):
  File "<stdin>", line 1, in <module>
  File ".\exampledescriptor.py", line 16, in
    __get__raise AttributeError(self.name)
AttributeError: foo
>>> instance.foo = 1
<ExampleDescriptor object at 0x03A93110>.__set__(<A object at 0x01664090>, 1)
>>> instance.foo
<ExampleDescriptor object at 0x03A93110>.__get__(<A object at 0x01664090>,
<class 'A'>)
1
>>> del instance.foo
<ExampleDescriptor object at 0x03A93110>.__delete__(<A object at 0x01664090>)
```

大部分时候，在需要描述符时，都是为了让计算结果成为属性。使用 `@property` 装饰器能够更好地表达这一点，因为它会在后台构造一个描述符。在只需要自定义 get 功能的常见场景中，属性特别有用，但它们也支持自定义设置和删除功能的实现。

```
class A:

    @property
    def foo(self):
        return self._foo

    @foo.setter
    def foo(self, value):
        self._foo = value
```

```
    @foo.deleter
    def foo(self):
        del self._foo
```

一些 Python 核心功能被实现为描述符：它们是深入挂钩到核心对象逻辑内部的一种非常强大的方式。如果不了解描述符，那么 @property 和 @classmethod 装饰器等功能看起来就像是解释器专门寻找的魔法，而不是你自己也可以编写的东西。

虽然这么说，我到现在为止还没有遇到需要编写描述符的情况，不过我经常使用 @property 装饰器。如果你发现自己在复制 / 粘贴属性定义，就可以考虑把它们的代码合并为一个描述符。

6.2.4 版本化数据库

在 SQLAlchemy 中，有一个函数能够创建此数据库中定义的各种表、索引和约束。它检查已经定义的表和列，然后为它们生成对应的数据库结构。

使用 SQLAlchemy 创建定义的数据库表：

```
engine = sqlalchemy.create_engine(
"postgresql+psycopg2://apd@localhost/apd", echo=True)
Base.metadata.create_all(engine)
```

这个函数起初看起来非常好，但它其实有很大的局限性。你很可能会在将来添加更多表或列，或者至少在做了一些性能测试后，要添加更多索引。create_all(...) 函数创建所有还不存在的东西，这意味着如果重新运行 create_all(...)，那么之前存在但发生了改变的任何表都不会更新。因此，如果依赖 create_all(...)，可能导致数据库中包含所有期望的表，但不包含所有的列。

为了应对这种问题，人们使用 SQL 迁移框架。对于 SQLAlchemy 来说，Alembic 是最流行的迁移框架。它连接到数据库实例，并生成一些操作，这些操作会让它连接到的数据库与代码中定义的数据库保持同步。如果使用的是 Django ORM，那么可以使用它内置的迁移框架，该框架的工作方式是分析过去的所有迁移，然后将分析出的状态与代码的当前状态进行对比。

这些框架允许我们修改数据库，并相信这些修改会被传播到实际的部署中，无论它们过去使用了软件的哪个版本。如果用户跳过了一个版本或多个版本，这些版本间的任何迁移都会运行。

为了实现这种行为，我们需要把 Alembic 添加到 setup.cfg 的依赖项列表中，然后重新运行 pipenv install -e . 来刷新依赖项并安装 Alembic。然后，使用 alembic 命令行工具来生成必要的文件，以便在包中使用 Alembic。

```
> pipenv run alembic init src\apd\aggregation\alembic
Creating directory src\apd\aggregation\alembic ...  done
Creating directory src\apd\aggregation\alembic\versions ...  done
Generating alembic.ini ...  done
Generating src\apd\aggregation\alembic\env.py ...  done
Generating src\apd\aggregation\alembic\README ...  done
Generating src\apd\aggregation\alembic\script.py.mako ...  done
Please edit configuration/connection/logging settings in 'alembic.ini'
before proceeding.
```

大部分文件将创建到包的 alembic/ 目录下。我们需要把文件添加到这里，以便安装包的人们能够访问它们，不在此层次结构中的文件不会被分发给最终用户。但是，alembic.ini 文件是一个例外，它提供了日志和数据库连接配置。这些配置对每个最终用户来说都不同，所以不能把它们包含到包中。

我们需要修改生成的 alembic.ini 文件，主要是更改数据库 URI，使其与我们使用的连接字符串匹配。如果愿意，可以保留 script_location=src/apd/aggregation/alembic 的值，因为在这个开发环境中，我们使用可以编辑的 apd.aggregation 安装，但这个路径对最终用户无效，所以我们应该修改它以引用已经安装的包，并且应该在 README 文件中包含一个极简的 alembic.ini 文件。

警告 Alembic 脚本通常只用于用户模型（依赖项有自己的配置和 ini 文件来迁移自己的模型）。用户并没有合理的理由来为依赖项中包含的模型生成新的迁移。另外，Django 的 ORM 同时处理用户的模型和依赖项，所以如果维护者发布了有问题的包版本，那么最终用户在生成自己的迁移时，可能无意间为这个有问题的包版本创建了新的迁移。因此，检查是否正确提交并发布了迁移文件十分重要。当最终用户生成新的迁移时，应该对创建的文件进行合理性检验，确认它们是为你的代码而创建，并不是为依赖项而创建。

给最终用户的极简 alembic.ini 文件如下：

```
[alembic]
script_location = apd.aggregation:alembic
sqlalchemy.url = postgresql+psycopg2://apd@localhost/apd
```

我们还需要定制在包内生成的代码。首先从 env.py 文件开始。该文件需要引用前面在使用 create_all(...) 函数时查看的元数据对象，以便确定模型在代码中的状态。它还包含一些函数，用于连接数据库和生成代表迁移的 SQL 文件。可以通过编辑它们来定制数据库连接选项，以匹配项目的需求。

我们需要修改 target_metadata 行，以使用模型用到的声明式 Base 类的元数据，如下所示：

```
from apd.aggregation.database import Base
target_metadata = Base.metadata
```

现在，我们可以生成一个迁移，用来代表数据库的初始状态[㊀]，我们会使用该数据库创建的 datapoints 表来支持 DataPoint 类。

```
> pipenv run alembic revision --autogenerate -m "Create datapoints table"
```

revision 命令在 alembic/versions/ 目录中创建文件。其名称的第一部分是随机生成的标识符，第二部分则基于上面给定的消息。使用 --autogenerate 标志意味着生成的文件不会是空的，它包含匹配代码当前状态所需要的迁移操作。该文件基于 alembic/ 目录中的 script.py.mako 模板。Alembic 会自动添加此模板。虽然我们可以根据需要修改该模板，但默认设置通常就够用了。修改此模板的主要原因是想要修改注释，可能会列出在生成迁移时需要检查的事项。

在对此文件运行 black，并删除包含指令的注释后，它看起来如下：

alembic/versions/6d2eacd5da3f_create_sensor_values_table.py

```
"""Create datapoints table

Revision ID: 6d2eacd5da3f
Revises: N/A
Create Date: 2019-09-29 13:43:21.242706

"""
from alembic import op
import sqlalchemy as sa
from sqlalchemy.dialects import postgresql

# revision identifiers, used by Alembic.
revision = "6d2eacd5da3f"
down_revision = None
branch_labels = None
depends_on = None
```

㊀ 使用本章开头提到的 Base.metadata.create_all(engine) 命令可以生成初始状态，但这只有在当前状态也是初始状态时才能实现。如果我们做了修改，那么 create_all(...) 将不再生成初始状态。将这个命令放到初始迁移中，意味着用户总是能够通过升级到数据库的最新版本来设置数据库。

```
def upgrade():
    op.create_table(
        "datapoints",
        sa.Column("id", sa.Integer(), nullable=False),
        sa.Column("sensor_name", sa.String(), nullable=True),
        sa.Column("collected_at", postgresql.TIMESTAMP(), nullable=True),
        sa.Column("data", postgresql.JSONB(astext_type=sa.Text()),
        nullable=True),
        sa.PrimaryKeyConstraint("id"),
    )

def downgrade():
    op.drop_table("datapoints")
```

Alembic 使用 4 个模块作用域的变量来判断运行迁移的顺序，它们不应该被修改。我们需要检查 upgrade() 和 downgrade() 函数，确保它们执行了我们期望的所有修改，并且只执行这些修改。对于这两个函数，最常需要做的修改是在检测到不正确的变更时进行修改，例如迁移变更了一列，但目标状态其实与初始状态相同。如果错误地恢复了数据库备份，就可能发生这种情况。

一种没那么常见但仍然时不时遇到的问题是，Alembic 迁移中包含的导入语句会把依赖项或其他地方的代码包含到用户代码中，这通常发生在开发人员使用自定义列类型的时候。在这种情况下，必须修改迁移，因为保持迁移代码完全独立非常重要。由于这个原因，也应该把所有常量复制到迁移文件中。

如果迁移导入了外部代码，那么因为外部代码可能会随着时间发生改变，所以迁移的效果也可能发生改变。如果迁移效果不能完全确定，那么取决于在进行迁移时使用的依赖代码的版本，可能导致真实数据库处于不一致的状态。

迁移可重复性问题示例

例如，考虑下面的部分迁移代码，它用来在软件中添加 user 表：

```
from example.database import UserStates

def upgrade():
    op.create_table(
        "user",
        sa.Column("id", sa.Integer(), nullable=False),
        sa.Column("username", sa.String(), nullable=False),
        sa.Column("status", sa.Enum(UserStates), nullable=False),
        ...
        sa.PrimaryKeyConstraint("id"),
    )
```

status 字段是一个 Enum 字段，所以只能包含预先选中的值。如果代码版本 1.0.0 定义了 UserStates = ["valid", "deleted"]，那么创建出的 Enum 只有这两个有效选项。但是，版本 1.1.0 可能添加另一个状态，使用 UserStates = ["new", "valid", "deleted"] 来表示在登录前必须验证账户的用户。版本 1.1.0 也就必须添加一个迁移，将 "new" 作为有效类型添加到此 Enum 中。

如果用户安装了版本 1.0.0，然后运行迁移，后来又安装了版本 1.1.0，并重新运行迁移，那么数据库是正确的。但是，如果用户只在代码版本 1.1.0 开发出来以后才接触该软件，并且在安装版本 1.1.0 的情况下运行两个迁移，那么初始迁移会添加 3 个用户状态，而第二次迁移将无法添加已经存在的值。

作为开发人员，我们习惯了不重复代码的思想，因为重复编写代码会导致可维护性问题，但数据库迁移是一个例外。你应该重复需要的任何代码，以确保迁移的行为不会随着时间发生改变。

最后，有些变更的含义不清晰。如果我们要修改这里创建的 datapoints 表的名称，Alembic 将无法清晰地知道这只是修改名称，还是删除一个表，然后创建另一个刚好有相同结构的表。Alembic 总是偏向于认为这是删除表并重新创建，所以如果想重命名，但是没有修改迁移，就会导致数据丢失。

从 Alembic 的文档中可以找到关于可用操作的详细信息，该文档介绍了你可能需要用到的所有日常操作。Operation 插件可以提供新的操作类型，特别是特定于数据库的操作类型。

提示 当修改升级操作时，也应该对降级操作执行对应的修改。如果不想支持从特定的版本降级，就应该引发异常，而不是保留自动生成的错误迁移代码。对于非破坏性迁移，允许降级十分有帮助，因为这允许开发人员在切换到不同的功能分支时回退数据库。

生成迁移并将其提交到源代码控制软件后，就可以运行迁移，这会生成该 datapoints 表。使用 alembic 命令行可以运行迁移，如下所示：

```
> alembic upgrade head
```

其他有用的 alembic 命令

Alembic 用户在日常工作中还需要用到以下子命令：

- alembic current：显示连接的数据库的版本号。
- alembic heads：显示迁移集合中的最新版本号。如果列出了多个版本，则需要把迁移合并起来。
- alembic merge heads：创建新的迁移，它依赖于 alembic heads 中列出的所有修订，确保它们都会执行。
- alembic history：显示 Alembic 知道的所有迁移的列表。
- alembic stamp **<revisionid>**：使用字母数字修订标识符来替换 **<revisionid>**，标记现有数据库处在该版本，不运行任何迁移。
- alembic upgrade **<revisionid>**：使用要升级到的字母数字修订标识符替换 **<revisionid>**。对于大部分近期修订，可以使用 head[⊖]。Alembic 尊重修订历史，运行尚未执行的迁移的升级方法。
- alembic downgrade **<revisionid>**：类似于 upgrade，但其目标修订版本更早，而且会使用降级方法。从我的经验来看，在合并迁移中，它的效果不如直线型迁移路径好。大家应该知道，降级并不等同于撤销操作，它不能恢复已删除列中的数据。

6.2.5 加载数据

现在已经定义了数据模型，可以从传感器加载数据了。我们将使用 requests 库通过 HTTP 来加载数据。HTTP 请求可以内置到 Python 中，但 requests 库提供了更好的用户接口。建议在所有情况下都使用 requests 库，而不是使用标准库提供的 HTTP 支持。只有在不适合使用依赖项的情况下，才应该使用标准库的 HTTP 支持。

为了从传感器提取数据，我们需要一个最基础的构造块。这是一个函数，在给定端点 API 细节时，它能够向该 API 发送 HTTP 请求，解析收到的结果，并为每个传感器创建 DataPoint 类实例。

从服务器添加数据点的函数：

```
def get_data_points(server: str, api_key: t.Optional[str]) ->
t.Iterable[DataPoint]:
```

⊖ 使用 heads 也会升级到最新修订版，但它会沿着分支路径，而不要求把这些分支合并起来。建议不要使用此功能，而是确保将所有分叉的迁移合并起来。

```
    if not server.endswith("/"):
        server += "/"
    url = server + "v/2.0/sensors/"
    headers = {}
    if api_key:
        headers["X-API-KEY"] = api_key
    try:
        result = requests.get(url, headers=headers)
    except requests.ConnectionError as e:
        raise ValueError(f"Error connecting to {server}")
    now = datetime.datetime.now()
    if result.ok:
    for value in result.json()["sensors"]:
        yield DataPoint(
            sensor_name=value["id"], collected_at=now, data=value["value"]
        )
else:
    raise ValueError(
        f"Error loading data from {server}: "
        + result.json().get("error", "Unknown")
    )
```

此函数连接到远程服务器，并为每个存在的传感器值返回 `DataPoint` 对象。它也可以引发 `ValueError`，表示在尝试读取数据和对提供的 URL 执行基本检查时遇到的错误。

yield 和 return

刚才在介绍 `get_data_points()` 函数时，称它会返回 `DataPoints` 对象，但严格来说这么讲不正确。它使用了 `yield` 关键字，而不是 `return`。第 5 章在编写 WSGI 应用程序时简单展示了这一点，该应用程序返回响应的各个部分，并且各个部分之间存在延迟。

`yield` 语句让这个函数成了生成器函数。生成器是延迟计算的值的可迭代对象。它能够生成 0 个值、多个值，甚至无限个值。生成器只生成调用者请求的项，这与普通函数不一样，因为普通函数在计算完整的返回值之后，第一个值才能被调用者使用。

要创建简单的生成器，最容易的方法是使用生成器表达式。如果你熟悉列表、集合和字典推导式，那么会注意到，生成器表达式与元组推导式类似。

```
>>> [item for item in range(10)]
[0, 1, 2, 3, 4, 5, 6, 7, 8, 9]
```

```
>>> (item for item in range(10))
<generator object <genexpr> at 0x01B58EB0>
```

不能像索引列表一样索引这些生成器表达式，只能从它们请求下一项：

```
>>> a=(item for item in range(10))
>>> a[0]
Traceback (most recent call last):
  File "<stdin>", line 1, in <module>
TypeError: 'generator' object is not subscriptable
>>> next(a)
0
>>> next(a)
1
...
>>> next(a)
8
>>> next(a)
9
>>> next(a)
Traceback (most recent call last):
File "<stdin>", line 1, in <module>
StopIteration
```

使用 `list(a)` 语法可以把生成器表达式转换为列表或元组，前提是它们没有包含无限个元素。但是，这种转换会考虑生成器的状态。如果已经从生成器提取了部分或全部元素，那么 `list(a)` 的结果将只包含剩余的元素。

生成器函数

前面给出了生成器表达式的例子，不过 `get_data_points()` 是一个生成器函数。生成器函数使用 `yield` 关键字指定下一个值，然后会暂停执行，直到用户请求下一个值。Python 会记住函数的状态。当请求下一个值时，将从 `yield` 语句暂停的地方恢复执行。

这一点非常有用，因为有些函数需要很长时间才能生成每个后续的值。另一种方法是在需要的地方创建一个函数，指定想要生成的元素个数，但生成器模型允许在返回值的过程中对值进行检查，然后再决定是否想获取更多的值。

考虑下面的生成器函数：

```
def generator() -> t.Iterable[int]:
    print("Stating")
```

```
    yield 1
    print("Part way")
    yield 2
    print("Done")
```

这里的print(...)指代更加复杂的代码，例如可能是连接到外部服务的代码或者复杂的算法。如果将该生成器强制转换为元组，那么所有打印将在获得结果之前发生：

```
>>> tuple(generator())
Stating
Part way
Done
(1, 2)
```

但是，如果逐个使用项，会看到在返回的值之间执行了yield语句间的代码：

```
>>> for num in generator():
...   print(num)
...
Stating
1
Part way
2
Done
```

使用场合

有时候，可能很难确定使用生成器更好，还是使用普通函数更好。任何只生成数据的函数都可以是一个生成器函数，也可以是一个标准函数，但操作数据（如把数据点添加到数据库中）的函数一定会使用迭代器。

常被提到的经验法则是，这种函数应该返回（return）值，而不是生成（yield）值，但使用能够计算完整迭代器的任何模式都没有问题。通过遍历所有项，也可以实现这一点：

```
def add_to_session(session)
    for item in generator:
        session.add(item)
```

也可以把生成器转换为具体的列表或元组类型：

```
def add_to_session(session)
    session.add_all(tuple(generator))
```

但是，如果前面的函数中有 yield 语句，那么它们就无法按照预期的那样工作。前面的两个函数都可以使用 add_to_session(generator) 来调用，并且生成器生成的所有项都会添加到会话中。如果采用相同方式调用下面的代码，则会话中不会添加项：

```
def add_to_session(session)
    for item in generator:
        session.add(item)
        yield item
```

无法确定的时候，就使用标准函数，而非生成器函数。无论选择哪种函数，一定要进行测试，确保函数的行为符合预期。

练习 6-1：练习生成器

编写一个生成器函数，使其从传感器提供无限数据点。你应该在自己构造的 DataPoint 实例上使用 yield，并使用 time.sleep(...) 函数在两次采样之间等待 1 秒。

编写完该函数后，应该遍历其值。你将看到在查询传感器时，数据一阵阵地出现。你还应该试用标准库的 filter(function, iterable) 函数，只找出特定传感器的值。

本章配套代码中提供了一个示例实现。

这个函数是一个很好的起点，它提供了一个可以迭代的、包含 DataPoint 对象的东西，但我们需要创建数据库连接，把它们添加到会话中，然后提交该会话。为此，我定义了两个辅助函数（见代码清单 6-3）。其中一个函数在给定数据库会话和服务器信息时，从每个服务器获取所有数据点，然后调用 session.add(point) 把它们添加到当前的数据库事务中。第二个函数是一个独立的数据收集函数。它设置会话，调用 add_data_from_sensors(...)，然后把会话提交给数据库。我还创建了另一个基于 click 的命令行工具来执行这些操作，从而允许在命令行传入参数。

代码清单 6-3　collect.py 中的辅助函数

```
def add_data_from_sensors(
    session: Session, servers: t.Tuple[str], api_key: t.Optional[str]
) -> t.Iterable[DataPoint]:
    points: t.List[DataPoint] = []
```

```
    for server in servers:
        for point in get_data_points(server, api_key):
            session.add(point)
            points.append(point)
    return points

def standalone(
    db_uri: str, servers: t.Tuple[str], api_key: t.Optional[str], echo:
    bool = False
) -> None:
    engine = sqlalchemy.create_engine(db_uri, echo=echo)
    sm = sessionmaker(engine)
    Session = sm()
    add_data_from_sensors(Session, servers, api_key)
    Session.commit()
```

cli.py 中的 click 入口点：

```
@click.command()
@click.argument("server", nargs=-1)
@click.option(
    "--db",
    metavar="<CONNECTION_STRING>",
    default="postgresql+psycopg2://localhost/apd",
    help="The connection string to a PostgreSQL database",
    envvar="APD_DB_URI",
)
@click.option("--api-key", metavar="<KEY>", envvar="APD_API_KEY")
@click.option(
    "--tolerate-failures",
    "-f",
    help="If provided, failure to retrieve some sensors' data will not "
    "abort the collection process",
    is_flag=True,
)
@click.option("-v", "--verbose", is_flag=True, help="Enables verbose mode")
def collect_sensor_data(
    db: str, server: t.Tuple[str], api_key: str, tolerate_failures: bool,
    verbose: bool
):
    """This loads data from one or more sensors into the specified database.

    Only PostgreSQL databases are supported, as the column definitions use
    multiple pg specific features. The database must already exist and be
    populated with the required tables.

    The --api-key option is used to specify the access token for the sensors
    being queried.

    You may specify any number of servers, the variable should be the full URL
    to the sensor's HTTP interface, not including the /v/2.0 portion. Multiple
```

```
    URLs should be separated with a space.
    """
    if tolerate_failures:
        attempts = [(s,) for s in server]
    else:
        attempts = [server]
    success = True
    for attempt in attempts:
        try:
            standalone(db, attempt, api_key, echo=verbose)
        except ValueError as e:
            click.secho(str(e), err=True, fg="red")
            success = False
    return success
```

该示例使用了 click 的很多功能，包括 click 命令上的文档字符串将作为该命令的帮助信息展示给最终用户。帮助文本大大增加了函数的长度，但在提供语法高亮功能的代码编辑器中，它们看起来并不会冗长到让人心惊。当用户使用 `--help` 标志时，将展示这些文本，如下所示：

```
> pipenv run collect_sensor_data --help
Usage: collect_sensor_data [OPTIONS] [SERVER]...

  This loads data from one or more sensors into the specified database.

  Only PostgreSQL databases are supported, as the column definitions use
  multiple pg specific features. The database must already exist and be
  populated with the required tables.

  The --api-key option is used to specify the access token for the sensors
  being queried.

  You may specify any number of servers, the variable should be the full URL
  to the sensor's HTTP interface, not including the /v/2.0 portion. Multiple
  URLs should be separated with a space.

Options:
  --db <CONNECTION_STRING>  The connection string to a PostgreSQL database
  --api-key <KEY>
  -f, --tolerate-failures   If provided, failure to retrieve some sensors'
                            data will not abort the collection process

  -v, --verbose             Enables verbose mode
  --help                    Show this message and exit.
```

然后，我们第一次使用 `@click.argument`。我们使用它来收集函数的基本实参，而不是关联着值的选项。此实参的 `nargs=-1` 选项说明我们接受任意数量的实参，而不是特定数量的实参（通常是 1 个）。因此，可以采用不同的方式来调用此命令，如 `collect_` sensor_datahttp://localhost:8000/（用于仅从 localhost 收集数据），collect_sensor_datahttp://one:8000/ http://two:8000/（从两个服务器收集数据），甚至 collect_sensor_data（不收集数据，但会隐式地测试数据库连接）。

--api-key 和 --verbose 选项可能不需要解释，之前我们也没有考虑过 --tolerate-failures 选项。如果没有这个选项及其支持代码，则将使用所有传感器位置来运行 standalone(...) 函数，如果一个传感器失败，整个脚本就会失败。此选项允许用户指定，在指定多个服务器的情况下，保存成功的传感器的数据，忽略失败的传感器。为了实现这种功能，代码使用此选项来判断是应该从 [("http://one:8000/", "http://two:8000/")] 还是 [("http://one:8000/",), ("http://two:8000/",)] 下载数据。在正常情况下，此命令的代码将所有服务器传递给 standalone(...)，但如果添加了 --tolerate-failures，则对每个服务器 URL 调用一次 standalone(...)。这很大程度上是一种便捷功能。

最后，支持函数相对简单。add_data_from_sensors(...) 函数封装了现有的 get_data_points(...) 函数，并对它返回的每个数据点调用 session.add(...)。然后，它把这些数据点作为返回值传递给调用者，但使用了列表而不是生成器作为返回值。在遍历生成器的过程中，确保了完全使用迭代器。对 add_data_from_sensors(...) 的调用能够访问 DataPoint 对象，但它们并非必须迭代这些对象来使用生成器。

警告 喜欢使用函数式编码风格的开发人员有时候会在这里落入陷阱。他们可能会把这个函数替换为 map(Session.add, items)。map 函数会创建一个生成器，所以需要使用该生成器，才能产生效果。这么做可能引入不易察觉的 bug，例如只有当启用 --verbose 标志后才能生效的代码，这会导致可迭代对象被日志语句用掉。

如果对数据项调用的函数有副作用，如向数据库会话注册对象，就不能使用 map(...)。相反，总是应该使用循环。循环更加清晰，并且对于以后代码使用生成器的情况，并没有添加任何限制。

6.3 新技术

我们简单介绍了一些常用的技术。建议花一些时间，理解本章在决定使用这些技术时做出的所有决定。为了帮助理解，下面简单回顾一下前面给出的建议。

6.3.1 数据库

根据需要对数据执行的操作来选择数据库，而不是根据时下流行的数据库进行选择。一些数据库（如 PostgreSQL）是很好的默认选项，因为它们提供了很大的灵活性，但灵活性提高的代价是复杂性也提高了。

如果你使用的是基于 SQL 的数据库，则使用 ORM 和迁移框架。除了极端情况外，它们比自己编写 SQL 更好。但是，不要误认为使用 ORM 就不需要了解数据库了。ORM 简化了接口，但如果不了解数据库的需求，在与数据库交互时就会陷入困境。

6.3.2 自定义特性行为

如果需要某个在行为上类似计算属性的东西，即其行为类似于对象上的特性，但其值实际上来自其他源，那么使用 `@property` 是最好的方法。对于只使用一次的值封装器（封装器会修改数据或其格式），同样也是如此。此时，应该使用带 `setter` 的属性。

如果要编写在代码库中多次使用的行为代码（特别是在构建供他人使用的框架时），描述符会是更好的选择。对属性做的任何操作也都可以用于自定义描述符，但应该首选属性，因为一眼看上去，它们更容易理解。如果你创建一个行为，应该保证它的行为不会过度偏离其他开发人员对 Python 代码的期望。

6.3.3 生成器

当想要提供无限（或者超长）的值流供循环遍历时，适合使用生成器。如果生成器的用户不需要记录之前的所有值，那么使用生成器可以降低内存消耗。这个优点也可能是它们最大的缺点：除非使用整个生成器，否则生成器函数中的代码不一定执行。

除非在函数中，需要生成只读取一次的项列表，或者预期生成项的过程很慢，或者不确定调用者是否需要处理所有的项，否则不要使用生成器。

6.4 小结

本章做了很多工作，创建了一个新包，介绍了 ORM 和迁移框架，并探讨了在访问对象特性时，Python 解释器在后台使用什么逻辑来决定将发生什么，还介绍了一个可以工作的聚合过程，能够从每个传感器提取并存储数据，供以后使用。

下一章将更加深入地介绍 `yield` 功能的复杂用法。我们将介绍如何在 Python 中实现异步编程，以及使用异步编程来解决问题的场合。

更多资源

推荐查阅下面的资源来更详细地了解本章使用的技术。同样，你可以选择只阅读自己感兴趣的内容或者与自己的工作有关的内容。

- Julia Evans 的 *Become a SELECT star*（收费，示例参见 https://wizardzines.com/zines/sql/）用可打印的格式，很好地解释了关系数据库的细节。如果你刚开始接触关系数据库，这将是一个很好的起点。
- PostgreSQL 关于 JSON 类型的文档详细介绍了从 JSON 字段中提取信息时的查询行为，详见 http://www.postgresql.org/docs/current/datatype-json.html。
- https://www.citusdata.com/blog/2016/07/14/choosing-nosql-hstore-json-jsonb/ 上的博客文章对如何在 PostgreSQL 中选择 JSON 列的两种变体给出了很好的提示，还解释了更旧的 `hstore` 类型（本书没有介绍）。
- Python 关于描述符的文档提供了许多使用描述符来实现标准库功能的示例，详见 https://docs.python.org/3/howto/descriptor.html。
- http://cookiecutter-templates.sebastianruml.name/ 提供了 cookiecutter 模板的一个聚合器。

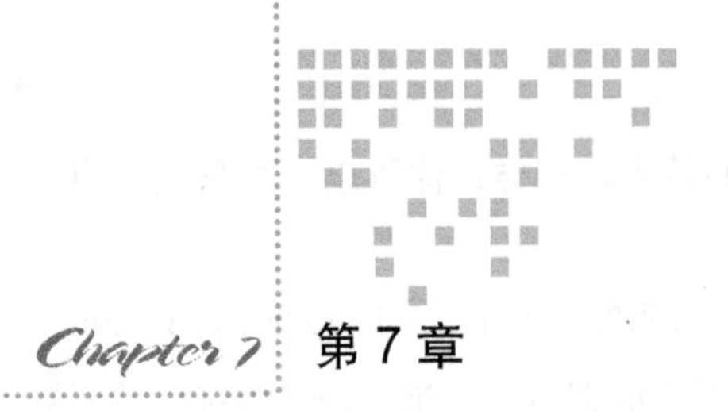

Chapter 7 第7章

并行和异步

开发人员常常遇到这样一个问题：某个操作用了大量时间等待某件事情发生，但其实还有其他操作并不依赖于这个操作的结果。程序明明有其他事情可做，却偏偏要等待一个缓慢的操作完成，这是很令人沮丧的。异步编程意在解决这个问题。

在执行IO操作时，例如发出网络请求时，这个问题最为明显。在我们的聚合过程中，用一个循环向不同的端点发送HTTP请求，然后处理结果。这些HTTP请求可能需要一段时间才能完成，因为它们常常需要检查外部传感器，并查看几秒钟内的值。如果每个请求需要3秒才能完成，那么检查100个传感器将意味着在处理时间的基础上，还需要等待5分钟。

另一种方法是并行执行程序的某些部分。最自然的选择是并行执行需要等待外部系统的函数。如果能够并行执行图7-1中的3个等待步骤，就能显著节省时间，如图7-2所示。

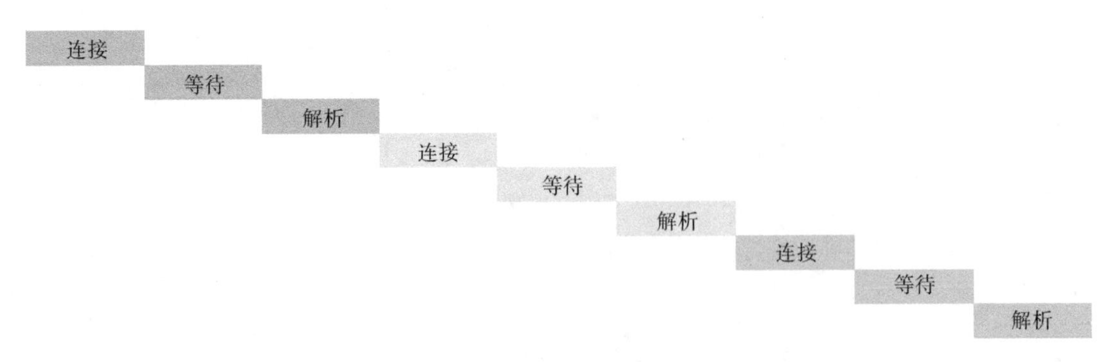

图7-1　连接3个传感器服务器并下载数据的分步骤过程

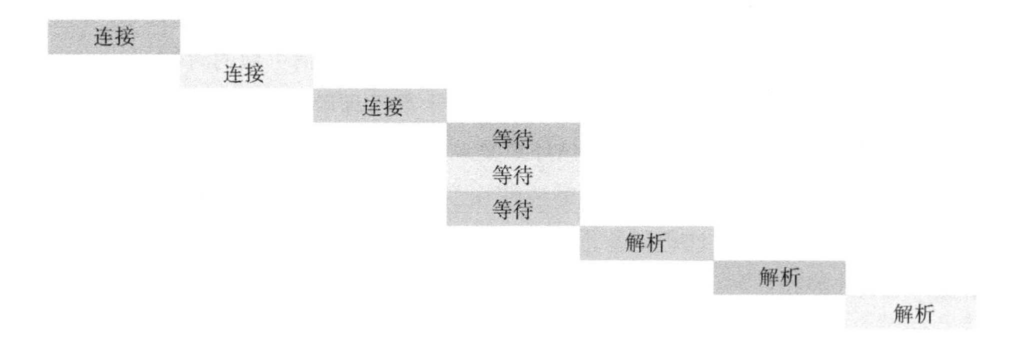

图 7-2 并行等待时的分步骤过程，解析不一定按顺序发生

当然，在现实中，对于同时能够有多少个待处理的网络请求，计算机是有限制的。如果你曾经将文件复制到外置硬盘，就会知道，一些存储介质更适合处理多个顺序访问，而不是并行访问。当 IO 密集型操作和 CPU 密集型操作达到平衡时，最适合使用并行编程。如果程序偏向于 CPU 密集型操作，那么只能通过提供更多资源来提高速度。另外，如果发生了太多 IO 操作，那么我们可能必须限制并行任务的数量，以避免积压太多处理任务。

7.1 非阻塞 IO

在 Python 中，编写异步函数最简单的方式（也是已被支持很久的方式）是编写使用非阻塞 IO 操作的函数。非阻塞 IO 操作是标准 IO 操作的变体，在开始操作后立即返回，而不是在完成后才返回。

一些库可能为底层操作（如读套接字）使用非阻塞 IO，但很少在复杂的环境中使用它们，大部分 Python 开发人员也不使用它们。由于不存在流行的库来让开发人员为 HTTP 请求使用非阻塞 IO，因此不推荐将它作为实用的解决方案来管理 Web 服务器的并行连接的问题。不过，这种技术在 Python 2 的时候使用得更多一些，值得了解一下，这有助于我们理解更加现代的解决方案的优缺点。

我们将介绍一个示例实现，以便展示使用非阻塞 IO 时代码结构上发生了怎样的变化。这个实现依赖于标准库的 `select.select(...)` 函数，它封装了 `select(2)` 系统调用。当给定一个类似文件的对象（包括套接字和子进程调用）的列表时，`select` 将返回已经有数据可供读取的对象[1]，或者保持阻塞，直到某个对象就绪。

`select` 代表异步代码的关键思想，即我们可以同时等待多个东西，但要有一个函数能够在数据就绪前处理阻塞。阻塞行为从依次等待每个任务，变成了等待多个并行请求中

[1] 它也可以执行其他操作，如检测什么时候文件准备好写入，但这跟我们的需求无关。

的第一个。非阻塞IO过程的关键在于进行阻塞的函数，这看起来有点违反直觉，但非阻塞IO的目的并不是完全移除阻塞，而是将阻塞移动到没有其他事情可做的时候。

阻塞并不是一件坏事，它让我们的代码有了一个易于理解的执行流。如果没有连接就绪，select(...)不阻塞，则必须使用循环重复调用select(...)，直到有连接就绪。立即阻塞的代码更加容易理解，因为它不需要使用变量作为还未就绪的未来结果的占位符。在我们的程序中，select方法把阻塞推迟到了一个靠后的时间点，所以牺牲了程序流的一些清晰度，但它允许我们利用并行等待。

> 警告 下面的示例函数非常乐观，它们不是符合标准的HTTP函数，并且对服务器的行为做了许多假定。这是故意设计的，我们使用它们是为了演示方法，而不是把它们作为推荐在现实中真正使用的代码。它很适合教学和比较，仅此而已。

代码清单7-1给出了一个发出非阻塞IO HTTP请求的程序示例。使用HTTP处理的代码和这个示例之间最大的区别是，这里增加了2个函数，用于执行HTTP请求和响应操作。像这样拆分逻辑，使得这种方法不怎么吸引人，但需要记住的是，requests包中有与它们等效的函数。这里使用它们，是因为我们想介绍在无法借助库的时候怎么办。

代码清单7-1 乐观的非阻塞HTTP函数——nbioexample.py

```python
import datetime
import io
import json
import select
import socket
import typing as t
import urllib.parse

import h11

def get_http(uri: str, headers: t.Dict[str, str]) -> socket.socket:
    """Given a URI and a set of headers, make a HTTP request and return the
    underlying socket. If there were a production-quality implementation of
    nonblocking HTTP this function would be replaced with the relevant one
    from that library."""
    parsed = urllib.parse.urlparse(uri)
    if parsed.port:
        port = parsed.port
    else:
        port = 80
    headers["Host"] = parsed.netloc
    sock = socket.socket()
    sock.connect((parsed.hostname, port))
    sock.setblocking(False)
```

```
    connection = h11.Connection(h11.CLIENT)
    request = h11.Request(method="GET", target=parsed.path,
    headers=headers.items())

    sock.send(connection.send(request))
    sock.send(connection.send(h11.EndOfMessage()))
    return sock

def read_from_socket(sock: socket.socket) -> str:
    """ If there were a production-quality implementation of nonblocking HTTP
    this function would be replaced with the relevant one to get the body of
    the response if it was a success or error otherwise. """
    data = sock.recv(1000000)
    connection = h11.Connection(h11.CLIENT)
    connection.receive_data(data)

    response = connection.next_event()
    headers = dict(response.headers)
    body = connection.next_event()
    eom = connection.next_event()

    try:
        if response.status_code == 200:
            return body.data.decode("utf-8")
        else:
            raise ValueError("Bad response")
    finally:
        sock.close()

def show_responses(uris: t.Tuple[str]) -> None:
    sockets = []
    for uri in uris:
        print(f"Making request to {uri}")
        sockets.append(get_http(uri, {}))
    while sockets:
        readable, writable, exceptional = select.select(sockets, [], [])
        print(f"{ len(readable) } socket(s) ready")
        for request in readable:
            print(f"Reading from socket")
            response = read_from_socket(request)
            print(f"Got { len(response) } bytes")
            sockets.remove(request)

if __name__ == "__main__":
    show_responses([
        "http://jsonplaceholder.typicode.com/posts?userId=1",
        "http://jsonplaceholder.typicode.com/posts?userId=5",
        "http://jsonplaceholder.typicode.com/posts?userId=8",
    ])
```

使用 Python 解释器运行此文件的结果是将获取 3 个 URL，然后在它们的数据可用时读取数据，如下所示：

```
> pipenv run python .\nbioexample.py
Making request to http://jsonplaceholder.typicode.com/posts?userId=1
Making request to http://jsonplaceholder.typicode.com/posts?userId=5
Making request to http://jsonplaceholder.typicode.com/posts?userId=8
1 socket(s) ready
Reading from socket
Got 27520 bytes
1 socket(s) ready
Reading from socket
Got 3707 bytes
1 socket(s) ready
Reading from socket
Got 2255 bytes
```

`get_http(...)` 函数创建了套接字。它解析自己收到的 URL，然后建立一个 TCP/IP 套接字来连接到该服务器。这涉及一些阻塞 IO，具体来说是 DNS 查找和套接字设置操作，但相比等待响应体的时间，它们需要的时间相对较短，所以我没有让它们成为非阻塞操作。

然后，该函数将套接字设置为非阻塞，并使用 h11 库来生成 HTTP 请求。仅使用字符串操纵也完全可以生成 HTTP 请求[一]，但这个库显著简化了代码。

当套接字上有数据可用时，我们调用 `read_from_socket(...)` 函数。它假定数据量少于 1 000 000 个字节，并且这代表了完整的响应[二]，然后，它使用 h11 库来把数据解析成代表响应头和响应体的对象。我们使用这些信息来判断请求是否成功，并相应地返回响应体或引发 `ValueError`。数据被解码为 UTF-8，因为这是 Flask 在另一端为我们生成的格式。使用正确的字符集进行解码十分重要。为了保证这一点，可以提供定义了字符集的头，或者使用其他某种关于字符集的保证。因为服务器代码也是我们编写的，所以我们知道自己在使用 Flask 内置的 JSON 支持，它使用 Flask 的默认编码方案，即 UTF-8。

提示 在某些情况下，你可能无法知道使用的确切字符编码。chardet 库能够分析文本，判断最有可能的编码方案，但这不是百分百准确。只有当从不一致或者没有指出编码方案的数据源加载数据时，才适合使用这个库，或者对多种编码方案使用 `try/except` 块。在大部分情况下，你应该能够指定精确的编码方案，并且必须这么做以避免发生不易察觉的错误。

㊀ 假设使用了 HTTP 0.9、1.0 或 1.1。HTTP 2.0 和更高版本是二进制协议。

㊁ 这是一种很糟糕的假定，会断断续续导致许多 bug。在实际应用中，我们会逐块地建立起响应。

使代码成为非阻塞代码

为了把前面的函数集成到代码库，需要修改代码中的其他函数，如代码清单7-2所示。我们需要把现有的get_data_points(...)函数拆分为connect_to_server(...)和prepare_datapoints_from_response(...)函数。然后，我们把套接字对象公开给add_data_from_sensors(...)函数，从而允许它使用select而不是遍历每个服务器。

代码清单7-2　额外的胶水函数

```
def connect_to_server(server: str, api_key: t.Optional[str]) ->
socket.socket:
    if not server.endswith("/"):
        server += "/"
    url = server + "v/2.0/sensors/"
    headers = {}
    if api_key:
        headers["X-API-KEY"] = api_key

    return get_http(url, headers=headers)

def prepare_datapoints_from_response(response: str) ->
t.Iterator[DataPoint]:
    now = datetime.datetime.now()
    json_result = json.loads(response)
    if "sensors" in json_result:
        for value in json_result["sensors"]:
            yield DataPoint(
                sensor_name=value["id"], collected_at=now,
                data=value["value"]
            )
    else:
        raise ValueError(
            f"Error loading data from stream: " + json_result.get("error",
            "Unknown")
        )

def add_data_from_sensors(
    session: Session, servers: t.Tuple[str], api_key: t.Optional[str]
) -> t.Iterable[DataPoint]:
    points: t.List[DataPoint] = []
    sockets = [connect_to_server(server, api_key) for server in servers]
    while sockets:
        readable, writable, exceptional = select.select(sockets, [], [])
        for request in readable:
            # In a production quality implementation there would be
            # handling here for responses that have only partially been
            # received.
            value = read_from_socket(request)
```

```
            for point in prepare_datapoints_from_response(value):
                session.add(point)
                points.append(point)
            sockets.remove(request)
    return points
```

听起来可能不严重，但这足以让我们决定在生产代码中不使用这种方法来发出 HTTP 请求。如果这里没有库来简化 API，那么我认为使用非阻塞套接字会带来太多的认知负荷。理想的方法不需要修改程序流，但最小化修改量有助于保持代码的可维护性。这种实现将套接字泄露到了应用程序的函数中，这是不可接受的。

总的来说，这种方法确实减少了等待时间，但要求我们在很大程度上改变代码结构，并且它只能节约等待步骤的时间，而不能节约解析阶段的时间。非阻塞 IO 是一种有趣的技术，但它只适合特殊的情况，并且即使要实现最基础的效果，也要求明显改变程序流以及放弃所有常用的库。因此，不建议使用这种方法。

7.2 多线程与多进程

更常用的方法是把工作负载拆分为多个线程或进程。线程允许同时处理多个逻辑子问题，无论它们是 CPU 密集型还是 IO 密集型的问题。在这种模型中，可能在解析完一个结果集之后，还没有开始另一个结果集的等待过程，这是因为整个获取过程被拆分到了新线程中。每个任务并行运行，但同一个线程中的操作是顺序运行的（如图 7-3 所示），所以函数照样会阻塞。

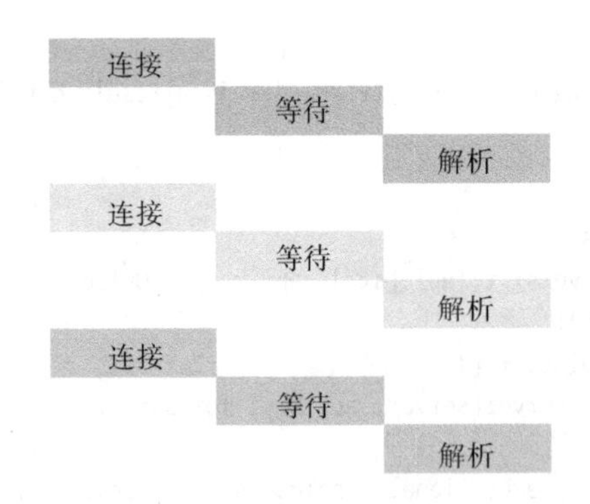

图 7-3 使用线程或多个进程时的并行任务

线程内的代码总是依次执行，但当同时运行多个线程时，无法保证它们的执行以有意义的方式得到同步。更糟糕的是，无法保证不同线程内的代码执行在语句边界上对齐。当两个线程访问同一变量时，无法保证哪一个操作先执行：它们可能重叠。Python 执行用户函数时，在内部使用了低级字节码，这些字节码才是 Python 中的并行处理的基本构造模块，而语句不是。

7.2.1　低级线程

在 Python 中，线程的最低级接口是 `threading.Thread` 对象，它实际上将函数调用封装到了新的线程中。通过为该对象的 `target=` 参数传入函数，或者通过继承 `threading.Thread`，然后定义一个 `run()` 方法，可以自定义线程的操作，如表 7-1 所示。

表 7-1　为线程提供要执行的代码的两种方法

```
import threading

def helloworld():
    print("Hello world!")

thread = threading.Thread(
   target=helloworld,
   name="helloworld"
)
thread.start()
thread.join()
```

```
import threading

class HelloWorldThread(threading.Thread):
    def run(self):
        print("Hello world!")

thread = HelloWorldThread(name="helloworld")
thread.start()
thread.join()
```

`start()` 方法开始执行线程，`join()` 方法阻塞执行，直到该线程完成。name 参数主要对调试性能问题有帮助，但如果需要手动创建线程，那么总是为 name 参数指定一个值是一种好习惯。

线程没有返回值，所以如果它们需要返回计算后的值，就不太容易处理。一种回传值的方法是使用能够就地改变的可变对象，或者如果使用的是继承的方法，则设置线程对象上的特性。

当需要一个简单的返回类型时，如表示是否成功的布尔值或者计算的结果，使用线程对象上的特性是一种好方法。这种方法很适合线程在做一件不同的事情的情况。

当有多个线程，每个线程处理同一个问题的一个部分时，最适合使用可变对象方法。例如，这些线程可能从一组 URL 中获取传感器数据，每个线程负责一个 URL。`queue.Queue` 对象非常适合这种用途。

练习 7-1：编写封装器来通过队列返回

不要直接调整函数，而是编写一些代码来封装函数，然后将其结果存储到队列中，而不是直接返回，以允许将函数干净地作为线程运行。如果遇到困难，可以回看第 5 章中关于如何编写带实参的装饰器的内容。

函数 return_via_queue(...) 应该能够让下面的代码工作：

```
from __future__ import annotations
...

def add_data_from_sensors(
    session: Session, servers: t.Tuple[str], api_key: t.Optional[str]
) -> t.Iterable[DataPoint]:
    points: t.List[DataPoint] = []
    q: queue.Queue[t.List[DataPoint]] = queue.Queue()
    wrap = return_via_queue(q)
    threads = [
        threading.Thread(target=wrap(get_data_points), args=(server, api_key))
        for server in servers
    ]
    for thread in threads:
        # Start all threads
        thread.start()
    for thread in threads:
        # Wait for all threads to finish
        thread.join()
    while not q.empty():
        # So long as there's a return value in the queue, process one
        # thread's results
        found = q.get_nowait()
        for point in found:
            session.add(point)
            points.append(point)
    return points
```

还必须调整 get_data_points(...) 函数，使其返回 DataPoint 对象列表，而不是它们的迭代器，或者在封装器函数中做等效的转换。这是为了保证线程在处理完所有数据后，才把数据返回给主线程。因为生成器在收到请求后才会生成值，所以我们需要确保请求动作发生在线程内。

本章配套代码中提供了封装器方法以及本程序的一个简单的线程版本的示例实现。

关于 __future__ import

from __future__ import example 这样的语句用来启用未来版本的 Python 中的功能。必须把这些语句放到 Python 文件的开头，它们的前面不能有其他语句。

在本例中，问题在于 q: queue.Queue[t.List[DataPoint]] = queue.Queue() 这一行。在 Python 3.8 中，标准库中的 queue.Queue 对象不是一种泛型类型，所以不

能接受它包含的对象的类型定义。Python 中的 bug 33315 在跟踪这个疏忽，但对于添加新的 typing.Queue 类型或者调整内置类型，都没有实施的理由，这也有其可以理解的地方。

虽然如此，mypy 将 queue.Queue 视为一个泛型类型，只不过 Python 解释器不这样做而已。有两种方法可以解决这个问题，要么使用基于字符串的类型提示，使 Python 解释器不会尝试计算 queue.Queue[...] 并失败：

```
q: "queue.Queue[t.List[DataPoint]]" = queue.Queue()
```

要么使用注解选项 from __future__，它启用了为 Python 4 规划的类型注解解析逻辑。这种逻辑阻止 Python 在运行时解析注解，上面的示例就采用了这种方法。

这种低级线程对用户并不友好。正如在前面的练习中看到的，可以编写封装器，使函数在线程环境中像原来那样工作。还可以为 threading.Thread 对象编写封装器，使其自动封装被调用的函数，并自动从内部队列中获取结果，然后无缝地把结果返回给程序员。

幸好，我们不需要自己在生产代码中编写这种功能。Python 标准库中内置了一个辅助函数：concurrent.futures.ThreadPoolExecutor。ThreadPoolExecutor 管理正在使用的线程数量，允许程序员限制同时执行的线程数。

下面展示了使用 ThreadPoolExecutor 调用 hello world 线程的代码：

```
from concurrent.futures import ThreadPoolExecutor

def helloworld():
    print("Hello world!")

with ThreadPoolExecutor() as pool:
    pool.submit(helloworld)
```

我们在这里可以看到一个上下文管理器，它定义了线程池在什么时间段活跃。因为我们没有向执行器传递 max_threads 实参，所以 Python 会基于运行程序的计算机上可用的 CPU 数量选择线程数。

进入上下文管理器内部后，程序将把函数调用提交给线程池。可以调用 pool.submit(...) 函数任意次数来调度额外的任务，得到代表该任务的 Future 对象。使用过现代 JavaScript 的开发人员会非常熟悉 Future 对象，它们代表在将来某个时刻获得的值或发生的错误。result() 方法返回提交的函数所返回的值。如果该函数引发异常，那么当调用 result() 方法时，会引发相同的异常。

```
from concurrent.futures import ThreadPoolExecutor

def calculate():
    return 2**16

with ThreadPoolExecutor() as pool:
    task = pool.submit(calculate)

>>> print(task.result())
65536
```

警告 如果不访问 `Future` 对象的 `result()` 方法，则它引发的任何异常都不会传播到主线程。这可能让调试变得困难，所以最好确保总是访问结果，即使不会把它赋值给变量。

如果在 `with` 块中调用 `result()`，那么在相关任务完成前，执行将会阻塞。当 `with` 块结束后，所有调度任务之前的执行块都已经完成，所以在 `with` 块结束后调用 `result` 方法总是会立即返回。

7.2.2 字节码

为了理解Python中的线程的限制，我们必须了解解释器加载和运行代码背后的原理。本节在显示Python代码时，可能会标上解释器使用的底层字节码。这种字节码是一种实现细节，存储在 `.pyc` 文件中。它在最低层级上编码程序的行为。解释像Python这样复杂的语言并不容易，所以Python解释器将代码解释为一系列的简单操作，并缓存起来。

当人们谈到Python时，一般指的是CPython，即使用C编程语言实现的Python。CPython是参考实现，因为在向人们展示Python如何实现功能时，通常使用CPython进行展示。还有一些其他实现，其中最流行的是PyPy，这是使用一种专门设计的、类似Python的语言编写的Python实现，而不是使用C语言实现的[⊖]。CPython和PyPy都把它们解释的Python代码缓存为Python字节码。

有必要再提一下另外两种Python实现：Jython和IronPython。这两种实现也都把代码解释缓存为字节码，但关键在于，它们使用不同的字节码。Jython使用与Java相同的字节码格式，而IronPython使用与.NET相同的字节码格式。本章在提到字节码的时候，指的是Python字节码，因为我们是在使用CPython实现线程的上下文中介绍字节码。

一般来说，你不需要关心字节码，但了解它的作用对于编写多线程代码有帮助。接下

⊖ 使用PyPy的一个理由是，它有一个JIT编译器，能够让代码的运行速度更快。它与CPython不能百分百兼容，主要是因为它们处理编译的扩展的方式不同，但在使用PyPy时，程序的性能可能有很大不同。PyPy值得一试，看看程序是否能够工作，并且如果能够工作，是运行得更快还是更慢。

来的示例是使用标准库中的 dis[1]模块生成的。函数 dis.dis(func) 显示给定函数的字节码，前提是该函数是用 Python 而不是 C 扩展编写的。例如，sorted(...) 函数是用 C 语言实现的，所以没有字节码可以显示。

为了演示这一点，我们来看一个函数及其反汇编（见代码清单 7-3）。函数旁边标记了 dis.dis(increment) 的反汇编结果，分别显示了文件中的行号、指令在函数内的字节码偏移、指令名称以及指令的参数（采用原始值显示，圆括号内给出了它们的 Python 表示）。

代码清单 7-3 递增全局变量的简单函数

```
num = 0

def increment():
    global num
    num += 1           # 5  0    LOAD_GLOBAL          0 (num)
                       #    2    LOAD_CONST           1 (1)
                       #    4    INPLACE_ADD
                       #    6    STORE_GLOBAL         0 (num)

    return None        # 10 8    LOAD_CONST           0 (None)
                       #    10   RETURN_VALUE
```

num += 1 这一行看起来像一个原子操作[2]，但从其字节码可以看出，底层解释器运行了 4 条指令才完成它。我们不关心这 4 条指令是什么，只需要知道我们不能依赖直觉来判断哪些操作是原子操作，哪些不是。

如果连续运行 increment() 函数 100 次，num 中存储的结果将是 100，这符合逻辑。如果在一对线程中执行该函数，则不能保证最终结果是 100。在这种情况下，只有当一个线程在运行 LOAD_CONST、IN_PLACE_ADD 或 STORE_GLOBAL 步骤时，另一个线程没有在执行 LOAD_GLOBAL 字节码步骤，才能得到正确的结果。Python 不保证这一点，所以前面的代码不是线程安全的。

启动线程是有开销的，而且计算机将同时运行多个进程。尽管有两个线程，这两个线程可能顺序运行，可能同时启动，也可能它们的启动时间存在一定间隔。图 7-4 显示了线程执行可能发生重叠的情况。

GIL

上面的描述做了一些简化。CPython 有一个叫作 GIL 的功能，GIL 的全称是 Global Interpreter Lock（全局解释器锁），使用它更容易实现线程安全[3]。这个锁意味着一次只能有

---

[1] disassemble（反汇编）的简写。

[2] 原子操作指的是用一个不可拆分的步骤完成的操作。

[3] Python 的某些实现，特别是运行在底层虚拟机上的实现（例如 Jython），没有实现 GIL，因为虚拟机已提供了同样的保证。整体效果是相同的，但字节码和切换线程的具体细节不同。

一个线程执行 Python 代码。但是，这还不足以解决我们的问题，因为 GIL 的粒度是字节码级别的，所以尽管不会有两个字节码指令同时执行，解释器仍然可以在执行路径之间切换，导致重叠。图 7-5 更加精确地显示了线程可能发生的重叠情况。

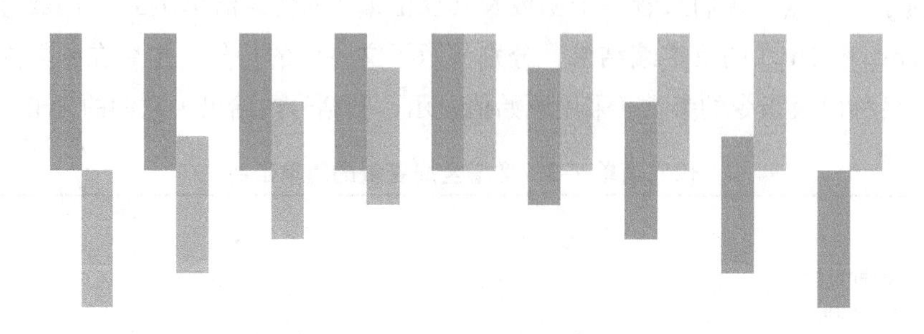

图 7-4　同时执行 `num += 1` 的两个线程可能出现的执行情况
（只有最左侧和最右侧的示例能够得到正确的结果）

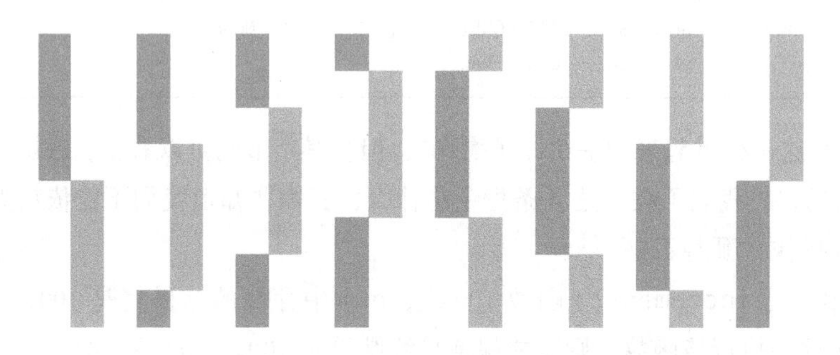

图 7-5　使用 GIL 时，执行 `num += 1` 可能发生的情况
（只有最左侧和最右侧的示例能够得到正确的结果）

看起来，GIL 可能抵消了线程的优势，却不能保证结果正确，但其实并没有一开始看上去那么坏。我们稍后将介绍 GIL 的优点，但在这里，我们先来解释 GIL 抵消了线程的优点这个问题。没有两个字节码指令能够同时运行，这句话严格来说并不准确。

字节码指令比 Python 代码更简单，使解释器能够判断在给定时间点，它在做什么。因此，它可以在安全的情况下允许多个线程执行，例如在建立网络连接或者等待从文件读数据时。

具体来说，并不是 Python 解释器要做的所有操作都需要持有 GIL。在字节码指令的开始或者结束时，必须持有 GIL，但在中间可以释放 GIL。等待套接字有数据可供读取是不需要持有 GIL 就可以做的事情之一。在字节码指令执行 IO 操作时，可以释放 GIL，解释器能够同时执行不需要持有 GIL 的任何代码，前提是这些代码在不同的线程中。当 IO 操作完成后，它必须等待从拿走 GIL 的线程那里重新获得 GIL，然后才能继续执行。

在代码不需要等待 IO 函数完成的情况下，Python 会在指定时间间隔中断线程，以公平地调度其他线程。默认情况下，这个时间间隔大约是 0.005 秒，在我的计算机上，这个时间段足以让我们的示例像预期的那样工作。如果使用 `sys.setswitchinterval(...)` 函数手动告诉解释器更加频繁地切换线程，就会看到失败的情况。

使用不同切换时间间隔测试线程安全的代码：

```
if __name__ == "__main__":
    import concurrent.futures
    import sys
    for si in [0.005, 0.0000005, 0.0000000005]:
        sys.setswitchinterval(si)
        results = []
        for attempt in range(100):
            with concurrent.futures.ThreadPoolExecutor(max_workers=2) as pool:
                for i in range(100):
                    pool.submit(increment)
            results.append(num)
            num = 0
        correct = [a for a in results if a == 100]
        pct = len(correct) / len(results)
        print(f"{pct:.1%} correct at sys.setswitchinterval({si:.10f})")
```

在我的计算机上，运行这段代码的结果如下：

```
100.0% correct at sys.setswitchinterval(0.0050000000)
71.0% correct at sys.setswitchinterval(0.0000005000)
84.0% correct at sys.setswitchinterval(0.0000000005)
```

在这个测试中，默认行为 100% 正确，但这并不意味着它能够解决问题。0.005 是一个精心选择的时间间隔，对于大部分人来说会降低出错概率。在测试时某个函数刚好能够工作，并不意味着能够保证它在每台计算机上都可以工作。引入线程的权衡之处在于，你获得了相对简单的并发能力，但对于共享状态没有很强的保证。

7.2.3　锁与死锁

通过实施字节码指令不能重叠的规则，可以保证它们是原子操作。不会有两个 `STORE` 字节码指令同时操作相同的值，因为不会发生两个字节码指令真的同时运行的情况。可能某个指令的实现在某个部分自愿释放 GIL，然后等待重新获得 GIL，但这与任意两个指令同时发生并不相同。Python 使用这种原子性来构建线程安全的类型和同步工具。

如果需要在线程之间共享状态，就必须使用锁手动保护这个状态。锁是对象，可防止代码与其可能干扰的其他代码同时运行。如果并发执行的两个线程同时试图获得锁，只有一个会成功。其他试图获得锁的线程会被阻塞，直到第一个线程释放锁。之所以能够实现这种行为，是因为锁是用 C 语言代码实现的，这意味着它们是作为一个字节码步骤执行的。等待锁可用并获得锁的所有工作是在响应一个字节码指令时执行的，这就让它成为原子操作。

用锁保护的代码仍然可能被中断，但在中断期间，不会运行有冲突的代码。线程在持有锁的时候仍然可能被中断。如果线程被另一个线程中断，而后者试图获取相同的锁，那么它并不能成功，而是会暂停执行。在有两个线程的环境中，这意味着将立即执行第一个函数。如果有多个线程处于活跃状态，则可能先传递给其他线程，但后者同样无法获得第一个线程的锁。

使用锁的 `increment()` 函数：

```
import threading

numlock = threading.Lock()
num = 0

def increment():
    global num
    with numlock:
        num += 1
    return None
```

在函数的这个版本中，使用名为 `numlock` 的锁来保护读写 `num` 值的操作。这个上下文管理器的效果是：在函数体开始执行之前先获得锁，在函数体后的第一行代码之前释放锁。虽然这里增加了一些开销，但开销极小，并且能保证即使使用了不同的用户设置或 Python 解释器版本，代码的结果都是正确的。

使用锁保护 `num += 1` 的测试结果：

```
100.0% correct at sys.setswitchinterval(0.0050000000)
100.0% correct at sys.setswitchinterval(0.0000005000)
100.0% correct at sys.setswitchinterval(0.0000000005)
```

无论切换时间间隔多长，这段代码会找到正确的结果，因为组成 `num += 1` 的 4 个字节码指令是作为一个块执行的。在每个包含 4 条指令的块之前和之后，有一个额外的锁定字节码，如图 7-6 所示。

图 7-6 在两个线程上执行 `num += 1` 时可能发生的情况（开始和结束位置显式显示锁）

从线程池中使用的两个线程的角度来看，`with numlock:` 可能阻塞执行，也可能不阻塞。这两个线程不需要做任何特殊操作来处理两种情况（立即获得锁或等待顺序)，所以这对于控制流来说是相对较小的修改。

困难在于确保获得必要的锁，并且不存在冲突。如果程序员定义了两个锁，并同时使用它们，则有可能让程序进入死锁状态。

死锁

考虑这样一种情况：我们在一个线程中递增两个数字，在另一个线程中递减它们。为此，我们创建了下面的两个函数：

```
num = 0
other = 0

def increment():
    global num
    global other
    num += 1
    other += 1
    return None

def decrement():
    global num
    global other
    other -= 1
    num -= 1
    return None
```

这个程序遇到了与前面相同的问题：如果在 ThreadPoolExecutor 中调度这两个函数，结果可能不正确。由于前面用锁解决了这个问题，所以在这里，我们可能想应用相同的锁定模式，添加一个 otherlock 锁来补充已经创建的 numlock 锁，但这段代码存在发生死锁的风险。在这两个函数中，有 3 种安排锁的方式（见表 7-2），其中一种可能导致死锁。

最好的选择是确保不会同时持有两个锁。这让它们真正独立，所以不会有死锁的风险。在这种模式中，线程只有在释放了之前持有的锁之后，才会等待获得另一个锁。

中间的实现同时使用两个锁。这种方法不如前一种方法好，因为它持有锁的时间超出了自己需要锁的时间，但有些时候，代码难免需要锁定两个变量。虽然可以把前面的两个函数写成一次只使用一个锁，但建议考虑下面交换值的函数：

```
def switch():
    global num
    global other
    with numlock, otherlock:
        num, other = other, num
    return None
```

表 7-2 同时更新两个变量时可使用的 3 种锁定方法

<table>
<tr><th>最小化锁定代码（不会导致死锁）</th><th>按一致的顺序使用锁（不会导致死锁）</th><th>按不一致的顺序使用锁（导致死锁）</th></tr>
<tr>
<td>num = 0
other = 0

numlock = \
threading.Lock()
otherlock = \
threading.Lock()

def increment():
    global num
    global other
    with numlock:
        num += 1
    with otherlock:
        other += 1
    return None

def decrement():
    global num
    global other
    with otherlock:
        other -= 1
    with numlock:
        num -= 1
    return None</td>
<td>num = 0
other = 0

numlock = threading.Lock()
otherlock = \
threading.Lock()

def increment():
    global num
    global other
    with numlock, otherlock:
        num += 1
        cother += 1
    return None

def decrement():
    global num
    global other
    with numlock, otherlock:
        other -= 1
        num -= 1
    return None</td>
<td>num = 0
other = 0

numlock = \
threading.Lock()
otherlock = \
threading.Lock()

def increment():
    global num
    global other
    with numlock, otherlock:
        num += 1
        other += 1
    return None

def decrement():
    global num
    global other
    with otherlock, numlock:
        other -= 1
        num -= 1
    return None</td>
</tr>
</table>

这个函数要求在自己执行时，其他线程不能使用 num 或 other，所以它需要锁定这两个数字。在 increment() 和 decrement()（以及 switch()）函数中，使用相同的顺序获取锁，所以每个函数首先尝试获得 numlock，然后再尝试获得 otherlock。如果两个线程同步执行，就会同时尝试获取 numlock，其中一个会阻塞。这种情况下不会发生死锁。

在最后的示例实现中，decrement() 函数中的锁的顺序被颠倒了。这种情况很难注意到，但却可能导致死锁。运行这个版本的 increment() 的线程可能获得了 numlock 锁，同时，运行 decrement() 的线程可能获得了 otherlock 锁。现在，两个线程都在等待获得它们没有的那个锁，但在获得该锁之前，谁也无法释放自己的锁。这就导致程序无限挂起。

有几种方式可以避免这个问题。因为这是对代码结构的一个逻辑断言，所以我们很自然会想到，用静态检查器来确保代码不会颠倒获得锁的顺序。但是，我不知道有针对 Python 代码实现这种检查的工具。

最直观的一种替代方法是使用一个锁来覆盖两个变量，而不是单独锁定每个变量。虽然这从表面上看起来很吸引人，但随着需要保护的对象数量的增加，这种方法不能很好地扩展。一个锁对象会导致一个线程在操作 other 变量时，另一个线程无法操作 num 变量。在独立函数之间共享锁大大增加了代码中可能发生的阻塞，这就抵消了线程带来的优势。

你可能会想去掉获得锁的 with numlock: 方法，而直接调用锁的 acquire() 方法。虽然这种方法允许指定超时时间和错误处理函数，以便在超时时间过后没有获得锁时能够进行处理，但我不推荐这种方法。这种修改会引入错误处理函数，使代码的逻辑更难理解，而且使用这种方法检测到死锁时，唯一合适的响应是引发异常。由于存在超时时间，并且这种方法没有解决问题，所以会拖慢程序。在本地调试时，这种方法可能有用，让你能够在死锁期间检查状态，但对于生产代码，不应该考虑这种方法。

建议使用所有这些方法来防止死锁。首先，应该使用最少量的锁，让程序是线程安全的。如果确实需要多个锁，应该最小化持有锁的时间，一旦操纵完共享状态，就马上释放锁。最后，应该为锁定义一个顺序，并且在获得锁的时候，总是使用这个顺序。为此，最简单的方法是总是按照字母顺序获得锁。确保锁有固定顺序仍然要求手动检查代码，但可以根据你的规则来检查每次使用锁的地方，而不必对照其他所有使用锁的地方进行检查。

7.2.4 避免全局状态

尽管无法始终避免全局状态，但在许多场景中是可以避免的。一般来说，如果两个函数都不依赖于共享变量[㊀]的值，就可以调度这两个函数，使它们并行运行。假设我们没有对 increment() 和 decrement() 各进行 100 次调用，而是对 increment() 进行 100 次调用，并对名为 save_number_to_database() 的函数进行一次调用。我们无法保证在调用 save_number_to_database() 前，increment() 已经完成了多少次。保存的数字可能在 0 到 100 之间，这显然没什么用。并行运行这些函数是不合理的，因为它们依赖于共享变量的值。

共享数据建立关联有两种主要方式。可以使用共享数据来核对多个线程间的数据，也可以使用共享数据在多个线程之间传递数据。

1. 核对数据

increment() 和 decrement() 这两个函数只是用来进行简单的演示。它们通过加 1

㊀ 但为线程安全设计的变量类型除外，例如队列。

或减 1 来操纵共享状态，但通常，并行运行的函数会进行更加复杂的操纵。例如，在 apd.aggregation 中，共享状态是我们拥有的传感器结果集合，每个线程会在该集合中添加更多结果。

对于这两个示例，我们可以把决定做什么操纵和应用操纵的工作拆分开。因为只有在应用操纵时，才需要访问共享状态，这允许我们并行执行计算或 IO 操作。之后，每个线程将返回结果，并最终把结果合并起来，如代码清单 7-4 所示。

代码清单 7-4　使用任务结果存储期望的修改的示例

```
import concurrent.futures
import threading

def increment():
    return 1

def decrement():
    return -1

def onehundred():
    tasks = []
    with concurrent.futures.ThreadPoolExecutor() as pool:
        for i in range(100):
            tasks.append(pool.submit(increment))
            tasks.append(pool.submit(decrement))
    number = 0
    for task in tasks:
        number += task.result()
    return number

if __name__ == "__main__":
    print(onehundred())
```

2. 传递数据

我们到目前为止介绍的示例都涉及主线程把工作委托给子线程，但在处理之前任务的数据时，常常会发现新的任务。例如，大部分 API 会对数据分页，所以如果我们有一个线程来获取 URL，另一个线程来解析响应，则需要从主线程把初始 URL 传递给获取线程，还需要把解析线程新发现的 URL 传递给获取线程。

在两个（或多个）线程之间传递数据时，需要使用队列，可以是 queue.Queue，也可以是其变体 queue.LifoQueue。它们分别实现了 FIFO 和 LIFO[1]队列。前面只是把 Queue 用作一个便捷的、线程安全的数据容器，现在则按照它的预期用法来使用它。

[1] 这两个缩写分别代表“First In, First Out”（先进先出）和“Last In, First Out”（后进先出）。

队列主要有 4 个方法[⊖]。get() 和 put() 方法的含义很明显，只是需要知道，如果队列为空，get() 方法会阻塞，而如果队列设置了最大长度并且已满，put() 方法会阻塞。另外，还有 task_done() 方法和 join() 方法，前者用于告诉队列已经成功处理了某个项，后者会阻塞，直到所有项被成功处理完。通常，向队列添加项的线程会调用 join() 方法，以等待所有工作完成。

因为 get() 方法在队列当前为空时会阻塞，所以不能在非线程代码中使用此方法。但是，对于需要等待生成数据的线程提供数据的情况，它非常适合用在线程代码中。

> **提示** 我们并不总是能提前清晰地知道队列中将存储多少项。如果在获取最后一项后调用 get()，则它将无限阻塞。为 get() 提供超时参数可以避免这种情况，此时，它只会阻塞指定秒数，超过这个时间后会引发 queue.Empty 异常。更好的方法是发送一个哨兵值，如 None。然后，代码就可以检测到这个值，知道不再需要获取新值。

如果我们要构建使用线程的程序，从 GitHub 公共 API 获取信息，那么需要能够获取 URL 并解析它们的结果。如果能够在获取 URL 的同时进行解析就好了，所以我们将把代码拆分为获取函数和解析函数。

代码清单 7-5 展示了一个这样的程序，它能够并行获取多个 GitHub repo 的提交。它使用了 3 个队列，一个用于获取线程的输入，一个用于获取线程的输出和解析线程的输入，一个用于解析线程的输出。

代码清单 7-5　线程 API 客户端

```python
from concurrent.futures import ThreadPoolExecutor
import queue
import requests
import textwrap

def print_column(text, column):
    wrapped = textwrap.fill(text, 45)
    indent_level = 50 * column
    indented = textwrap.indent(wrapped, " " * indent_level)
    print(indented)

def fetch(urls, responses, parsed):
    while True:
        url = urls.get()
        if url is None:
```

⊖ 它们还有一些方法用于内省队列的状态，如 empty()、full() 和 qsize()。但是，在检查状态后，执行下一条指令前，底层队列可能改变。只有当对程序状态有更多保证，让你知道队列不会改变时，这些方法才真的有用。

```
                print_column("Got instruction to finish", 0)
                return
            print_column(f"Getting {url}", 0)
            response = requests.get(url)
            print_column(f"Storing {response} from {url}", 0)
            responses.put(response)
            urls.task_done()

def parse(urls, responses, parsed):
    # Wait for the initial URLs to be processed
    print_column("Waiting for url fetch thread", 1)
    urls.join()

    while not responses.empty():
        response = responses.get()
        print_column(f"Starting processing of {response}", 1)

        if response.ok:
            data = response.json()
            for commit in data:
                parsed.put(commit)
            links = response.headers["link"].split(",")
            for link in links:
                if "next" in link:
                    url = link.split(";")[0].strip("<>")
                    print_column(f"Discovered new url: {url}", 1)
                    urls.put(url)

        responses.task_done()
        if responses.empty():
            # We have no responses left, so the loop will
            # end. Wait for all queued urls to be fetched
            # before continuing
            print_column("Waiting for url fetch thread", 1)
            urls.join()

    # We reach this point if there are no responses to process
    # after waiting for the fetch thread to catch up. Tell the
    # fetch thread that it can stop now, then exit this thread.
    print_column("Sending instruction to finish", 1)
    urls.put(None)

def get_commit_info(repos):
    urls = queue.Queue()
    responses = queue.Queue()
    parsed = queue.Queue()

    for (username, repo) in repos:
        urls.put(f"https://api.github.com/repos/{username}/{repo}/commits")

    with ThreadPoolExecutor() as pool:
        fetcher = pool.submit(fetch, urls, responses, parsed)
```

```
        parser = pool.submit(parse, urls, responses, parsed)
    print(f"{parsed.qsize()} commits found")

if __name__ == "__main__":
    get_commit_info(
        [("MatthewWilkes", "apd.sensors"), ("MatthewWilkes", "apd.aggregation")]
    )
```

运行此代码将得到包含两列的输出，其中的两列分别对应每个线程的消息。完整的输出太长，这里无法容纳，下面给出了一小部分输出作为演示：

```
Getting https://api.github.com/repos/MatthewW
ilkes/apd.aggregation/commits
Storing <Response [200]> from https://api.git
hub.com/repos/MatthewWilkes/apd.aggregation/c
ommits
                                                  Starting processing of
                                                  <Response [200]>
                                                  Discovered new url:
                                                  https://api.github.com/
                                                  repositories/188280485/
                                                  commits?page=2
                                                  Starting processing of
                                                  <Response [200]>
Getting https://api.github.com/repositories/1
88280485/commits?page=2
                                                  Discovered new url:
                                                  https://api.github.com/
                                                  repositories/222268232/
                                                  commits?page=2
```

通过检查每个线程记录的消息，可以查看它们的工作是如何并行调度的。首先，主线程建立必要的队列和子线程，然后等待所有线程完成。一旦两个子线程启动，获取线程就会处理主线程传入的 URL，解析线程在等待要解析的响应时很快会暂停。

没有工作时，解析线程使用 `urls.join()`，所以一旦处理完工作，它就会等待获取线程跟上已经发送的工作。从图 7-7 可以看出这一点，因为当获取代码完成后，解析代码总是恢复。

获取线程不使用任何队列的 `join()` 方法，而是使用 `get()` 来阻塞，直到有工作要做。因此，可以看到，在解析线程仍然执行时，获取线程可以恢复。最后，解析线程会发送一个哨兵值给获取线程，以表示结束，当两个线程都退出后，主线程中的线程池上下文管理器退出，主线程恢复执行。

图 7-7　代码清单 7-5 中的 3 个线程的时序图

7.2.5　其他同步原语

上一个示例中使用队列实现的同步比更早看到的锁定行为更加复杂。事实上，标准库中还提供了多种其他同步原语。它们允许你构建更加复杂的、线程安全的协调行为。

1. 重入锁

锁对象非常方便，但它不是在线程间同步代码的唯一系统。在其他系统中，最重要的可能是重入锁，它可以通过 `threading.RLock` 使用。重入锁是可以多次获得的锁，前提是锁的获得代码被嵌套起来。

代码清单 7-6　使用 RLock 的嵌套锁示例

```
from concurrent.futures import ThreadPoolExecutor
import threading

num = 0

numlock = threading.RLock()

def fiddle_with_num():
    global num
    with numlock:
        if num == 4:
            num = -50

def increment():
    global num
    with numlock:
        num += 1
        fiddle_with_num()
if __name__ == "__main__":
    with ThreadPoolExecutor() as pool:
        for i in range(8):
            pool.submit(increment)
    print(num)
```

这种系统的优势是，依赖于持有某个锁的函数可以调用其他依赖于持有该锁的函数，只有第一个函数释放该锁后，第二个函数才会阻塞。这大大简化了创建使用锁的 API 的工作。

代码清单 7-6 的示例输出如下：

```
> python .\listing7-06-reentrantlocks.py
-46
```

2. 条件

与我们到目前为止使用的锁不同，条件声明的是某个变量已经准备就绪，而不是该变量在忙。队列在内部使用条件来实现 get()、put(...) 和 join() 的阻塞行为。条件允许实现比获得锁更加复杂的行为。

条件是告诉其他线程是时候检查数据的一种方式，这些数据必须被独立存储。等待数据的线程在上下文管理器内调用条件的 wait_for(...) 函数，而提供数据的线程调用 notify() 方法。没有规则规定一个线程不能在不同时间做这两项工作，但如果所有线程都在等待数据，没有线程在发送数据，就可能导致死锁。

例如，当调用队列的 get(...) 方法时，代码会通过队列内部的 not_empty 条件立即获得它的单个锁，然后检查队列的内部存储中是否有数据可用。如果有，就返回一项数据并释放锁。在此期间持有锁保证了其他用户不能同时获取该项数据，所以不会有发生重复的风险。但是，如果内部存储中没有数据，就会调用 not_empty.wait() 方法。这会释放该锁，允许其他线程操纵队列，并且直到通知条件添加新项之前，都不会重新获得该锁并返回。

notify() 方法有一个变体，叫作 notify_all()。标准的 notify() 方法只唤醒一个等待条件的线程，而 notify_all() 则唤醒所有等待的线程。使用 notify_all() 代替 notify() 总是安全的，但在只期望解除一个线程的阻塞状态时，notify() 能避免唤醒多个线程。

仅使用条件只能发送一条信息，即“数据已经可用”。要实际获取数据，必须采用某种方式将其存储下来，如使用队列的内部存储。

代码清单 7-7 中的示例创建了两个线程，每个线程从共享的 data 列表中取出一个数字，然后将该数字除 2 取余，并把结果存储到共享的 results 列表中。代码使用了两个条件来实现这种效果，一个条件用于确保有可供处理的数据，另一个条件用于判断什么时候应该关闭线程。

代码清单 7-7　使用条件的示例程序

```
from concurrent.futures import ThreadPoolExecutor
import sys
import time
import threading

data = []
```

```
results = []
running = True
data_available = threading.Condition()
work_complete = threading.Condition()

def has_data():
    """ Return true if there is data in the data list """
    return bool(data)

def num_complete(n):
    """Return a function that checks if the results list has the length
    specified by n"""

    def finished():
        return len(results) >= n

    return finished
def calculate():
    while running:
        with data_available:
            # Acquire the data_available lock and wait for has_data
            print("Waiting for data")
            data_available.wait_for(has_data)
            time.sleep(1)
            i = data.pop()
        with work_complete:
            if i % 2:
                results.append(1)
            else:
                results.append(0)
            # Acquire the work_complete lock and wake listeners
            work_complete.notify_all()

if __name__ == "__main__":
    with ThreadPoolExecutor() as pool:
        # Schedule two worker functions
        workers = [pool.submit(calculate), pool.submit(calculate)]

        for i in range(200):
            with data_available:
                data.append(i)
                # After adding each piece of data wake the data_available lock
                data_available.notify()
        print("200 items submitted")

        with work_complete:
            # Wait for at least 5 items to be complete through the
            work_complete lock
            work_complete.wait_for(num_complete(5))

        for worker in workers:
            # Set a shared variable causing the threads to end their work
```

```
            running = False
        print("Stopping workers")
    print(f"{len(results)} items processed")
```

代码清单 7-7 的示例输出如下：

```
> python .\listing7-07-conditions.py
Waiting for data
Waiting for data
200 items submitted
Waiting for data
Waiting for data
Waiting for data
Stopping workers
Waiting for data
Waiting for data
7 items processed
```

3. 障碍

在 Python 中，障碍是在概念上最简单的同步对象。在创建障碍对象时，会设置已知数量的参与方（parties）。当线程调用 `wait()` 时会阻塞，直到有与障碍参与方数量相同的等待线程时才解除阻塞。也就是说，第一次调用 `wait()` 时，`threading.Barrier(2)` 会阻塞，但第二次调用 `wait()` 会立即返回，并释放第一个阻塞调用。

当多个线程处理一个问题的不同方面时，障碍对象很有用，因为它们能防止工作积压。障碍允许确保一组线程的运行速度受该组线程中最慢的线程限制。

在初始创建障碍对象时，或者在 `wait()` 调用中，可以指定超时时间。如果 `wait` 调用超过了超时时间，所有等待线程将引发 `BrokenBarrierException`，等待该障碍对象的所有后续线程也会引发该异常。

代码清单 7-8 中的示例演示了一组线程的同步，这组线程包含 5 个线程，分别等待一段随机的时间，直到最后一个线程准备就绪后，这组线程才会继续执行。

代码清单 7-8 使用障碍的示例

```
from concurrent.futures import ThreadPoolExecutor
import random
import time
import threading
barrier = threading.Barrier(5)

def wait_random():
    thread_id = threading.get_ident()
    to_wait = random.randint(1, 10)
    print(f"Thread {thread_id:5d}: Waiting {to_wait:2d} seconds")
```

```
    start_time = time.time()
    time.sleep(to_wait)
    i = barrier.wait()
    end_time = time.time()
    elapsed = end_time - start_time
    print(
        f"Thread {thread_id:5d}: Resumed in position {i} after
        {elapsed:3.3f} seconds"
    )

if __name__ == "__main__":
    with ThreadPoolExecutor() as pool:
        # Schedule two worker functions
        for i in range(5):
            pool.submit(wait_random)
```

代码清单 7-8 的示例输出如下：

```
> python .\listing7-08-barriers.py
Thread 21812: Waiting  8 seconds
Thread 17744: Waiting  2 seconds
Thread 13064: Waiting  4 seconds
Thread 14064: Waiting  6 seconds
Thread 22444: Waiting  4 seconds
Thread 21812: Resumed in position 4 after 8.008 seconds
Thread 17744: Resumed in position 0 after 8.006 seconds
Thread 22444: Resumed in position 2 after 7.999 seconds
Thread 13064: Resumed in position 1 after 8.000 seconds
Thread 14064: Resumed in position 3 after 7.999 seconds
```

4. 事件

事件是另一种简单的同步方法。任意数量的线程都可以调用事件的 wait() 方法，这会阻塞线程，直到触发事件。任何时候都可以通过调用 set() 方法来触发事件，这会唤醒所有等待该事件的线程。后续对 wait() 方法的调用会立即返回。

与障碍一样，对于确保多个线程保持同步，而不是让某个线程优先运行，事件很有用。但与障碍不同的是，使用事件时，由一个线程来决定一组线程什么时候继续，所以使用一个线程管理其他线程的程序非常适合使用事件。

使用 clear() 方法可以重置事件方法，从而使将来对 wait() 的调用阻塞。使用 is_set() 方法，可以检查事件的当前状态。代码清单 7-9 中的示例使用事件来让一组线程与主线程同步，从而让这组线程的等待时间与主线程一样长，但不会更长。

代码清单 7-9　使用事件设置最小等待时间的示例

```
from concurrent.futures import ThreadPoolExecutor
import random
import time
import threading

event = threading.Event()

def wait_random(master):
    thread_id = threading.get_ident()
    to_wait = random.randint(1, 10)
    print(f"Thread {thread_id:5d}: Waiting {to_wait:2d} seconds "
    f"(Master: {master})")
    start_time = time.time()
    time.sleep(to_wait)
    if master:
        event.set()
    else:
        event.wait()
    end_time = time.time()
    elapsed = end_time - start_time
    print(
        f"Thread {thread_id:5d}: Resumed after {elapsed:3.3f} seconds"
    )

if __name__ == "__main__":
    with ThreadPoolExecutor() as pool:
        # Schedule two worker functions
        for i in range(4):
            pool.submit(wait_random, False)
        pool.submit(wait_random, True)
```

代码清单 7-9 的示例控制台输出如下：

```
> python .\listing7-09-events.py
Thread 19624: Waiting  9 seconds (Master: False)
Thread  1036: Waiting  1 seconds (Master: False)
Thread  6372: Waiting 10 seconds (Master: False)
Thread 16992: Waiting  1 seconds (Master: False)
Thread 22100: Waiting  6 seconds (Master: True)
Thread 22100: Resumed after 6.003 seconds
Thread 16992: Resumed after 6.005 seconds
Thread  1036: Resumed after 6.013 seconds
Thread 19624: Resumed after 9.002 seconds
Thread  6372: Resumed after 10.012 seconds
```

5. 信号量

信号量在概念上更加复杂，但它是一个非常老的概念，所以许多语言都在使用。信号量类似于锁，但可被多个线程同时获得。当创建信号量时，必须为其赋一个值。这个值就是能够同时获得该信号量的次数。

信号量对于确保依赖稀缺资源的操作（如使用大量内存或打开网络连接的操作）在超过指定阈值后不会并行运行非常有用。例如，代码清单 7-10 演示了 5 个线程等待随机时间，但只有 3 个线程能同时等待。

代码清单 7-10　使用信号量确保只有 3 个线程能同时等待的示例

```
from concurrent.futures import ThreadPoolExecutor
import random
import time
import threading

semaphore = threading.Semaphore(3)

def wait_random():
    thread_id = threading.get_ident()
    to_wait = random.randint(1, 10)
    with semaphore:
        print(f"Thread {thread_id:5d}: Waiting {to_wait:2d} seconds")
        start_time = time.time()
        time.sleep(to_wait)

        end_time = time.time()
        elapsed = end_time - start_time
        print(
            f"Thread {thread_id:5d}: Resumed after {elapsed:3.3f} seconds"
        )

if __name__ == "__main__":
    with ThreadPoolExecutor() as pool:
        # Schedule two worker functions
        for i in range(5):
            pool.submit(wait_random)
```

代码清单 7-10 的示例控制台输出如下：

```
> python .\listing7-10-semaphore.py
Thread 10000: Waiting 10 seconds
Thread 24556: Waiting  1 seconds
Thread 15032: Waiting  6 seconds
Thread 24556: Resumed after 1.019 seconds
Thread 11352: Waiting  8 seconds
Thread 15032: Resumed after 6.001 seconds
Thread  6268: Waiting  4 seconds
Thread 11352: Resumed after 8.001 seconds
Thread 10000: Resumed after 10.014 seconds
Thread  6268: Resumed after 4.015 seconds
```

7.2.6 ProcessPoolExecutor

前面看到了如何使用ThreadPoolExecutor把执行代码的工作委托给不同的线程，这让我们避开了GIL的限制。除此之外，如果我们愿意放弃共享状态，还可以使用ProcessPoolExecutor在多个进程中运行代码。

在进程池中执行代码时，一开始可用的任何状态都对子进程可用。但是，这两者之间没有协调。数据只能作为提交到进程池的任务的返回值回传给控制进程。对全局变量做的任何修改都不会反映出来。

虽然多个独立的Python进程并不受GIL施加的一次执行一个的限制，但它们也有巨大的开销。对于IO密集型任务（如花大量时间等待，所以不持有GIL的任务），进程池一般比线程池更慢。

另外，涉及大量计算的任务，尤其是相比设置子进程的开销，并行执行能够节省更多资源的、长时间运行的任务，非常适合委托给子进程。

7.2.7 使代码使用多线程

我们想并行化的函数是get_data_points(...)，实现命令行和数据库连接的函数无论是处理1个还是500个传感器，都不会有太大变化。我们并没有特别的理由来将其工作拆分到线程中。把这些工作留在主线程中，能够让错误处理和进度报告更加方便，所以我们只重写add_data_from_sensors(...)函数。

使用ThreadPoolExecutor的add_data_from_sensors实现：

```
def add_data_from_sensors(
    session: Session, servers: t.Tuple[str], api_key: t.Optional[str]
) -> t.List[DataPoint]:
    threads: t.List[Future] = []
    points: t.List[DataPoint] = []
    with ThreadPoolExecutor() as pool:
        for server in servers:
            points_future = pool.submit(get_data_points, server, api_key)
            threads.append(points_future)
        for points_future in threads:
            points += handle_result(points_future, session)
    return points

def handle_result(execution: Future, session: Session) ->
t.List[DataPoint]:
    points: t.List[DataPoint] = []
    result = execution.result()
    for point in result:
```

```
            session.add(point)
            points.append(point)
        return points
```

因为在第一次调用 result() 方法之前，我们会把所有作业提交给 ThreadPoolExecutor，所以它们将会排队，等待在线程中同时执行。result() 方法和 with 块的结束会触发阻塞；提交作业并不会导致程序阻塞，即使提交的作业数超出了能够同时处理的数量。

对于程序流来说，这种方法比原始线程方法或者非阻塞 IO 方法的侵入性都更低，但它确实需要修改执行流，因为这些函数现在使用 Future 对象，而不是直接使用数据。

7.3 asyncio

在讨论 Python 并发性的问题时，许多人避谈 asyncio（异步 IO），主要是因为这是 Python 3 的旗舰特性之一。这种语言特性允许写出的代码在工作时类似于非阻塞 IO 示例，但其 API 类似于 ThreadPoolExecutor。这两个 API 并不完全相同，但提交任务以及阻塞来等待结果的底层概念是相同的。

asyncio 代码是配合性多任务，即不会中断代码来允许执行另一个函数，只有当函数阻塞时，才会进行切换。这种变更使我们更容易判断代码的行为，因为像 num += 1 这样的简单语句不会被中断。

使用 asyncio 时，常常会看到两个新的关键字：async 和 await。async 关键字将特定控制流块（特别是 def、for 和 with）标记为使用 asyncio 流，而不是使用标准流。这些块的含义与在标准的同步 Python 中相同，但底层代码路径可能有很大变化。

与 ThreadPoolExecutor 等效的是事件循环。当执行异步代码时，事件循环负责跟踪要执行的所有任务，并协调把它们的返回值传递给调用代码的工作。

打算在同步上下文中调用的代码和在异步上下文中调用的代码之间要严格区分。如果不小心在同步上下文中调用了异步代码，则会得到协程对象，而不是期望的数据类型。如果在异步上下文中调用同步代码，则可能不小心引入阻塞 IO，导致发生性能问题。

为了强制这种区分，以及允许 API 开发者自己选择同时支持以同步和异步方式使用他们的对象，对 for 和 with 添加了 async 修饰符，以指定使用兼容异步的实现。在同步上下文中，或者对于没有异步实现的对象，不能使用这些变体（如对元组和列表不能使用 async for）。

7.3.1 async def

可以像定义函数那样定义协程。但是，def 关键字要改为 async def。这些协程像其他函数一样返回值。因此，我们可以在 asyncio 方法中实现代码清单 7-3 中的行为，如代码清单 7-11 所示。

代码清单 7-11　并发的递增和递减协程的示例

```
import asyncio

async def increment():
    return 1

async def decrement():
    return -1

async def onehundred():
    num = 0
    for i in range(100):
        num += await increment()
        num += await decrement()
    return num

if __name__ == "__main__":
    asyncio.run(onehundred())
```

这段代码的行为与之前是相同的：运行两个协程，获取它们的值，并根据函数结果来调整 num 变量。主要区别在于，没有把这些协程提交到线程池，而是将 onehundred() 异步函数传递给要运行的事件循环，并且由该函数负责调用其他完成工作的协程。

当调用异步函数时，会收到一个协程对象作为结果，而不是执行该函数。

```
async def hello_world():
    return "hello world"

>>> hello_world()
<coroutine object hello_world at 0x03DEDED0>
```

asyncio.run(...) 函数是异步代码的主入口点，在传递给它的函数以及该函数调度的其他函数完成之前，run(...) 函数会阻塞。因此，同步代码一次只能启动一个协程。

7.3.2　await

await 关键字会触发阻塞，直到异步函数完成。但是，它只阻塞当前异步调用栈。如果同时有多个异步函数在执行，那么在等待结果的过程中，另一个函数将执行。

await 关键字相当于 ThreadPoolExecutor 示例中的 Future.result() 方法：它把可等待对象转换为其结果。在使用异步函数调用的任何地方都可以使用 await 关键字，图 7-8 中的任何一种变体都可以用来打印函数结果。

`data = get_data()` `print(await data)`	`data = await get_data()` `print(data)`	`print(await get_data())`

图 7-8 await 关键字的 3 种等效用法

使用 await 后，就可以使用底层的可等待对象。不能使用下面的代码：

```
data = get_data()
if await data:
    print(await data)
```

可等待对象是实现了 __await__() 方法的对象。这是一个实现细节，你不需要编写 __await__() 方法。相反，你将使用许多提供了该方法的内置对象。例如，使用 async def 定义的协程都有一个 __await__() 方法。

除了协程，另一个常用的可等待对象是 Task。在协程中，可使用 asyncio.create_task(...) 函数来创建 Task 对象。正常的用法是，使用 asyncio.run(...) 调用一个函数，使那个函数使用 asyncio.create_task(...) 调度其他函数。

```
async def example():
    task = asyncio.create_task(hello_world())
    print(task)
    print(hasattr(task, "__await__"))
    return await task

>>> asyncio.run(example())

<Task pending coro=<hello_world() running at <stdin>:1>>
True
'hello world'
```

任务是被调度为并行执行的协程。对协程使用 await 时，会导致它被调度执行，然后立即阻塞，等待其结果。create_task(...) 函数允许在需要任务的结果前就调度该任务。如果需要执行多个操作，每个操作执行一些阻塞 IO 操作，但你直接 await 协程，那么前一个协程完成后，才会调度下一个协程。将协程首先调度为任务，允许它们并行执行，如表 7-3 所示。

有些有用的便捷函数能够处理基于协程调度任务的工作，其中最主要的是 asyncio.gather(...)。该方法接受任意数量的可等待对象，把它们调度为任务，等待所有这些任务，然后按照原来提供协程 / 任务的顺序，返回任务返回值的一个元组的可等待对象。

当多个可等待对象需要并行运行时，这个方法很有用：

```
async def slow():
    start = time.time()
```

```
    await asyncio.gather(
        asyncio.sleep(1),
        asyncio.sleep(1),
        asyncio.sleep(1)
    )
    end = time.time()
    print(end - start)

>>> asyncio.run(slow())
1.0132906436920166
```

表 7-3　任务和基本协程的并行等待对比

<table>
<tr><th>直接 await 协程</th><th>首先转换为任务</th></tr>
<tr><td><pre>import asyncio
import time

async def slow():
    start = time.time()
    await asyncio.sleep(1)
    await asyncio.sleep(1)
    await asyncio.sleep(1)
    end = time.time()
    print(end - start)

>>> asyncio.run(slow())
3.0392887592315674</pre></td><td><pre>import asyncio
import time

async def slow():
    start = time.time()
    first = asyncio.create_task(asyncio.sleep(1))
    second = asyncio.create_task(asyncio.sleep(1))
    third = asyncio.create_task(asyncio.sleep(1))
    await first
    await second
    await third
    end = time.time()
    print(end - start)

>>> asyncio.run(slow())
1.0060641765594482</pre></td></tr>
</table>

7.3.3　async for

async for 允许迭代使用异步代码定义迭代器的对象。如果只是在异步上下文中使用同步迭代器，或者同步迭代器刚好包含可等待对象，那么对这种同步迭代器使用 async for 是不正确的。

我们使用过的常用数据类型都不是异步迭代器。如果有一个元组或列表，那么不管它们包含什么，或者它们是用在同步还是异步代码中，都应该使用标准的 for 循环。

本节包含的 3 个示例演示了使用异步方式进行循环的 3 种不同的方法。类型提示在这里特别有用，因为这里的数据类型存在细微区别，类型提示能够帮助清晰地说明每个函数期望哪种类型。

代码清单 7-12 演示了可等待对象的一个可迭代对象。它包含两个异步函数：一个返回数字[㊀]的协程，以及一个将可等待对象的可迭代对象的内容加起来的协程。也就是说，add_all(...) 函数期待 number(...) 返回协程（或任务）的标准可迭代对象。numbers() 函数是同步的，它返回一个标准列表，其中包含对 number(...) 的两个调用。

代码清单 7-12　循环可等待对象的列表

```
import asyncio
import typing as t

async def number(num: int) -> int:
    return num

def numbers() -> t.Iterable[t.Awaitable[int]]:
    return [number(2), number(3)]

async def add_all(numbers: t.Iterable[t.Awaitable[int]]) -> int:
    total = 0
    for num in numbers:
        total += await num
    return total

if __name__ == "__main__":
    to_add = numbers()
    result = asyncio.run(add_all(to_add))
    print(result)
```

在 add_all(...) 函数中，使用标准的 for 循环来迭代列表。该列表的内容是 number(2) 和 number(3) 的结果，所以需要等待这两个调用，以获取它们各自的结果。

另一种写法是反转可迭代对象和可等待对象之间的关系，即不传递整数的可等待对象的列表，而是传递整数的列表的可等待对象。在这里，将 numbers() 定义为协程，让它返回一个整数列表。

代码清单 7-13　等待整数列表

```
import asyncio
import typing as t

async def number(num: int) -> int:
    return num

async def numbers() -> t.Iterable[int]:
    return [await number(2), await number(3)]

async def add_all(nums: t.Awaitable[t.Iterable[int]]) -> int:
    total = 0
```

㊀ 这是编造的示例，因为实际中不可能编写一个只返回自己的实参的函数，尤其还采用异步方式返回，但想象一下，如果不是返回输入，而是调用返回数据的 Web 服务，这种方法就更加合理了。这里的示例在编写有用的函数和编写更加容易理解的函数之间进行了权衡。

```
    for num in await nums:
        total += num
    return total

if __name__ == "__main__":
    to_add = numbers()
    result = asyncio.run(add_all(to_add))
    print(result)
```

现在，numbers() 协程负责等待各个 number(...) 协程。我们仍然使用标准的 for 循环，但现在不是等待 for 循环的内容，而是等待循环要遍历的值。

在这两种方法中，都是先等待第一个 number(...) 调用，然后再等待第二个，但在第一种方法中，在两次等待之间，会把控制权传递回 add_all(...) 函数。在第二种方法中，只有在单独等待了所有数字并把它们汇总到列表后，才会传回控制权。在第一种方法中，会根据需要处理每个 number(...) 协程，但在第二种方法中，会在使用第一个值之前完成对全部 number(...) 调用的处理。

第三种方法需要使用 async for。为此，将代码清单 7-13 中的 numbers() 协程转换为生成器函数，得到代码清单 7-14 中的代码。在同步 Python 代码中，我们使用了相同的方法来避免高内存占用。这里也有和同步 Python 代码相同的取舍：只能对值迭代一次。

代码清单 7-14　异步生成器

```
import asyncio
import typing as t

async def number(num: int) -> int:
    return num

async def numbers() -> t.AsyncIterator[int]:
    yield await number(2)
    yield await number(3)

async def add_all(nums: t.AsyncIterator[int]) -> int:
    total = 0
    async for num in nums:
        total += num
    return total

if __name__ == "__main__":
    to_add = numbers()
    result = asyncio.run(add_all(to_add))
    print(result)
```

numbers() 方法中仍然需要 await 关键字，因为我们想迭代的是 number(...) 方法的结果，而不是结果的占位符。与第二个版本一样，这个版本向 sum(...) 函数隐藏了等待各 number(...) 调用的细节，而不是信任迭代器，让迭代器来管理这项工作。但是，它也保留了第一个版本的属性，即只在需要的时候计算每个 number(...) 调用，而不会提前处理所有调用。

要使用 for 来迭代对象，该对象必须实现一个返回迭代器的 __iter__ 方法。迭代器是一个对象，实现了返回自身的 __iter__ 方法和推进迭代器的 __next__ 方法。实现了 __iter__，但是没有实现 __next__ 的对象不是迭代器，而是可迭代对象。可迭代对象可被迭代，迭代器也知道它们的当前状态。

类似地，实现了异步方法 __aiter__ 的对象是一个 AsyncIterable 对象。如果 __aiter__ 返回 self，并且还提供了 __anext__ 异步方法，那么它是一个 AsyncIterator 对象。

一个对象可以实现上述 4 种方法，以同时支持同步和异步迭代。只有在实现同步或异步可迭代对象时，才需要考虑这一点。要创建异步可迭代对象，最简单的方法是在异步函数中使用 yield，而且这对于大部分用例来说都足够了。

在前面的所有示例中，我们直接使用了协程。因为函数指定它们操作的是 typing.Awaitable 对象，所以可以确定，如果传入的是任务而不是协程，代码同样能够工作。第二个示例在等待列表，它相当于使用内置的 asyncio.gather(...) 函数。两者都返回结果的可迭代对象的可等待对象。因此，你可能经常看到这个方法，只不过它会采用代码清单 7-15 的形式表达。

代码清单 7-15　使用 gather 来并行处理任务

```
import asyncio
import typing as t

async def number(num: int) -> int:
    return num

async def numbers() -> t.Iterable[int]:
    return await asyncio.gather(
        number(2),
        number(3)
    )

async def add_all(nums: t.Awaitable[t.Iterable[int]]) -> int:
    total = 0
    for num in await nums:
        total += num
    return total

if __name__ == "__main__":
    to_add = numbers()
    result = asyncio.run(add_all(to_add))
    print(result)
```

7.3.4　async with

with 语句也有一个异步版本 async with，用于帮助编写依赖异步代码的上下文管理器。在异步代码中，经常看到 async with，因为许多 IO 操作都涉及准备阶段和清理阶段。

正如 async for 使用 __aiter__ 而不是 __iter__，异步上下文管理器定义了 __aenter__ 和 __aexit__ 方法来替代 __enter__ 和 __exit__。同样，在合适的时候，对象可以选择实现全部 4 个方法，以便能够在两种上下文中工作。

当在异步函数中使用同步上下文管理器时，在函数体的第一行之前和最后一行之后，有可能会导致阻塞 IO。使用 async with 和与之兼容的上下文管理器，允许事件循环在阻塞 IO 阶段调度其他异步代码。

在第 8 ~ 9 章中，我们将详细介绍如何使用和创建上下文管理器，不过现在需要知道，这两种上下文管理器都相当于 try/finally 结构，只不过标准上下文管理器在 enter 和 exit 方法中使用同步代码，而异步上下文管理器使用异步代码。

7.3.5　异步锁定原语

虽然相比线程，异步代码不那么容易遇到并发安全问题，但仍然有可能存在并发 bug。让切换模型基于等待结果，而不是让线程被中断，避免了大部分不小心引入的 bug，但并不能保证代码正确。

例如，代码清单 7-16 给出了在介绍线程时使用的 increment 示例的 asyncio 版本。这里在 num += 行中使用了 await，并引入了 offset() 协程来返回将会加到 num 的数字 1。offset() 函数还使用 asyncio.sleep(0) 来阻塞一小会，从而模拟了阻塞 IO 请求的行为。

代码清单 7-16　不安全异步程序的示例

```
import asyncio
import random

num = 0

async def offset():
    await asyncio.sleep(0)
    return 1

async def increment():
    global num
    num += await offset()

async def onehundred():
    tasks = []
```

```
    for i in range(100):
        tasks.append(increment())
    await asyncio.gather(*tasks)
    return num

if __name__ == "__main__":
    print(asyncio.run(onehundred()))
```

虽然该程序应该打印 100，但根据事件循环在调度任务时做的决定，它可能打印出任意数字，甚至小到数字 1。为了避免这种情况，我们要么需要移动 `await offset()`，使其不再包含在 `+=` 行中，要么需要锁定 `num` 变量。

AsyncIO 提供了与线程库中的 `Lock`、`Event`、`Condition` 和 `Semaphore` 直接对应的对象。这些变体使用了同一 API 的异步版本，所以我们可以按照代码清单 7-17 来修复事件函数。

代码清单 7-17 异步锁定的示例

```
import asyncio
import random

num = 0

async def offset():
    await asyncio.sleep(0)
    return 1

async def increment(numlock):
    global num
    async with numlock:
        num += await offset()

async def onehundred():
    tasks = []
    numlock = asyncio.Lock()

    for i in range(100):
        tasks.append(increment(numlock))
    await asyncio.gather(*tasks)
    return num

if __name__ == "__main__":
    print(asyncio.run(onehundred()))
```

同步原语的线程版本和异步版本之间最大的区别可能是，不能在全局作用域中定义异步原语。更准确地说，只能在正在运行的协程中实例化异步原语，因为它们必须在当前事件循环中注册自己。

7.3.6 使用同步库

我们到目前为止写的代码，都依赖于在代码中调用了完全异步的库和函数。如果引入一些同步代码，就会在执行这些代码的时候阻塞任务。为了演示这一点，可以使用 `time.sleep(...)` 方法来指定阻塞时间。前面使用 `asyncio.sleep(...)` 来模拟长时间运行的异步任务，将它们混合起来，能够让我们看到这种混合系统的性能：

```
import asyncio
import time

async def synchronous_task():
    time.sleep(1)

async def slow():
    start = time.time()
    await asyncio.gather(
        asyncio.sleep(1),
        asyncio.sleep(1),
        synchronous_task(),
        asyncio.sleep(1)
    )
    end = time.time()
    print(end - start)

>>> asyncio.run(slow())
2.006387243270874
```

在本例中，3个异步任务都需要1秒钟来完成，并且它们被并行处理。阻塞任务也需要1秒钟，但被顺序处理，这意味着总时间是2秒钟。为了确保4个函数都并行运行，可以使用 `loop.run_in_executor(...)` 函数。这会分配一个 `ThreadPoolExecutor`（也可以选择另一个执行器），并在该上下文中（而不是在主线程中）运行指定任务。

```
import asyncio
import time
async def synchronous_task():
    loop = asyncio.get_running_loop()
    await loop.run_in_executor(None, time.sleep, 1)

async def slow():
    start = time.time()
    await asyncio.gather(
        asyncio.sleep(1),
        asyncio.sleep(1),
        synchronous_task(),
        asyncio.sleep(1)
    )
```

```
    end = time.time()
    print(end - start)

>>> asyncio.run(slow())
1.0059468746185303
```

run_in_executor(...) 函数的工作方式是把问题切换给很容易改为异步的函数。它不是尝试把任意 Python 函数从同步改为异步，找到合适的位置把控制权转（yield）给事件循环，然后在正确的时间被唤醒等，而是使用一个线程（或进程）来执行代码。因为线程和进程是操作系统结构，所以本质上很适合用于异步控制。这将需要与 asyncio 系统兼容的代码减少为只需启动一个线程，然后等待线程完成的代码。

7.3.7 使代码异步化

要让代码在异步上下文中工作，第一步是选择一个函数，作为异步函数链的第一个函数。我们希望让同步代码和异步代码保持独立，所以需要在调用栈中选择一个位置足够高的函数，让所有需要异步执行的代码都被这个函数调用（可能是间接调用）。

在我们的代码中，只有 get_data_points(...) 函数是想要在异步上下文中运行的函数。它被 add_data_from_sensors(...) 调用，后者被 standalone(...) 调用，而 standalone(...) 又被 collect_sensor_data(...) 调用。这 4 个函数都可以是 asyncio. run(...) 的实参。

collect_sensor_data(...) 函数是 click 的入口点，所以不能是异步函数。get_data_points(...) 函数需要被多次调用，所以相比异步流的主入口点，它更适合作为协程。这样一来，就只剩下 standalone(...) 和 add_data_from_sensors(...)。

standalone(...) 函数已经负责设置数据库，它也是设置事件循环的一个好地方。因此，我们需要让 add_data_from_sensors(...) 成为异步函数，并调整它在 standalone(...) 中的调用方式。

```
def standalone(
    db_uri: str, servers: t.Tuple[str], api_key: t.Optional[str], echo:
    bool = False
) -> None:
    engine = create_engine(db_uri, echo=echo)
    sm = sessionmaker(engine)
    Session = sm()
    asyncio.run(add_data_from_sensors(Session, servers, api_key))
    Session.commit()
```

我们现在需要修改更低级函数的实现，不调用任何导致阻塞的同步代码。目前，我们使用 requests 库来进行 HTTP 调用，该库是一个导致阻塞的同步库。

作为替代方案，我们将改用 aiohttp 模块来发出 HTTP 请求。aiohttp 是一个异步 HTTP 库，支持客户端和服务器端应用程序。它的接口不如 requests 库那样精炼，但可用性也很好。

它在 API 上的最大区别是，HTTP 请求涉及许多上下文管理器，如下所示：

```
async with aiohttp.ClientSession() as http:
    async with http.get(url) as request:
        result = await request.json()
```

顾名思义，ClientSession 代表一个会话，它包含共享的 cookie 状态和 HTTP 头配置。在这种会话中，使用异步上下文管理器（如 get）来发出请求。上下文管理器生成的结果是一个对象，可以等待该对象的方法来获取响应的内容。

上面的代码相比使用 requests 库时冗长了很多，但允许在多个地方生成（yield）执行流，从而绕过阻塞 IO。很明显，可以在 await 行使用 yield，这可以在等待获取响应并把响应解析为 JSON 的过程中放弃控制权。http.get(...) 上下文管理器的进入和退出就不那么明显了，它可以设置套接字连接，允许 DNS 解析等操作不阻塞执行。当进入和退出 ClientSession 时，也可以生成（yield）执行流。

总而言之，虽然前面的代码比使用 requests 库的代码更加冗长，但它允许以透明的方式准备和清理与 HTTP 会话有关的共享资源，并且在做这些工作时不会显著拖慢进程。

在 add_data_from_sensors(...) 函数中，现在必须有这个会话对象，所以必须添加一些处理，最好能够在多个请求之间共享客户端会话。我们还需要记录请求协程的调用，以便能够并行调度它们并获取它们的数据。

```
async def add_data_from_sensors(
    session: Session, servers: t.Tuple[str], api_key: t.Optional[str]
) -> t.List[DataPoint]:
    todo: t.List[t.Awaitable[t.List[DataPoint]]] = []
    points: t.List[DataPoint] = []
    async with aiohttp.ClientSession() as http:
        for server in servers:
            todo.append(get_data_points(server, api_key, http))
        for a in await asyncio.gather(*todo):
            points += await handle_result(a, session)
    return points
```

在这个函数中，我们定义了两个变量：一个可等待对象的列表（每个对象返回一个 DataPoint 对象列表），以及一个 DataPoint 对象列表（在处理可等待对象的时候填充）。然后，我们建立 ClientSession，并迭代服务器，为每个服务器添加一个 get_data_ points(...)调用。此时，它们是协程，因为没有把它们调度为任务。我们可以依次等待它们，但这会导致每个请求顺序发生。所以我们使用asyncio.gather(...)把它们调度为任务，从而能够迭代结果（每个结果都是一个DataPoint对象列表）。

接下来，我们需要把数据添加到数据库。在这里，我们使用SQLAlchemy，它是一个同步库。对于符合生产质量的代码，需要确保这里不会发生阻塞。在下面的实现中，由于数据与数据库会话同步，所以不保证session.add(...)方法会阻塞。

handle_result的占位符不应在生产代码中使用：

```
async def handle_result(result: t.List[DataPoint], session: Session) ->
t.List[DataPoint]:
    for point in result:
        session.add(point)
    return result
```

下一章将介绍如何在并行执行上下文中处理数据库集成，但作为原型，这里的代码已经足够了。

最后，我们需要实际获取数据。这个方法与同步版本有很大区别，但它也需要传入ClientSession，另外还需要做一些小修改，以处理HTTP请求API的变化。

使用aiohttp的get_data_points的实现：

```
async def get_data_points(server: str, api_key: t.Optional[str], http:
aiohttp.ClientSession) -> t.List[DataPoint]:
    if not server.endswith("/"):
        server += "/"
    url = server + "v/2.0/sensors/"
    headers = {}
    if api_key:
        headers["X-API-KEY"] = api_key
    async with http.get(url) as request:
        result = await request.json()
        ok = request.status == 200
    now = datetime.datetime.now()
    if ok:
        points = []
        for value in result["sensors"]:
        points.append(
            DataPoint(
                sensor_name=value["id"], collected_at=now,
                data=value["value"]
            )
        )
     return points
 else:
```

```
raise ValueError(
    f"Error loading data from {server}: "
    + result.json().get("error", "Unknown")
)
```

相比多线程或者多进程模型，这种方法做了许多不同的选择。多进程模型允许真正的并发处理，多线程方法由于对切换的限制不那么强，能够实现很小的性能提升，但在我看来，异步代码提供的接口更自然。

asyncio 方法的主要缺点是，只有使用异步库，才能真正实现其优点。通过结合 asyncio 和线程方法（这两种方法之间实现了很好的集成，所以很容易把它们结合起来使用），也可以使用其他库，但这必须做大量重构工作，把现有代码转换为使用异步方法，而且一开始还需要艰难地学习，才能熟悉编写的异步代码。

7.4　比较

本章配套代码中实现了全部 4 种方法，所以可以运行简单的基准测试来比较它们的速度。采用这种方式对提出的优化方案进行测量总是很困难，因为不做真实的测试，很难获得真实的数据。因此，对于下面的数据，应该持一定的怀疑态度。

这些数字是通过在一次调用中从同一个传感器多次提取数据生成的。除了计算机上有其他负载记录这些调用的时间，得到的这些数字并不现实，因为它们不涉及查找多个目标的连接信息，并且返回请求数据的服务器能够同时处理的请求数是有限制的。

从图 7-9 可以看到，线程方法和 asyncio 方法在耗时上几乎没有区别。我们之前考虑到复杂性，没有采用非阻塞 IO 方法，但它的用时与前两种方法相差无几。多进程方法明显要慢得多，但与其他 3 种方法接近。当只从一两个传感器收集数据时，标准的同步方法的用时也相差不大，但大结果集很快造成了问题，其需要的时间比并发方法高出一个量级。

比较可知，这里的工作负载很适合并行处理。在基准测试中，asyncio 要快 20%，但这并不是说它一定是更快的技术，而只是说它在这个特定的测试中更快。如果将来对代码库做了修改，或者使用了不同的测试条件，那么这些技术之间的关系很容易发生改变。

7.5　做出选择

在撰写本书时，Python 社区中流传着关于 asyncio 的两种危害极大的错误说法。第一种说法是，asyncio 已经“赢”下了并发。第二种说法是，asyncio 不好，不应该使用。毫不奇怪，真相其实介于这两个极端之间。对于 IO 密集型网络客户端，asyncio 有着出色的表现，但它并不是“万能药”。

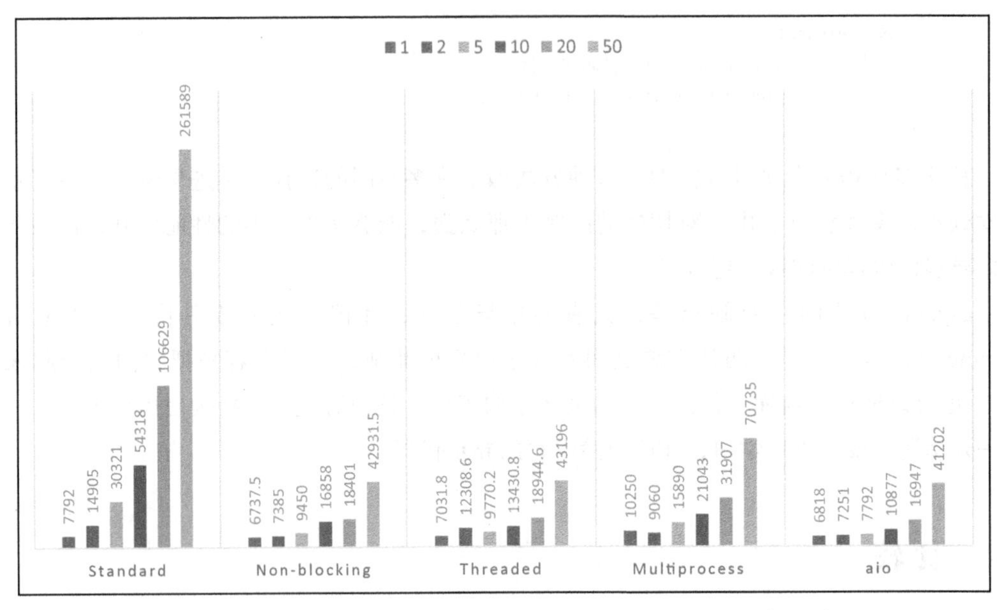

图 7-9　使用不同的并行化方法时，从 1、2、5、10、20 或 50 个 HTTP API 加载数据所需的时间（单位为毫秒）

当决定选择哪种方法时，首先问自己：代码大部分时间是在等待 IO 还是在处理数据？在短时间等待后执行大量计算的任务并不适合使用 asyncio，因为 asyncio 能够并行处理等待过程，但不能并行处理执行过程，所以会导致 CPU 密集型任务积压。同样，这种任务也不适合使用线程池，因为 GIL 会阻止各个线程真正并行执行。多进程部署的开销更大，但能够在 CPU 密集型代码中实现真正的并行处理。

如果任务等待的时间比执行代码的时间更长，那么 asyncio 或者基于线程的并行化方法可能是最佳选择。一般来说，对于调用服务器但不等待网络请求的应用程序，建议首选 asyncio；对于确实接受入站连接的应用程序，则结合使用进程和线程池[1]。图 7-10 给出了代表这种选择的决策树。

这并不是硬性规则，存在的例外情况太多，这里无法一一列举，而且你应该考虑自己应用程序的细节，并对自己做的假定进行测试，但一般来说，对于服务器应用程序，我首选抢占式多任务处理[2]的健壮的、可预测的行为。

---

[1] 在此对我的朋友 Nathan 和 Ramon 致歉。他们维护着 Guillotina 项目，它是一个用于在 Python 中使用极高性能 REST API 的专用框架。我的这两位朋友强烈支持在服务器代码中使用 asyncio。

[2] 抢占式多任务处理指的是中央权威方能够中断任务，给其他任务一个执行的机会。在这里，Python GIL 通过其切换时间间隔来强制实现这种行为。与之相对，协作式多任务处理指的是任务必须自愿把控制权交给其他任务。协程这个名称就由此而来，而且 Windows 3.1 应用程序中的 bug 很容易冻结系统，也是由于这个原因。

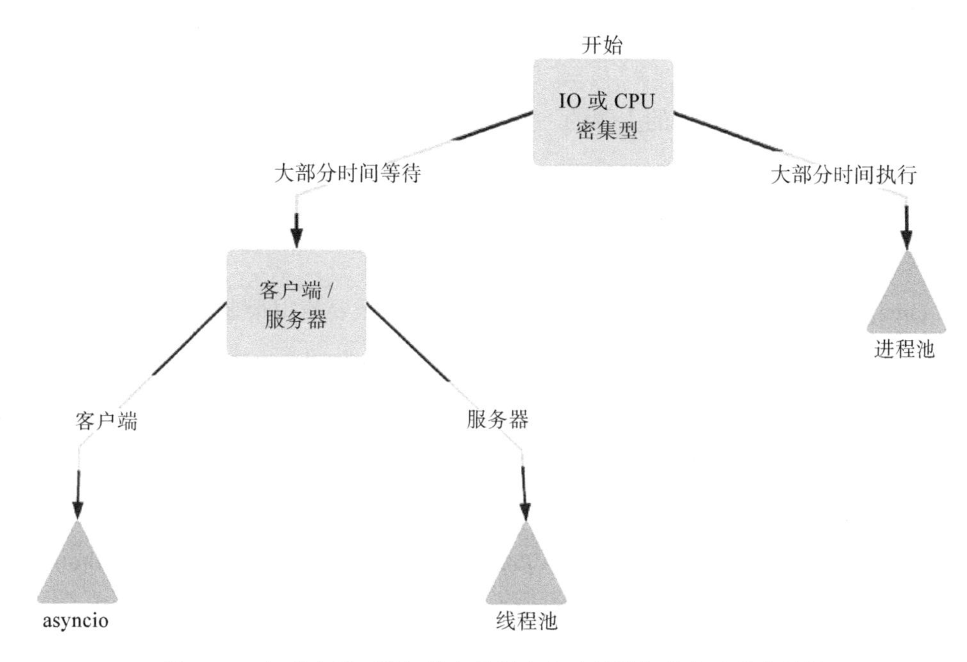

图 7-10　在客户端 / 服务器应用程序中选择并行化方法的决策树

我们的传感器 API 端点完全是标准 Python，但它们通过 waitress WSGI 服务器运行。WSGI 服务器为我们做出并发决定，即使用 `waitress-serve` 实例化一个包含 4 个线程的线程池，用于处理入站请求。

收集器进程完全在客户端，而且在每次调用时会用大量时间等待，所以很适合使用 asyncio 来实现其并发行为。

7.6　小结

本章介绍了两种最常用的并行化类型——线程和 asyncio，还介绍了其他不太常用的方法。并发性是一个难以处理的主题，我们也并没有讲完使用 asyncio 能够实现的功能，但关于线程的介绍到此就结束了。

异步编程是一个非常强大的工具，所有 Python 程序员都应该了解，但线程与 asyncio 所做的权衡不同，一般来说，在给定的程序中，只有其中一种比较合适。

如果需要在 Python 中编写依赖于并发的程序，那么强烈建议试用不同的方法，找出最适合处理问题的方法。此外，建议确保自己理解了本章使用的所有同步原语的用法，因为恰当使用锁能够让一个缓慢且难以理解的程序变成一个快速且直观的程序。

更多资源

下面的链接包含本章介绍的主题的一些有用的背景信息，还包含一些其他不太常用的方法：

- Julia Evans 撰写的 HTTP 杂志清楚地解释了 HTTP 协议的内部原理及其版本之间的区别，详见 https://wizardzines.com/zines/http/。
- Greenlets 是 Python 中的原生协程的前身，对于需要使用很老的 Python 版本的人们可能会有帮助，详见 https://greenlet.readthedocs.io/en/latest/。
- 类似地，https://github.com/stackless-dev/stackless/wiki 介绍了 Stackless Python，这是 Python 的一个变体，目的是在并行运行许多小操作时提供更好的性能。Greenlets 是从 Stackless 项目衍生出来的。
- 正如 ThreadPools 受线程的支持，ProcessPools 受进程的支持。关于 Python 中的低级进程管理功能的信息详见 https://docs.python.org/3/library/multiprocessing.html。
- David Beazley 的 “Understanding the GIL” 是一个出色的演示，该演示的幻灯片详见 http://www.dabeaz.com/GIL/。虽然在其创作之后的 10 年间，发生了一些微小的变化（如 “tick” 的概念发生了改变），但其总体描述依然非常准确，值得一读。
- 关于 Python 的 PyPy 实现的信息详见 http://www.pypy.org/。

第 8 章 Chapter 8

高级 asyncio

现在，我们已经确定，聚合过程适合使用 asyncio 技术，所以接下来需要确保我们处理的代码达到生产质量。到目前为止，我们在 apd.aggregation 代码库中省略了测试，现在是时候解决这个问题，以及前一章顺带提到的阻塞数据库集成的问题了。

8.1 测试异步代码

我们使用现有的工具来测试异步代码，但需要做一些小调整来设置异步环境。为此，一种方法是修改单独的测试函数，使它们对封装器函数调用 `asyncio.run(...)`。这可以确保测试系统完全同步，但是对于单独的测试，我们设置了一个事件循环，调度了一个协程，并且阻塞执行，直到它完成。

要实现这种行为，可以编写一个异步函数，使其包含所有异步的准备和清理工作。然后，把异步准备、清理和断言添加到主测试函数中。

```
def test_get_data_points_fails_with_bad_api_key(self, http_server):
    async def wrapped():
        async with aiohttp.ClientSession() as http:
            return await collect.get_data_points(http_server, "incorrect", http)

    with pytest.raises(
        ValueError,
        match=f"Error loading data from {http_server}: Supply API key in "
        f"X-API-Key header",
    ):
        asyncio.run(wrapped())
```

上例使用了 `http_server` 测试夹具，它会返回 API 服务器的 URL。然后，创建了一个协程来设置 aiohttp 会话，并调用 `get_data_points(...)`，即要测试的方法。这里，代码的清晰性有了很大牺牲：代码是没有顺序的。首先列出了异步代码，然后是断言，再然后是同步代码。一般来说，我们会根据程序流更加自由地混合代码和断言。虽然可以把一部分断言工作放到测试的异步部分，但总是要有一些额外的代码，用于为内部函数设置异步环境。

另一种方法是使用 pytest 插件来自动处理封装工作。pytest-asyncio 能够完成这项工作，使我们能够将标准测试方法和测试协程混合到一起。使用 pytest 标记系统标记为 asyncio 测试的所有协程将在异步环境中执行，封装它的所有工作都在插件中透明发生。

使用插件能够获得清晰的执行流，不需要使用任何样板代码来弥合同步代码和异步代码之间的差距，如下面的代码所示：

```
@pytest.mark.asyncio
async def test_get_data_points_fails_with_bad_api_key(self, http_server):
    with pytest.raises(
        ValueError,
        match=f"Error loading data from {http_server}: Supply API key "
        f"in X-API-Key header",
    ):
        async with aiohttp.ClientSession() as http:
            await collect.get_data_points(http_server, "incorrect", http)
```

警告 这里引入了一个依赖项，不过只有当运行测试时才会应用它。我们还没有在 `setup.cfg` 中列出测试依赖项，而是选择只把它们作为开发依赖项包含到 `Pipfile` 中。因此，可以使用下面的命令安装该依赖项：

```
pipenv install --dev pytest-asyncio
```

在大部分情况下，这都没有问题，但在比较大的代码库中，可能需要测试组件和版本的组合，而不是只使用一个 `Pipfile`。可以在 `setup.cfg` 中列出测试依赖项，以避免重复。为此，创建一个新的 `[options.extras_require]` 行，命名为“test”，并在这里列出测试依赖项。有时候，你可能会看到一个遗留的 setuptools 功能，叫作 tests_require，但我总是推荐使用 extra，因为它为是否安装测试依赖项提供了更加明确的控制。

8.1.1 测试代码

能够编写异步测试函数是一个很好的起点，但我们还需要设置一些测试夹具，以便为聚合代码提供可以查询的传感器端点。这有两种方法：可以为聚合测试提供模拟数据，或者让聚合测试依赖于服务器代码，启动一个真实但只是暂时使用的服务器。

这两个选项都不是特别吸引人，都有严重的缺点。如果编写测试来检查已知的 HTTP 响应，那么每次底层 API 改变时，都必须进行更新。也许这种情况不会经常发生，但人们在阅读测试代码时，很难理解一块块含义不明的 JSON。

通常，在编写操纵大块数据的测试时，会复制输入数据，运行测试，然后使用输出数据来编写 `assert` 语句。这是一种有些危险的做法，因为这让测试的关注点成了确保不发生改变，而不是检查特定的内容是否正确。

另一种方法，即运行后台服务器并连接到该服务器，是一种更加现实的方法，并且避免了在测试中使用原始 JSON，但在测试中添加了对服务器代码的依赖项。因而，所有测试都需要创建套接字连接，还增加了准备和清理服务器的开销。

我们在第 5 章也遇到了相同的困境。在第 5 章，必须决定是测试命令行接口的输出，还是直接测试传感器的函数。认识到这一点之后，就更容易确定做什么了。功能测试就检查代码是否按照预期工作提供了一个广泛的基础，但更加快速的专用测试让我们在开发时更加愉快。重要的是，同时有这两种测试，能够让我们判断导致测试失败的原因是底层平台发生了变化，还是快速测试没有恰当地模拟真实行为。

因此，我们将添加相同的标记，将这些测试声明为功能测试。第 5 章在单个测试方法上使用了 `@pytest.mark.functional`，还使用 `pytest.ini` 文件定义了功能标记。因为这个包的所有功能测试都包含在一个模块中，且该模块不会包含任何非功能测试，所以我们可以选择标记整个模块。通过设置 `pytestmark` 模块变量来引用标记，可以为类或模块添加标记，如下所示：

```
import pytest

pytestmark = [pytest.mark.functional]
```

1. 测试服务器和有清理代码的 pytest 测试夹具

在准备测试时，首先要做的是实例化一个测试服务器。该服务器必须提供一个 HTTP 套接字，因为我们要测试的代码会发出 HTTP 请求。该服务器还要能够监听指定的端口，以避免与其他软件产生端口冲突。我们可能需要同时运行多个这样的服务器，以测试从多个端点聚合数据的情况。

在原来的 `apd.sensors` 包中，我们创建了一个 `set_up_config(...)` 函数，它接受配置值和一个可选的 `app` 参数，然后把这些配置变量应用到该 app 上。如果没有提供 `app`，则使用默认 app（它设置已知 URL 上的各个 API 版本）。

要创建多个具有不同配置的 Flask 应用程序，我们需要能够创建在功能上与默认应用程序相同的 Flask 应用程序，对于我们的测试目的，这意味着它们必须在 /v/2.0 上提供 v2.0 API。通过复制 apd.sensors 中的一些代码，我们可以创建一个新的 get_independent_flask_app(...) 函数来完成这项工作，如代码清单 8-1 所示。

代码清单 8-1　辅助函数和用来运行 HTTP 服务器的测试夹具

```
from concurrent.futures import ThreadPoolExecutor
import typing as t
import wsgiref.simple_server

import flask
import pytest
from apd.sensors.wsgi import v20
from apd.sensors.wsgi import set_up_config

def get_independent_flask_app(name: str) -> flask.Flask:
    """ Create a new flask app with the v20 API blueprint loaded, so
    multiple copies
    of the app can be run in parallel without conflicting configuration """
    app = flask.Flask(name)
    app.register_blueprint(v20.version, url_prefix="/v/2.0")
    return app

def run_server_in_thread(name: str, config: t.Dict[str, t.Any], port: int)
-> t.Iterator[str]:
    # Create a new flask app and load in required code, to prevent config
    # conflicts
    app = get_independent_flask_app(name)
    flask_app = set_up_config(config, app)
    server = wsgiref.simple_server.make_server("localhost", port, flask_app)

    with ThreadPoolExecutor() as pool:
        pool.submit(server.serve_forever)
        yield f"http://localhost:{port}/"
        server.shutdown()

@pytest.fixture(scope="session")
def http_server() -> t.Iterator[str]:
    yield from run_server_in_thread(
        "standard", {"APD_SENSORS_API_KEY": "testing"}, 12081
    )
```

这个函数允许我们创建有独立配置的 Flask 应用程序，但它们都在正确的 URL 上包含 v2.0 API。run_server_in_thread(...) 实用函数是一个高级函数，用来创建和配置 Flask 应用程序，并使其能够处理请求。

注意　对于在测试方法中添加类型定义是否值得，存在一些不同的观点。我认为 PyTest 缺少类型支持，导致它的实用性大大降低，但是否如此，在很大程度上取决于你的代码库。如果你很好地覆盖了类型，那么可能发现在测试方法中添加类型定义是值得的。我个人建议对实用函数进行类型检查，为测试方法和测试夹具添加类型注解。对于确保在使用测试辅助函数的时候对它们进行类型检查，这通常就足够了，但我建议对测试方法的类型检查要有更加实际的态度，所以我常常跳过这一步。

为了服务请求，我们将使用标准库中的 wsgiref 服务器。前面在测试 apd.sensors HTTP 服务器的时候，使用了它的 serve_forever() 函数来处理请求。它做的几乎完全是我们想做的，即它接受 WSGI 应用程序，使其在 HTTP 上可用。但是，它采用了阻塞的方式。一旦我们调用 serve_forever()，服务器通常会一直运行，直到用户按 <CTRL+C> 中断它。对于测试夹具，我们不想要这种行为，所以需要转移这项工作，使其并行执行。

线程执行模型非常适合这种需求，我们可以派生一个新的线程来处理 serve_forever() 调用，当使用完服务器后立即中断它。与我们之前编写的测试夹具不同，这次不只想创建一个值并将其传递给测试方法，还会设置、传递值，然后清理我们创建的线程。

执行准备和清理工作的 pytest 测试夹具使用 yield 关键字，而不是 return，这实际上让该测试夹具成了只生成一个值的生成器。yield 关键字之前的所有代码会正常执行，生成（yield）的值则作为实参提供给测试函数。只有当清理测试夹具之后，才会执行 yield 之后的代码。默认情况下，在每个测试结束时清理测试夹具。我们可以将作用域改为 "session"，意思是每次 pytest 调用只应该准备和清理测试夹具一次，而不是在每次测试后清理。

使用这种结构时，能够在需要 http_server 的最后一个测试完成后，再调用 server.shutdown() 并清理线程池。

注意　shutdown 方法是标准库中实现 WSGIServer 的一个细节，但它十分重要。当测试方法完成执行后，我们想关闭服务请求的线程。如果不这么做，测试线程将会挂起，等待线程完成，但正常操作不会导致线程终止。shutdown 方法会操纵一个内部标志，wsgiref 服务器每 500 毫秒检查一次这个标志。如果该标志已被设置，那么 serve_forever() 调用会返回，导致线程退出。

必须显式关闭线程内运行的代码，然后进程才能完成[⊖]。在本例中，我们很幸运，因

⊖ 在启动线程前，可以使用 thread_obj.daemon = True，将该线程标记为“守护”线程。这允许在线程仍然运行的情况下结束进程，但可能导致线程执行到一半时终止。通常，最好使用哨兵值来允许所有线程干净地关闭。

为 API 在设计的时候就考虑到了这一点，但如果使用了其他没有提供 shutdown 函数的 API，就可能必须创建自己的共享变量，并在提交到池中的函数内检查该变量。从外部无法强制停止线程，在编写线程时，必须让它在不再需要的时候停止。

这个实用函数允许我们创建多个测试服务器（配置不同），然后把这些测试服务器的地址传递给测试方法。我们可以创建任意多的测试夹具，为它们传入不同的数据。例如，下面给出的测试夹具所设置的服务器使用不同的 API 键，所以会拒绝请求：

```
@pytest.fixture(scope="session")
def bad_api_key_http_server():
    yield from run_server_in_thread(
        "alternate", {"APD_SENSORS_API_KEY": "penny"}, 12082
    )
```

最后来看测试夹具中的 yield from 结构。在构建生成器的时候，yield from 表达式十分有用。给定一个可迭代对象，它会用 yield 生成值，然后把执行点传递到下一行。这允许在更加复杂的实现中，让迭代器受另一个迭代器的控制。例如，可以写一个迭代器，使其在现有迭代器的开头和结尾添加额外的项。也可以使用这种结构，把多个迭代器链接起来，不过对于这种目的，标准库中的 itertools.chain 函数可能更加清晰[1]。

```
def additional(base_iterator):
    yield "Start"
    yield from base_iterator
    yield "End"
```

pytest 对生成（yield）值的测试夹具和返回（return）值的测试夹具采用不同的处理方式，所以虽然不想操纵封装的迭代器，但还是需要对其进行迭代并生成值，以便让 pytest 知道该测试夹具包含准备和清理代码。为了进行这种判断，pytest 会内省测试夹具函数，检查它是不是生成器函数[2]。如果封装器函数体是 return run_server_in_thread(...)，那么虽然调用函数的实际结果是相同的，但不会认为函数本身是一个生成器函数，而认为它是一个返回生成器的函数。

内省函数允许创建故意返回生成器的测试夹具，例如，下面的示例返回提供一个值的生成器。如果在测试函数中使用这个测试夹具，那么将把生成器而不是单个值提供给该函数。

---

[1] itertools.chain(*iterators) 返回一个迭代器，它依次包含链接的每个迭代器中的项。

[2] 这是通过标准库中的 inspect.isgeneratorfunction(...) 函数完成的。

```
@pytest.fixture
def single_item_iterator():
    def gen_func():
        yield "An item"
    return gen_func()
```

2. 测试夹具的作用域

默认情况下，所有测试夹具的作用域都是测试级别的，意味着为依赖测试夹具的每个测试运行其代码一次。我们用来创建新 HTTP 服务器的测试夹具的作用域是会话级别，意味着只会运行它们一次，它们的值会被所有测试共享。

测试夹具可以使用其他测试夹具，作为在多个测试夹具与测试之间共享准备代码的一种方式。例如，在将来为 `apd.sensors` 设置服务器时，可能会有更多的必要配置值。此时，我们不想为要设置的每个 HTTP 服务器重复它们，而是会把默认配置放到一个测试夹具中，如代码清单 8-2 所示。这样一来，HTTP 服务器的测试夹具和需要配置值的所有测试都可以读取它们。

代码清单 8-2 修改测试夹具来支持公共的配置测试夹具

```
import copy

@pytest.fixture(scope="session")
def config_defaults():
    return {
        "APD_SENSORS_API_KEY": "testing",
        "APD_SOME_VALUE": "example",
        "APD_OTHER_THING": "off"
    }

@pytest.fixture(scope="session")
def http_server(config_defaults) -> t.Iterator[str]:
    config = copy.copy(config_defaults)
    yield from run_server_in_thread("standard", config, 12081)

@pytest.fixture(scope="session")
def bad_api_key_http_server(config_defaults) -> t.Iterator[str]:
    config = copy.copy(config_defaults)
    config["APD_SENSORS_API_KEY"] = "penny"
    yield from run_server_in_thread(
        "alternate", config, 12082
    )
```

这个假想的 `config_defaults` 测试夹具设置了 `scope="session"`，因为它也在会话作用域级别运行。但是，这个作用域级别并不是随意决定的，因为有会话作用域的测试夹具使用了它。如果 `config_defaults` 测试夹具的作用域很窄，就会发生冲突。应该根据窄作用域准备和清理它，还是应该在清理了依赖于它的会话作用域的项后再清理它？

在我们的示例中，这看起来不是问题，但如果该测试夹具返回动态值，或者设置一些资源，就必须保持行为一致。因此，试图让测试夹具比使用它的测试夹具的作用域更窄，会导致 pytest 失败，给出作用域不匹配错误，如下所示：

```
ScopeMismatch: You tried to access the 'function' scoped fixture
'config_defaults' with a 'session' scoped request object, involved factories
tests\test_http_get.py:57:  def http_server(config_defaults)
tests\test_http_get.py:49:  def config_defaults()
```

开发人员可以选择几种作用域，由窄到宽分别是函数、类、模块、包[⊖]和会话。函数作用域是默认作用域。显式定义作用域的测试夹具只能依赖使用相同作用域或更宽作用域的测试夹具。例如，类作用域的测试夹具可以依赖类、模块、包或会话测试夹具，但不能依赖函数作用域的测试夹具。

有些令人困惑的可能是，还有另一种类型的作用域会应用于测试夹具，即测试夹具的**可发现性**。这是根据测试夹具在代码库中的定义位置来定义的。它决定了哪些函数可以使用测试夹具，但对如何在不同测试之间共享测试夹具调用没有影响。

前面在创建 HTTP 服务器的测试夹具的时候，指定了它具有会话作用域，但它们是在测试模块中定义的，这就让它们的可发现性相当于模块作用域。共有 3 种可发现性作用域，分别对应于类、模块和包。`conftest.py` 模块中定义的测试夹具对代码库中的所有测试可用；在测试模块中定义的测试夹具对该模块内的所有测试可用；定义为测试类的方法的测试夹具对该类内的所有测试可用。

通常，可发现性作用域与定义的作用域不同，特别是，当测试夹具的默认作用域是函数作用域时，它并没有对应的可发现性作用域。如果可发现性作用域比声明的作用域更大，那么在测试过程中，可以多次准备、使用和清理该测试夹具。如果两个作用域相同，那么将准备并使用该测试夹具，然后立即清理。最后，如果测试的声明作用域比其可发现性作用域更大，则只会在测试运行的后期才会清理它，可能到那个时候，已经不需要使用它很久了。表 8-1 演示了这 3 种情况。

表 8-1　作用域的 15 种不同组合的效果

	函数作用域	类作用域	模块作用域	包作用域	会话作用域
在类中定义	多次调用	一次调用	推迟清理	推迟清理	推迟清理
在模块中定义	多次调用	多次调用	一次调用	推迟清理	推迟清理
在 conftest.py 中定义	多次调用	多次调用	多次调用	一次调用	推迟清理

⊖ 目前，包的测试夹具的作用域是实验性的，可能在将来的 pytest 版本中移除。我最常用的作用域依次是函数、会话、类和模块。我到现在还没有使用过包作用域。

如果存在同名的多个测试夹具，那么将为每个测试使用可发现性作用域最窄的那个。也就是说，在 conftest.py 中定义的测试夹具对所有测试可用，但如果模块中定义了同名的测试夹具，则为该模块内的测试使用该测试夹具。如果类中也定义了同名的测试夹具，则这一点也适用。

警告　这种覆盖只适用于可发现性，对于测试夹具的生存期及其清理行为没有影响。如果有测试夹具准备和清理了一个资源，如 HTTP 服务器，而你在类级别覆盖了该测试夹具，那么可能有相同测试夹具的其他版本已被准备，但还没有被清理[1]。任何时候，当你定义一个测试夹具，且该测试夹具使用的最窄作用域覆盖和最宽声明作用域在表 8-1 中列为“延迟清理”的时候，必须确保该测试夹具不会试图持有相同的资源，如 TCP/IP 套接字。

代码中确实存在不匹配的地方：HTTP 服务器测试夹具在测试模块中定义，但它使用了会话作用域，所以可能有延迟清理的问题。通过把该测试夹具移动到 conftest.py，或者将声明作用域改为模块作用域，可以解决这个问题。我们需要确定是想让该测试夹具与测试运行具有相同的边界，可供任何测试使用，还是让其只对 test_http_get.py 测试模块可用，并在执行完那些测试后立即清理。

因为我们不打算创建需要使用该测试夹具的庞大功能测试套件，所以把它留在测试模块中，并相应地缩小作用域。

8.1.2　模拟对象以方便进行单元测试

要为代码编写单元测试，需要寻找另一种方式启动服务器供 aiohttp 库连接。如果使用 requests 库发出 HTTP 请求，则我们可能会使用 responses 测试工具，它修改了 requests 的内部组件，允许覆盖特定 URL。

如果实现的 get_data_points(...) 是同步的，那么我们会向 responses 注册想要覆盖的 URL，并确保为测试方法激活该包。使用 responses 的测试函数（如下面显示的这个假设的函数），不会因为模拟引入了过度的复杂性而降低可读性。

```
@responses.activate
def test_get_data_points(self, mut, data) -> None:
    responses.add(responses.GET, 'http://localhost/v/2.0/sensors/',
```

---

[1] 如果你想亲自验证这一点，可以在测试夹具中添加 print(...) 调用，并使用 -s 开关运行 pytest，以防止捕捉 stdout。但是要知道，pytest 对运行测试的顺序不做保证，所以这种方法对于问题调试要比验证不会发生问题更加有用。

```
            json=data, status=200)
    datapoints = mut("http://localhost", "")
    assert len(datapoints) == len(data["sensors"])
    for sensor in data["sensors"]:
        assert sensor["value] in (datapoint.data for datapoint in
        datapoints)
        assert sensor["id"] in (datapoint.sensor_name for datapoint in
        datapoints)
```

我们想要为 aiohttp 库做一些类似的处理，但此时有一点小优势，即我们的函数期望向 `get_data_points(...)` 函数传递一个 http 客户端对象。我们可以编写 `ClientSession` 对象的一个模拟版本，使其行为足够接近真实的对象，从而让我们能够注入假数据，不必像 responses 那样修改真实的实现。

对于简单的对象，我们常常使用标准库内置的 `unittest.mock` 功能。通过模拟，我们可以实例化对象，并定义各种操作的结果。我们需要的对象要有 `get(...)` 方法，能返回上下文管理器。该上下文管理器的 `enter` 方法返回 `response` 对象，该对象有一个 `status` 特性和一个 `json()` 协程，这是相对复杂的一组需求。代码清单 8-3 演示的测试夹具使用 `unittest.mock` 构建对象。

代码清单 8-3　使用 unittest 的模拟功能来模拟复杂对象

```
from unittest.mock import Mock, MagicMock, AsyncMock
import pytest

@pytest.fixture
def data() -> t.Any:
    return {
        "sensors": [
            {
                "human_readable": "3.7",
                "id": "PythonVersion",
                "title": "Python Version",
                "value": [3, 7, 2, "final", 0],
            },
            {
                "human_readable": "Not connected",
                "id": "ACStatus",
                "title": "AC Connected",
                "value": False,
            },
        ]
    }

@pytest.fixture
def mockclient(data):
```

```
    client = MagicMock()
    response = Mock()
    response.json = AsyncMock(return_value=data)
    response.status = 200
    client.get.return_value.__aenter__ = AsyncMock(return_value=response)
    return client
```

理解这个对象并不容易：mockclient 中的代码很复杂，并且需要理解不同类型的模拟类之间的区别，以及上下文管理器的实现。你无法一眼看出如何在测试夹具中使用该对象。

编写相同功能还可用另一种方法，即创建自定义类来模拟我们想要替换的真实类的功能，如代码清单 8-4 所示。使用这种方法会使代码更长，所以一些开发人员更喜欢使用前面提到的通用模拟方法。

代码清单 8-4　手动模拟复杂对象

```
import contextlib
from dataclasses import dataclass
import typing as t

import pytest

@pytest.fixture
def data() -> t.Any:
    return {
        "sensors": [
            {
                "human_readable": "3.7",
                "id": "PythonVersion",
                "title": "Python Version",
                "value": [3, 7, 2, "final", 0],
            },
            {
                "human_readable": "Not connected",
                "id": "ACStatus",
                "title": "AC Connected",
                "value": False,
            },
        ]
    }
@dataclass
class FakeAIOHttpClient:
    data: t.Any

    @contextlib.asynccontextmanager
    async def get(self, url: str, headers: t.Optional[t.Dict[str,
    str]]=None) -> FakeAIOHttpResponse:
        yield FakeAIOHttpResponse(json_data=self.data, status=200)
```

```
@dataclass
class FakeAIOHttpResponse:
    json_data: t.Any
    status: int

    async def json(self) -> t.Any:
        return self.json_data

@pytest.fixture
def mockclient(data) -> FakeAIOHttpClient:
    return FakeAIOHttpClient(data)
```

使用这种方法的准备代码大约是原来的两倍长，但更容易一眼看出使用了哪些对象。两种方法之间的选择主要是个人倾向问题。在大部分场景中，我个人喜欢使用第二种方法，因为我认为它有一些具体的优点。

`unittest.mock` 方法模拟所有特性访问。这可能引入不易察觉的测试 bug，因为代码可能开始依赖新特性，但模拟时默认去掉了该特性。例如，如果编写代码来使用 `if response.cookies:`，那么在模拟会话中，第一种模拟方法总是会把它计算为 `True`，但第二种方法会引发 `AttributeError`。我通常更希望通过异常，而不是错误的行为，来了解模拟并不完整。

另外，当编写的模拟功能包含分支逻辑时，第一种方法更难使用。对执行的代码路径进行断言，它们十分适合，但对于根据不同情况返回不同数据，它们就不那么适合了。例如，如果我们想在模拟会话中针对不同 URL 返回不同数据，那么修改自定义对象相对来说会更加清晰。使用模拟对象时，与之等效的修改则要复杂得多。

1. 包含分支逻辑的模拟

要使用 `Fake*` 对象引入基于 URL 的模拟响应，只需要修改 `FakeAIOHttpClient` 类及其在 `mockclient` 中的调用方式，而且这些修改是标准的 Python 逻辑。

```
@dataclass
class FakeAIOHttpClient:
    responses: t.Dict[str, str]

    @contextlib.asynccontextmanager
    async def get(self, url: str, headers: t.Optional[t.Dict[str,
    str]]=None) -> FakeAIOHttpResponse:
        if url in self.responses:
            yield FakeAIOHttpResponse(json_data=self.responses[url],
            status=200)
        else:
            yield FakeAIOHttpResponse(json_data=None, status=404)
```

但是，要在基于 unittest 的模拟系统中实现等效的修改，需要添加更多的支持代码，而且还需要进行一些重构工作，才能更接近自定义模拟方法。

```
def FakeAIOHTTPClient(response_data):
    client = Mock()
    def find_response(url):
        get_request = MagicMock()
        response = Mock()
        if url in response_data:
            response.json = AsyncMock(return_value=response_data[url])()
            response.status = 200
        else:
            response.json = AsyncMock(return_value=None)()
            response.status = 404
        get_request.__aenter__ = AsyncMock(return_value=response)
        return get_request
    client.get = find_response
    return client
@pytest.fixture
def mockclient(data):
    return FakeAIOHTTPClient({
        "http://localhost/v/2.0/sensors/": data
    })
```

2. 数据类

你可能已经注意到前面的类上使用了 `@dataclass` 装饰器，这是我们之前还没有使用过的一个装饰器。数据类是 Python 的一个特性，在 3.7 版本中引入。它们大致相当于老版本的 Python 中广泛使用的命名元组特性，用来定义数据的容器，以最小化需要使用的样板代码的数量。

通常，当定义存储数据的类时，必须定义 `__init__(...)` 方法来接受实参（可能有默认值），然后把它们设置为实例的特性。每个字段名会出现 3 次，一次在实参列表中，另外两次分别在赋值操作的两边。例如，下面给出了假响应对象的一个变体，它只存储两条数据：

```
class FakeAIOHttpResponse:
    def __init__(self, body: str, status: int):
        self.body = body
        self.status = status
```

许多 Python 开发人员很熟悉这种类结构，因为常常需要创建一些方式来存储结构化数据，它们使用特性访问来获取字段。`collections.namedtuple(...)` 是采用声明方式实现这种需求的一种方式：

```
import collections

FakeAIOHttpResponse = collections.namedtuple("FakeAIOHttpResponse",
["body", "status"])
```

除了避免声明只包含样板代码的类，这种方法的优势还包括确保返回对象的一个有用的文本表示，且比较运算符（如 == 和 !=）的行为符合预期。之前，原始的类并没有比较类中的值，所以在类版本中，FakeAIOHttpResponse("", 200) == FakeAIOHttpResponse("", 200) 计算为 False，而在命名元组版本中，计算结果为 True。

命名元组是一种特殊的元组类型，既可以使用特性访问的方式通过字段名来访问其中的项，又可以使用索引来访问其中的项。例如，对于 FakeAIOHttpResponse 的实例，x.body == x[0]。最后，它们提供了一个 _asdict() 实用方法，该方法返回的字典中包含与命名元组实例相同的数据。

命名元组最大的缺点是，不能很方便地向它们添加方法。可以继承命名元组，然后为它们添加方法，但我不建议那么做，因为得到的代码的可读性会很差。

```
class FakeAIOHttpResponse(collections.namedtuple("", ["body", "status"])):
    async def json(self) -> t.Any:
        return json.loads(self.body)
```

在这种场合中，数据类能够大展拳脚。通过在类定义上使用 @dataclasses.dataclass 装饰器，可以把类转换为数据类。使用类型语法来定义字段，可以选择为其提供默认值。数据类装饰器负责将类变量转换为自定义的 __init__(...)、__repr__()、__eq__(...) 和其他方法。

```
@dataclass
class FakeAIOHttpResponse:
    body: str
    status: int = 200

    async def json(self) -> t.Any:
        return json.loads(self.body)
```

有时候，除了在 __init__ 方法中存储值以外，我们还想在其中添加其他代码。使用数据类可以实现这种需求：定义一个 __post__init__ 方法，它将在 __init__ 中的样板代码完成后被调用。

虽然数据类提供的许多特性与命名元组相同，但它们与命名元组提供的 API 并不完全兼容。它们没有实现项访问[⊖]，并且要转换为字典和元组，需要分别使用 dataclasses.asdict(...) 和 dataclasses.astuple(...) 函数，而不是使用类自己的方法。

虽然这里没有使用，但数据类相比命名元组还有另外一个优势：它们是可变的。在实

⊖ response['body'] 不能工作。

例化数据类对象后，可以修改它的特性的值。对于命名元组，这一点不成立。这是一个可选特性，使用@dataclass(frozen=True)的类不支持在实例化后修改特性。冻结数据类还有一个优势，即该数据类变得可哈希，即可以把它存储为集合的一部分，或者字典的键。

警告 虽然冻结的数据类不允许它们的值被替换，但如果它的某个值是可变的，则可能就地改变该字段的值。如果使用列表、集合或字典等作为值类型，那么不建议使用frozen=True选项。

还有另几个选项可以传递给@dataclass装饰器，如eq=False导致不会生成相等性判断函数，所以相同值的不同实例在进行比较时不会相等。另外，传递order=True会生成丰富的比较字段，并且对象的顺序与它们的值组成元组时的顺序相同。

对于一些高级用例，可以指定基于字段的元数据。例如，我们可能想让响应的repr看起来是FakeAIOHttpResponse(url='http://localhost', status=200)，即添加一个URL项并从repr中省略响应体。这可以使用field对象完成，而不必使用标准的方法（即编写自定义的__repr__()方法）。表8-2比较了这两种方法。

表8-2 有和没有数据类辅助方法时，自定义repr的行为对比

<table>
<tr><th>使用field(...)来自定义默认repr</th><th>使用自定义的__repr__</th></tr>
<tr><td><pre>
from dataclasses import
dataclass, field

@dataclass
class FakeAIOHttpResponse:
    url: str
    body: str = field(repr=False)
    status: int = 200

    async def json(self) -> t.Any:
        return json.loads(self.body)
</pre></td><td><pre>
from dataclasses import dataclass

@dataclass
class FakeAIOHttpResponse:
    url: str
    body: str
    status: int = 200

    def __repr__(self):
        name = type(self).__name__
        url = self.url
        status = self.status
        return f"{name}({url=}, {status=})"

    async def json(self) -> t.Any:
        return json.loads(self.body)
</pre></td></tr>
</table>

field(...)方法的优点是代码少，只不过也变得不那么直观了。__repr__()方法允许我们获得完全控制，代价是需要重新实现默认行为。

在某种情况下，必须使用field方法，需要支持默认值（如列表或字典）是可变对象的字段。这与不建议为函数的默认值使用可变对象的原因相同，因为就地修改它们可能导致数据流入其他实例。

field 对象接受 default_factory 参数，它是一个为实例生成默认值的可调用函数，可以是用户指定的函数，也可以是不接受实参的类构造函数。

```
options: t.List[str] = field(default_factory=list)
```

contextlib

正如使用 yield 来拆分 pytest 测试夹具的准备和清理部分那样，我们可以使用标准库的 contextlib 中的装饰器来创建上下文管理器，而不需要显式实现 __enter__() 和 __exit__(...) 这对方法。

@contextlib.contextmanager 装饰器是创建上下文管理器的最简单的方法，特别是创建这里使用的这种简单的上下文管理器。上下文管理器最常见的用法是创建资源，并确保在使用完后正确清理它们。表 8-3 显示，如果我们创建一个上下文管理器，使其行为与前面的 HTTP 服务器测试夹具相同，那么得到的代码几乎是完全相同的。

表 8-3 带有清理功能的 pytest 测试夹具和上下文管理器的对比

<table>
<tr><th>创建 HTTP 服务器的 pytest 测试夹具</th><th>创建 HTTP 服务器的上下文管理器</th></tr>
<tr><td><pre>import pytest
@pytest.fixture(scope="module")
def http_server():
    yield from run_server_in_thread(
        "standard", {
            "APD_SENSORS_API_KEY":
            "testing"
        }, 12081
)</pre></td><td><pre>import contextlib
@contextlib.contextmanager
def http_server():
    yield from run_server_in_thread(
        "standard", {
            "APD_SENSORS_API_KEY":
            "testing"
        }, 12081
)</pre></td></tr>
</table>

更加复杂的上下文管理器（例如需要处理封装代码中发生异常的那些上下文管理器）需要把 yield 语句视为可能引发异常的语句。因此，通常需要把 yield 语句放到 try/finally 块或 with 块中，以确保正确清理资源。

FakeAIOHttpClient 的 get(...) 方法是一个异步上下文管理器，而非标准上下文管理器。@contextlib.contextmanager 装饰器从生成器方法创建 __enter__() 和 __exit__(...) 方法，但我们需要的是让装饰器从生成器协程创建 __aenter__() 和 __aexit__(...) 协程。这可以使用 @contextlib.asynccontextmanager 装饰器实现。

3. 测试方法

现在，我们有了支持对代码进行更加快速的集成测试的测试夹具，可以开始编写测试函数了。首先，我们可以测试在没有 HTTP 服务器开销的情况下，get_data_ points(...) 方法的行为[⊖]。然后，可以为受 get_data_points(...) 控制的 add_data_from_sensors(...) 方法添加测试。最后，我们需要添加测试来确保应用程序的数据库部分正常工作，我们仍然需要修改这部分代码来移除阻塞行为。

代码清单 8-5 中展示的测试方法结合使用了多种已经使用过的技术。get_data_points(...) 的测试使用了通过自定义对象创建的 mockclient。我们计划创建一组测试，它们都依赖于 HTTP 库的准确行为，这是其中的第一个测试。另外，add_data_from_sensors 测试使用 unittest.mock.Mock() 对象来模拟数据库会话，因为我们只需要断言在期望的时候调用了特定的方法。

patch_aiohttp() 测试夹具结合使用了两种方法，以及测试夹具的准备和清理功能。只要 unittest.mock.patch(...) 上下文管理器是活跃的，它就会接受 Python 对象的位置，并将其替换为模拟对象。因为 add_data_from_sensors(...) 方法不接受 ClientSession 作为实参，所以不能把自定义模拟对象传递给它。这允许我们把自定义对象嫁接到 aiohttp 库，每当被测试的代码创建 ClientSession 时就返回它，就像 responses 对 requests 库所做的那样。

代码清单 8-5　apd.aggregation 的各种测试方法

```
from unittest.mock import patch, Mock, AsyncMock

import pytest

import apd.aggregation.collect

class TestGetDataPoints:
    @pytest.fixture
    def mut(self):
        return apd.aggregation.collect.get_data_points
    @pytest.mark.asyncio
    async def test_get_data_points(
        self, mut, mockclient: FakeAIOHttpClient, data
    ) -> None:
        datapoints = await mut("http://localhost", "", mockclient)

        assert len(datapoints) == len(data["sensors"])
        for sensor in data["sensors"]:
            assert sensor["value"] in (datapoint.data for datapoint in
            datapoints)
            assert sensor["id"] in (datapoint.sensor_name for datapoint in
            datapoints)

class TestAddDataFromSensors:
```

⊖ 需要着重强调，这些测试函数的目的是补充功能测试套件，而不是替代它们。除非排除功能测试，否则测试运行速度不会变快。

```
    @pytest.fixture
    def mut(self):
        return apd.aggregation.collect.add_data_from_sensors

    @pytest.fixture(autouse=True)
    def patch_aiohttp(self, mockclient):
        # Ensure all tests in this class use the mockclient
        with patch("aiohttp.ClientSession") as ClientSession:
            ClientSession.return_value.__aenter__ = AsyncMock(
            return_value=mockclient)
            yield ClientSession

    @pytest.fixture
    def db_session(self):
        return Mock()

    @pytest.mark.asyncio
    async def test_datapoints_are_added_to_the_session(self, mut,
    db_session) -> None:
        # The only times data should be added to the session are when
        # running the MUT
        assert db_session.add.call_count == 0
        datapoints = await mut(db_session, ["http://localhost"], "")
        assert db_session.add.call_count == len(datapoints)
```

得到的测试并没有过于复杂，它们覆盖了与功能测试相同的一般功能。它们为将来的测试提供了一个基础，并让功能测试成为一个后备选项，这让我们确信测试包含有用的断言。这里的集成测试都是正面的，确认了正常情况能够工作。我们还没有创建测试来确认意外情况或者边缘情况是否得到了正确处理，但它们是一个不错的起点。

8.2 异步数据库

到目前为止，我们一直在使用 SQLAlchemy ORM 来处理数据库和 Python 代码之间的所有交互，因为它允许我们将数据库的特别之处搁置一边，得到看起来很标准的 Python 代码。但是，SQLAlchemy ORM 不适合用在纯异步环境中。SQLAlchemy 不保证只在收到 `session.query(...)` 调用后才运行 SQL 查询，当访问对象的特性时也可以运行查询，更不用说插入和事务管理查询了。所有这些调用都可能阻塞执行，严重影响 asyncio 应用程序的性能。

这并不意味着运行在异步上下文中时，SQLAlchemy ORM 更慢，因为阻塞通常很短，并且在以同步方式使用 SQLAlchemy 时也存在。相反，这意味着在异步代码中使用 SQLAlchemy 可能导致性能降级到与同步代码相同的水平，这就抵消了使用 asyncio 的许多优势。

如果我们愿意牺牲 SQLAlchemy 的 ORM 组件，只将其用作 SQL 语句生成器和接口，那么无意间发出查询的风险就不存在了。但这真的是一种损失，是目前为止在让代码异步工作的过程中考虑的最大损失，因为 SQLAlchemy ORM 真的是一个很好的库。

在撰写本书时，针对数据库连接没有完美的解决方案。但是，我认为生成语句的方法是一个不错的折中方法。只要不是在编写异步服务器应用程序，并且能够容忍性能降级的风险，就应该考虑这种实用的方法：使用 ORM，同时尽量避免在主线程中调用阻塞代码。

8.2.1　经典 SQLAlchemy 风格

我们将在示例中使用语句生成方法。我们不能再继续使用前面创建的基于 `declarative_base` 的类，因为这可能在不经意间触发 SQL 查询。使用“经典”风格（即显式的表对象，它们没有直接从自己代表的 Python 类派生），而不是配置 ORM 来把表和 Python 对象链接起来，我们能够安全地使用 `DataPoint` 对象，不会触发隐式查询。代码清单 8-6 给出了现有表的一个实现。

这种方法意味着我们不会直接在数据库层处理自定义对象。我们将处理表，并负责在对象和 SQLAlchemy API 之间进行翻译。但是，我们只是修改了表示数据库的方式，并没有修改数据库结构，所以不需要针对这种修改创建任何迁移。

代码清单 8-6　使用独立的表和数据类的“经典”风格

```
from dataclasses import dataclass, field
import datetime
import typing as t

import sqlalchemy
from sqlalchemy.dialects.postgresql import JSONB, TIMESTAMP
from sqlalchemy.schema import Table

metadata = sqlalchemy.MetaData()

datapoint_table = Table(
    "sensor_values",
    metadata,
    sqlalchemy.Column("id", sqlalchemy.Integer, primary_key=True),
    sqlalchemy.Column("sensor_name", sqlalchemy.String),
    sqlalchemy.Column("collected_at", TIMESTAMP),
    sqlalchemy.Column("data", JSONB),
)
@dataclass
class DataPoint:
    sensor_name: str
    data: t.Dict[str, t.Any]
    id: int = None
    collected_at: datetime.datetime = field(
    default_factory=datetime.datetime.now)
```

在做其他处理之前，应该更新 alembic/env.py 脚本，因为它需要引用 metadata 对象，才能生成迁移。之前，它导入 Base，然后访问 Base.metadata。我们必须修改那些代码，以使用新的元数据对象 apd.aggregation.database.metadata。

我们不能再通过实例化 DataPoint 对象并把它添加到会话中来创建数据库记录，相反，我们直接对 datapoint_table 结构进行 insert 调用。

```
stmt = datapoint_table.insert().values(
    sensor_name="ACStatus",
    collected_at=datetime.datetime(2020,4,1,12,00,00),
    data=False
)
session.execute(stmt)
```

stmt 对象是 SQLAlchemy 中的 Insert 的一个实例。这个对象代表要执行的 SQL 语句的结构，并不是要直接传递给数据库的字符串。虽然可以查看代表该语句的字符串，但我们需要指定它用于哪种数据库，才能得到正确的结果。SQLAlchemy 会在内部使用基于连接信息的 stmt.compile(dialect=...) 方法调用完成这项工作。不同的数据库使用稍微不同的 SQL 标准，并且使用不同的方式来指定插值，编译步骤会应用数据库特定的语法。在此过程中，所有变体都会把传入的值与 SQL 的结构分开，以防止出现 SQL 注入漏洞。

1. 未编译

```
INSERT INTO datapoints (sensor_name, collected_at, data) VALUES
(:sensor_name, :collected_at, :data)
{'sensor_name': 'ACStatus', 'collected_at': datetime.datetime(2020, 4, 1,
12, 0), 'data': False}
```

2. mssql

```
INSERT INTO datapoints (sensor_name, collected_at, data) VALUES
(:sensor_name, :collected_at, :data)
{'sensor_name': 'ACStatus', 'collected_at': datetime.datetime(2020, 4, 1,
12, 0), 'data': False}
```

3. mysql

```
INSERT INTO datapoints (sensor_name, collected_at, data) VALUES (%s, %s, %s)
['ACStatus', datetime.datetime(2020, 4, 1, 12, 0), False]
```

4. PostgreSQL

```
INSERT INTO datapoints (id, sensor_name, collected_at, data) VALUES (%(id)
s, %(sensor_name)s, %(collected_at)s, %(data)s)
{'id': None, 'sensor_name': 'ACStatus', 'collected_at': datetime.
datetime(2020, 4, 1, 12, 0), 'data': False}
```

5. SQLite

```
INSERT INTO datapoints (sensor_name, collected_at, data) VALUES (?, ?, ?)
['ACStatus', datetime.datetime(2020, 4, 1, 12, 0), False]
```

除非感到好奇，否则不需要查看这些字符串。我们也不需要手动编译插入语句。通过 SQLAlchemy 建立的会话会在使用 `session.execute(stmt)` 执行的时候，直接处理 `Insert` 对象。

`execute(...)` 方法将该语句发送给数据库，并等待响应。这个 Python 语句可能导致阻塞，例如可能需要等待一个 SQL 锁。`session.commit()` 调用也可能导致阻塞，因为前面的插入命令会在这里最终完成。简而言之，使用这种方法时，我们需要确保涉及会话的所有调用总是发生在不同的线程中。

能够忽略 SQL 生成的细节，只调用 `table.insert().values(...)`，演示了即使是在这种受限的方式中，我们仍然保留了使用 SQLAlchemy 的一些优势。通过编写实用函数在这两种数据类型之间进行转换，还可以让这种方法变得更好一些。一开始，我们可能想使用 `**dataclasses.asdict(...)` 来生成 `values(...)` 调用体，但那将包含 `id=None`。在 SQL 插入中，我们不想把 `id` 设为 `None`，而是想在实参列表中省略它，让数据库来进行设置。为了方便实现这一点，我们将在数据类上创建一个函数（见代码清单 8-7），让它调用 `asdict(self)`，但只在显式设置了 `id` 时才包含 `id`。

代码清单 8-7 针对数据库查询的辅助方法的 DataPoint 类实现

```python
from dataclasses import dataclass, field, asdict
import datetime
import typing as t

@dataclass
class DataPoint:
    sensor_name: str
    data: t.Dict[str, t.Any]
    id: int = None
    collected_at: datetime.datetime = field(
    default_factory=datetime.datetime.now)

    def _asdict(self):
        data = asdict(self)
        if data["id"] is None:
            del data["id"]
        return data
```

8.2.2 使用 run_in_executor

第7章简单讨论了 run_in_executor(...) 函数，在给出的示例中让 time.sleep(1) 与 asyncio.sleep(1) 并行运行，而不是顺序运行。那是一个编造的示例，不过把数据库调用移动到新线程确实很适合这个函数。

> **警告** 不可把 run_in_executor(...) 方法与之前使用的 with ThreadPoolExecutor() 结构互换使用。它们都把工作委托给线程，池执行器结构设置一个池，把工作提交给该池，然后等待所有工作完成，而 run_in_executor(...) 方法则创建一个长时间运行的池，允许在异步代码中提交任务并等待它们的值。

我们到目前为止使用过的许多 asyncio 辅助函数，如 asyncio.gather(...)、asyncio.create_task(...) 和 asyncio.Lock()，都会自动检测当前的 asyncio 事件循环。run_in_executor(...) 函数稍有不同，它只能作为事件循环实例上的方法使用。我们需要使用 asyncio.get_running_loop() 获得当前的事件循环，然后使用该事件循环来提交要在执行器中运行的函数。建议提交一个同步任务来执行所有需要完成的工作，而不是针对每个低级调用提交单独的任务，然后使用异步逻辑把它们联系起来。例如，创建一个 handle_result(...) 函数（见代码清单 8-8）来为一组对象生成插入查询，而不是为要插入的每个对象添加一个函数调用。

代码清单 8-8 用于添加数据点的数据库集成查询

```
def handle_result(result: t.List[DataPoint], session: Session) ->
t.List[DataPoint]:
    for point in result:
        insert = datapoint_table.insert().values(**point._asdict())
        sql_result = session.execute(insert)
        point.id = sql_result.inserted_primary_key[0]
    return result
async def add_data_from_sensors(
    session: Session, servers: t.Tuple[str], api_key: t.Optional[str]
) -> t.List[DataPoint]:
    tasks: t.List[t.Awaitable[t.List[DataPoint]]] = []
    points: t.List[DataPoint] = []
    async with aiohttp.ClientSession() as http:
        tasks = [get_data_points(server, api_key, http) for server in servers]
        for results in await asyncio.gather(*tasks):
            points += results
    loop = asyncio.get_running_loop()
    await loop.run_in_executor(None, handle_result, points, session)
    return points
```

loop.run_in_executor的实参是(executor, callable, *args)，其中executor必须是ThreadPoolExecutor的实例或None（此时将使用默认执行器，必要时会创建一个）。

提示 如果要适配大量同步任务，建议直接管理线程池。这允许你设置线程池中的工作线程数，进而设置它们将执行的同步任务数。这还允许在判断需要添加什么锁的时候，更加有效地分析哪些代码能够同时执行，从而让代码线程安全。

---

callable函数将在该执行器中作为任务调用，其位置实参在*args中指定。在这个API中，不能向它指定关键字实参。

要使用需要关键字实参的函数，最好的方法是使用functools.partial(...)函数。它将函数转换为另一个接受更少实参的函数。如果我们像下面这样把handle_result(...)函数封装到partial中，那么下面的函数调用是等效的：

```
>>> only_points = functools.partial(handle_result, session=Session)
>>> only_session = functools.partial(handle_result, points=points)
>>> no_args = functools.partial(handle_result, points=points,
session=Session)
>>> handle_result(points=points, session=Session)
[DataPoint(...), DataPoint(...)]

>>> only_points(points=points)
[DataPoint(...), DataPoint(...)]

>>> only_session(session=Session)
[DataPoint(...), DataPoint(...)]

>>> no_args()
[DataPoint(...), DataPoint(...)]
```

除了run_in_executor(...)这样不支持关键字实参的API，有时候能够在传递函数时指定一部分实参会很有用，例如，这样可以避免把数据库会话或者Web请求传递给每个函数。

Django的ORM

许多Python开发人员在Web开发生涯的某个阶段会使用Django，他们可能有这样一个疑问：在异步代码中（如在通道中）与Django ORM进行交互的相应过程是什么样的？

对于Django，建议正常使用其ORM，但只在同步函数中使用。可以通过实

用方法 @channels.db.database_sync_to_async 来调用同步函数，该方法可用作同步函数的装饰器，使它们可被等待。此装饰器委托给有显式线程池的 run_in_executor(...)，但也执行一些特定于 Django 的数据库连接管理。

```
from channels.db import database_sync_to_async

@database_sync_to_async
def handle_result(result: t.List[t.Dict[str, t.Any]]) -> t.List[DataPoint]:
    points: t.List[DataPoints] = []
    for data in result:
        point = DataPoint(**data)
        point.save()
        points.append(point)
    return points
```

前面的代码演示了在 Django 通道的上下文中使用的一个假想的 handle_result(...) 方法。因为 Django 鼓励提前执行所有收集数据的操作，然后再渲染响应，所以这是一种能够工作的非最优解决方案。

8.2.3 查询数据

在使用 SQLAlchemy 的 ORM 时，查询数据和接收 Python 对象十分简单。但是，因为我们只使用 SQLAlchemy 的查询构造和执行部分，所以要更加复杂一点。在启用 ORM 的 SQLAlchemy 中，我们会使用下面的语句找出 PythonVersion 传感器的所有 DataPoint 条目：

```
db_session.query(DataPoint).filter(DataPoint.sensor_name=="PythonVersion")
```

但是，我们需要使用表对象，并在 c 特性中引用它的列，如下所示：

```
db_session.query(datapoint_table).filter(
datapoint_table.c.sensor_name=="PythonVersion")
```

我们取回的对象不是 DataPoint 对象，而是 SQLAlchemy 自己内部的命名元组实现，称为轻量级命名元组。当没有设置类映射器的时候，查询将返回这种元组。

这些内部命名元组提供了 _asdict() 方法，所以要将 result 对象转换为 DataPoint 对象，最好的方法是使用 DataPoint(**result._asdict())。但是，这些对象是动态生成的，被认为是 SQLAlchemy 的实现细节。因此，不能在函数的类型定义中使用这些对象。添加辅助方法来把命名元组转换为数据类后，最终代码如代码清单 8-9 所示。

代码清单 8-9　DataPoint 类的最终实现，支持手动将对象映射到 SQLAlchemy

```
from dataclasses import dataclass, field, asdict
import datetime
import typing as t
@dataclass
class DataPoint:
    sensor_name: str
    data: t.Dict[str, t.Any]
    id: int = None
    collected_at: datetime.datetime = field(
    default_factory=datetime.datetime.now)

    @classmethod
    def from_sql_result(cls, result):
        return cls(**result._asdict())

    def _asdict(self):
        data = asdict(self)
        if data["id"] is None:
            del data["id"]
        return data
```

现在，我们可以使用 SQLAlchemy 进行查询，使它们返回对象，但这些对象与数据库没有任何直接连接，从而避免发出意外查询。

```
results = map(
    DataPoint.from_sql_result,
    db_session.query(datapoint_table).filter(
    datapoint_table.c.sensor_name=="PythonVersion")
)
```

在编写测试时，也可以使用这种方法，让它们与使用 ORM 的代码几乎一样清晰。

```
@pytest.mark.asyncio
async def test_datapoints_can_be_mapped_back_to_DataPoints(
    self, mut, db_session, table, model
) -> None:
    datapoints = await mut(db_session, ["http://localhost"], "")
    db_points = [
    model.from_sql_result(result) for result in
    db_session.query(table)
]
assert db_points == datapoints
```

提示　如果你在使用 Pandas 数据分析框架，那么 `DataFrame` 对象针对从 SQLAlchemy 查询加载和存储信息提供了专门的方法。`read_sql(...)` 和 `to_sql(...)` 等方法在加载大数据集时非常有用。

8.2.4 避免复杂查询

人们常常在 ORM 中构建非常复杂的查询，例如涉及多个连接[⊖]、条件和子查询的查询。通过运用一些技巧，能够创建易于理解的代码来代表复杂的条件。对于 SQLAlchemy，这个技巧就是使用 `@hybrid_property` 特性，而对于 Django，对应的就是自定义查找和转换。

第 6 章介绍了 SQLAlchemy 如何改变映射类中的类特性，使列能够代表字段的值，或者 SQL 能够代表列，具体取决于是在类的实例上还是类上访问特性。混合属性允许把同样的方法扩展到自定义逻辑。

这里的优势在于重新组织代码。为了演示它的适用场合，我们首先需要一个能够从重构受益的功能需求。可能我们想查看某一天的公共值的汇总结果。在 SQLAlchemy 中，可以使用一个非常长的查询来获取一天中产生的所有条目的传感器名称、值以及出现该值的次数：

```
value_counts = (
    db_session.query(
        datapoint_table.c.sensor_name,
        datapoint_table.c.data,
        sqlalchemy.func.count(datapoint_table.c.id)
    )
    .filter(
        sqlalchemy.cast(datapoint_table.c.collected_at, DATE)
        == sqlalchemy.func.current_date()
    )
    .group_by(datapoint_table.c.sensor_name, datapoint_table.c.data)
)
```

这有两个问题。首先，`name` 和 `data` 列出现了两次，因为我们想按它们分组，但也想能够看到哪个结果属于哪个分组，所以也必须在输出列中显示它们。其次，我们使用的过滤器对于阅读和执行来说都十分复杂。阅读很困难，因为它涉及 SQLAlchemy 函数的多个调用，而不只是进行简单的比较。执行很困难，因为我们使用了 `cast` 来修改 `collected_at` 特性，这会使该列上设置的索引失效。

注意 我使用了 `sqlalchemy.func.current_date()` 来代表当前日期。通过 `sqlalchemy.func`，可以按照名称访问数据库中可用的任何函数。这纯粹是一种风格选择，它并不比使用 `datetime.date.today()` 或数据库解释为日期的其他东西更快或者更慢。

⊖ 有时候，甚至多次连接相同的表，生成特别让人困惑的代码。

要查看 PostgreSQL 如何解释查询，最简单的方法是打开一个数据库 shell，在那里使用 EXPLAIN ANALYZE 修饰符来运行查询[⊖]。输出格式相当复杂，但有许多关于 PostgreSQL 的资源深入解释了如何阅读这些输出和优化方法。

现在，我们的目标是创建容易阅读但又不会很慢的查询。首先，把公共列移动到变量中，以减少重复代码。

```
headers = datapoint_table.c.sensor_name, datapoint_table.c.data
value_counts = (
    db_session.query(*headers, sqlalchemy.func.count(datapoint_table.c.id))
    .filter(
        sqlalchemy.cast(datapoint_table.c.collected_at, DATE)
        == sqlalchemy.func.current_date()
    )
    .group_by(*headers)
)
```

这样一来，filter 部分成了速度和可读性方面的瓶颈。下一步，建议为底层表在 collected_at 和 sensor_name 字段上添加索引。这可以通过在表字段中添加 index=True 并生成一个新的 alembic 修订版本来实现，如下所示：

```
datapoint_table = Table(
    "datapoints",
    metadata,
    sqlalchemy.Column("id", sqlalchemy.Integer, primary_key=True),
    sqlalchemy.Column("sensor_name", sqlalchemy.String, index=True),
```

⊖ 如果查询涉及大量参数，可能会比较棘手。sqlalchemy-utils 包中的 analyze 函数可以执行这种分析，但它也会解析结果，而不是显示标准格式。下面是一行相当复杂的命令，放到 .pdbrc 文件中时，会允许你在 pdb 提示符中运行 EXPLAIN ANALYZE 查询：

```
alias explain_analyze !_compiled=(%1).selectable.compile();_rows=(%2).
execute("EXPLAIN ANALYZE "+ str(_compiled), params=_compiled.params);
print("\n".join(str(_row[0]) for _row in _rows)) and used as follows:
```

```
(Pdb) explain_analyze example_query db_session
GroupAggregate   (cost=25.61..25.63 rows=1 width=72) (actual time=0.022..0.022
rows=0 loops=1)
  Group Key: sensor_name, data
  -> Sort  (cost=25.61..25.62 rows=1 width=68) (actual time=0.022..0.022 rows=0 loops=1)
        Sort Key: data
        Sort Method: quicksort  Memory: 25kB
        ->  Seq Scan on sensor_values  (cost=0.00..25.60 rows=1 width=68)
        (actual time=0.018..0.018 rows=0 loops=1)
              Filter: (((sensor_name)::text = 'ACStatus'::text) AND
              ((collected_at)::date = CURRENT_DATE))
Planning Time: 1.867 ms
Execution Time: 0.063 ms
```

从本章开始，我在项目的 .pdbrc 文件中添加了这里的内容，使你在学习配套代码时能够使用 EXPLAIN ANALYZE 查询。

```
    sqlalchemy.Column("collected_at", TIMESTAMP, index=True),
    sqlalchemy.Column("data", JSONB),
)
> pipenv run alembic revision --autogenerate -m "Add indexes to datapoints"
> pipenv run alembic upgrade head
```

但是，这不足以影响执行计划，因为我们在比较过程中操纵了 collected_at 列。由于 CAST() 函数的结果不是索引能够缓存的操作，这会导致索引失效。你可以在数据库中创建一个函数，使其返回给定时间戳的日期，并对该函数的结果进行索引，但那种方法并不会让代码更加容易阅读。

建议使用 @hybrid_property 将这个条件提取成类的一个特性。我们可以复制相同的条件，但那只会让代码更容易阅读，并不会让代码执行更加高效。将条件提取出来的一个优点是，可读性与效率的平衡发生了变化：如果把条件隐藏到有着有益名称的实用函数中，那么我们就能够有更加高效但可读性降低的条件，而不必把条件分散到代码库中的不同部分。

@hybrid_property 装饰器的工作方式与标准的 @property 装饰器相似，但它有可选的 expression=、update_expression= 和 comparator= 特性。expression 是类方法，返回一个可选择对象（即代表 SQLAlchemy 的值的东西），如 CAST(datapoint_table.c.collected_at, DATE)。update_expression 也是类方法，它接受一个值，返回由列及其新值构成的二元元组的一个列表，用作 expression 的反向方法，以允许更新列。这两个方法允许列的外观在行为上与原生列相同。混合属性常用于全名，将名和姓连接起来[㊀]。只实现 expression 而没有同时实现 update_expression 是常见的做法。在这种情况下，属性是只读的。

comparator 属性略有不同，它不能与 expression 或 update_expression 功能一起使用，但它允许实现更加复杂的用例，在把比较运算符两侧的部分发送给数据库之前，先对它们进行自定义。一种常见的用法是将电子邮件地址或者用户名转为小写，试图让它们对大小写不敏感[㊁]。

比较器和表达式之所以不能共用，是因为 expression 功能是通过一个叫作

㊀ 这是常见用法，但是请不要这么做。并不是每个人都有名和姓，所以并不存在一种广泛适用的方式将全名拆分为组成部分，也没有广泛适用的方式将组成部分连接成全名。请参看“Falsehoods Programmers Believe About Names”一文（以及关于时间、地址、地图、性别等的相关文章）。作为工程师，我们有义务指出这些缺陷，就如同在 20 世纪 90 年代，我们有义务指出两位数日期的缺陷一样。

㊁ 只有从 SQLAlchemy 查询时，这些比较器才能工作。它们不改变数据库的唯一约束的行为。你也需要确保这些约束的正确性，例如可以像下面这样指定它们：

```
Index("unique_username_idx", func.lower(user_table.c.username), unique=True)
```

ExprComparator 的默认比较器实现的，所以如果我们自行提供了比较器，就会覆盖处理 expression 的代码。因为我们想同时使用这两种功能，所以可以继承 ExprComparator，以便使用它委托给表达式的功能，同时覆盖比较器函数的实现。

我们可以创建 @hybrid_property，将 datetime 转换为 date，同时使用自定义比较器来利用一些数据库特定的优化功能。Postgres 将 date 视为与 datetime 等效，只不过其时间部分是午夜。我们不必确保比较运算符的两侧都是日期，而是可以确保右侧部分等于或晚于指定日期的午夜，同时早于下一天的午夜。要实现这一点，我们可以确保比较运算符的右侧是一个日期，然后向其加 1 来得到下一天。这允许使用索引做两次比较，实现与不使用索引的一次比较相同的结果。代码清单 8-10 给出了更新后的 DataPoint 实现。

代码清单 8-10　DataPoint 的表和模型，针对日期优化了比较器

```
from __future__ import annotations

from dataclasses import dataclass, field, asdict
import datetime
import typing as t

import sqlalchemy
from sqlalchemy.dialects.postgresql import JSONB, DATE, TIMESTAMP
from sqlalchemy.ext.hybrid import ExprComparator, hybrid_property
from sqlalchemy.orm import sessionmaker
from sqlalchemy.schema import Table

metadata = sqlalchemy.MetaData()

datapoint_table = Table(
    "sensor_values",
    metadata,
    sqlalchemy.Column("id", sqlalchemy.Integer, primary_key=True),
    sqlalchemy.Column("sensor_name", sqlalchemy.String, index=True),
    sqlalchemy.Column("collected_at", TIMESTAMP, index=True),
    sqlalchemy.Column("data", JSONB),
)

class DateEqualComparator(ExprComparator):

    def __init__(self, fallback_expression, raw_expression):
        # Do not try and find update expression from parent
        super().__init__(None, fallback_expression, None)
        self.raw_expression = raw_expression

    def __eq__(self, other):
        """ Returns True iff on the same day as other """
        other_date = sqlalchemy.cast(other, DATE)
        return sqlalchemy.and_(
            self.raw_expression >= other_date,
            self.raw_expression < other_date + 1,
        )
```

```
    def operate(self, op, *other, **kwargs):
        other = [sqlalchemy.cast(date, DATE) for date in other]
        return op(self.expression, *other, **kwargs)

    def reverse_operate(self, op, other, **kwargs):
        other = [sqlalchemy.cast(date, DATE) for date in other]
        return op(other, self.expression, **kwargs)

@dataclass
class DataPoint:
    sensor_name: str
    data: t.Dict[str, t.Any]
    id: t.Optional[int] = None
    collected_at: datetime.datetime = field(
    default_factory=datetime.datetime.now)

    @classmethod
    def from_sql_result(cls, result) -> DataPoint:
        return cls(**result._asdict())

    def _asdict(self) -> t.Dict[str, t.Any]:
        data = asdict(self)
        if data["id"] is None:
            del data["id"]
        return data

    @hybrid_property
    def collected_on_date(self):
        return self.collected_at.date()

    @collected_on_date.comparator
    def collected_on_date(cls):
        return DateEqualComparator(
            cls,
            sqlalchemy.cast(datapoint_table.c.collected_at, DATE),
            datapoint_table.c.collected_at,
        )
```

ExprComparator 的构造函数接受 3 个实参，分别是模型类、表达式和包含它的混合属性。__init__(...) 中的 class= 和 hybrid_property= 实参用于实现更新行为，但因为我们不需要这个功能，所以简化了接口，为这些参数传入 None。我们想要对查询以及比较功能（除非另外指定）使用 expression 参数。在 __init__(...) 函数中，为底层列添加一个新参数，以便能够在自定义比较函数中访问原始数据。

operate(...) 和 reverse_operate(...) 函数实现了各种比较功能。它们允许操纵比较运算符两侧的参数，而我们需要进行操纵，以确保被比较的对象在 PostgreSQL 中被 CAST() 函数转换为 DATE 对象。__eq__(...) 方法是我们自定义的相等性检查方法，它采用前面介绍的方法，以更加高效的方式检查两侧是否是相同的日期。

它们的效果是，我们能够无缝地比较两个 `datetime` 值，并获得正确的结果。除非是相等性检查（我们试图优化的操作），否则两侧都被 `CAST()` 为 `DATE`。如果是相等性检查，只把实参 `CAST()` 为 `DATE`，允许左侧的列使用索引。表 8-4 给出了可能使用的 Python 表达式及其对应的 SQL 或 Python 代码，以及是否能够使用索引。

表 8-4　混合属性的每个操作的效果汇总

Python 表达式	计算结果	索　引
`DataPoint.collected_on_date`	`CAST(sensor_values.collected_at AS DATE)`	否
`DataPoint(...).collected_on_date`	`datetime.date(2020, 4, 1)`	N/A（在 Python 中计算）
`DataPoint.collected_on_date == other_date`	`sensor_values.collected_at >= CAST(%(param_1)s AS DATE) AND sensor_values.collected_at < CAST(%(param_1)s AS DATE) + %(param_2)s`	是（只用于 `collected_at`，不用于右侧）
`DataPoint.collected_on_date < other_date`	`CAST(sensor_values.collected_at AS DATE) < CAST(%(param_1)s AS DATE)`	否
`DataPoint(...).collected_on_date == other_date`	`datetime.date(2020, 4, 1) == other_date`	N/A（在 Python 中计算）
`DataPoint(...).collected_on_date < other_date`	`datetime.date(2020, 4, 1) < other_date`	N/A（在 Python 中计算）

对于 `collected_on_date` 表达式和比较器，我们可以明显简化查询代码。把它作为条件，可让代码更容易理解，并且确保会生成高效的 SQL 来使用索引。

```
headers = table.c.sensor_name, table.c.data
value_counts = (
    db_session.query(*headers, sqlalchemy.func.count(table.c.id))
    .filter(
        model.collected_on_date == sqlalchemy.func.current_date()
    )
    .group_by(*headers)
)
```

Django 的 ORM

Django 的 ORM 采用不同的方式处理这类问题，但确实存在同样的功能。这里将简单解释如何使用这种功能（针对的是已经熟悉 Django 的读者）。更多信息请参阅本章结尾给出的资源。

Django 中并没有与 @hybrid_property 或者在变量中存储任意 SQL 结构对应的功能。它使用查找和转换功能将代码提取为可重用的组件。

在查询中，使用与连接类似的方式引用它们，所以如果前面的代码使用了 Django 模型，那么就能够使用下面的语句按收集日期进行过滤：

```
DataPoints.objects.filter(collected_at__date=datetime.date.today())
```

这里对 datetime 字段使用了内置的 date 转换，将 datetime 强制转换为日期。定义转换器时，需要使用 lookup_name 特性来指定其名称，并使用 output_field 特性来指定它创建的类型。它可以有一个 function 特性（前提是它直接映射到单实参数据库函数），也可以自定义一个 as_sql(...) 方法。

查找的工作方式与转换器类似，但不能链接起来，所以没有输出类型。它提供了一个 lookup_name 特性和一个 as_sql(...) 方法，用来生成相关的 SQL。它们也可以通过 __name 访问，如果没有指定查找，则默认使用名为 exact 的查找。

转换器和查找都必须在注册后才能使用。可以在字段类型或者另一个转换器上注册它们。如果在字段上注册，那么在该类型的所有表达式上都可以使用它们，但如果在转换器上注册，那么只有紧跟该转换器时，它们才有效。在 collected_at_date 中使用的 TruncDate 转换器上自定义一个 exact 查找，就可以构建一个自定义相等性检查，如代码清单 8-11 所示。每当我们使用 datetimefield_date 时，就会应用该检查，但在使用原生日期列时则不会。

代码清单 8-11　在 Django 的 ORM 中实现日期比较

```
from django.db import models
from django.db.models.functions.datetime import TruncDate

@TruncDate.register_lookup
class DateExact(models.Lookup):
    lookup_name = 'exact'

    def as_sql(self, compiler, connection):
```

```
        # self.lhs (left-hand-side of the comparison) is always TruncDate, we
        # want its argument
        underlying_dt = self.lhs.lhs
        # Instead, we want to wrap the rhs with TruncDate
        other_date = TruncDate(self.rhs)
        # Compile both sides
        lhs, lhs_params = compiler.compile(underlying_dt)
        rhs, rhs_params = compiler.compile(other_date)
        params = lhs_params + rhs_params + lhs_params + rhs_params
        # Return ((lhs >= rhs) AND (lhs < rhs+1)) - compatible with
        # postgresql only!
        return '%s >= %s AND %s < (%s + 1)' % (lhs, rhs, lhs, rhs), params
```

与 SQLAlchemy 版本一样，这允许我们在使用 `collected_at__date=datetime.date.today()` 时实现更加高效的自定义查找，但如果使用了 `collected_at__date__le==datetime.date.today()` 和其他比较，就退回到效率没那么高的强制转换行为。

查询视图

在代码库的许多位置，可能需要用到很难使用 ORM 表示的查询。Django ORM 指定连接的方式决定了在使用 Django ORM 时这种情况更加常见一些，但使用 SQLAlchemy 时也会发生这种情况。典型的例子是按照日期或地理位置在表的多个行之间建立相关性，而不是建立与另一个表中的行的关系。例如，一个数据库存储了用户及其旅行计划，想查询在某个日期哪些用户距离接近，这种需求很难用 ORM 表达。

在这种情况下，你可能会发现，创建数据库视图并对它们发出查询更加容易。这不会改变性能特征[⊖]，但允许把复杂的查询视为表进行处理，大大简化了需要使用的 Python 代码。

SQLAlchemy 支持从视图派生表，所以我们可以使用前面创建的查询，将其转换为视图，然后再把该视图作为表映射到 SQLAlchemy。我们可以在数据库控制台中手动创建视图，但我建议创建一个新的 alembic 修订版来发出 `CREATE VIEW` 语句，以便更容易地在不同实例间部署。在不使用 `--autogenerate` 标志的情况下创建 alembic 修订版，然后修改得到的文件，如代码清单 8-12 所示。

⊖ 除非使用了 PostgreSQL 的 MATERIALIZED VIEW 功能，它会缓存结果，直到显式进行刷新。

代码清单 8-12　使用原始 SQL 添加视图的新迁移

```
"""Add daily summary view

Revision ID: 6962f8455a6d
Revises: 4b2df8a6e1ce
Create Date: 2019-12-03 11:50:24.403402

"""
from alembic import op

# revision identifiers, used by Alembic.
revision = "6962f8455a6d"
down_revision = "4b2df8a6e1ce"
branch_labels = None
depends_on = None

def upgrade():
    create_view = """
    CREATE VIEW daily_summary AS
      SELECT
        datapoints.sensor_name AS sensor_name,
        datapoints.data AS data,
        count(datapoints.id) AS count
    FROM datapoints
    WHERE
        datapoints.collected_at >= CAST(CURRENT_DATE AS DATE)
        AND
        datapoints.collected_at < CAST(CURRENT_DATE AS DATE) + 1
    GROUP BY
        datapoints.sensor_name,
        datapoints.data;
    """
    op.execute(create_view)

def downgrade():
    op.execute("""DROP VIEW daily_summary""")
```

现在，我们可以创建一个表对象来引用此视图，这允许在 SQLAlchemy 中生成查询：

```
daily_summary_view = Table(
    "daily_summary",
    metadata,
    sqlalchemy.Column("sensor_name", sqlalchemy.String),
    sqlalchemy.Column("data", JSONB),
    sqlalchemy.Column("count", sqlalchemy.Integer),
    info={"is_view": True},
)
```

info 行允许我们设置任意元数据。这里的 is_view 元数据将在 env.py 文件中用来配置 alembic，使其在自动生成修订版时忽略带有这个标记的表。如果没有这条元数据，alembic 会创建匹配的表，这会与我们的视图冲突。我们需要修改 env.py 文件，在其中包含代码清单 8-13 给出的函数，并且两个 context.configure(...) 函数调用必须将 include_object=include_object 作为实参。

代码清单 8-13　修改 env.py 以使用表对象代表视图

```
from logging.config import fileConfig

from sqlalchemy import engine_from_config
from sqlalchemy import pool
from alembic import context

from apd.aggregation.database import metadata as target_metadata

def include_object(object, name, type_, reflected, compare_to):
    if object.info.get("is_view", False):
        return False
    return True

def run_migrations_online():
    connectable = engine_from_config(
        config.get_section(config.config_ini_section),
        prefix="sqlalchemy.",
        poolclass=pool.NullPool,
    )

    with connectable.connect() as connection:
        context.configure(
            connection=connection,
            target_metadata=target_metadata,
            include_object=include_object,
        )

        with context.begin_transaction():
            context.run_migrations()
```

做出前面的修改后，就可以将汇总 SQL 语句简化为 db_session.query(daily_summary_view)，同时仍然执行相同的 SQL 语句。是否改用视图，必须经过仔细考虑。使用视图通常并不比使用 SQL 语句更加清晰，但这是一种没有得到充分使用的技术，建议在创建复杂的查询时记住有这种技术可以选用。

8.2.5　其他方案

在异步上下文中，建议部分使用 SQLAlchemy 来与 SQL 数据库交互，但这种方法并不完美。根据具体用例，使用一些其他方法可能更加合适。

有一些原生异步的 ORM 被开发出来，如 Tortoise ORM，它从根本上支持 asyncio，所以不像 SQLAlchemy 那样有潜在的阻塞问题。目前，它才问世不久，所以尽管这是一种值得了解的方法，我也会保持关注，但在现阶段，我不推荐把它用在生产代码中。

另一种方法是使用 asyncpg 这样的工具，进入数据库集成的更低级别。这允许与数据库进行完全异步的交互，而不必把工作转移给线程。其缺点是没有内置的 SQL 生成器，所以对用户没那么友好，用户出错的概率也会增加。一些简单的应用程序需要特别快速的数据库连接，它们确实会使用这种方法，但通常我不建议使用这种方法。

最后，对于本章前面提及的 SQLAlchemy 导致阻塞查询的风险，存在一种实用的方法。有时候，最佳方案是接受风险，因为使用 SQLAlchemy 带来的好处要超过性能损失造成的影响。对于服务器端应用程序，这绝对无法接受，因为阻塞和速度变慢会导致客户端的性能严重降级。但在客户端应用程序中，如果使用 asyncio 来提高原本单线程的代码的性能，那么仅使用 SQLAlchemy，并尽力在执行器中运行阻塞代码，并没有太大缺点。

8.3 异步代码中的全局变量

在 Web 开发中，有时候会遇到**总是**需要访问特定对象的情形，这意味着所有函数都需要把这个对象作为参数。这个对象常常是请求对象，代表服务器当前正在处理的 HTTP 请求。另外，常常还需要用到配置对象，而且在异步代码中，还要为许多函数签名添加 `ClientSession` 对象，而不是为每个 HTTP 请求实例化一个新 `ClientSession` 对象。

在这些地方，很适合使用全局变量。Django 和 Flask 都提供了一种全局方法来访问配置（`django.settings` 和 `flask.current_app.config`），并且 Flask 还通过 `flask.request` 提供了请求。

常常有人批评在代码中使用全局变量的做法，认为这种做法是应用程序没有被合理设计的证明。我则持一种更加现实的观点，即**不应该**存在几乎每个函数都可能需要的对象，但有些时候确实存在这样的对象。因此，这些对象应该全局可用，从而避免污染整个系统中的函数签名。

我们使用 Python 的 `contextvars` 特性，将 `ClientSession` 对象转换为全局可用的对象。上下文变量是在线程局部变量的基础上演化而来的，这些变量具有全局作用域，但在不同的同步代码中具有不同的值。通过 `threading.Local()` 创建的线程局部变量允许通过特性访问存储和获取任意数据，但这只能发生在同一个线程内。同时执行的任何线程都不会看到其他线程存储的数据，每个线程对于该变量都可以有自己的值。

我们的代码没有分线程，而是使用异步函数调用来引入并发，所以对于所有并发任务，线程局部变量将总是显示相同的数据。在这种情况下，上下文变量很有用，它们可以为任意作用域的值提供相同作用域，而不是始终将作用域限制为当前线程。

使用 contextvars.ContextVar(...) 构造函数可以定义上下文变量，该构造函数接受该变量的名称作为实参。

```
from contextvars import ContextVar
import aiohttp

http_session_var: ContextVar[aiohttp.ClientSession] = ContextVar("http_session")
```

ContextVar 对象不直接存储值，它委托给一个上下文对象。你可以手动实例化上下文对象并使用该上下文执行一个函数，但在异步代码中不需要这么做[⊖]。每当把协程调度为任务时，就会分配一个新的上下文，并从父任务的上下文中把值复制过来。

使用 set(...) 方法可以为 ContextVar 设置值，使用 get() 方法可以获取 ContextVar 的值。如果一段代码试图在当前上下文中没有设置的上下文变量上调用 get()，就会引发 LookupError。表 8-5 给出了必须做的修改。

表 8-5 修改 get_data_points(...)，将 HTTP 客户端作为上下文变量而不是参数传递

`http = http_session_var.get()`
`to_get = http.get(url,`
`headers=headers)`
`async with to_get as request:`
`    result = await request.json()`
`    ok = request.status == 200`
	`async with aiohttp.ClientSession() as http:`
	`    http_session_var.set(http)`
	`    tasks = [`
	`        get_data_points(server, api_key)`
	`        for server in servers`
	`    ]`

使用 set(...) 的返回值可以临时覆盖上下文变量的值。通常没有必要这么做，但如果确实需要在协程中修改变量，然后再把它改回去，那么首选使用这种模式：

```
reset_token = http_session_var.set(mockclient)
try:
    datapoints = await get_data_points("http://localhost", "")
finally:
    http_session_var.reset(reset_token)
```

练习 8-1：扩展 API

本章介绍了大量新概念，并涉及一些复杂的测试设置。这里的代码很复杂，但在发布新版本时，我们需要有信心更新它。

⊖ 对于同步代码，可以用下面的代码创建新的上下文，然后调用使用该上下文的函数：

```
context = contextvars.copy_context()
context.run(your_callable)
```

现在，除了 URL 之外，传感器没有其他标识符，但随着时间的推移，IP 地址会被重新分配，这些 URL 可能发生改变。我们需要创建一种方式来标识传感器端点，以便能够更加轻松地从单个传感器获取数据。在 apd.sensors 包中添加新的 v2.1 API，使其提供一个新端点。这个端点如下：

```
@version.route("/deployment_id")
def deployment_id() -> t.Tuple[t.Dict[str, t.Any], int, t.Dict[str, str]]:
    headers = {"Content-Security-Policy": "default-src 'none'"}
    data = {"deployment_id":
    flask.current_app.config["APD_SENSORS_DEPLOYMENT_ID"]}
    return data, 200, headers
```

你需要修改测试设置的多个部分来适应这种修改，包括之前 API 的测试夹具代码。记住，并不是说旧 API 的测试代码永远不会改变，只是说面向用户的 API 本身不会改变。

完成修改后，更新 apd.aggregation 包来将 deployment_id 存储为 DataPoint 的一个特性，并使用 v2.1 API 来获取端点的部署 ID。

这是一个重要的修改，相当于让 apd.sensors 包的主版本升级，可能是本书中最难的练习。但是，在现实代码中，你早晚要做这样的修改，所以提前进行练习是有帮助的。

本书配套代码中包含完成这些修改后的版本。

8.4 小结

本章介绍了运行异步代码的大量实际问题，特别是在异步上下文中使用数据库时可能遇到的困难。无论是使用 SQLAlchemy、Django ORM，还是使用同步代码的其他数据库类型的连接，最重要的是记住，要避免阻塞行为显著降低性能，必须使用 run_in_executor。但是，在性能与代码可读性之间必须取得平衡。在编写异步代码时，这可能是需要牢记的最关键的平衡。

本章还介绍了在编写 Python 代码（无论是异步代码还是同步代码）时一般来说很有用的许多技术。自定义数据类和使用 contextlib 的上下文管理器是极为有用的功能，会在许多不同的场景中用到。上下文变量和高效的 ORM 查询都很有用，但有用程度要低一些。

在本章中，apd.aggregation 包增长了许多，其质量已经达到能够用在生产中的水平。下一章将介绍如何分析数据，并创建有用的用户界面来显示数据。

更多资源

建议利用下面的资源，了解本章介绍的主题的更多信息：

- 关于如何在Django的ORM中实现自定义SQL行为，可访问https://docs.djangoproject.com/en/3.0/ref/models/expressions/。
- SQLAlchemy关于混合属性的完整文档见https://docs.sqlalchemy.org/en/14/orm/extensions/hybrid.html，其中还包括一些不太常用的功能的信息。
- Django关于混合同步和异步代码的文档见https://docs.djangoproject.com/en/3.0/topics/async/。文档中介绍了在Django应用中把同步代码和异步代码衔接起来的数据库操作和辅助函数。
- https://explain.depesz.com/上的Web应用是一个有用的工具，它通过把PostgreSQL `EXPLAIN ANALYZE`语句的结果改变为表的格式，并为时间信息加上颜色，帮助理解这些结果。
- 使用requests HTTP库时，对于创建模拟HTTP响应，responses是一个有用的库，见https://github.com/getsentry/responses。

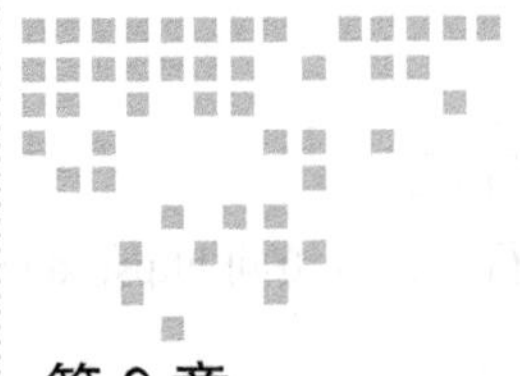

Chapter 9 第9章

查看数据

第8章结尾时，我们开始调查自己可能感兴趣的查询类型，但我们还没有编写任何程序来帮助理解收集的数据。本章将回到 Jupyter 记事本，不过这一次是将其作为数据分析工具，而不是辅助设计原型的工具。

IPython 和 Jupyter 无缝地支持同步和异步函数调用。大部分情况下，我们可以自由地在这两种 API 之间进行选择。因为 `apd.aggregation` 包的其余部分是异步的，所以我建议创建一些实用协程来提取和分析数据。

9.1 查询函数

Jupyter 记事本能够自由地导入和使用 SQLAlchemy 函数，但这需要用户深入理解聚合系统的数据结构的内部构成。这实际上意味着我们创建的表和模型成了公共 API 的一部分，对它们做任何修改都需要递增主版本号并为最终用户把修改内容记录到文档中。

我们不采用上述方法，而是创建一些函数，让它们返回 `DataPoint` 记录供用户交互。这样一来，只有 `DataPoint` 对象和函数签名才是我们要为用户维护的 API 的一部分。在以后，随着我们发现其他需求，总是可以添加更多函数。

首先，我们需要的最重要的功能是找到数据记录，这些记录按照收集时间排序。这让用户能够编写分析代码，分析一段时间内的传感器值。我们可能还想按照传感器类型、部署标识符和日期范围来对记录进行筛选。

我们需要确定函数的形式。它应该返回对象的列表或元组，还是返回一个迭代器？

元组允许我们轻松地统计获取的项数，以及多次迭代列表。迭代器允许我们使用最少的RAM，这可能支持更大的数据集，但限制我们只能迭代数据一次。我们将创建迭代器函数，因为使用它们能够得到更加高效的代码。调用代码可以把迭代器转换为元组，使得用户如果愿意，能够选择迭代元组。

在编写这个函数之前，需要提供一种方法来让用户设置数据库连接。因为我们的目标之一是向最终用户隐藏数据库的细节，所以不想针对设置数据库连接而使用SQLAlchemy函数。我们就连接数据库而创建的自定义函数（见代码清单9-1）还可以设置上下文变量来代表连接，避免为所有搜索函数使用显式的会话实参。

代码清单9-1 使用上下文管理器连接到数据库的query.py

```
import contextlib
from contextvars import ContextVar
import functools
import typing as t

from sqlalchemy import create_engine
from sqlalchemy.orm import sessionmaker
from sqlalchemy.orm.session import Session

db_session_var: ContextVar[Session] = ContextVar("db_session")

@contextlib.contextmanager
def with_database(uri: t.Optional[str] = None) -> t.Iterator[Session]:
    """Given a URI, set up a DB connection, and return a Session as a
    context manager """
    if uri is None:
        uri = "postgresql+psycopg2://localhost/apd"
    engine = create_engine(uri)
    sm = sessionmaker(engine)
    Session = sm()
    token = db_session_var.set(Session)
    try:
        yield Session
        Session.commit()
    finally:
        db_session_var.reset(token)
        Session.close()
```

这个函数作为（同步的）上下文管理器，设置数据库连接及相应的会话，并返回该会话，将其设置为db_session_var上下文变量的值，然后进入相关的with块。它还能取消会话，提交修改，并在上下文管理器退出时关闭会话。这确保了数据库中不会有残存的锁，数据已被持久化，并且使用db_session_var变量的函数只能在上下文管理器内部使用。

如果我们确保把安装聚合包的环境向 Jupyter 注册为内核，就可以试着在记事本中编写实用函数了。建议安装一些辅助包，以便更容易可视化结果。

```
> pipenv install ipython matplotlib
> pipenv run ipython kernel install --user --name="apd.aggregation"
```

现在，启动新的 Jupyter 记事本（见代码清单 9-2），选择 `apd.aggregtion` 内核，并使用新的 `with_database(...)` 装饰器连接到数据库。要测试连接，可以使用得到的会话和 `datapoint_table` 对象手动查询数据库。

代码清单 9-2　寻找传感器记录数的 Jupyter 单元格

```
from apd.aggregation.query import with_database
from apd.aggregation.database import datapoint_table

with with_database("postgresql+psycopg2://apd@localhost/apd") as session:
    print(session.query(datapoint_table).count())
```

我们还需要编写一个函数，使其返回 DataPoint 对象供用户分析。最终，我们必须处理由于数据量大导致的性能问题，但一开始为解决问题编写的代码不应该是经过优化（优化技巧见第 10 章）的代码，因为简单的实现更容易理解，更不容易遇到过于“巧妙”而导致的问题。

过早优化

调试的难度是编写代码的两倍。因此，如果你尽全力写出了尽可能巧妙的代码，那么根据上面的表述，你的聪明才智不足以调试这样的代码。

——Brian Kernighan

Python 并不是速度最快的编程语言，所以你可能会想编写代码来最小化这种天生的慢速度，但我强烈建议你克制这种冲动。我看到过“高度优化”的代码执行时间超过 1 个小时，但将其替换为相同逻辑的一种简单实现后，只用了 2 分钟就执行完了。

这种情况并不常见，但当你让代码变得更加复杂时，改进代码的工作就变得更加困难。

如果编写最简单版本的方法，就可以将其与后续版本进行比较，判断代码是变得更快，还是仅仅变得更加复杂。

我们将实现的get_data()的第一个版本将返回数据库中的所有DataPoint对象，并不关心如何处理SQLAlchemy对象。我们已经决定要创建生成器协程，而不是返回DataPoint对象列表的函数（或协程），所以最初实现如代码清单9-3所示。

代码清单 9-3 get_data() 最简单的实现

```
async def get_data() -> t.AsyncIterator[DataPoint]:
    db_session = db_session_var.get()
    loop = asyncio.get_running_loop()
    query = db_session.query(datapoint_table)
    rows = await loop.run_in_executor(None, query.all)
    for row in rows:
        yield DataPoint.from_sql_result(row)
```

这个函数从with_database(...)设置的上下文变量获得会话，构建一个查询对象，然后使用执行器运行该对象的all方法，并在all方法运行时让位给其他任务。迭代查询对象，而不是调用query.all()，会导致在循环运行时触发数据库操作，所以我们必须十分小心，只在异步代码中设置查询，并把all()函数调用委托给执行器。这将在rows变量中得到SQLAlchemy的轻量级结果命名元组的一个列表，我们可以迭代这个列表，生成（yield）匹配的DataPoint对象。

因为rows变量包含所有结果对象的一个列表，所以可以知道，在回到get_data()函数之前，所有数据已被数据库处理，并在执行器中被SQLAlchemy解析。这意味着在第一个DataPoint对象可被最终用户使用之前，我们会使用所有必要的RAM来存储完整的结果集。我们并不知道是不是需要全部这些数据，但需要把它们全部存储下来，这在内存和时间方面有点低效，但如果在迭代器中对数据进行分页，需要使用复杂的方法，这就成了过早优化的例子。除非效率成了问题，否则不要改变简单的方法。

我们总是需要处理获取SQLAlchemy行对象涉及的内存和时间开销，但表9-1中的数字能让我们了解到，把它们转换成DataPoint类会使系统增加多少开销。一百万行需要多使用152MB的RAM，并且处理时间会增加1.5秒。增加的量完全在现代计算机的处理能力内，并且对于不常执行的任务来说是合适的，所以它们并不是我们马上需要关心的问题。

但是，因为我们在创建迭代器，所以不能保证DataPoint对象立即在内存中全部存在。如果使用它们的代码不保留对它们的引用，那么在使用完后，它们可能被立即垃圾回收。例如，在代码清单9-4中，我们使用两个新的辅助函数来统计行数，但在内存中并没有任何数据点对象。

表 9-1 SQLAlchemy 行和 DataPoint 类占用的 RAM 和需要的实例化时间的对比

对象	大小①/字节	实例化用时②/微秒
SQLAlchemy 结果行	80	0.4
DataPoint	152	1.5

注：在不同 Python 实现和可用处理能力不同的情况下，结果可能发生变化。

① 大小是使用 sys.getsizeof(...) 计算的，这不包括对象特性的大小。对于简单的对象，要知道对象特性的大小，可以使用 sys.getsizeof(obj.__dict__)。

② 像下面这样使用 timeit.timeit(...) 进行估算：

```
setup = """
import datetime
import uuid
from sqlalchemy.util._collections import lightweight_named_tuple
result = lightweight_named_tuple("result", ["id", "collected_at", "sensor_name",
"deployment_id", "data",])
data = (1, datetime.datetime.now(), "Example", uuid.uuid4(), None)
"""
timeit.timeit("result(data)", setup)
```

代码清单 9-4 使用辅助上下文管理器统计数据点的 Jupyter 单元格

```
from apd.aggregation.query import with_database, get_data

with with_database("postgresql+psycopg2://apd@localhost/apd") as session:
    count = 0
    async for datapoint in get_data():
        count += 1
    print(count)
```

仅仅统计数据点，并不是分析数据的有用方式。我们可以通过在散点图中绘制值，来试着理解数据。首先进行简单的健全检查，绘制 RelativeHumidity 传感器值与日期的关系图（见代码清单 9-5）。这是一个很好的起点，因为存储的数据是浮点数字，而不是基于字典的结构，所以我们不需要解析值。

在 Python 中，matplotlib 库可能是最受欢迎的绘图库。它的 plot_date(...) 函数非常适合绘制一系列值与时间的关系图。它接受一个值列表作为 x 轴上的值，另一个值列表作为 y 轴上的值，还接受在绘制点时使用的样式[㊀]，以及用来设置哪个轴包含日期值的标志。我们的 get_data(...) 函数并不直接返回我们需要的 x 和 y 参数，而是返回数据点对象的异步迭代器。

我们可以使用列表推导式，将单个传感器的数据点对象的异步可迭代对象转换为

㊀ “o”样式指定圆形标记，不包含线。字符串中可以包含标记类型、线条样式和颜色。*r 表示绘制红色星形，- 代表使用默认颜色且没有标记的线条，s--m 代表由虚线连接起来的洋红色方块。本章末尾的资源列表包含完整规范的链接。

包含日期/值对的元组列表。然后，我们就有了一个日期/值对的列表，可以使用内置的 zip(...)[⊖] 函数将其倒置为一对列表，分别对应日期列表和值列表。

代码清单 9-5 绘制相对湿度的 Jupyter 单元格及它生成的输出图

```
from apd.aggregation.query import with_database, get_data

from matplotlib import pyplot as plt

async def plot():
    points = [
        (dp.collected_at, dp.data)
        async for dp in get_data()
        if dp.sensor_name=="RelativeHumidity"
    ]
    x, y = zip(*points)
    plt.plot_date(x, y, "o", xdate=True)

with with_database("postgresql+psycopg2://apd@localhost/apd") as session:
    await plot()
plt.show()
```

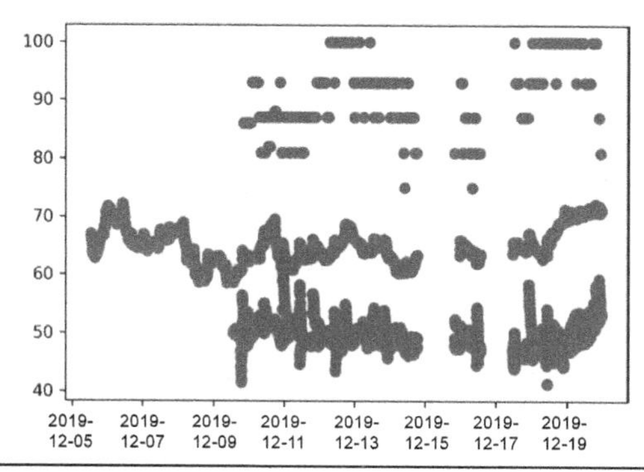

9.1.1 过滤数据

在查询阶段过滤数据，而不是在迭代传感器数据时丢弃所有不满足条件的数据，会是很好的方法。目前，我们将选择所有数据，创建一个结果对象，然后创建 DataPoint 对象，只有在这个时候，才会跳过不重要的条目。为了实现这个目的，我们可以在 get_data(...) 方法中添加一个额外的参数，用来决定是否对生成的查询应用 sensor_data 的某个过滤器。

⊖ zip(*iterables) 翻转了一个可迭代对象的可迭代对象的拆分方式。我发现，把这个过程想象为旋转电子表格最简单。如果输入可迭代对象是 ["Matt", "Leeds"]、["Jesse", "Seattle"] 和 ["Nejc", "Ljubljana"]，可以把它们想象为一个电子表格，其中姓名包含在列 A 中，城市包含在列 B 中。采用这种方法时，Matt 在第一行，Jesse 在第二行，Nejc 在第三行。tuple(zip(*names_and_cities)) 将依次读出列，所以结果是 (('Matt', 'Jesse', 'Nejc'), ('Leeds', 'Seattle', Ljubljana'))。

```
async def get_data(sensor_name: t.Optional[str] = None) ->
t.AsyncIterator[DataPoint]:
    db_session = db_session_var.get()
    loop = asyncio.get_running_loop()
    query = db_session.query(datapoint_table)
    if sensor_name:
        query = query.filter(datapoint_table.c.sensor_name == sensor_name)
    query = query.order_by(datapoint_table.c.collected_at)
```

这种方法避免了许多开销，因为只有重要的传感器数据点才会被传递给最终用户，而且它也提供了一种更加自然的接口。用户期望能够指定他们想要的数据，而不是获得全部数据，然后手动过滤它们。对于示例数据集，代码清单9-6中的函数版本的执行时间不到1秒（而前面的版本需要超过3秒），但显示了相同的图。

代码清单9-6　将过滤工作委托给get_data函数

```
from apd.aggregation.query import with_database, get_data

from matplotlib import pyplot as plt

async def plot():
    points = [(dp.collected_at, dp.data) async for dp in
    get_data(sensor_name="RelativeHumidity")]
    x, y = zip(*points)
    plt.plot_date(x, y, "o", xdate=True)

with with_database("postgresql+psycopg2://apd@localhost/apd") as session:
    await plot()
plt.show()
```

这个绘图函数很短，且并不十分复杂。它代表一个从数据库加载数据的接口。其缺点是，将多个部署混合在一起，导致图不够清晰，这是因为对于给定时刻，存在多个数据点。matplotlib支持对不同的逻辑结果集多次调用`plot_date(...)`，并使用不同颜色显示它们。通过在迭代`get_data(...)`调用的结果时创建多个点列表，用户能够实现这种行为，如代码清单9-7所示。

代码清单9-7　独立绘制所有传感器部署

```
import collections

from apd.aggregation.query import with_database, get_data

from matplotlib import pyplot as plt

async def plot():
    legends = collections.defaultdict(list)
    async for dp in get_data(sensor_name="RelativeHumidity"):
        legends[dp.deployment_id].append((dp.collected_at, dp.data))
```

```
    for deployment_id, points in legends.items():
        x, y = zip(*points)
        plt.plot_date(x, y, "o", xdate=True)

with with_database("postgresql+psycopg2://apd@localhost/apd") as session:
    await plot()
plt.show()
```

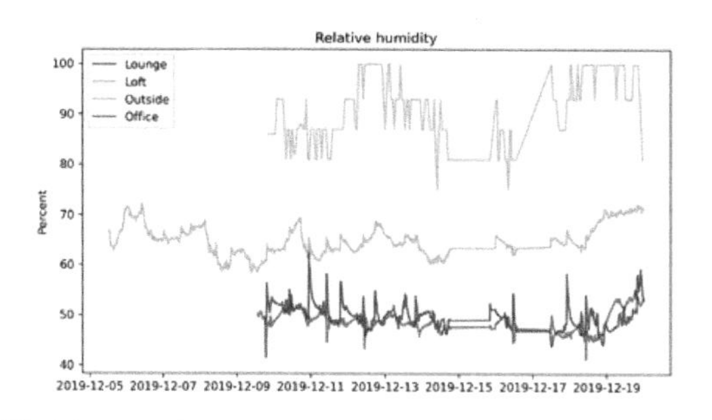

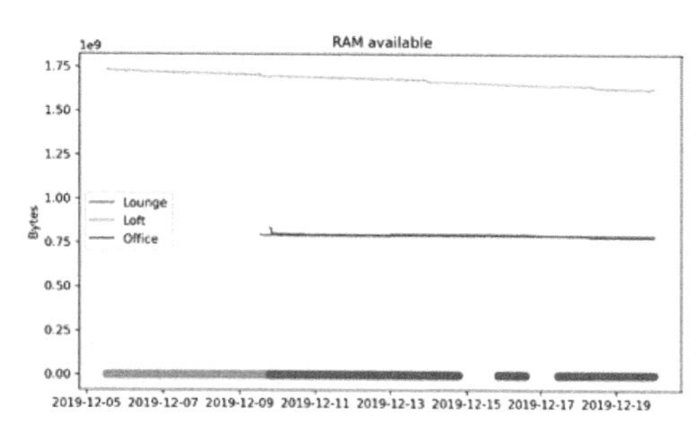

这个版本再次让接口变得不自然。更加符合逻辑的做法是让最终用户迭代部署，然后迭代传感器数据值，而不是迭代全部数据点并手动把它们组织成列表。另一种方法是创建新函数来列举所有部署 id，然后允许 `get_data(...)` 按 `deployment_id`（部署 id）来进行过滤。这允许我们遍历各个部署，并发出一个新的 `get_data(...)` 调用，只获取该部署的数据。代码清单 9-8 演示了这种方法。

代码清单 9-8 扩展为按 deployment_id 过滤的数据收集函数

```
async def get_deployment_ids():
    db_session = db_session_var.get()
    loop = asyncio.get_running_loop()
    query = db_session.query(datapoint_table.c.deployment_id).distinct()
    return [row.deployment_id for row in await loop.run_in_executor(None,
    query.all)]

async def get_data(
    sensor_name: t.Optional[str] = None,
    deployment_id: t.Optional[UUID] = None,
) -> t.AsyncIterator[DataPoint]:
    db_session = db_session_var.get()
    loop = asyncio.get_running_loop()
    query = db_session.query(datapoint_table)
    if sensor_name:
        query = query.filter(datapoint_table.c.sensor_name == sensor_name)
    if deployment_id:
        query = query.filter(datapoint_table.c.deployment_id == deployment_id)
    query = query.order_by(
        datapoint_table.c.collected_at,
    )
```

可以使用这个新函数遍历多个 get_data(...) 调用，而不是让绘图函数遍历结果数据点并把它们排序成独立的列表。代码清单 9-9 演示了一个非常自然的遍历单个传感器的所有部署的接口，它的行为与上一个版本完全相同。

代码清单 9-9 使用新的辅助函数绘制所有部署

```
import collections

from apd.aggregation.query import with_database, get_data, get_deployment_ids

from matplotlib import pyplot as plt

async def plot(deployment_id):
    points = []
    async for dp in get_data(sensor_name="RelativeHumidity",
    deployment_id=deployment_id):
        points.append((dp.collected_at, dp.data))
    x, y = zip(*points)
    plt.plot_date(x, y, "o", xdate=True)

with with_database("postgresql+psycopg2://apd@localhost/apd") as session:
    deployment_ids = await get_deployment_ids()
    for deployment in deployment_ids:
        await plot(deployment)
plt.show()
```

这种方法允许最终用户单独查询每个部署，以便只有对传感器和部署的组合有意义的数据，才会同时被加载到 RAM 中。这是一个非常适合提供给最终用户使用的 API。

9.1.2 多层迭代器

前面把按照传感器名称过滤的接口改写为在数据库中进行过滤，以避免迭代不需要的数据。新添加的部署 id 过滤器并不是为了排除不需要的数据，而是用于让独立遍历每个逻辑分组的工作变得更加简单。这里并不需要使用过滤器，之所以使用了一个，是为了让接口更加自然。

如果你经常使用标准库中的 itertools 模块，那么可能使用过 groupby(...) 函数。它接受一个迭代器和一个键函数，返回一个迭代器的迭代器，第一个是键函数的值，而第二个是匹配键函数的给定结果的一组值。这与我们试图通过列举部署，然后过滤数据库查询所解决的问题相同。

提供给 groupby(...) 的键函数通常是一个简单的 lambda 表达式，但也可以是任意函数，例如 operator 模块中的某个函数。例如，operator.attrgetter("deployment_id") 相当于 lambda obj: obj.deployment_id，operator.itemgetter(2) 相当于 lambda obj: obj[2]。

对于这个例子，我们将定义一个键函数，使其返回整数除以 3 后的余数，还将定义一个 data() 生成器，使其用 yield 生成固定的一系列数字，并在此过程中打印其状态。这使我们能够清晰看到底层迭代器什么时候在推进。

```
import itertools
import typing as t

def mod3(n: int) -> int:
    return n % 3

def data() -> t.Iterable[int]:
    for number in [0, 1, 4, 7, 2, 6, 9]:
        print(f"Yielding {number}")
        yield number
```

我们可以遍历 data() 生成器的内容，并打印 mod3 函数的值，这让我们看到，第一组有一项，下一组有 3 项，再下一组包含一项，最后一组包含两项。

```
>>> print([mod3(number) for number in data()])
data() is starting
Yielding 0
Yielding 1
Yielding 4
Yielding 7
Yielding 2
Yielding 6
Yielding 9
data() is complete
[0, 1, 1, 1, 2, 0, 0]
```

设置 groupby 并不使用底层的可迭代对象，在迭代 groupby 的时候，才会处理它生成的各项。要想正确工作，groupby 需要决定当前项是不是与上一项在同一分组中，如果已经开始了新分组，它不会将可迭代对象作为整体进行分析。对与键函数的值相同的项，只有当它们在输入迭代器中是连续块的时候，才会分到一组，所以通常要确保对底层迭代器进行排序，以避免让分组割裂。

针对数据创建一个 groupby，并将 mod3(...) 作为键函数，就可以创建一个二层循环，首先迭代键函数的值，然后迭代 data() 中生成键值的值。

```
>>> for val, group in itertools.groupby(data(), mod3):
...     print(f"Starting new group where mod3(x)=={val}")
...     for number in group:
...         print(f"x=={number} mod3(x)=={mod3(val)}")
...     print(f"Group with mod3(x)=={val} is complete")
...
```

```
data() is starting
Yielding 0
Starting new group where mod3(x)==0
x==0 mod3(x)==0
Yielding 1
Group with mod3(x)==0 is complete
Starting new group where mod3(x)==1
x==1 mod3(x)==1
Yielding 4
x==4 mod3(x)==1
Yielding 7
x==7 mod3(x)==1
Yielding 2
Group with mod3(x)==1 is complete
Starting new group where mod3(x)==2
x==2 mod3(x)==2
Yielding 6
Group with mod3(x)==2 is complete
Starting new group where mod3(x)==0
x==6 mod3(x)==0
Yielding 9
x==9 mod3(x)==0
data() is complete
Group with mod3(x)==0 is complete
```

从打印语句的输出可以看到，`groupby`一次只会取出一项，但它管理迭代器的方式，让遍历值的行为显得很自然。每当内层循环请求一个新项时，`groupby`函数会从底层迭代器请求一个新项，然后根据该值决定行为。如果键函数报告的值与前一项相同，就使用`yield`将新值发给内层循环；否则，它会标记内层循环已完成，然后持有该值，直到下一个内层循环开始。

迭代器的行为在有具体的项列表的情况下符合我们期望的行为，如果没有需要，并不要求迭代内层循环。如果在推进外层循环时，内层循环没有迭代完，`groupby`对象会透明地推进源可迭代对象，就好像内层循环已经迭代完一样。在下面的示例中，我们跳过了包含 3 项的组（`mod3(...)==1`），可以看到，`groupby`对象将底层迭代器推进了 3 次：

```
>>> for val, group in itertools.groupby(data(), mod3):
...     print(f"Starting new group where mod3(x)=={val}")
...     if val == 1:
...         # Skip the ones
...         print("Skipping group")
...         continue
...     for number in group:
...         print(f"x=={number} mod3(x)=={mod3(val)}")
...     print(f"Group with mod3(x)=={val} is complete")
```

```
...
data() is starting
Yielding 0
Starting new group where mod3(x)==0
x==0 mod3(x)==0
Yielding 1
Group with mod3(x)==0 is complete
Starting new group where mod3(x)==1
Skipping group
Yielding 4
Yielding 7
Yielding 2
Starting new group where mod3(x)==2
x==2 mod3(x)==2
Yielding 6
Group with mod3(x)==2 is complete
Starting new group where mod3(x)==0
x==6 mod3(x)==0
Yielding 9
x==9 mod3(x)==0
data() is complete
Group with mod3(x)==0 is complete
```

这种行为使用起来很直观，但其实现方式理解起来有些困难。图 9-1 展示了一对流程图，分别对应于外层循环和内层循环。

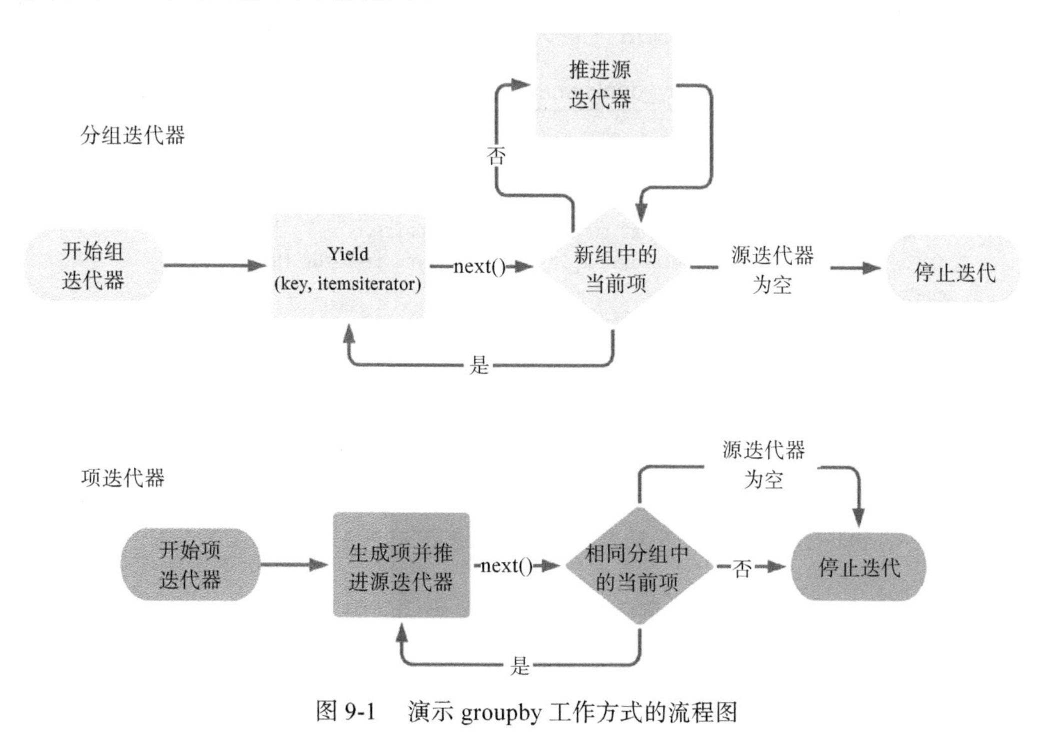

图 9-1　演示 groupby 工作方式的流程图

如果我们有一个标准迭代器，而不是异步迭代器，就可以按 deployment_id 来安排数据，并使用 itertools.groupby(...) 来简化处理多个部署的代码，并不需要查询单独的部署。我们不必对每个部署发出新的 get_data(...) 调用，而是可以迭代分组，使用列表推导式和 zip(...) 来处理内部迭代器。

遗憾的是，在撰写本书时，groupby 并没有完全异步的版本。虽然我们可以编写一个函数，使其返回异步迭代器，并让它的值是 UUID 和 DataPoint 对的异步迭代器，但没有办法自动对它们分组。

冒着写出“巧妙”代码的风险，我们可以使用闭包，自己编写一个 groupby 实现，让它能够用于异步代码。它会向最终用户公开多个迭代器，这些迭代器操作相同的底层迭代器，正如 itertools.groupby(...) 那样。如果有实现这种行为的库函数可用，那么使用库函数更好。

每次找到键函数的一个新值时，都需要返回一个新的生成器函数，使其保留对底层源迭代器的一个引用。这样一来，当有人推进项迭代器时，它就可以用 yield 选择自己收到的数据点，或者指示已经到达项迭代器的末尾，就像 groupby 函数那样。同样，如果在用完项迭代器之前，我们推进了外层迭代器，那么它需要在底层迭代器中“快进”到新分组的开始位置。

代码清单 9-10 中的代码是一个函数，它把工作委托给 get_data 函数，并将其封装到合适的 groupby 逻辑中，而没有使用一个可以适配任何迭代器的通用函数。

代码清单 9-10　get_data_by_deployment 的一个实现，其行为类似于异步 groupby

```
async def get_data_by_deployment(
    *args, **kwargs
) -> t.AsyncIterator[t.Tuple[UUID, t.AsyncIterator[DataPoint]]]:
    """Return an Async Iterator that contains two-item pairs.
    These pairs are a string (deployment_id), and an async iterator that
    contains
    the datapoints with that deployment_id.

    Usage example:

        async for deployment_id, datapoints in get_data_by_deployment():
            print(deployment_id)
            async for datapoint in datapoints:
                print(datapoint)
            print()
"""
# Get the data, using the arguments to this function as filters
data = get_data(*args, **kwargs)

# The two levels of iterator share the item variable, initialise it
# with the first item from the iterator. Also set last_deployment_id
```

```
    # to None, so the outer iterator knows to start a new group.
    last_deployment_id: t.Optional[UUID] = None
    try:
        item = await data.__anext__()
    except StopAsyncIteration:
        # There were no items in the underlying query, return immediately
        return

    async def subiterator(group_id: UUID) -> t.AsyncIterator[DataPoint]:
        """Using a closure, create an iterator that yields the current
        item, then yields all items from data while the deployment_id matches
        group_id, leaving the first that doesn't match as item in the enclosing
        scope."""
        # item is from the enclosing scope
        nonlocal item
        while item.deployment_id == group_id:
            # yield items from data while they match the group_id this
            iterator represents
            yield item
            try:
                # Advance the underlying iterator
                item = await data.__anext__()
            except StopAsyncIteration:
                # The underlying iterator came to an end, so end the
                subiterator too
                return
    while True:
        while item.deployment_id == last_deployment_id:
            # We are trying to advance the outer iterator while the
            # underlying iterator is still part-way through a group.
            # Speed through the underlying until we hit an item where
            # the deployment_id is different to the last one (or,
            # is not None, in the case of the start of the iterator)
            try:
                item = await data.__anext__()
            except StopAsyncIteration:
                # We hit the end of the underlying iterator: end this
                # iterator too
                return
        last_deployment_id = item.deployment_id
        # Instantiate a subiterator for this group
        yield last_deployment_id, subiterator(last_deployment_id)
```

这里使用 `await data.__anext__()` 来推进底层数据迭代器，而没有使用异步的 `for` 循环，这让多个位置使用了该迭代器这一点变得更加明显。

本章代码中包含了该生成器协程的一个实现。我鼓励你试着在这个实现中添加打印语句和断点，以帮助理解控制流。这里的代码比你需要编写的大部分 Python 代码更加复杂

（我不建议在生产代码中引入这种程度的复杂性，让其成为自包含的依赖项会更好），但如果你能理解它的工作方式，就深入理解了生成器函数、异步迭代器和闭包的细节。随着异步代码在生产代码中使用得更多，一定会有库被开发出来，提供对迭代器进行这种复杂操纵的功能。

9.1.3 其他过滤器

我们为 sensor_name 和 deployment_id 添加了 get_data(...) 过滤器，但能够选择显示的时间范围也很有用。我们可以使用两个 datetime 过滤器来实现这种行为，这两个过滤器用于过滤 collected_at 字段。

代码清单 9-11 给出了支持这种行为的 get_data(...) 实现，但是，因为 get_data_by_deployment(...) 在把所有实参传递给 get_data(...) 时不做修改，所以我们不需要修改该函数来让我们的分析能够使用日期窗口。

代码清单 9-11 使用传感器、部署和日期过滤器的 get_data 方法

```
async def get_data(
    sensor_name: t.Optional[str] = None,
    deployment_id: t.Optional[UUID] = None,
    collected_before: t.Optional[datetime.datetime] = None,
    collected_after: t.Optional[datetime.datetime] = None,
) -> t.AsyncIterator[DataPoint]:
    db_session = db_session_var.get()
    loop = asyncio.get_running_loop()
    query = db_session.query(datapoint_table)
    if sensor_name:
        query = query.filter(datapoint_table.c.sensor_name == sensor_name)
    if deployment_id:
        query = query.filter(datapoint_table.c.deployment_id == deployment_id)
    if collected_before:
        query = query.filter(datapoint_table.c.collected_at <
        collected_before)
    if collected_after:
        query = query.filter(datapoint_table.c.collected_at > collected_after)
    query = query.order_by(
        datapoint_table.c.deployment_id,
        datapoint_table.c.sensor_name,
        datapoint_table.c.collected_at,
    )
    rows = await loop.run_in_executor(None, query.all)
    for row in rows:
        yield DataPoint.from_sql_result(row)
```

9.1.4 测试查询函数

和其他函数一样，查询函数也需要测试。与目前为止编写的大部分函数不同，查询函数接受许多可选实参，能够显著改变返回数据的输出。虽然我们不需要为每个过滤器测试大量的值（我们可以相信数据库对查询提供的支持能够正确工作），但需要测试每个选项，确定它们能够按照预期那样工作。

我们需要一些用于设置的测试夹具，以便能够测试依赖于数据库的函数。虽然可以模拟数据库连接，但不建议这么做，因为数据库是非常复杂的软件，不适合被模拟出来。

要测试数据库应用程序，最常用的方法是创建一个新的空数据库，并让测试来控制表和数据的创建。有些数据库软件（如 SQLite）允许动态创建新数据库，但大部分数据库软件要求提前设置数据库。

假定有一个空数据库可用，我们需要一个连接到该数据库的测试夹具，一个设置表的测试夹具，以及一个设置数据的测试夹具。连接测试夹具与 `with_database` 上下文管理器十分相似[1]，填充数据库的函数将包含能够使用 `db_session.execute(datapoint_table.insert().values(...))` 插入的示例数据。

设置数据库表的测试夹具是最难的一个。最简单的方法是使用 `metadata.create_all(...)`，就像我们在为数据库迁移引入 alembic 之前所做的那样。对于大部分应用程序，这种方法都可以很好地工作，所以一般来说，它是最好的选择。我们的应用程序包含一个数据库视图，但没有使用 SQLAlchemy 管理它，而是使用了 Alembic 中的一个自定义迁移进行管理。因此，我们需要使用 Alembic 的升级功能来设置数据库表。代码清单 9-12 给出了我们需要用到的相关测试夹具。

代码清单 9-12 用于数据库设置的测试夹具

```
import datetime
from uuid import UUID

from apd.aggregation.database import datapoint_table
from alembic.config import Config
from alembic.script import ScriptDirectory
from alembic.runtime.environment import EnvironmentContext
import pytest

@pytest.fixture
def db_uri():
    return "postgresql+psycopg2://apd@localhost/apd-test"

@pytest.fixture
```

[1] 我建议不要添加 `commit()` 调用，因为这允许在不同测试间回滚对数据库做的修改。

```
def db_session(db_uri):
    from sqlalchemy import create_engine
    from sqlalchemy.orm import sessionmaker

    engine = create_engine(db_uri, echo=True)
    sm = sessionmaker(engine)
    Session = sm()
    yield Session
    Session.close()

@pytest.fixture
def migrated_db(db_uri, db_session):
    config = Config()
    config.set_main_option("script_location", "apd.aggregation:alembic")
    config.set_main_option("sqlalchemy.url", db_uri)
    script = ScriptDirectory.from_config(config)

    def upgrade(rev, context):
        return script._upgrade_revs(script.get_current_head(), rev)

    def downgrade(rev, context):
        return script._downgrade_revs(None, rev)

    with EnvironmentContext(config, script, fn=upgrade):
        script.run_env()

    try:
        yield
    finally:
        # Clear any pending work from the db_session connection
        db_session.rollback()

        with EnvironmentContext(config, script, fn=downgrade):
            script.run_env()

@pytest.fixture
def populated_db(migrated_db, db_session):
    datas = [
        {
            "id": 1,
            "sensor_name": "Test",
            "data": "1",
            "collected_at": datetime.datetime(2020, 4, 1, 12, 0, 1),
            "deployment_id": UUID("b4c68905-b1e4-4875-940e-69e5d27730fd"),
        },
        # Additional sample data omitted from listing for brevity's sake
    ]
    for data in datas:
        insert = datapoint_table.insert().values(**data)
        db_session.execute(insert)
```

这给我们提供了一个环境，让我们可以在这个环境编写测试来查询只包含已知值的数据库，从而能够编写有意义的断言。

参数化测试

对于生成多个测试来完成非常类似的工作，pytest 提供了一种特殊的功能：parameterize 标记。如果将某个测试函数标记为已参数化，它就可以有不与测试夹具对应的额外实参以及一系列实参值。该测试函数将被多次运行，每次对应一个不同的实参值函数。我们可以利用这种功能来编写函数，使它们测试我们的函数的各种过滤方法，而不会造成大量重复，如代码清单 9-13 所示。

代码清单 9-13 用于验证不同过滤器的参数化的 get_data

```
class TestGetData:
    @pytest.fixture
    def mut(self):
        return get_data

    @pytest.mark.asyncio
    @pytest.mark.parametrize(
        "filter,num_items_expected",
        [
        ({}, 9),
        ({"sensor_name": "Test"}, 7),
        ({"deployment_id": UUID("b4c68905-b1e4-4875-940e-69e5d27730fd")}, 5),
        ({"collected_after": datetime.datetime(2020, 4, 1, 12, 2, 1),}, 3),
        ({"collected_before": datetime.datetime(2020, 4, 1, 12, 2, 1),}, 4),
        (
            {
                "collected_after": datetime.datetime(2020, 4, 1, 12, 2, 1),
                "collected_before": datetime.datetime(2020, 4, 1, 12, 3, 5),
            },
            2,
        ),
        ],
    )
    async def test_iterate_over_items(
        self, mut, db_session, populated_db, filter, num_items_expected
    ):
        db_session_var.set(db_session)
        points = [dp async for dp in mut(**filter)]
        assert len(points) == num_items_expected
```

第一次运行这个测试时，它的参数是 `filter={}`, `num_items_expected=9`。第二次运行时，参数是 `filter={"sensor_name": "Test"}`, `num_items_expected=7`，以此类推。每个测试函数将独立运行，并根据情况被统计为一次成功或失败的测试。

这会导致生成6个测试，其名称类似于TestGetData.test_iterate_over_items[filter5-2]。这个名称基于参数，对于复杂的参数值（如filter），会采用名称及其在列表中的索引（从0开始计算）来进行表示，而对于较为简单的参数（如num_items_expected），则直接包含进来。大多数时候，你不需要关心此名称，但在识别哪个测试变体失败时，名称可能很有用。

9.2 显示多个传感器

现在，我们有了3个函数来帮助我们连接数据库，并按照合理的顺序使用可选的过滤选项来迭代DataPoint对象。到目前为止，我们一直使用matplotlib.pyplot.plot_dates(...)函数来将传感器值和日期对转换为单个图。这是一个辅助函数，通过在全局命名空间中提供各种绘图函数，让绘图的工作变得更加简单。当生成多个图时，不推荐使用这种方法。

我们希望遍历每个传感器类型，并为每个类型生成一个图。如果使用pyplot API，则只能使用一个图，此时最大的值会影响坐标轴，让最小的值无法阅读。相反，我们想要为每个传感器类型生成独立的图，将其并排显示。为此，可以使用matplotlib.pyplot.figure(...)和figure.add_subplot(...)函数。子图（subplot）是一个对象，其行为与matplotlib.pyplot大体相似，但代表更大图网中的一个图。例如，figure.add_subplot(3,2,4)是三行两列图网中的第四个图。

现在，假定plot(...)函数使用的数据是数字，可以直接传递给matplotlib以显示在图中。但是，我们的许多传感器有不同的数据格式，例如温度传感器使用温度和单位的字典作为它的值特性。在绘制这些不同的值之前，需要先把它们转换为数字。

我们可以把绘图函数重构为apd.aggregation中的一个实用函数，大大简化Jupyter记事本，但我们需要确保它可以用于其他格式的传感器数据。每个图需要提供要绘制的传感器的配置信息，还需要提供一个子图对象来进行绘图，以及从部署id到对用户友好的名称的映射（用来把这个名称显示在图例中）。它还应该接受与get_data(...)相同的过滤实参，以允许用户按照日期或者部署id来绘图。

我们将把此配置数据作为数据类的实例进行传递，它还包含对一个“清理”函数的引用。这个清理函数负责将DataPoint实例转换为matplotlib可以绘制的值对。该函数必须将DataPoint对象的一个可迭代对象转换为matplotlib能理解的(x, y)对的可迭代对象。对于RelativeHumidity和RAMAvailable传感器，只需要用yield给出日期/浮点数元组，我们的代码到目前为止一直都是这么做的。

```
async def clean_passthrough(
    datapoints: t.AsyncIterator[DataPoint],
) -> t.AsyncIterator[t.Tuple[datetime.datetime, float]]:
    async for datapoint in datapoints:
        if datapoint.data is None:
            continue
        else:
            yield datapoint.collected_at, datapoint.data
```

配置数据类还需要一些字符串参数，如图的标题、坐标轴标签以及 sensor_name，sensor_name 需要传递给 get_data(...)，以便找到这个图需要的数据。定义了 Config 类后，就可以创建两个配置对象，代表使用原始浮点数作为值类型的两个传感器，再创建一个函数来返回所有注册的配置。

将 matplotlib 中的 figure 函数与新的配置系统结合起来，我们可以编写一个新的 plot_sensor(...) 函数（见代码清单 9-14），它在 Jupyter 记事本中只使用简单的几行代码，就能生成任意数量的图。

代码清单 9-14 新的配置对象和使用它的绘图函数

```
@dataclasses.dataclass(frozen=True)
class Config:
    title: str
    sensor_name: str
    clean: t.Callable[[t.AsyncIterator[DataPoint]], t.AsyncIterator[
    t.Tuple[datetime.datetime, float]]]
    ylabel: str
configs = (
    Config(
        sensor_name="RAMAvailable",
        clean=clean_passthrough,
        title="RAM available",
        ylabel="Bytes",
    ),
    Config(
        sensor_name="RelativeHumidity",
        clean=clean_passthrough,
        title="Relative humidity",
        ylabel="Percent",
    ),
)

def get_known_configs() -> t.Dict[str, Config]:
    return {config.title: config for config in configs}

async def plot_sensor(config: Config, plot: t.Any, location_names:
t.Dict[UUID,str], **kwargs) -> t.Any:
    locations = []
```

```
    async for deployment, query_results in get_data_by_deployment(
    sensor_name=config.sensor_name, **kwargs):
        points = [dp async for dp in config['clean'](query_results)]
        if not points:
            continue
        locations.append(deployment)
        x, y = zip(*points)
        plot.set_title(config['title'])
        plot.set_ylabel(config['ylabel'])
        plot.plot_date(x, y, "-", xdate=True)
    plot.legend([location_names.get(l, l) for l in locations])
    return plot
```

创建了这些新函数后，我们可以修改 Jupyter 记事本单元格来调用 plot_sensor(...) 函数，而不是在 Jupyter 中编写自己的绘图函数。有了这些辅助函数，apd.aggregation 的最终用户在连接数据库和渲染两个图时，需要编写的代码少了很多（见代码清单 9-15）。

代码清单 9-15 相对温度和可用 RAM 的 Jupyter 单元格绘制以及它们的输出

```
import asyncio

from matplotlib import pyplot as plt

from apd.aggregation.query import with_database
from apd.aggregation.analysis import get_known_configs, plot_sensor

with with_database("postgresql+psycopg2://apd@localhost/apd") as session:
    coros = []
    figure = plt.figure(figsize = (20, 5), dpi=300)
    configs = get_known_configs()
    to_display = configs["Relative humidity"], configs["RAM available"]
    for i, config in enumerate(to_display, start=1):
        plot = figure.add_subplot(1, 2, i)
        coros.append(plot_sensor(config, plot, {}))
    await asyncio.gather(*coros)

display(figure)
```

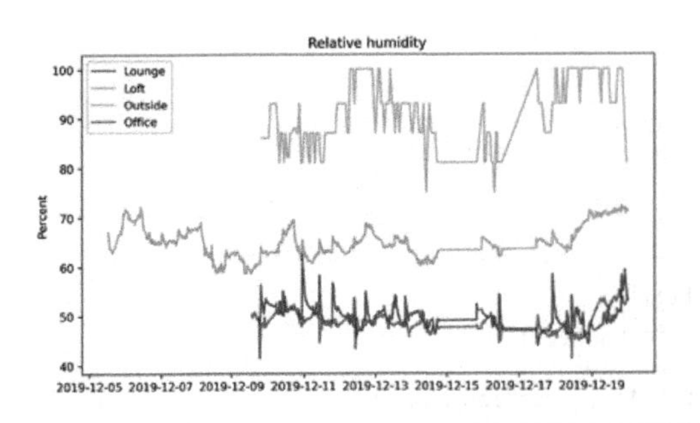

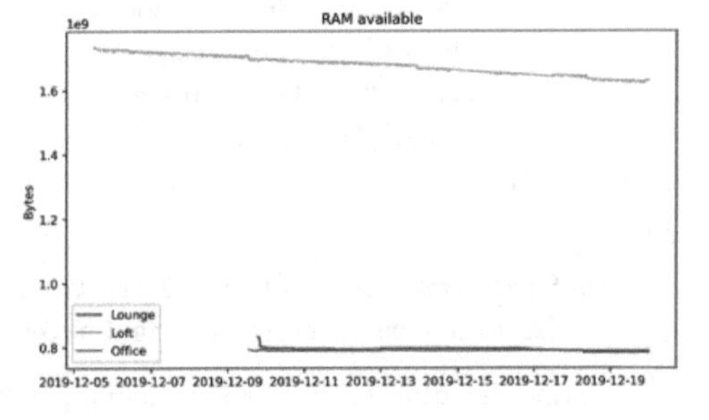

因为 `Temperature` 和 `SolarCumulativeOutput` 传感器采用 `{'unit': 'degC', 'magnitude': 8.4}` 格式，从 pint 包返回序列化后的对象，所以我们不能把它们用于现有的 `clean_passthrough()` 函数，而是要创建一个新函数。最简单的做法是假定单位总是相同的，只提取相同的量级行。由于没有纠正单位，这会错误地绘制不同单位的温度。但是，我们所有的传感器只以摄氏度为单位返回温度，所以这并不是一个严重的问题。

```
async def clean_magnitude(datapoints):
    async for datapoint in datapoints:
        if datapoint.data is None:
            continue
        yield datapoint.collected_at, datapoint.data["magnitude"]
```

如果我们使用这个新的清理函数，为温度添加一个新的配置对象，就会看到图 9-2 中显示的图。从这里的数据可以清晰地看到，温度传感器并不完全可靠，我办公室中的温度在少数情况下会超过钢的熔点。

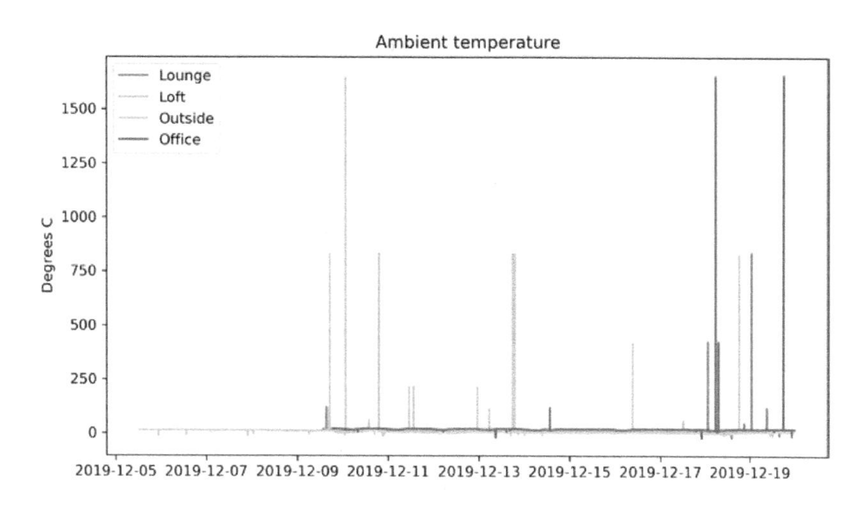

图 9-2　温度传感器的输出（显然有一些错误扭曲了数据）

9.3　处理数据

我们采用的方法有一个优点，即可以对获得的数据执行相对来说比较随意的转换，这就允许我们丢弃看起来不正确的数据点。通常，在分析过程中丢弃数据比在收集过程中丢弃数据更好，因为如果检查数据点有效性的函数只在分析过程中进行检查，那么其中存在的 bug 不会导致数据丢失。我们总是可以在事后删除不正确的数据，但无法重新收集忽略掉的数据。

要修复温度传感器存在的问题，一种方法是让清理迭代器查看底层数据的移动时间窗口，而不是一次只查看一个 DataPoint。这样一来，它就可以根据某个传感器值的相邻值来丢弃过于不同寻常的值。

collections.deque 类型在这方面十分有用。它提供的结构的最大大小是可选的，所以我们能够把找到的每个温度值添加到双端队列中，但在读取时，只能看到添加的最后 *n* 项。双端队列允许在左端或右端添加或删除项，所以在使用双端队列作为受限制的窗口时，保持在同一端添加项并在同一端弹出项是非常重要的。

首先，我们可以过滤掉不在 DHT22 传感器支持范围内的值[⊖]，删除最明显不正确的数据。这能够删除许多（但不是全部）错误读数。过滤掉某个峰值项的方法很简单，即使用一个包含 3 项的窗口，只有当中间项的值与其两侧温度的平均值相差不大时，才返回中间项，如代码清单 9-16 所示。我们不希望删除所有合理的浮动项，所以对于“相差不大”的定义，必须考虑到，虽然我们应该排除 20、60、23℃中的中间项，但 21、22、21℃这样的读数是合理的，无须排除中间项。

代码清单 9-16 温度清理函数的示例实现

```
async def clean_temperature_fluctuations(
    datapoints: t.AsyncIterator[DataPoint],
) -> t.AsyncIterator[t.Tuple[datetime.datetime, float]]:
    allowed_jitter = 2.5
    allowed_range = (-40, 80)
    window_datapoints: t.Deque[DataPoint] = collections.deque(maxlen=3)

    def datapoint_ok(datapoint: DataPoint) -> bool:
        """Return False if this data point does not contain a valid
        temperature"""
        if datapoint.data is None:
            return False
        elif datapoint.data["unit"] != "degC":
        # This point is in a different temperature system. While it
        # could be converted
        # this cleaner is not yet doing that.
        return False
    elif not allowed_range[0] < datapoint.data["magnitude"] <
    allowed_range[1]:
        return False
    return True

async for datapoint in datapoints:
    if not datapoint_ok(datapoint):
```

⊖ 这里的温度传感器用来度量环境温度。如果我们编写一个新的传感器类型，收集另一种类型的温度数据，就可能需要重新考虑这个过滤器。

```
            # If the datapoint is invalid then skip directly to the next item
            continue

        window_datapoints.append(datapoint)
        if len(three_temperatures) == 3:
            # Find the temperatures of the datapoints in the window, then
            # average
            # the first and last and compare that to the middle point.
            window_temperatures = [dp.data["magnitude"] for dp in
            window_datapoints]
            avg_first_last = (window_temperatures[0] +
            window_temperatures[2]) / 2
            diff_middle_avg = abs(window_temperatures[1] - avg_first_last)
            if diff_middle_avg > allowed_jitter:
                pass
            else:
               yield window_datapoints[1].collected_at, window_temperatures[1]
        else:
            # The first two items in the iterator can't be compared to both
            # neighbors
            # so they should be yielded
            yield datapoint.collected_at, datapoint.data["magnitude"]
    # When the iterator ends the final item is not yet in the middle
    # of the window, so the last item must be explicitly yielded
    if datapoint_ok(datapoint):
        yield datapoint.collected_at, datapoint.data["magnitude"]
```

这个清理函数生成了更加平滑的温度趋势，如图 9-3 所示。它过滤掉了找不到温度值以及存在严重错误的数据点，保留了温度趋势的细节，因为窗口包含最后记录的 3 个数据点（甚至包含那些没有从数据集中排除的数据点），所以一旦有连续两个以上的温度读数存在突变，就会开始在输出数据中反映出来。

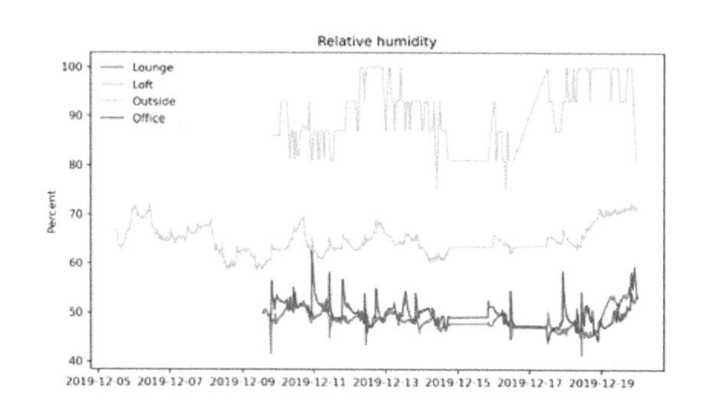

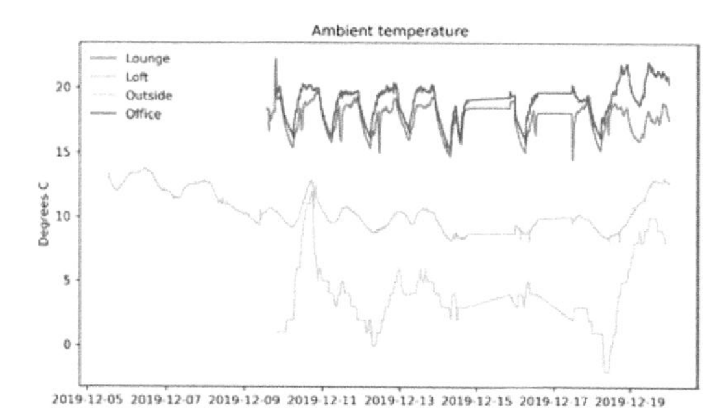

图 9-3　相同数据在经过合适的清理函数处理后的结果

练习 9-1：为 SolarCumulativeOutput 传感器添加清理函数

SolarCumulativeOutput 传感器返回以瓦·时为单位的能量值，也像温度传感器那样经过了序列化。如果把这些值绘制出来，会看到一条不规则的上升趋势线。看到某个时刻产生的能量，要比查看到该时刻产生的总能量更加有用。

为了实现这个目的，需要把瓦·时转换为瓦，这意味着需要把瓦·时数除以数据点之间的时间间隔。

编写一个 clean_watthours_to_watts(...) 迭代器协程，使其跟踪上一次的时间和能量读数，计算差值，然后返回能量差值除以经过的时间而得到的结果。

例如，下面的两个日期/值对应该得到一个输出项，时间为下午 1 点，值为 5.0。

```
[
    (datetime.datetime(2020, 4, 1, 12, 0, 0), {"magnitude": 1.0, "unit":
    "watt_hour"}),
    (datetime.datetime(2020, 4, 1, 13, 0, 0), {"magnitude": 6.0, "unit":
    "watt_hour"})
]
```

本章配套代码包含此练习的工作环境，其提供的测试设置中包含针对此函数的一系列单元测试，但不包含实现。本章的最终代码中还包含清理函数的一个实现。

为太阳能传感器和温度传感器创建这些清理函数和配置项后，就可以绘制一个 2×2 的图网。因为图现在显示了期望的数据，所以是时候添加部署的名称来提高可读性了。我们将把部署名称作为 plot_sensor(...) 的最后一个实参，如代码清单 9-17 所示。

代码清单 9-17　显示 2×2 图网的最终 Jupyter 单元格及图网

```
import asyncio
from uuid import UUID

from matplotlib import pyplot as plt

from apd.aggregation.query import with_database
from apd.aggregation.analysis import get_known_configs, plot_sensor

location_names = {
 UUID('53998a51-60de-48ae-b71a-5c37cd1455f2'): "Loft",
 UUID('1bc63cda-e223-48bc-93c2-c1f651779d69'): "Living Room",
 UUID('ea0683de-6772-4678-bfe7-6014f54ffc8e'): "Office",
 UUID('5aaa901a-7564-41fb-8eba-50cdd6fe9f80'): "Outside",
}

with with_database("postgresql+psycopg2://apd@localhost/apd") as session:
    coros = []
```

```
    figure = plt.figure(figsize = (20, 10), dpi=300)
    configs = get_known_configs().values()
    for i, config in enumerate(configs, start=1):
        plot = figure.add_subplot(2, 2, i)
        coros.append(plot_sensor(config, plot, location_names))
    await asyncio.gather(*coros)

display(figure)
```

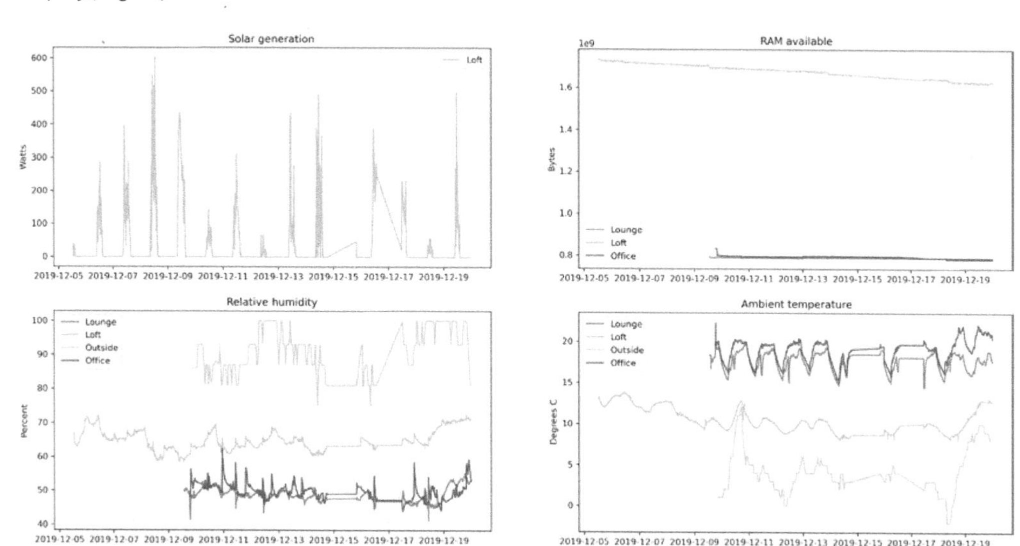

9.4 与Jupyter小部件进行交互

到目前为止，最终用户仍然无法与生成图的代码进行交互。我们目前显示了记录到的所有数据点，但是，如果能够进行过滤，只显示某个时间段内的数据，但又不需要修改生成图的代码，会十分方便。

为此，我们使用`setup.cfg`的`extras_require`功能添加对`ipywidgets`的可选依赖，并使用`pipenv install -e .[jupyter]`在环境中重新安装`apd.aggregation`包。

你可能还需要运行下面的命令，确保系统范围的Jupyter版本启用了对小部件的支持。

```
> pip install --user widgetsnbextension
> jupyter nbextension enable --py widgetsnbextension
```

安装后，我们可以请求Jupyter为每个实参创建一个交互式小部件，并使用用户选择的值来调用该函数。交互性允许查看记事本的人选择任意输入值，并不需要他们修改单元格的代码，甚至不需要他们理解代码。

图 9-4 显示了某个函数的示例，该函数将两个整数相加，并且得到了 Jupyter 的交互支持。在这里，两个整数实参的默认值为 100，并被渲染为滑块。用户可以拖动这些滑块，让函数的结果自动重新计算。

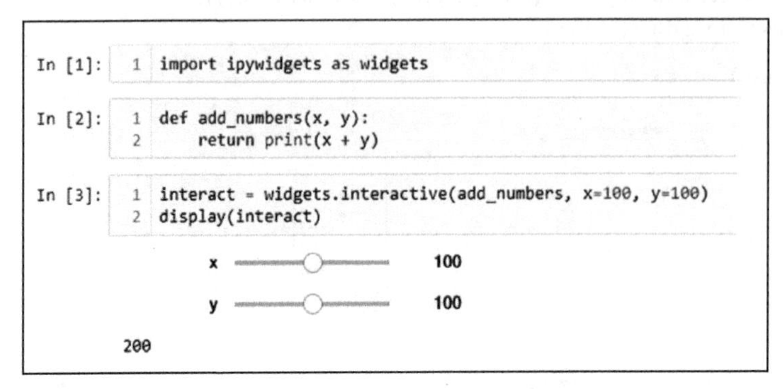

图 9-4　加法函数的交互视图

9.4.1　增加嵌套的同步和异步代码

我们不能把协程传递给 interactive(...) 函数，因为它期望收到标准的同步函数。它本身是一个同步函数，所以我们甚至无法让它使用 await 等待协程调用的结果。虽然 IPython 和 Jupyter 允许在常规不能使用 await 的地方使用 await，但这是通过把单元格封装到协程中[1]，然后将其调度为任务实现的。这并没有将同步代码和异步代码真正结合起来，而只是为了方便提供的一种技巧。

绘图代码需要等待 plot_sensor(...) 协程，所以 Jupyter 必须把单元格封装到协程中。协程只能被协程调用，或者直接在事件循环的 run(...) 函数中调用，所以异步代码一般会发展到让整个应用程序成为异步应用程序的程度。创建一组都是同步的函数或者都是异步的函数，要比把这两种函数混合在一起更容易。

这里不能那么做，因为我们需要为 interactive(...) 提供一个函数，但我们又无法控制 interactive(...) 的实现。为了避开这个问题，我们必须把协程转换为一个新的同步方法。我们不想仅仅为了适应 interactive(...) 函数，就把所有代码重写为同步代码，所以使用封装函数会更好。

协程需要访问事件循环来调度任务，该事件循环负责调度协程。我们现有的事件循环不能满足要求，因为它需要执行等待 interactive(...) 返回的协程。回忆一下，在 asyncio 中，await 关键字实现了协同式多任务，所以我们的代码只有在遇到 await 表达式

[1] 具体来说，IPython 试着将单元格编译为字节码，并检查是否有 SyntaxError。如果存在 SyntaxError，就把代码封装到协程中再次尝试。

时，才会在不同任务间切换。

如果我们在运行一个协程，那么可以等待（await）另一个协程或任务，这允许事件循环执行其他代码。在被等待的函数完成执行之前，执行不会返回到我们的代码去执行，但在此期间，其他协程可以运行。我们可以在异步上下文中调用同步代码，如 interactive(...)，但这种代码可能引入阻塞。由于这种阻塞不是在 await 语句上阻塞，所以在此期间，不能执行其他线程。在异步函数中调用同步函数，相当于保证一块代码中不会包含 await 语句，从而保证了不会运行其他协程的代码。

到现在为止，我们使用 asyncio.run(...) 函数在同步代码中启动协程，然后阻塞，等待其结果，但现在我们已经在 asyncio.run(main()) 调用内，所以不能再这么做[⊖]。因为 interactive(...) 调用在没有 await 表达式的情况下阻塞，所以在封装函数运行的上下文中，保证不会运行其他协程代码。虽然用来将异步协程转换为同步函数的封装函数必须进行处理，让该协程能够执行，但它不能依赖现有的事件循环来实现这一点。

为了明确表明这一点，假设函数接受两个函数作为实参，如代码清单 9-18 所示。实参函数都返回一个整数。该函数将调用这两个实参函数，将它们的结果相加，然后返回求和结果。如果涉及的所有函数都是同步的，那么没有问题。

代码清单 9-18 在同步上下文中只调用同步函数的示例

```
import typing as t

def add_number_from_callback(a: t.Callable[[], int], b: t.Callable[[],
int]) -> int:
    return a() + b()

def constant() -> int:
    return 5

print(add_number_from_callback(constant, constant))
```

我们甚至能够在异步上下文中调用这个 add_number_from_callback(...) 函数，但要注意，add_number_from_callback(...) 会阻塞整个进程，可能让使用异步代码带来的优势化为乌有。

```
async def main() -> None:
    print(add_number_from_callback(constant, constant))

asyncio.run(main())
```

我们的调用没有太大风险，因为我们知道，代码中没有可能长时间阻塞的 IO 请求。但是，我们可能想添加一个新函数，让它从 HTTP 请求返回一个数字。如果已经有协程可以

⊖ asyncio.run(...) 不是可重入的，对它的调用不能嵌套。

获得 HTTP 请求的结果，那么，我们可能会使用它，而不是将它重新实现为同步函数。下面给出了获取数字的协程示例（这里是从 random.org 随机数生成器服务获取数字）：

```
import aiohttp

async def async_get_number_from_HTTP_request() -> int:
    uri = "https://www.random.org/integers/?num=1&min=1&max=100&col=1"
    "&base=10&format=plain"
    async with aiohttp.ClientSession() as http:
        response = await http.get(uri)
        return int(await response.text())
```

因为这是一个协程，我们不能把它直接传递给 `add_number_from_callback(...)` 函数。如果这么做，会看到 Python 错误 `TypeError: unsupported operand type(s) for +: 'int' and 'coroutine'`[⊖]。

你可能会为 `async_get_number_from_HTTP_request` 编写一个封装函数，让它创建一个可以等待的新任务，但那会把该协程提交到现有的事件循环，而我们已经确定不能使用现有事件循环作为解决方案。我们将无法等待这个任务，因为在同步函数中使用 `await` 是不合法的，以嵌套方式调用 `asyncio.run(...)` 也是不合法的。要进行等待，唯一可以使用的方法是使用在任务完成前什么都不做的循环，但这个循环会阻止事件循环调度任务，这就导致了冲突。

```
def get_number_from_HTTP_request() -> int:
    task = asyncio.create_task(async_get_number_from_HTTP_request())
    while not task.done():
        pass
    return task.result()
```

`main()` 任务不断循环，并检查 `task.done()`，它从不会遇到 `await` 语句，所以不会将执行交给 `async_get_number_from_HTTP_request()` 任务。这个函数会导致死锁。

提示　如果长时间运行的循环中不包含显式的 `await` 语句，也没有使用 `async for` 和 `async with` 等包含隐式的 `await` 语句的语句，那么也可以使用这样的循环创建阻塞异步代码。

你不应该需要像这里做的这样，编写循环来检查另一个协程的数据。你应该 `await` 该协程，而不是进行循环。如果确实需要不包含 `await` 的循环，则可以使用 `await` 等待一个什么都不做的函数——例如 `await asyncio.sleep(0)`，给事件循环提供

⊖ mypy 将给出下面的错误：

```
error: Argument 2 to "add_number_from_callback" has incompatible type "Callable[[],
Coroutine[Any, Any, int]]"; expected "Callable[[], int]"
```

一个切换到其他任务的机会，但前提是在协程内进行循环，而不是在协程调用的同步函数中进行循环。

我们不能将整个调用栈转换为异步习语，所以要解决这个问题，唯一的方法是启动另一个事件循环，让两个任务并行运行。我们阻塞了当前事件循环，但可以启动另一个事件循环来执行异步 HTTP 代码。

这种方法让我们能够在同步上下文中调用异步代码，但主事件循环中调度的所有任务仍会阻塞，等待 HTTP 响应。这只是解决了在混用同步代码和异步代码时存在的死锁问题，但性能问题依然存在。你应该尽可能避免混用同步代码和异步代码，否则，得到的代码很难让人理解，可能引入死锁，并且会抵消 asyncio 带来的性能优势。

代码清单 9-19 给出了一个辅助函数，它接受协程并在新线程中执行该协程，并不涉及当前运行的事件循环。这里还有一个协程，它使用该封装函数来传递 HTTP 协程，就像它是同步函数一样。

代码清单 9-19　启动另一个事件循环并把新的异步任务委托给该事件循环的封装函数

```
def wrap_coroutine(f):
    @functools.wraps(f)
    def run_in_thread(*args, **kwargs):
        loop = asyncio.new_event_loop()
        wrapped = f(*args, **kwargs)
        with ThreadPoolExecutor(max_workers=1) as pool:
            task = pool.submit(loop.run_until_complete, wrapped)
        return task.result()
    return run_in_thread

async def main() -> None:
    print(
        add_number_from_callback(
            constant, wrap_coroutine(async_get_number_from_HTTP_request)
        )
    )
```

我们可以使用相同的方法，允许在 interactive(...) 函数调用中使用 plot_sensor(...) 协程，如代码清单 9-20 所示。

代码清单 9-20　交互式图过滤示例及其输出

```
import asyncio
from uuid import UUID

import ipywidgets as widgets
from matplotlib import pyplot as plt
```

```
from apd.aggregation.query import with_database
from apd.aggregation.analysis import (get_known_configs, plot_sensor,
wrap_coroutine)

@wrap_coroutine
async def plot(*args, **kwargs):
    location_names = {
     UUID('53998a51-60de-48ae-b71a-5c37cd1455f2'): "Loft",
     UUID('1bc63cda-e223-48bc-93c2-c1f651779d69'): "Living Room",
     UUID('ea0683de-6772-4678-bfe7-6014f54ffc8e'): "Office",
     UUID('5aaa901a-7564-41fb-8eba-50cdd6fe9f80'): "Outside",
    }
    with with_database("postgresql+psycopg2://apd@localhost/apd") as session:
        coros = []
        figure = plt.figure(figsize = (20, 10), dpi=300)
        configs = get_known_configs().values()
        for i, config in enumerate(configs, start=1):
            plot = figure.add_subplot(2, 2, i)
            coros.append(plot_sensor(config, plot, location_names, *args,
            **kwargs))
        await asyncio.gather(*coros)
    return figure

start = widgets.DatePicker(
    description='Start date',
)
end = widgets.DatePicker(
    description='End date',
)
out = widgets.interactive(plot, collected_after=start, collected_before=end)
display(out)
```

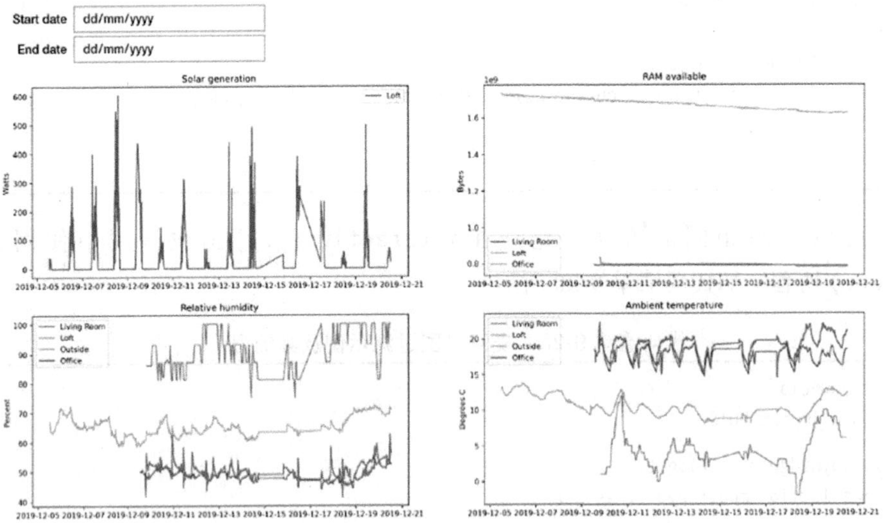

Start date dd/mm/yyyy

End date dd/mm/yyyy

9.4.2 进行整理

现在，Jupyter 单元格中有大量复杂逻辑。我们应该把它们移动到更加通用的实用函数中，让最终用户不需要处理绘图的细节。我们不希望让用户来处理把协程转换为封装的函数并传递给交互系统的细节，所以我们提供一个辅助函数供他们使用，如代码清单 9-21 所示。

代码清单 9-21 绘图函数的通用版本

```
async def plot_multiple_charts(*args: t.Any, **kwargs: t.Any) -> Figure:
    # These parameters are pulled from kwargs to avoid confusing function
    # introspection code in IPython widgets
    location_names = kwargs.pop("location_names", None)
    configs = kwargs.pop("configs", None)
    dimensions = kwargs.pop("dimensions", None)
    db_uri = kwargs.pop("db_uri", "postgresql+psycopg2://apd@localhost/apd")
    with with_database(db_uri):
        coros = []
        if configs is None:
            # If no configs are supplied, use all known configs
            configs = get_known_configs().values()
        if dimensions is None:
            # If no dimensions are supplied, get the square root of the
            # number
            # of configs and round it to find a number of columns. This will
            # keep the arrangement approximately square. Find rows by
            # multiplying out rows.
            total_configs = len(configs)
            columns = round(math.sqrt(total_configs))
            rows = math.ceil(total_configs / columns)
        figure = plt.figure(figsize=(10 * columns, 5 * rows), dpi=300)
        for i, config in enumerate(configs, start=1):
            plot = figure.add_subplot(columns, rows, i)
            coros.append(plot_sensor(config, plot, location_names, *args,
            **kwargs))
        await asyncio.gather(*coros)
    return figure

def interactable_plot_multiple_charts(
    *args: t.Any, **kwargs: t.Any
) -> t.Callable[..., Figure]:
    with_config = functools.partial(plot_multiple_charts, *args, **kwargs)
    return wrap_coroutine(with_config)
```

这样一来，我们最终得到的 Jupyter 代码将实例化小部件和位置名称，然后调用 `interactable_plot_multiple_charts(...)` 来生成要传递给 `interactive(...)` 函数的函数。下面展示了该Jupyter单元格的内容，它与前面的实现在功能上相同，但要简短得多：

```
import ipywidgets as widgets
from apd.aggregation.analysis import interactable_plot_multiple_charts
plot = interactable_plot_multiple_charts(location_names=location_names)
out = widgets.interact(plot, collected_after=start, collected_before=end)
display(out)
```

9.5 持久端点

接下来可以做的清理是将端点配置移动到新的数据库表中。这允许我们自动生成location_names变量，确保每个图上使用的颜色在不同调用间是一致的，并且让我们能够更新所有传感器端点，而不必每次传递它们的URL。

为此，我们将创建一个新的数据库表和数据类来代表apd.sensors的部署。我们还需要创建命令行实用工具来添加和编辑部署元数据，创建实用函数来获取数据，并对它们进行测试。

练习9-2：实现存储部署

在数据库中存储部署需要做的修改包括创建新表、新的控制台脚本和迁移，还需要做一些测试。

根据你自己判断是否有用，实现下面的任意或者全部功能：

- ❑ 部署对象和包含id、名称、URI和API键的表。
- ❑ 用于添加、编辑和列举部署的命令行脚本。
- ❑ 命令行脚本的测试。
- ❑ 使`collect_sensor_data`的`servers`和`api_key`实参成为可选参数，并在没有提供它们的值时使用存储的值。
- ❑ 按照id获取部署记录的辅助函数。
- ❑ 部署表中的一个额外的字段，用于存储绘制数据时使用的颜色。
- ❑ 修改绘图函数，直接使用数据库记录中存储的部署名称和线条颜色。

本章配套代码实现中包含所有这些功能。

9.6 绘制地图和地理数据

本章到现在为止，一直关注如何绘制一段时间内的值的*xy*图，因为这代表了我们获取的测试数据。有时候，我们需要针对其他轴绘制数据。其中，最常见的是绘制纬度和经度，也就是说，此图类似于地图。

如果我们从数据集（如将英国地区的坐标映射到温度记录的字典）中提取纬度和经度项，则可以把它们作为实参传递给 plot(...)，查看它们的可视化结果，如代码清单 9-22 所示。

代码清单 9-22 使用 matplotlib 绘制纬度 / 经度并显示得到的图

```
import matplotlib.pyplot as plt
fig, ax = plt.subplots()
lats = [ll[0] for ll in datapoints.keys()]
lons = [ll[1] for ll in datapoints.keys()]
ax.plot(lons, lats, "o")
plt.show()
```

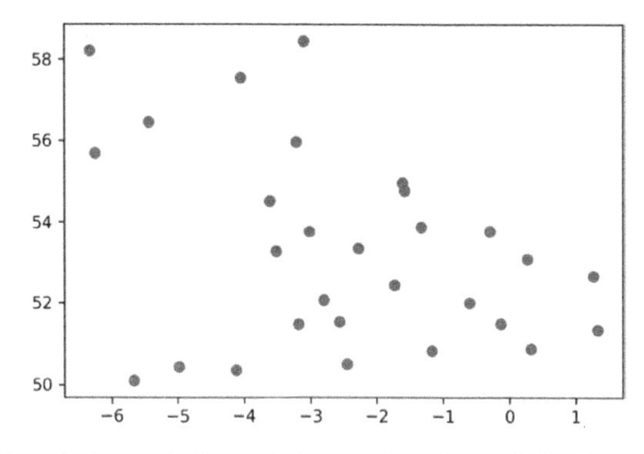

数据的形状只是大致接近英国的轮廓图（如图 9-5 所示）。大部分查看这幅图的人不会意识到这一点。

图 9-5 英国（包括英格兰、威尔士和苏格兰）的轮廓图

之所以存在这种失真，是因为我们在绘制这幅图时采用了等距柱状地图投影，在这种投影中，纬度和经度组成等距网格，并没有考虑地球的形状。并不是只有一个“正确的”地图投影，地图是否“正确”，取决于它的目标用途。

我们需要让大部分人在看到地图时感觉很熟悉，因为他们对于自己所在国家的轮廓图非常熟悉。我们希望人们在查看地图时，查看的是地图上的数据，而不是不同寻常的投影。最常用的投影是墨卡托投影，OpenStreetMap(OSM) 项目使用许多编程语言提供了这种投影的实现，包括使用 Python 的实现[⊖]。代码清单中不包含实现该投影的 `merc_x(...)` 和 `merc_y(...)` 函数，因为它们是相当复杂的数学函数。

提示 当绘制显示几百平方千米的区域的地图时，使用投影函数变得越来越重要，但对于小型地图，使用 `ax.set_aspect(...)` 函数能够提供更加熟悉的视图。修改纵横比，把失真最小的点从赤道移动到了另一个纬度，这并不纠正失真。例如，`ax.set_aspect(1.7)` 将把失真最小的点移动到纬度 54°，因为 1.7 等于 1 / cos(54°)。

有了投影函数，就可以重新运行绘图函数，得到的点更加接近期望的轮廓图，如图 9-6 所示。在本例中，轴上的标签不再显示坐标，而是显示没有意义的数字。现在，我们应该忽略这些标签。

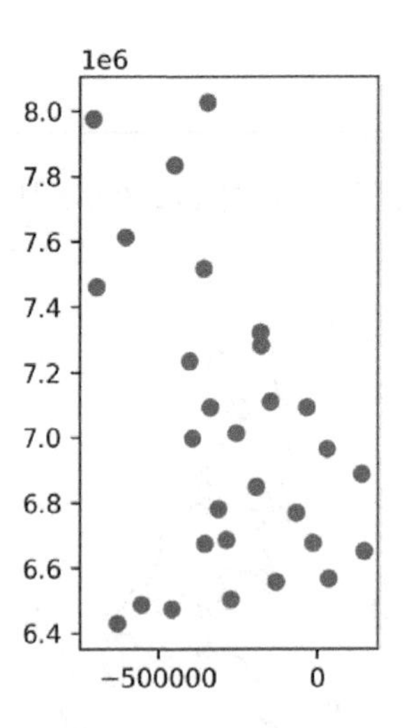

图 9-6 使用 OSM 提供的 merc_x 和 merc_y 投影的地图

⊖ 见 https://wiki.openstreetmap.org/wiki/Mercator#Python_implementation。

9.6.1 新的图类型

上面的图只是显示了每个数据点的位置，并没有展示数据点的值。我们到目前为止使用的绘图函数都绘制两个值，分别是 x 和 y 坐标。虽然可以对点添加温度标签，或者使用某个色标进行颜色编码，但得到的图不容易阅读。matplotlib 中提供的一些其他图类型能够提供帮助，特别是 `tricontourf(...)`。tricontour 有一系列绘图函数，它们接受三维输入（`x, y value`），并通过对输入进行插值来绘图，用颜色区域代表值的范围。

虽然 tricontour 系列函数绘制了颜色区域，但我们还应该绘制获取测量值的位置，只不过不让它们明显显示出来（见代码清单 9-23）。这与在一个图中绘制多个数据集相同，我们根据需要多次调用绘图函数，以显示全部数据。这些绘图函数不需要给出相同的图类型，但坐标轴要兼容。

代码清单 9-23　同一图上的颜色轮廓和散点

```
fig, ax = plt.subplots()

lats = [ll[0] for ll in datapoints.keys()]
lons = [ll[1] for ll in datapoints.keys()]
temperatures = tuple(datapoints.values())

x = tuple(map(merc_x, lons))
y = tuple(map(merc_y, lats))

ax.tricontourf(x, y, temperatures)
ax.plot(x, y, 'wo', ms=3)
ax.set_aspect(1.0)
plt.show()
```

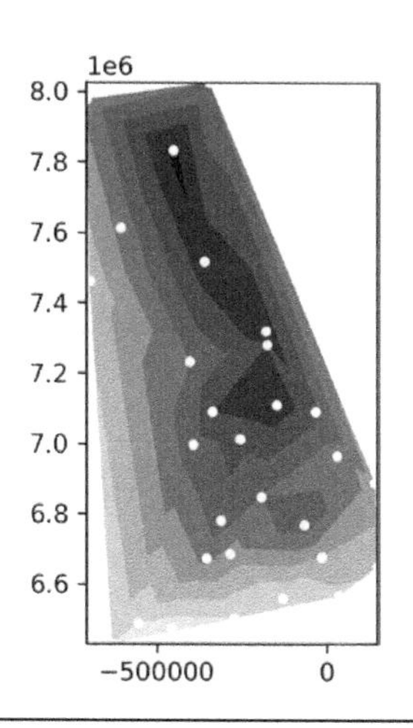

知道自己在查看什么之后，这个图就很容易理解了，但我们还可以进一步改进，在地

图上绘制英国岛屿的海岸线。给定代表英国海岸线的坐标的列表[㊀]后，我们可以最后调用一次绘图函数，这一次指定要绘制一条线，而不是绘制点。最终版本（见图 9-7）的图更容易阅读，如果调用 `plt.colorbar(tcf)` 来绘制图例（其中 `tcf` 是 `ax.tricontourf(...)` 函数调用的结果），图就更容易阅读了。

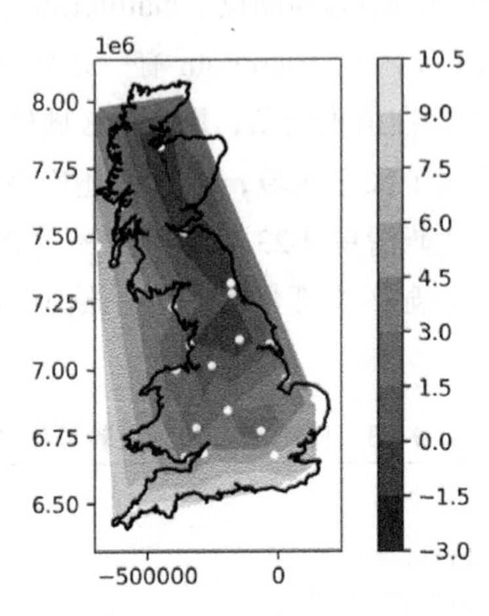

图 9-7 英国典型冬日的温度图

> 提示：对于 Python 和 matplotlib，有许多 GIS 库可以让绘制复杂地图的工作变得更加简单。如果你准备绘制大量地图，建议了解 Fiona 和 Shapely，它们可以轻松地操纵点和多边形。对于使用 Python 处理地理信息的人，我强烈推荐这些库，它们真的十分强大。
>
> matplotlib 的 basemap 工具包提供了非常灵活的地图绘制工具，但该工具包的维护者不把它作为标准 Python 包发布，所以我无法推荐它作为绘制地图的通用解决方案。

㊀ 提取这些值的代码如下所示。数据来自 http://www.naturalearthdata.com 的数据集。

```
import fiona
path = "ne_10m_admin_0_countries.shp"
shape = fiona.open(path)
countries = tuple(shape)
UK = [country for country in countries if country['properties']['ADMIN'] == "United
Kingdom"][0]
coastlines = UK['geometry']['coordinates']
by_complexity = sorted(coastlines, key=lambda coords: len(coords[0]))
gb_boundary = by_complexity[-1][0]
```

Jupyter 记事本中省略了这些代码，以减少使用它所需要的依赖项。在实际应用中，我们会使用这个函数而不是使用字面值元组。

9.6.2 在 apd.aggregation 中支持地图类型的图

为了支持这些地图，我们需要对配置对象做一些修改，因为这些地图的行为与我们到目前为止绘制的其他图不同。之前，我们迭代部署，并针对每个部署绘制一幅图，代表某个传感器。要绘制地图，需要把两个值（坐标和温度）组合起来，绘制一幅代表所有部署的图。有可能各个部署会移动到其他位置，并提供一个坐标传感器，用于记录它们在给定时刻的位置。仅使用一个自定义的清理函数，不足以将多个数据点的值组合起来。

数据类的向后兼容性

我们的 Config 对象包含一个 sensor_name 参数，它在绘制过程中过滤 get_data_by_deployment(...) 函数调用的输出。我们需要覆写系统的这个部分，因为我们不想再把参数传递给 get_data_by_deployment(...) 函数，而是想使用自定义过滤功能替换整个调用。

我们把 sensor_name= 参数改为可选参数，并将其类型改为 InitVar。我们还添加了一个新的 get_data 参数，这是一个可选的可调用函数，其形状与 get_data_by_deployment(...) 相同。InitVar 是数据类的另一个有用的特性，允许指定没有存储但在后创建钩子 __post_init__(...) 中可用的参数。在代码清单 9-24 的示例中，我们可以定义一个这样的钩子，用来基于 sensor_name= 设置新的 get_data= 变量，从而与只传递 sensor_name= 的实现保持向后兼容。

代码清单 9-24 具有 get_data 参数和向后兼容钩子的数据类

```
@dataclasses.dataclass
class Config:
    title: str
    clean: t.Callable[[t.AsyncIterator[DataPoint]], t.AsyncIterator[
    t.Tuple[datetime.datetime, float]]]
    get_data: t.Optional[
        t.Callable[..., t.AsyncIterator[t.Tuple[UUID,
        t.AsyncIterator[DataPoint]]]]
    ] = None
    ylabel: str
    sensor_name: dataclasses.InitVar[str] = None

    def __post_init__(self, sensor_name=None):
        if self.get_data is None:
            if sensor_name is None:
                raise ValueError("You must specify either get_data or
                sensor_name")
            self.get_data = get_one_sensor_by_deployment(sensor_name)
```

```
def get_one_sensor_by_deployment(sensor_name):
    return functools.partial(get_data_by_deployment,
    sensor_name=sensor_name)
```

__post_init__(...) 函数被自动调用，传入任意 InitVar 特性。由于我们要在 __post_init__ 方法中设置 get_data，所以需要确保数据类没有被冻结，因为这种处理算是一种修改。

这种修改允许我们改变传递给 clean(...) 函数的数据，但该函数仍然期望返回一个时间和浮点数元组，以传递给 plot_date(...) 函数。我们需要改变 clean(...) 函数的形状。

我们将不再只使用 plot_date(...) 来绘制点，有些类型的图要求有轮廓和点，所以我们还必须添加另一个自定义点，用来选择如何绘制数据。Config 类新增的 draw 特性可以提供这种功能。

为了支持这些新的函数调用签名，我们需要让 Config 成为一个泛型类，如代码清单 9-25 所示。这让我们能够指定 Config 对象的底层数据（或者让类型系统从上下文进行推断）。现有数据类型是 Config[datetime.datetime, float]，但地图 Config 的类型是 Config[t.Tuple[float, float], float]。有些配置绘制浮点数关于时间的图，有些配置则绘制浮点数关于一对浮点数的图。

代码清单 9-25 泛型 Config 类型

```
plot_key = t.TypeVar("plot_key")
plot_value = t.TypeVar("plot_value")

@dataclasses.dataclass
class Config(t.Generic[plot_key, plot_value]):
    title: str
    clean: t.Callable[
        [t.AsyncIterator[DataPoint]], t.AsyncIterator[t.Tuple[plot_key,
        plot_value]]
    ]
    draw: t.Optional[
        t.Callable[
            [t.Any, t.Iterable[plot_key], t.Iterable[plot_value],
            t.Optional[str]], None
        ]
    ] = None
    get_data: t.Optional[
        t.Callable[..., t.AsyncIterator[t.Tuple[UUID,
        t.AsyncIterator[DataPoint]]]]
    ] = None
    ylabel: t.Optional[str] = None
    sensor_name: dataclasses.InitVar[str] = None
```

```
    def __post_init__(self, sensor_name=None):
        if self.draw is None:
            self.draw = draw_date
        if self.get_data is None:
            if sensor_name is None:
                raise ValueError("You must specify either get_data or
                sensor_name")
            self.get_data = get_one_sensor_by_deployment(sensor_name)
```

现在，Config 类中有了大量复杂的类型信息。不过，这确实带来了好处，下面的代码会引发类型错误：

```
Config(
    sensor_name="Temperature",
    clean=clean_temperature_fluctuations,
    title="Ambient temperature",
    ylabel="Degrees C",
    draw=draw_map,
)
```

这也让我们在阅读代码时有了信心，我们知道，指定的函数实参和函数返回类型相互匹配。因为这里的代码需要大量操纵数据结构，使用元组的迭代器的迭代器等，所以很容易让人弄不清楚到底需要什么。这是非常适合使用类型提示的一种用例。

我们预期用户会创建带有自定义的 draw 方法和 clean 方法的自定义配置对象。拥有可靠的类型信息，能够让他们更加快速地找到隐蔽的错误。

我们在处理现有的两种图类型时，使用了 config.get_data(...) 和 config.draw(...) 函数，它们是本章深入讨论过的代码的重构，但本书配套代码中还是包含了它们，供对细节感兴趣的读者参考。

9.6.3 使用新配置绘制自定义地图

对 Config 所做的修改，允许我们定义基于地图的配置，但我们目前的数据并不包含任何可以绘制成地图的数据，因为我们的部署都没有包含位置传感器。为了演示这种功能，可以使用新的 config.get_data(...) 选项来生成一些静态数据，而不是使用真实的聚合数据。通过扩展 draw_map(...) 函数，我们还可以添加自定义的海岸线，如代码清单 9-26 所示。

代码清单 9-26 绘制自定义地图和已注册图的 Jupyter 函数及图

```
def get_literal_data():
    # Get manually entered temperature data, as our particular deployment
    # does not contain data of this shape
```

```
    raw_data = {...}
    now = datetime.datetime.now()
    async def points():
        for (coord, temp) in raw_data.items():
            deployment_id = uuid.uuid4()
            yield DataPoint(sensor_name="Location",
            deployment_id=deployment_id,
            collected_at=now, data=coord)
            yield DataPoint(sensor_name="Temperature",
            deployment_id=deployment_id,
            collected_at=now, data=temp)
    async def deployments(*args, **kwargs):
        yield None, points()
    return deployments

def draw_map_with_gb(plot, x, y, colour):
    # Draw the map and add an explicit coastline
    gb_boundary = [...]
    draw_map(plot, x, y, colour)
    plot.plot(
        [merc_x(coord[0]) for coord in gb_boundary],
        [merc_y(coord[1]) for coord in gb_boundary],
        "k-",
    )

country = Config(
    get_data=get_literal_data(),
    clean=get_map_cleaner_for("Temperature"),
    title="Country wide temperature",
    ylabel="",
    draw=draw_map_with_gb,
)

out = widgets.interactive(interactable_plot_multiple_charts(configs=configs
+ (country, )), collected_after=start, collected_before=end)
```

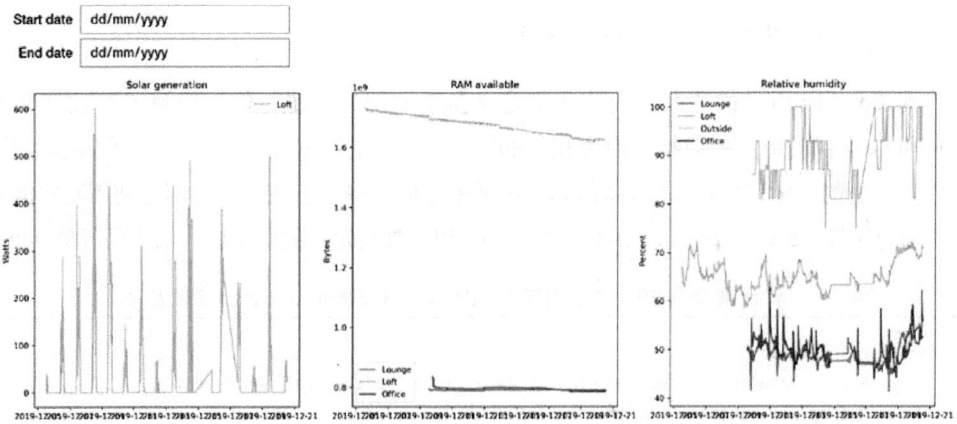
Start date
dd/mm/yyyy
End date
dd/mm/yyyy
Solar generation
Loft
Watts
RAM available
Bytes
Lounge
Loft
Office
Relative humidity
Lounge
Loft
Outside
Office
Percent

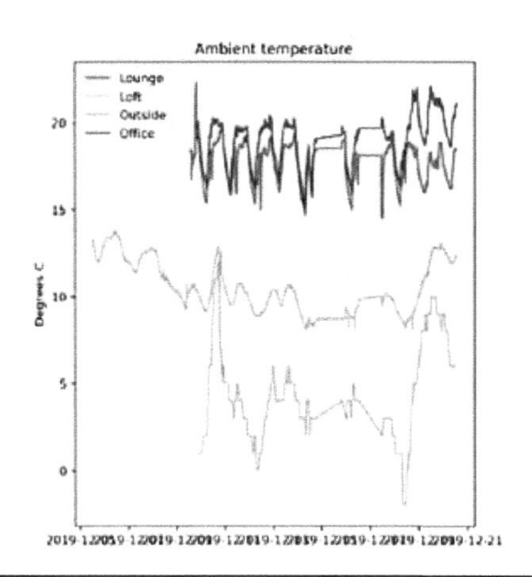

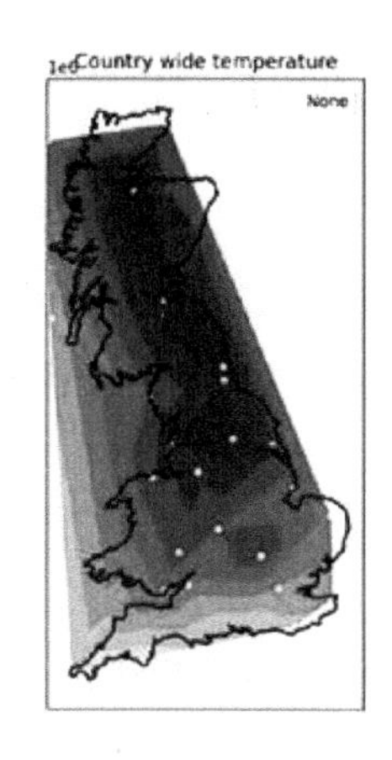

练习 9-3：针对累积太阳能添加条形图

我们针对太阳能生成数据编写了一个清理函数，用来将生成的累积太阳能数据转换为瞬时功率数据。这可以让我们明显看出什么时候生成电量，但更难理解每一天生成了多少电量。

编写一个新的清理函数，让它返回每一天的累积电量，再编写一个新的 `draw` 函数，让它将累积电量显示为条形图。

与前面一样，本章配套代码包含一个起点版本和一个完成版本的示例。

9.7 小结

本章回归 Jupyter，但介绍的是人们最熟悉的用法，而不是将 Jupyter 纯粹用作原型设计工具。本章还使用了 matplotlib，Jupyter 的许多用户已经使用过该库。它们结合起来，成为表达数据分析结果的强大工具。

我们编写了大量辅助函数，方便人们在 Jupyter 中构建自定义接口来查看聚合的数据。这让我们能够定义公共 API，同时仍然能够灵活地修改实现接口的方式。为最终用户提供一个好的 API，对于留住用户十分关键，所以值得在这方面花费时间。

本章配套代码的最终版本包含我们创建的所有函数，其中许多函数包含很长的示例数据块。有些函数太长，不适合放到正文中，所以建议查看代码示例并进行尝试。

最后，本章介绍了前面已经用过的一些技术的高级用法，包括在默认实参不足以满足要求的情况下，使用数据类的 `__post_init__(...)` 钩子保持向后兼容性，还包括以更加复杂的方式混合使用同步和异步代码。

更多资源

下面的链接提供了有关本章介绍的主题的更多背景信息：

- matplotlib 文档中包含 matplotlib 图可用的格式选项的详细信息以及其他可用的图类型，详见 https://matplotlib.org/3.1.1/api/_as_gen/matplotlib.pyplot.plot.html#matplotlib.pyplot.plot。
- testing.postgresql 是一个测试帮助库，可用于管理独立 postgresql 实例的创建，详见 https://github.com/tk0miya/testing.postgresql。
- OpenStreetMap 关于墨卡托投影的页面包含其他实现方式的详细信息，详见 https://wiki.openstreetmap.org/wiki/Mercator。
- Fiona 库用于使用 Python 解析地理信息文件，其文档详见 https://fiona.readthedocs.io/en/latest/README.html。
- Shapely 库用于使用 Python 操纵复杂的 GIS 对象，详见 https://fiona.readthedocs.io/en/latest/README.html。我特别推荐这个库，它在很多场合为我提供了帮助。

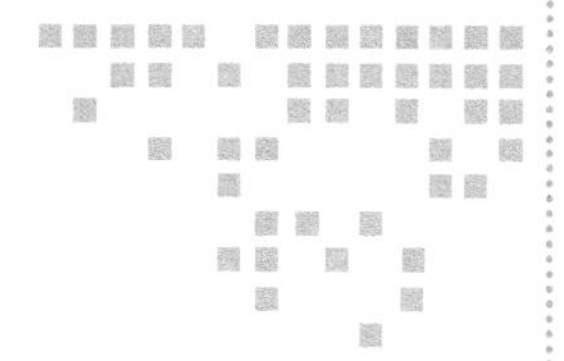

第10章 Chapter 10

加快速度

提高代码速度的方法主要有两种：优化编写的代码，以及优化程序的控制流使其运行更少的代码。人们常常把注意力放到优化代码上，而不是优化控制流上，因为进行自包含的修改更加简单。但是，修改控制流通常能够带来最大收益。

10.1 优化函数

要优化一个函数，首先要在做修改之前清楚地了解该函数的性能。Python 标准库的 profile 模块能够在这方面提供帮助。profile 模块在代码运行过程中检查代码，让你了解每个函数调用需要的时间。代码性能分析器能够检测同一函数的多次调用，监控间接调用的函数，然后，生成一个报表，以显示整个运行期间的函数调用图。

我们可以使用 `profile.run(...)` 函数分析语句。这会使用始终可用的参考性能分析器，但大部分人会使用 `cProfile.run(...)`[注] 提供的优化后的性能分析器。性能分析器会执行第一个实参传入的字符串，生成分析信息，然后将分析结果自动格式化为报表。

```
>>> from apd.aggregation.analysis import interactable_plot_multiple_charts
>>> import cProfile
>>> cProfile.run("interactable_plot_multiple_charts()()", sort="cumulative")
         164 function calls in 2.608 seconds

   Ordered by: cumulative time
```

[注] 如果使用 CPython 之外的 Python 实现（如 PyPy 或 Jython），将无法使用这个优化过的性能分析器，所以需要使用参考实现。

```
ncalls  tottime  percall  cumtime  percall filename:lineno(function)
     1    0.001    0.001    2.608    2.608 {built-in method builtins.exec}
     1    0.001    0.001    2.606    2.606 <string>:1(<module>)
     1    0.004    0.004    2.597    2.597 analysis.py:327(run_in_thread)
     9    2.558    0.284    2.558    0.284 {method 'acquire' of
                                             '_thread.lock' objects}
     1    0.000    0.000    2.531    2.531 _base.py:635(__exit__)
...
```

这里显示了函数的调用次数（ncalls）、执行该函数需要的时间（tottime）以及总时间除以调用次数的结果（percall）。它还显示了执行该函数以及所有间接调用的函数的累积时间，分别显示为累积总时间（cumtime）和累积总时间除以调用次数的结果（另一个 percall）。cumtime 高，但是 tottime 低，说明该函数本身可能不会获益于优化，但使用该函数的控制流则可能会获益于优化。

> **提示** 一些 IDE 和代码编辑器针对运行性能分析器和查看分析结果提供了内置支持。如果你在使用 IDE，那么 IDE 提供的接口可能对你来说更加自然。但是，性能分析器的行为仍然是相同的。

在 Jupyter 记事本中运行代码时，可以使用“单元格魔法”功能生成相同的报表（见图 10-1）。单元格魔法是单元格上的一个标注，用来在执行时使用命名插件（在这里就是性能分析器）。如果使用 %%prun -s cumulative 作为第一行，那么一旦单元格完成执行，记事本会显示一个弹出窗口，在其中包含整个单元格的分析报表。

> **警告** “单元格魔法”这种方法目前与 IPython 中的顶层 await 支持不兼容。如果使用 %%prun 单元格魔法，那么该单元格不能等待协程。

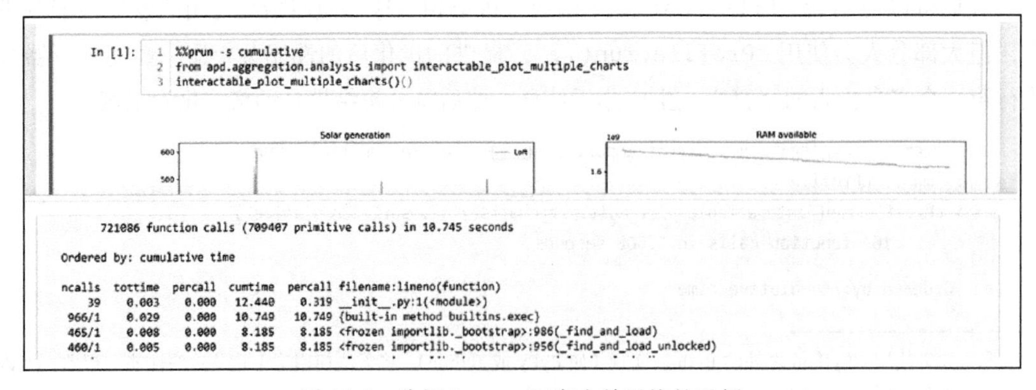

图 10-1 分析 Jupyter 记事本单元格的示例

10.1.1 性能分析和线程

前面的示例生成的报表列举了许多线程内部函数，但没有列出我们的函数。这是因为 `interactable_plot_multiple_charts(...)(...)` 函数[㊀]会启动一个新线程来运行底层协程。性能分析器不会进入新启动的线程来启动性能分析器，所以我们只会看到主线程在等待工作线程完成。

通过修改代码把协程封装到线程的方式，我们有机会在子线程内插入性能分析器，进而解决这种问题。例如，可以添加一个 `debug=` 标志，如果传入 `debug=True`，就向线程池提交一个不同的函数，如代码清单 10-1 所示。

代码清单 10-1 有选择地包含性能分析的 wrap_coroutine 示例

```
_Coroutine_Result = t.TypeVar("_Coroutine_Result")

def wrap_coroutine(
    f: t.Callable[..., t.Coroutine[t.Any, t.Any, _Coroutine_Result]],
    debug: bool=False,
) -> t.Callable[..., _Coroutine_Result]:
    """Given a coroutine, return a function that runs that coroutine
    in a new event loop in an isolated thread"""
    @functools.wraps(f)
    def run_in_thread(*args: t.Any, **kwargs: t.Any) -> _Coroutine_Result:
        loop = asyncio.new_event_loop()
        wrapped = f(*args, **kwargs)

        if debug:
            # Create a new function that runs the loop inside a cProfile
            # session, so it can be profiled transparently

            def fn():
                import cProfile

                return cProfile.runctx(
                    "loop.run_until_complete(wrapped)",
                    {},
                    {"loop": loop, "wrapped": wrapped},
                    sort="cumulative",
                )

            task_callable = fn
        else:
            # If not debugging just submit the loop run function with the
            # desired coroutine
```

㊀ 该函数被调用了两次，因为它被用作交互式小部件的一部分。`interactable_plot_multiple_charts(...)` 接受设置实参，并返回一个可被连接到小部件的函数。这里调用它两次，是因为我们想设置该函数，然后不使用特殊实参调用它一次，而不是把它连接到交互式小部件。

```
            task_callable = functools.partial(loop.run_until_complete,
            wrapped)
        with ThreadPoolExecutor(max_workers=1) as pool:
            task = pool.submit(task_callable)
        # Mypy can get confused when nesting generic functions, like we do
        # here
        # The fact that Task is generic means we lose the association with
        # _CoroutineResult. Adding an explicit cast restores this.
        return t.cast(_Coroutine_Result, task.result())

    return run_in_thread

def interactable_plot_multiple_charts(
    *args: t.Any, debug: bool=False, **kwargs: t.Any
) -> t.Callable[..., Figure]:
    with_config = functools.partial(plot_multiple_charts, *args, **kwargs)
    return wrap_coroutine(with_config, debug=debug)
```

在代码清单 10-1 中，我们使用了性能分析器中的 `runctx(...)` 函数，而不是 `run(...)` 函数。`runctx(...)` 允许向正在分析的表达式传递全局变量和局部变量[㊀]。解释器不会内省代表要运行代码的字符串，以确定需要哪种变量。你必须显式传递需要用到的变量。

做出这种修改后，前面用来绘制带有交互元素的图的代码，也可以请求收集性能分析信息，使 Jupyter 记事本的用户能够轻松调试他们添加的新图类型，如图 10-2 所示。

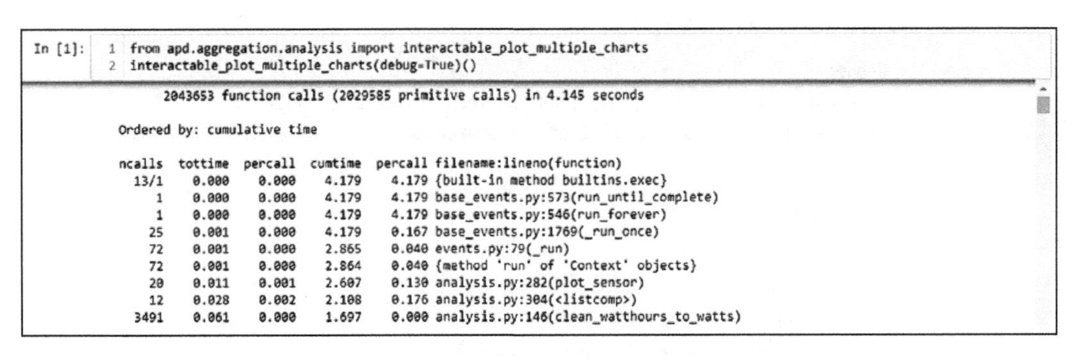

图 10-2 在 Jupyter 中使用集成的性能分析选项

运行在子线程中的性能分析器在顶部仍然包含一些开销函数，但现在我们能够看到自己想要分析的函数，而不只是线程管理函数。如果只查看与代码相关的函数，输出如下：

㊀ 将循环和封装的变量作为显式局部变量提供，还确保了 Python 知道如何在这些变量上创建闭包，并使它们对被分析的表达式可用。如果传递 `locals=locals()`，将无法看到这些变量向下传递，除非使用 `nonlocal loop` 和 `nonlocal wrapped` 语句为 Python 提供提示，告诉 Python 我们在外层作用域中需要使用这些变量。

```
ncalls  tottime  percall  cumtime  percall  filename:lineno(function)
    20    0.011    0.001    2.607    0.130  analysis.py:282(plot_sensor)
    12    0.028    0.002    2.108    0.176  analysis.py:304(<listcomp>)
  3491    0.061    0.000    1.697    0.000  analysis.py:146(
                                            clean_watthours_to_watts)
 33607    0.078    0.000    0.351    0.000 query.py:114(subiterator)
    12    0.000    0.000    0.300    0.025 analysis.py:60(draw_date)
 33603    0.033    0.000    0.255    0.000 query.py:39(get_data)
     3    0.001    0.000    0.254    0.085 analysis.py:361(
                                           plot_multiple_charts)
 16772    0.023    0.000    0.214    0.000 analysis.py:223(clean_passthrough)
 33595    0.089    0.000    0.207    0.000 database.py:77(from_sql_result)
  8459    0.039    0.000    0.170    0.000 analysis.py:175(
                                           clean_temperature_fluctuations)
    24    0.000    0.000    0.140    0.006 query.py:74(get_deployment_by_id)
     2    0.000    0.000    0.080    0.040 query.py:24(with_database)
```

看起来，plot_sensor(...) 函数被调用 20 次，列表推导式 points = [dp async for dp in config.clean(query_results)] 被调用 12 次，clean_watthours_to_watts(...) 函数被调用 3491 次。报表显示清理函数被调用了很多次，这是由性能分析器与生成器函数的交互方式决定的。每当从生成器请求一个新项时，就将其归为函数的一次新调用。同样，每当用 yield 生成一项时，就将其归为该调用返回。看起来，这种方法比测量第一次调用到生成器生成完全部数据所耗费的时间更加复杂，但这意味着 tottime 和 cumtime 不包含迭代器处在闲置状态，等待其他代码请求下一项的时间。但是，这也意味着 percall 代表的是获取单个项所需的时间，而不是每次调用该函数的时间。

警告 性能分析器需要使用一个函数来确定当前时间。默认情况下，profile 使用 time.process_time()，cProfile 使用 time.perf_counter()。它们测量不同的东西。process_time() 函数测量 CPU 繁忙的时间，但 perf_counter() 测量真实时间。真实时间常常被称为“墙上时间”，指的是墙上挂着的时钟测量的时间。

10.1.2 解读 profile 报表

clean_watthours_to_watts(...) 函数应该立即引起你的注意，因为它是一个相对低级的函数，但具有非常高的 cumtime。这个函数用作支持函数，绘制 4 个图中的一个，但它占用了 plot_sensor(...) 总执行时间的 65%。我们将从 clean_watthours_to_watts(...) 函数开始优化，但如果我们对比 tottime 和 cumtime，就能够发现该函数内执行的时间只占用了总执行时间的 2%。

这种差异说明，我们直接在函数中编写的代码并不是拖慢函数的原因。相反，在 `clean_watthours_to_watts(...)` 函数的实现中，我们间接调用了其他函数，正是它们拖慢了该函数。现在，我们主要关注如何优化函数，而不是优化执行流。因为要优化这个函数，需要优化我们无法控制的函数的调用模式，所以现在先不介绍如何优化它。10.2 节将介绍如何通过修改控制流来提高性能，届时将会修复这个函数。

现在，我们把注意力集中到 `tottime`（而非 `cumtime`）高的函数，这意味着耗费的时间主要是在执行我们编写的代码，而不是我们使用的代码。这些时间比之前查看的时间短得多，因为它们是相对简单的函数，所以优化它们带来的潜在收益并不高，不过对于其他函数，则不一定如此。

```
     12    0.103    0.009    2.448    0.204 analysis.py:304(<listcomp>)
  33595    0.082    0.000    0.273    0.000 database.py:77(from_sql_result)
  33607    0.067    0.000    0.404    0.000 query.py:114(subiterator)
```

我们看到，与数据库接口相关的两个函数是潜在的优化对象。它们每个都运行了超过 33 000 次，并且每个函数的执行总时间不到 0.1 秒，所以它们并不是很值得优化的目标。但是，在我们的代码中，它们占用的 `tottime` 是最高的，所以代表了进行简单自包含的优化的最好机会。

首先要做的是试着修改实现，然后测量性能差异。现有的实现非常简单，只包含一行代码。我们很可能无法优化这行代码，但我们来试一下。

```
@classmethod
def from_sql_result(cls, result) -> DataPoint:
    return cls(**result._asdict())
```

在上面的代码中，有一点可能导致拖慢速度，但并不是马上就能让人注意到——代码生成了一个值的字典并将其动态映射到了关键字实参[㊀]。要进行测试，一种方法是显式传递

㊀ 可以使用 timeit 性能分析器（见 10.1.3 节）来演示这种关系：

```
>>> def func(a, b, c, d, e, f, g, h, i, j, k):
...     return a+b+c+d+e+f+g+h+i+j+k
...
>>> timeit.timeit("func(**vals)", "vals={'a':1, 'b':1, 'c':1, 'd':1, 'e':1, 'f':1,
    'g':1, 'h':1, 'i':1, 'j':1, 'k':1}", globals={'func':func})
0.7101785999999777
>>> timeit.timeit("func(a=1,b=1,c=1,d=1,e=1,f=1,g=1,h=1,i=1,j=1,k=1)",
    globals={'func':func})
0.6051479999999998
>>> timeit.timeit("a(1,1,1,1,1,1,1,1,1,1,1)", globals={'func':func})
0.479350299999993
```

对于简单的函数，这些方法之间的差异并不重要，对于更加复杂的函数也并不需要关注。你应该继续使用让代码变得最清晰的方法，之所以在示例中演示这种方法，只是作为改进性能的最后手段。

实参，因为我们知道它们是一致的。

```
@classmethod
def from_sql_result(cls, result) -> DataPoint:
    if result.id is None:
        return cls(data=result.data, deployment_id=result.deployment_id,
                   sensor_name=result.sensor_name,
                   collected_at=result.collected_at)
    else:
        return cls(id=result.id, data=result.data,
        deployment_id=result.deployment_id, sensor_name=result.sensor_name,
        collected_at=result.collected_at)
```

在这个过程中，最重要的部分是测试我们的假设。我们需要重新运行代码并比较结果。还需要知道，外部因素（例如计算机上的负载）可能导致执行时间发生变化，所以最好试着多运行代码几次，查看结果是否稳定。我们的修改会导致可维护性出现问题，所以应该大大提高速度，否则就不值得进行这种修改。

```
33595    0.109    0.000    0.147    0.000 database.py:77(from_sql_result)
```

这里的结果显示，相比前一种实现，from_sql_result() 函数花了更多时间，但累积时间下降了。这个结果告诉我们，对 from_sql_result() 做的修改直接导致该函数需要执行更长时间，但在这个过程中，我们也改变了控制流，不再调用 _asdict()，而是直接传递值，这样带来的收益要大于减慢的速度。

换句话说，除非修改控制流，避免调用 _asdict() 中的代码，否则，这种函数实现很难提高性能。由于它要求我们在多个位置列出使用的字段，所以也降低了代码的可维护性。因此，我们将继续使用原来的实现，而不使用“优化”版本。

提示 对于类的创建，还有另一种潜在的优化方式，即在类上设置 __slots__ 特性，如 __slots__ = {"sensor_name", "data", "deployment_id", "id", "collected_at"}。这允许开发人员保证，只会在实例上设置特别命名的特性，这就允许解释器进行许多优化处理。在撰写本书时，数据类和 __slots__ 之间存在不兼容的情况，让它使用起来不那么容易，但如果你想优化对象的实例化功能，那么建议了解一下这种功能。

对于另外两个函数——subiterator() 和列表推导式函数，这一点也成立。subiterator() 和列表推导式函数非常简单，修改它们不但会降低可读性，而且并不能带来很大的性能改进。

小而易懂的函数很少能够在性能方面有很大的提升空间，因为低性能常常与复杂性相关。如果将简单的函数组合起来，导致系统变得十分复杂，那么优化控制流能够提高性能。如果函数本身就很长，要做一些复杂的处理，那么单独优化函数有可能带来巨大的性能提升。

10.1.3 其他性能分析器

Python 提供的性能分析器在大部分情况下都能够提供有用的信息。但是，因为代码性能是一个非常重要的主题，所以还应该了解一些其他性能分析器，它们有自己独特的优缺点。

1. timeit

timeit 是另一种非常重要的性能分析器，它也来自 Python 标准库。对于分析快速的独立函数，timeit 十分有用。它不是在程序正常操作过程中监控程序，而是重复运行给定代码，返回累积使用的时间。

```
>>> import timeit
>>> from apd.aggregation.utils import merc_y
>>> timeit.timeit("merc_y(52.2)", globals={"merc_y": merc_y})
1.8951617999996415
```

如前所示，使用默认实参调用 timeit 时，输出是执行其第一个实参 100 万次所需要的时间（单位为秒），在测量时间时使用了可用的最精确的时钟。只有第一个实参（`stmt=`）是必需的，它是每一次要执行的代码的字符串表示。第二个字符串实参（`setup=`）代表在测试启动前必须执行的准备代码，使用 `globals=` 字典允许将任意项传入被分析的代码的命名空间。对于传入被测试的函数，而不是在 `setup=` 代码中导入该函数，这特别有用。可选的 `number=` 实参允许我们指定代码的运行次数，因为对于执行时间超过 50 微秒的函数，执行 100 万次并不合适[一]。

代表要测试的代码的字符串和 `setup=` 字符串都可以是多行字符串，可以包含一系列 Python 语句。但是要注意，第一个字符串中的任何定义和导入语句每次都会运行，所以应该在第二个字符串中完成准备代码，或者把它们直接作为全局项传入。

2. line_profiler

另一个很多人推荐的性能分析器是 Robert Kern 开发的 line_profiler[二]。它逐行而不是逐个函数记录信息，这让它非常适合用来确定函数的性能问题到底发生在什么地方。

[一] 对于执行时间为 1 毫秒的函数，timeit 在使用默认参数执行该函数时，需要的时间将超过 15 分钟。

[二] https://github.com/rkern/line_profiler。

但是，line_profiler 做出了影响很大的折中选择。它要求修改 Python 程序，为想要分析的每个函数添加标注，而当添加了这些标注后，代码只能通过 line_profiler 的自定义环境运行。而且，在撰写本书时，已经有大约两年的时间无法使用 pip 安装 line_profiler 了。虽然网上有许多人推荐这个性能分析器，但这部分是因为它的问世时间早于其他性能分析器。我建议除非绝对必要，否则，在调试复杂函数时应该避免使用这个性能分析器。你可能会发现，设置它需要的时间比安装后它给你节省的时间更多。

3. yappi

yappi[1]是另一个可选的性能分析器，它能够对运行在多个线程和 asyncio 事件循环中的代码进行透明的性能分析。迭代器的调用计数代表的是迭代器被调用的次数，而不是获取项的次数，并且不需要修改代码就能够分析多个线程。

yappi 的缺点是，它是一个相对较小的项目，还处在大量开发中，所以你可能会觉得它不如其他 Python 库完善。在内置性能分析器不能满足要求时，建议使用 yappi。在撰写本书时，我仍然推荐将内置性能分析器作为第一选择，yappi 次之。

yappi 的接口与我们到目前为止使用的内置性能分析器不同，因为它没有提供类似于 `run(...)` 函数调用的功能。必须在被分析代码的周围启用和禁用 yappi 性能分析器。默认性能分析器有一个功能类似的 API，如表 10-1 所示。

表 10-1 cProfile 和 yappi 性能分析对比

使用 enable/disable API 的 cProfile	基于 yappi 的性能分析
import cProfile profiler = cProfile.Profile() profiler.enable() method_to_profile() profiler.disable() profiler.print_stats()	import yappi yappi.start() method_to_profile() yappi.stop() yappi.get_func_stats().print_all()

在 Jupyter 单元格中使用 yappi，让我们能够调用底层代码中的函数，而无须绕过线程和 asyncio 问题。在使用 yappi 分析代码时，也可以不像前面那样修改 `debug=` 参数。在前面的示例中，如果 `method_to_profile()` 调用了 `interactable_plot_multiple_charts(...)` 和 `widgets.interactive(...)`，得到的分析输出如下：

```
Clock type: CPU
Ordered by: totaltime, desc

name                                  ncall  tsub      ttot      tavg
..futures\thread.py:52 _WorkItem.run  17     0.000000  9.765625  0.574449
```

[1] https://github.com/sumerc/yappi。

```
..rrent\futures\thread.py:66 _worker  5/1     0.000000  6.734375  1.346875
..38\Lib\threading.py:859 Thread.run  5/1     0.000000  6.734375  1.346875
..ndowsSelectorEventLoop.run_forever  1       0.000000  6.734375  6.734375
..b\asyncio\events.py:79 Handle._run  101     0.000000  6.734375  0.066677
..lectorEventLoop.run_until_complete  1       0.000000  6.734375  6.734375
..WindowsSelectorEventLoop._run_once  56      0.000000  6.734375  0.120257
..gation\analysis.py:282 plot_sensor  4       0.093750  6.500000  1.625000
..egation\analysis.py:304 <listcomp>  12      0.031250  5.515625  0.459635
...
```

在这个示例中，yappi 显示的总时间比 cProfile 高得多。你只应该比较在相同硬件上，使用相同性能分析工具生成的时间结果，因为在启用性能分析器后，性能可能发生巨大波动[⊖]。

yappi 的辅助函数

yappi 直接支持按照函数和模块过滤统计数据。它还允许提供自定义过滤函数，用于确定在性能报表中显示哪些代码。除此之外，还有一些其他选项可用。建议查看 yappi 的文档，了解关于过滤输出，只显示自己感兴趣的代码的推荐方式。

本章配套代码中提供了一些辅助函数，方便你在 Jupyter 上下文中使用 yappi 进行性能分析。这些辅助函数包括 `profile_with_yappi`，它是一个上下文管理器，用来处理性能分析器的激活和禁用；`jupyter_page_file`，它也是一个上下文管理器，可使用与 `%%prun` 单元格魔法相同的方式显示性能分析数据，不会将其与单元格输出合并到一起；`yappi_package_matches`，它使用 `filter_callback=` 选项，将显示的统计数据限制为只显示给定 Python 包内的模块。代码清单 10-2 给出了使用这些辅助函数的示例。

代码清单 10-2　使用 yappi 性能分析的 Jupyter 单元格及部分 Jupyter 输出

```
from apd.aggregation.analysis import (interactable_plot_multiple_charts,
configs)
from apd.aggregation.utils import (jupyter_page_file, profile_with_yappi,
yappi_package_matches)
import yappi
```

⊖ 我曾看到过，即使运行了相同版本的 Python 和全部依赖项，一些实际使用的 Python 代码运行在 OSX 宿主上的 Linux 虚拟机中时，要比直接运行在宿主上时快一个量级。Python 版本、操作系统版本和性能分析器都可能造成巨大影响，所以每当进行基准测试时，都应该建立一条基准线，不要依赖之前生成的结果。

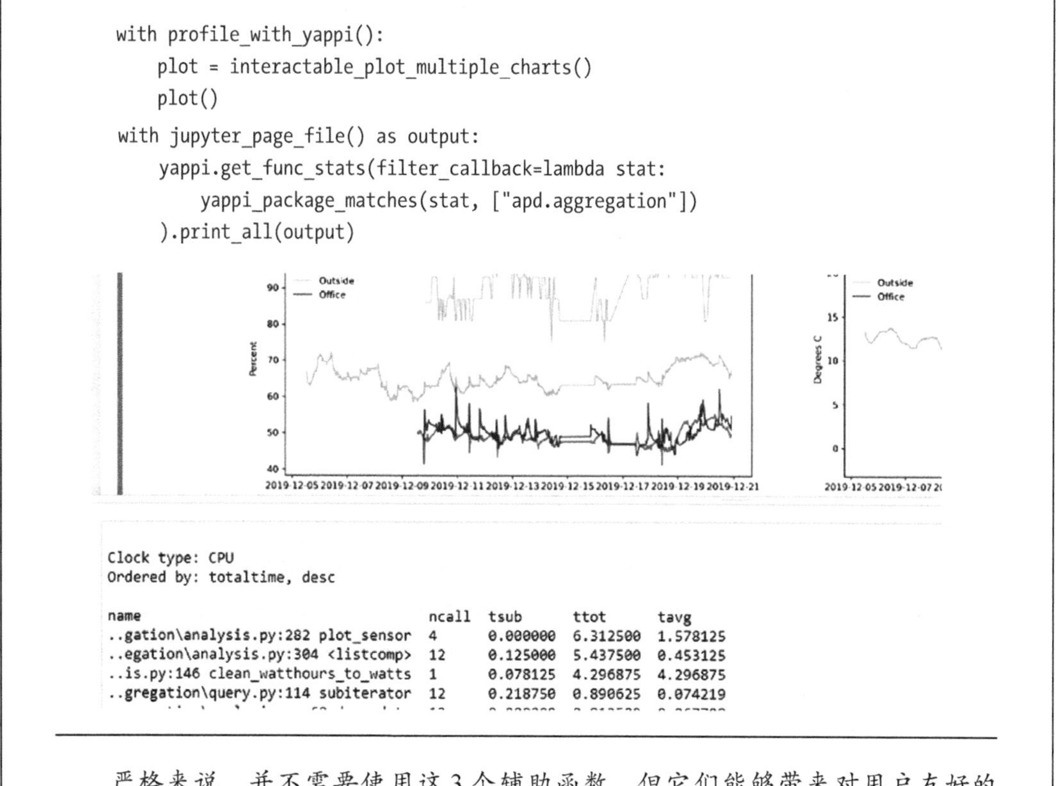

```
with profile_with_yappi():
    plot = interactable_plot_multiple_charts()
    plot()
with jupyter_page_file() as output:
    yappi.get_func_stats(filter_callback=lambda stat:
        yappi_package_matches(stat, ["apd.aggregation"])
    ).print_all(output)
```



```
Clock type: CPU
Ordered by: totaltime, desc

name                                     ncall  tsub      ttot      tavg
..gation\analysis.py:282 plot_sensor     4      0.000000  6.312500  1.578125
..egation\analysis.py:304 <listcomp>     12     0.125000  5.437500  0.453125
..is.py:146 clean_watthours_to_watts     1      0.078125  4.296875  4.296875
..gregation\query.py:114 subiterator     12     0.218750  0.890625  0.074219
```

严格来说，并不需要使用这3个辅助函数，但它们能够带来对用户友好的接口。

4. tracemalloc

到目前为止，我们介绍的性能分析器测量的都是运行一段代码需要的CPU资源。另一种主要的可用资源是内存。运行快但是需要大量RAM的程序在可用RAM较少的系统上运行时，速度就要慢很多。

tracemalloc是Python内置的RAM分配性能分析器。该模块提供了`tracemalloc.start()`和`tracemalloc.stop()`函数，分别用于启用和禁用该性能分析器。可以通过`tracemalloc.take_snapshot()`函数随时请求分析结果。代码清单10-3示范了如何在我们的绘图代码上使用该性能分析器。

这个调用的结果是一个`Snapshot`对象，它的`statistics(...)`方法返回某统计数据的一个列表。该函数的第一个实参是用于对结果分组的键。最常用的两个键是`"lineno"`（用于逐行分析）和`"filename"`（用于分析整个文件）。`cumulative=`标志允许用户选择是否包含间接调用的函数使用的内存，即每个统计数据行是应该代表该行直接操作的结果，还是运行该行代码产生的全部影响？

代码清单 10-3　在绘图后调试内存使用情况的示例脚本

```
import tracemalloc

from apd.aggregation.analysis import interactable_plot_multiple_charts

tracemalloc.start()
plot = interactable_plot_multiple_charts()()
snapshot = tracemalloc.take_snapshot()
tracemalloc.stop()
for line in snapshot.statistics("lineno", cumulative=True):
    print(line)
```

标准库中的文档针对如何更好地格式化输出数据，提供了一些辅助函数，display_top(...)[1]函数的代码示例尤其有帮助。

警告　tracemalloc 分配器只显示在生成快照时仍然活跃的内存分配。分析我们的程序会显示，SQL 解析使用了大量 RAM，但另一方面，尽管 DataPoint 对象使用了更多 RAM，但分析结果不会显示它们。与 SQL 对象不同，我们的对象的生存期短，所以在生成快照时，对象已经被丢弃。当调试峰值内存使用情况时，必须在峰值时创建快照。

5. New Relic

如果运行的是基于 Web 的应用程序，那么商用服务 New Relic[2]可能能够为你提供有用的性能分析信息。它提供了一个集成的性能分析系统，允许监控 Web 请求的控制流、服务 Web 请求涉及的函数，以及在渲染过程中与数据库和第三方服务进行的交互。

New Relic 及其竞争对手做出了重大取舍。你能够访问非常出色的性能分析数据集，但这些性能分析器并不适合所有应用程序类型，而且需要的费用很高。不止如此，真实用户的操作被用来执行性能分析，这意味着在把 New Relic 引入系统之前，应该考虑用户隐私问题。话虽如此，New Relic 的性能分析功能提供了一些有用的性能分析。

10.2　优化控制流

更常见的情况是，造成 Python 系统性能问题的并不是某个函数。正如我们前面所见，如果以最简单的方式编写函数代码，那么一般来说，除非修改函数要完成的工作，否则将

[1] https://docs.python.org/3/library/tracemalloc.html#pretty-top。
[2] 也可使用其他商用性能分析工具。

无法优化函数。

根据我的经验，造成低性能最常见的原因是函数做了不必要的工作。例如，在实现数据整理功能的初始实现中，我们还没有数据库端的过滤功能，所以添加了一个循环来过滤不需要的数据。

推迟过滤输入数据不只改变了执行工作的位置，还可能增加整体要做的工作的量。在这种情况下，要做的工作是从数据库加载数据，设置 DataPoint 记录，以及从记录中提取相关数据。通过把过滤工作从加载步骤移动到提取步骤，我们会为自己并不关心的对象创建 DataPoint 记录。

复杂度

函数的执行时间并非总是与输入大小直接成正比，但对于遍历数据一次的函数，输入大小可以很好地代表执行时间。排序和其他更加复杂的操作具有不同的行为。

函数需要的时间（或内存）与它们的输入大小之间的关系叫作计算复杂度。大部分程序员从不需要关心函数的确切复杂度，但在优化代码时，了解不同复杂度的大致区别会有帮助。

通过为 timeit 提供不同的输入，可以估算输入大小与时间之间的关系，但一般来说，最好避免在循环内嵌套循环。迭代次数始终很小的嵌套循环是可以接受的，但在遍历用户输入的循环中遍历用户输入，会导致函数运行时间随着用户输入量增加快速增长[⊖]。

对于给定输入大小，函数用的时间越长，最小化它处理的无关数据就越重要。

在图 10-3 中，水平轴映射为函数使用的时间，垂直轴映射为管道中的某个阶段需要处理的输入量。步骤的宽度（即它需要的处理时间）与它处理的数据量成比例。

这两个流程演示了处理单个传感器需要完成的工作量，上面的流程使用数据库级别的过滤功能，下面的流程在 Python 中进行过滤。在这两种情况下，总输出是相同的，但中间阶段处理的数据量各不相同，所以需要的时间也不同。

我们在两种情况下会丢弃数据，即只寻找目标传感器的数据时，以及丢弃无效数据时。把传感器过滤器移动到数据库，可降低加载步骤执行的工作量，从而减少了需要的时间。我们移动了大量过滤工作，但用于删除无效数据的复杂过滤工作仍然留在清理步骤。如果

⊖ 具体来说，这是一种多项式复杂度，有时候写作 $O(n^c)$。运行时间是执行循环体的时间乘以循环的每个长度。

可以把这种过滤工作移动到数据库，会进一步降低加载步骤需要的时间，只不过降低的不如之前那样多。

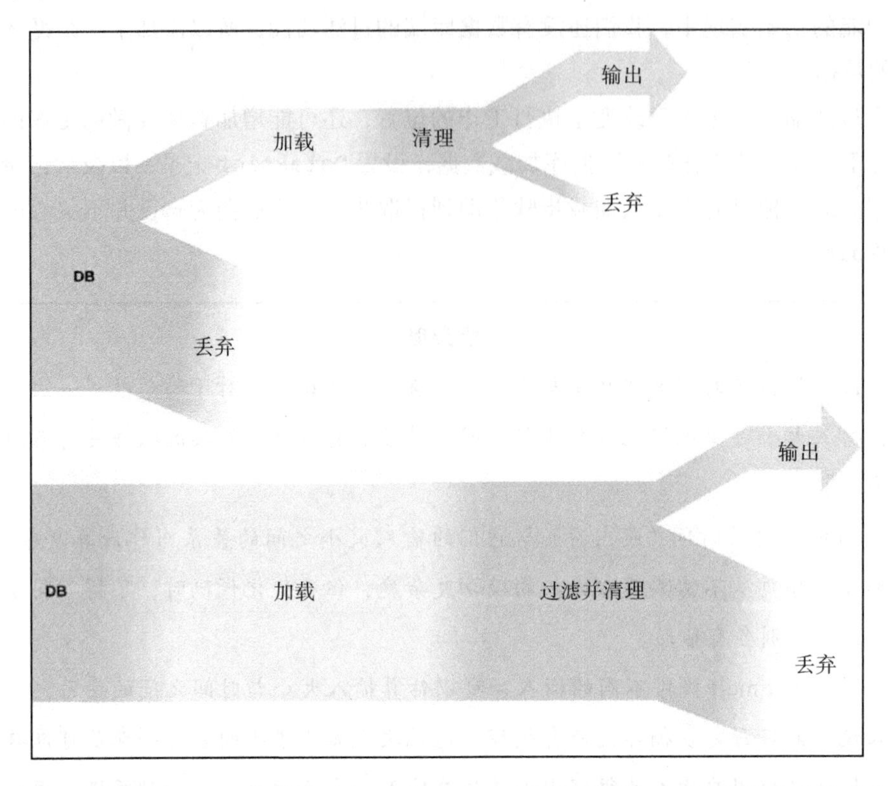

图 10-3　在数据库中进行过滤与在清理期间进行过滤的代码所处理的数据集大小的对比图

在编写函数时，我们已经假定需要在数据库中进行过滤，部分是为了提高 API 的可用性，但使用 yappi 性能分析器并为绘图系统提供显式配置，能够测试这种方法是不是真的提高了性能。然后，可以直接对比使用这两种方法（在数据库中过滤和在 Python 中过滤）绘图时所需时间的差异。代码清单 10-4 给出了在数据库中进行过滤时进行性能分析的实现。

代码清单 10-4　使用 SQL 过滤时分析单个图的 Jupyter 单元格

```
import yappi

from apd.aggregation.analysis import (interactable_plot_multiple_charts,
Config)
from apd.aggregation.analysis import (clean_temperature_fluctuations,
get_one_sensor_by_deployment)
from apd.aggregation.utils import profile_with_yappi

yappi.set_clock_type("wall")

filter_in_db = Config(
```

```
        clean=clean_temperature_fluctuations,
        title="Ambient temperature",
        ylabel="Degrees C",
        get_data=get_one_sensor_by_deployment("Temperature"),
    )

    with profile_with_yappi():
        plot = interactable_plot_multiple_charts(configs=[filter_in_db])
        plot()

    yappi.get_func_stats().print_all()
```

下面的统计数据摘自单元格输出，显示了我们最感兴趣的一些条目。我们可以看到，加载了 10 828 个对象，`get_data(...)` 函数需要 2.7 秒的运行时间，6 次数据库调用用了 2.4 秒。`analysis.py` 中第 304 行的列表推导式（`points= [dp async for dp in config.clean(query_results)]`）调用了清理函数。清理数据用了 0.287 秒，但清理函数本身的时间可忽略不计。

```
name                                  ncall  tsub      ttot      tavg
..lectorEventLoop.run_until_complete  1      0.000240  3.001717  3.001717
..alysis.py:341 plot_multiple_charts  1      2.843012  2.999702  2.999702
..gation\analysis.py:282 plot_sensor  1      0.000000  2.720996  2.720996
..query.py:86 get_data_by_deployment  1      2.706142  2.706195  2.706195
..d\aggregation\query.py:39 get_data  1      2.569511  2.663460  2.663460
..lchemy\orm\query.py:3197 Query.all  6      0.008771  2.407840  0.401307
..lchemy\orm\loading.py:35 instances  10828  0.005485  1.588923  0.000147
..egation\analysis.py:304 <listcomp>  4      0.000044  0.286975  0.071744
..175 clean_temperature_fluctuations  4      0.000000  0.286888  0.071722
```

我们可以使用同一图的一个新版本来重新运行测试，这一次在 Python 中进行全部过滤工作。代码清单 10-5 演示了这个版本，它添加了一个新的清理函数来执行过滤工作，并使用现有的 `get_data_by_deployment(...)` 函数作为数据源。如果我们没有为 `get_data(...)` 添加 `sensor_name=` 参数，将需要使用这种方法过滤数据。

代码清单 10-5　对绘制同一个图但不使用任何数据库过滤的代码进行分析的 Jupyter 单元格

```
import yappi

from apd.aggregation.analysis import (interactable_plot_multiple_charts,
Config, clean_temperature_fluctuations, get_data_by_deployment)
from apd.aggregation.utils import (jupyter_page_file, profile_with_yappi,
YappiPackageFilter)

async def filter_and_clean_temperature_fluctuations(datapoints):
    filtered = (item async for item in datapoints if
    item.sensor_name=="Temperature")
```

```
    cleaned = clean_temperature_fluctuations(filtered)
    async for item in cleaned:
        yield item

filter_in_python = Config(
    clean=filter_and_clean_temperature_fluctuations,
    title="Ambient temperature",
    ylabel="Degrees C",
    get_data=get_data_by_deployment,
)

with profile_with_yappi():
    plot = interactable_plot_multiple_charts(configs=[filter_in_python])
    plot()

yappi.get_func_stats().print_all()
```

在这个版本中，过滤工作发生在 `filter_and_clean_temperature_fluctuations(...)`，所以我们预计它会需要很长时间。多出来的时间一部分来自该函数中的生成器表达式，但并非全部。`plot_multiple_charts(...)` 需要的总时间从 3.0 秒增加到 8.0 秒，其中 1.3 秒是过滤时间。这表明，通过在数据库中进行过滤，我们节省了 3.7 秒的开销，这代表速度加快了 21%。

```
name                                  ncall  tsub      ttot      tavg
..lectorEventLoop.run_until_complete  1      0.000269  7.967136  7.967136
..alysis.py:341 plot_multiple_charts  1      7.637066  7.964143  7.964143
..gation\analysis.py:282 plot_sensor  1      0.000000  6.977470  6.977470
..query.py:86 get_data_by_deployment  1      6.958155  6.958210  6.958210
..d\aggregation\query.py:39 get_data  1      6.285337  6.881415  6.881415
..lchemy\orm\query.py:3197 Query.all  6      0.137161  6.112309  1.018718
..lchemy\orm\loading.py:35 instances  67305  0.065920  3.424629  0.000051
..egation\analysis.py:304 <listcomp>  4      0.000488  1.335928  0.333982
..and_clean_temperature_fluctuations  4      0.000042  1.335361  0.333840
..175 clean_temperature_fluctuations  4      0.000000  1.335306  0.333826
..-input-4-927271627100>:7 <genexpr>  4      0.000029  1.335199  0.333800
```

10.2.1 可视化性能分析数据

复杂的迭代器函数很难分析，正如我们看到的，`clean_temperature_fluctuations(...)` 的 `tsub` 时间为 0。它是一个复杂的函数，调用了其他函数，但说它用的时间是 0，这一定是一个圆整错误。分析运行中的代码能把你引到正确的方向，但这种方法只能给出指示性数字。在这种视图中，很难看出来在 0.287 秒的总时间中，每个构成函数用了多少秒。

内置的 profile 模块和 yappi 都支持将数据导出为 pstats 格式，这是 Python 特定的一种性能分析格式，可被传递给可视化工具。yappi 还支持 Valgrind 性能分析工具的 callgrind

格式。

在 yappi 中，可以使用 `yappi.get_func_stats().save("callgrind.filter_in_db", "callgrind")` 保存 callgrind 格式的分析结果，然后将其加载到 callgrind 可视化程序（例如 KCachegrind）中[⊖]。图 10-4 是在 QCachegrind 中显示这种代码的数据库过滤版本的一个示例，其中的方块代表对应函数使用的时间。

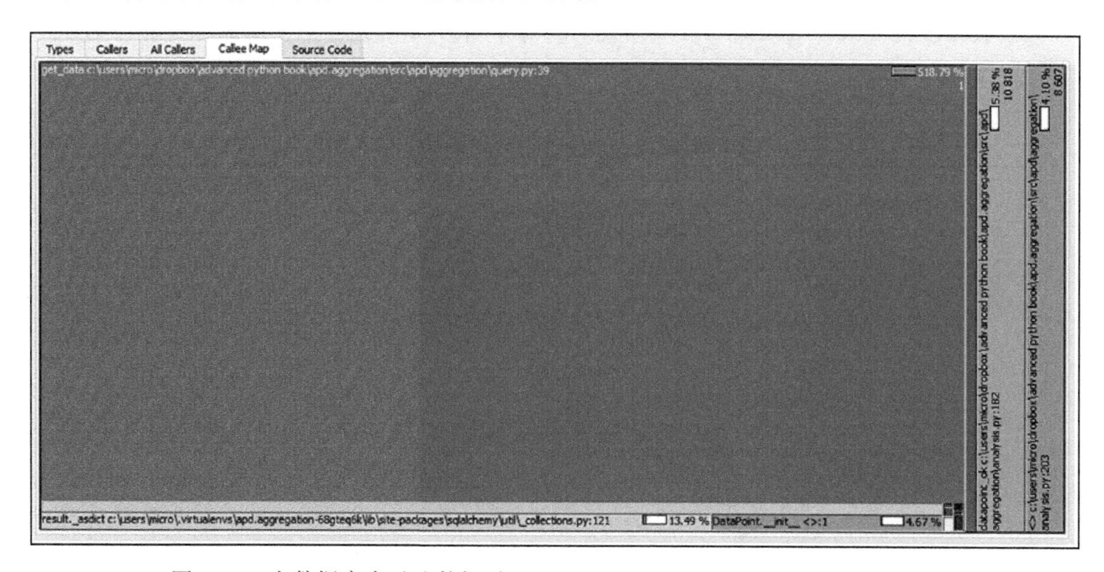

图 10-4 在数据库中过滤数据时，clean_temperature_fluctuations 的调用图

你可能惊讶地发现，`get_data(...)` 不只出现在图中，而且其方块最大。`clean_temperature_fluctuations(...)` 函数看起来并没有调用 `get_data(...)` 函数，所以并不能一下子看出为什么这个函数占用了最多时间。

迭代器让理解调用流变得困难，因为在循环中从可迭代对象取出一项的操作看起来并不像是函数调用。在底层，Python 调用了 `youriterable.__next__()`（或 `youriterable.__anext__()`），这会将执行点传回底层函数，完成前一个 `yield`。因此，`for` 循环能够导致调用任意数量的函数，即使它的循环体是空的。`async for` 结构让这一点变得更加清晰，因为这种结构显式说明底层代码可以等待。除非控制权被传递给其他代码（而不是只与静态数据结构进行交互），否则底层代码无法等待。当对使用可迭代对象的代码进行性能分析时，你会发现，使用可迭代对象的函数所调用的底层数据生成函数会显示在输出中。

⊖ 这里的屏幕截图来自 Windows 移植版 QCachegrind。因为 Valgrind 是 Linux 上的一个工具，所以如果你使用的是 Linux，将能够使用更多实用程序。

使用可迭代对象和单分发函数

我们可以编写一个函数，让它尽快使用迭代器，这能够在一定程度上简化调用栈。使用迭代器会阻止任务并行运行，从而降低了性能，另外，它还要求有足够的内存来保存整个可迭代对象。但它大大简化了性能分析工具的输出。代码清单 10-6 显示的简单函数能够使用可迭代对象和异步可迭代对象，同时保留相同的接口。

代码清单 10-6 就地使用迭代器的一对函数

```
def consume(input_iterator):
    items = [item for item in input_iterator]
    def inner_iterator():
        for item in items:
            yield item
    return inner_iterator()

async def consume_async(input_iterator):
    items = [item async for item in input_iterator]
    async def inner_iterator():
        for item in items:
            yield item
    return inner_iterator()
```

这对函数接受一个迭代器（或异步迭代器），并在被调用（或者等待）时立即使用该迭代器，然后返回一个新的迭代器，新的迭代器只从预先使用的源生成（`yield`）数据。这两个函数的用法如下：

```
# Synchronous
nums = (a for a in range(10))
consumed = consume(nums)

# Async
async def async_range(num):
    for a in range(num):
        yield a
nums = async_range(10)
consumed = await consume_async(nums)
```

使用标准库中的 funcools 模块（具体来说是使用 `@singledispatch` 装饰器），可以简化这段代码。第 2 章介绍了 Python 的动态分发功能，它允许按函数关联的类来查找该函数。这里做的工作也类似，我们有一对函数与底层的数据类型关联，但这些数据类型不是我们编写的类。我们无法控制哪些函数关联到它们，因为这两种类型是核心语言的特性，而不是我们创建并可以编辑的类。

@singledispatch 装饰器将函数标记为有多个实现，这些实现按第一个实参区分。如果要重写函数来使用这种方法（见代码清单 10-7），只需要向它们添加装饰器，把其他实现连接到基础实现，并添加一个类型提示以区分不同的实现。

代码清单 10-7 就地使用迭代器的一对函数（使用了单分发）

```
import functools

@functools.singledispatch
def consume(input_iterator):
    items = [item for item in input_iterator]
    def inner_iterator():
        for item in items:
            yield item
    return inner_iterator()

@consume.register
async def consume_async(input_iterator: collections.abc.AsyncIterator):
    items = [item async for item in input_iterator]
    async def inner_iterator():
        for item in items:
            yield item
    return inner_iterator()
```

这两个函数的行为与前面的实现完全相同，但是 consume(...) 函数可用于其中任何一种类型的迭代器。它基于输入的类型，透明地在同步和异步实现之间进行切换。如果第一个实参是 AsyncIterator，则使用 consume_async(...) 实现，否则使用 consume(...) 实现。

```
nums = (a for a in range(10))
consumed = consume(nums)
nums = async_range(10)
consumed = await consume (nums)
```

传递给注册函数的函数必须有类型定义，或者将类型传递给注册函数。这里使用了 collections.abc.AsyncIterator，而不是 typing.AsyncIterator 作为类型，因为类型必须能够在运行时检查。这意味着 @singledispatch 只能在具体类或抽象基类上分发。

> typing.AsyncIterator 是一个泛型类型：我们可以使用 typing.AsyncIterator[int] 来表示 int 的迭代器。mypy 在静态分析中会使用这种特性，但不能在运行时使用。除非使用整个迭代器或检查其内容，否则运行中的 Python 程序无法知道任意异步迭代器是不是 typing.AsyncIterator[int] 迭代器。
>
> collections.abc.AsyncIterator 不保证迭代器的内容，所以与 typing.AsyncIterator[typing.Any] 类似，但因为它是一个抽象基类，所以可以使用 isinstance(...) 在运行时进行检查。

10.2.2 缓存

另一种提高性能的方法是缓存函数调用的结果。缓存的函数调用会记录过去的调用及其结果，从而避免多次计算相同的值。到目前为止，我们一直在使用摄氏度系统来绘制温度，但有些国家保留了古老的华氏度系统。如果能够指定使用哪种温度系统来显示温度图，让用户选择他们最熟悉的系统，那会是一种不错的功能。

转换温标的工作与现有 clean_temperature_fluctuations(...) 方法执行的任务不相关。例如，我们可能想转换温度，但不清理波动情况。为了实现这种功能，我们将创建一个新的函数，它接受一个清理函数和一个温度系统，并返回一个新的调用底层清理函数的清理函数，然后进行温度转换。

```
def convert_temperature(magnitude: float, origin_unit: str, target_unit:
str) -> float:
    temp = ureg.Quantity(magnitude, origin_unit)
    return temp.to(target_unit).magnitude

def convert_temperature_system(cleaner, temperature_unit):
    async def converter(datapoints):
        results = cleaner(datapoints)
        async for date, temp_c in results:
            yield date, convert_temperature(temp_c, "degC",
            temperature_unit)

    return converter
```

前面的函数没有任何类型提示，因为它们非常冗长。convert_temperature_system(...) 的清理函数实参和返回值的类型都是 t.Callable[[t.AsyncIterator[DataPoint]], t.AsyncIterator[t.Tuple[datetime.datetime, float]]]，要在一行中包含两次就太复杂了。我们的分析函数中经常使用它们，而且虽然它们一眼看上去很难识别，但却映射到了易于理解的概念。把它们提取到变量中是一个好主意，其结果如代码清单10-8所示。

代码清单10-8 类型化的转换函数

```
CLEANED_DT_FLOAT = t.AsyncIterator[t.Tuple[datetime.datetime, float]]
CLEANED_COORD_FLOAT = t.AsyncIterator[t.Tuple[t.Tuple[float, float], float]]

DT_FLOAT_CLEANER = t.Callable[[t.AsyncIterator[DataPoint]], CLEANED_DT_FLOAT]
COORD_FLOAT_CLEANER = t.Callable[[t.AsyncIterator[DataPoint]],
CLEANED_COORD_FLOAT]

def convert_temperature(magnitude: float, origin_unit: str, target_unit:
str) -> float:
    temp = ureg.Quantity(magnitude, origin_unit)
    return temp.to(target_unit).magnitude

def convert_temperature_system(
    cleaner: DT_FLOAT_CLEANER, temperature_unit: str,
) -> DT_FLOAT_CLEANER:
    async def converter(datapoints: t.AsyncIterator[DataPoint],) ->
    CLEANED_DT_FLOAT:
        results = cleaner(datapoints)
        reveal_type(temperature_unit)
        reveal_type(convert_temperature)
        async for date, temp_c in results:
            yield date, convert_temperature(temp_c, "degC",
            temperature_unit)

    return converter
```

类型协议、TypeVar和可变性

我们之前使用过t.TypeVar(...)来代表泛型类型中的占位符，例如，在配置类中定义draw(...)函数时就使用过它。我们在那里必须使用T_key和T_value类型变量，因为该类中的一些函数使用键和值的元组，而另一些函数则使用一对键和值的可迭代对象。

当clean=函数是下面的类型时：

```
t.Callable[t.AsyncIterator[DataPoint]],
t.AsyncIterator[t.Tuple[datetime.datetime, float]]
```

对应的draw=函数的类型如下：

```
t.Callable[[t.Any, t.Iterable[datetime.datetime], t.Iterable[float],
t.Optional[str]], None]
```

我们必须能够单独访问 datetime 和 float 类型，才能构建这两种类型声明。类型变量允许我们告诉 mypy，某个类型是后面将会提供的类型的占位符。这里，我们需要 T_key 和 T_value 类型变量。还可以使用它们为泛型类型 Cleaned 定义一个模式，并使用具体值创建该类型的两个实例。

```
Cleaned = t.AsyncIterator[t.Tuple[T_key, T_value]]
CLEANED_DT_FLOAT = Cleaned[datetime.datetime, float]
CLEANED_COORD_FLOAT = Cleaned[t.Tuple[float, float], float]
```

如果你预期会有大量不同类型的清理/被清理类型，那么这种方法比显式地为每个函数分配完整类型要更加清晰。

返回这种数据的清理函数要更加复杂一些，因为 mypy 推断可调用函数中使用的泛型类型的能力是有限的。要为可调用函数和类类型（而不是数据变量）创建复杂的别名，必须使用协议功能。协议是一个类，定义了一些特性，只有当底层对象具有这些特性时，才会被认为匹配该类型，这很接近自定义抽象基类的子类钩子，但采用了声明风格，而且用于静态类型检查，而不是运行时类型检查。

我们想定义一个可调用函数，让它接受数据点的一个 AsyncIterator，以及其他类型。在这里，我们使用 T_cleaned_co 类型变量来代表其他类型，如下所示：

```
T_cleaned_co = t.TypeVar("T_cleaned_co", covariant=True, bound=Cleaned)

class CleanerFunc(Protocol[T_cleaned_co]):
    def __call__(self, datapoints: t.AsyncIterator[DataPoint]) -> T_cleaned_co:
        ...
```

然后，就可以使用 CleanerFunc 类型来生成与前面的 *_CLEANED 变量匹配的 *_CLEANER 变量。在 CleanerFunc 的方括号中使用的类型是此函数提供的 Cleaned 的变体。

```
DT_FLOAT_CLEANER = CleanerFunc[CLEANED_DT_FLOAT]
COORD_FLOAT_CLEANER = CleanerFunc[CLEANED_COORD_FLOAT]
```

TypeVar 中的 covariant= 实参是新添加的，同样新添加的还有变量名中使用的 _co 后缀。先前，我们的类型变量既用于定义函数参数，又用于定义函数的返回值。它们是不变量类型：类型定义必须精确匹配。如果我们声明的函数期望 Sensor[float] 作为实参，就不能传递 Sensor[int]。一般来说，如果我们定义一个期望接受 float 实参的函数，传递 int 是没有问题的。

之所以在这里不能传递，是因为我们没有给 mypy 提供权限，让它对构成 Sensor 类的类型使用自己的兼容性检查逻辑。通过为类型变量使用可选的 covariant= 和 contravariant= 参数，可以提供这种权限。covariant（协变）类型指的是适用正常的子类型逻辑的类型，所以如果 Sensor 的 T_value 是协变的，那么期望 Sensor[float] 的函数也可以接受 Sensor[int]，正如期望 float 的函数可以接受 int 那样。如果泛型类的函数被传递给其他函数，并为后者**提供**数据，那么这种行为很合理。

contravariant（逆变）类型（通常在名称中带有 _contra 后缀）是适用相反逻辑的类型。如果 Sensor 的 T_value 是逆变的，那么期望 Sensor[float] 的函数不能接受 Sensor[int]，但必须能够接受比 float 更具体的类型，例如 Sensor[complex]。如果泛型类的函数被传递给其他函数，并**使用**后者的数据，那么这种行为很有用。

我们定义了一个提供数据的协议[1]，所以自然很适合使用协变类型。传感器同时是数据的提供者（sensor.value()）和使用者（sensor.format(...)），所以必须是**不变量**。

在检查协议时，mypy 能够检测合适的可变性类型，并在不匹配的时候引发错误。因为我们在定义提供数据的函数，所以必须设置 covariant=True 来防止出现这个错误。

bound= 指定了此变量可被推断成的最低规范。因为把它指定成 Cleaned，所以只有当 T_cleaned_co 可被推断为匹配 Cleaned[Any, Any] 时，它才是有效的。Cleaner[int] 不是有效的，因为 int 不是 Cleaned[Any, Any] 的子类型。bound= 参数也可用于创建现有变量的类型的引用，此时，它允许定义的类型符合某个外部提供的函数的签名。

协议和类型变量都是强大的功能，可用来实现更加简单的类型，但如果过度使用，可能导致代码令人难懂。把类型存储为模块中的变量是一个不错的中间选项，但应该确保为所有类型样板添加清晰的注释，可能还应该把它们放到实用文件中，以避免让代码的新贡献者无所适从。

[1] 虽然它使用 DataPoint 对象，但那是一个固定类型。TypeVar 对象的使用方式才重要。

有了新的转换代码后，我们可以创建一个绘图配置，使用华氏度单位来绘制温度图。代码清单 10-9 显示了 apd.aggregation 包的最终用户如何创建新的 Config 对象，使其与现有 Config 对象具有相同的行为，但使用用户首选的温标来渲染值。

代码清单 10-9 以华氏度为单位生成温度图的 Jupyter 单元格

```
import yappi
from apd.aggregation.analysis import (interactable_plot_multiple_charts,
Config)
from apd.aggregation.analysis import (convert_temperature_system,
clean_temperature_fluctuations)
from apd.aggregation.analysis import get_one_sensor_by_deployment

filter_in_db = Config(
    clean=convert_temperature_system(clean_temperature_fluctuations,
    "degF"),
    title-"Ambient temperature",
    ylabel="Degrees F",
    get_data=get_one_sensor_by_deployment("Temperature"),
)
display(interactable_plot_multiple_charts(configs=[filter_in_db])())
```

通过添加这个函数，我们改变了控制流，所以应该再次运行性能分析，看看这引发了什么变化。我们不希望温度转换占用大量时间。

```
..ation\analysis.py:191 datapoint_ok  10818  0.031250  0.031250  0.000003
..on\utils.py:41 convert_temperature  8455   0.078125  6.578125  0.000778
```

convert_temperature(...) 函数自己被调用 8455 次，不过 datapoint_ok(...) 被调用了 10 818 次。这告诉我们，在转换温度之前使用 datapoint_ok(...) 和清理函数进行过滤，我们避免了在绘制当前图时不需要知道的数据导致 convert_temperature(...) 函数被调用 2363 次。但是，我们实际发出的调用仍然占用了 6.58 秒，是绘图所需总时间的 3 倍。这个时间太多了。

通过重新实现这个函数，移除对 pint 的依赖，从而降低涉及的开销，可以优化这个函数。如果 convert_temperature(...) 是一个简单的算术函数，那么需要的时间将降低到 0.02 秒，代价是灵活性也大大降低了。对于只需要两种单位的简单转换，这没有问题；但在无法提前知道准确转换的场景中，pint 能够大放光彩。

另一种方法是缓存 convert_temperature(...) 函数的结果。创建一个字典，在使用摄氏度作为键的值和使用选定温度系统的值之间建立映射，能够实现简单的缓存。代码清单 10-10 中的实现针对迭代器的每次调用构建一个字典，防止了相同项被多次计算。

代码清单 10-10 简单的手动缓存示例

```
def convert_temperature_system(
    cleaner: DT_FLOAT_CLEANER, temperature_unit: str,
) -> DT_FLOAT_CLEANER:
    async def converter(datapoints: t.AsyncIterator[DataPoint],) ->
    CLEANED_DT_FLOAT:
        temperatures = {}
        results = cleaner(datapoints)
        async for date, temp_c in results:
            if temp_c in temperatures:
                temp_f = temperatures[temp_c]
            else:
                temp_f = temperatures[temp_c] = convert_temperature(temp_c,
                "degC", temperature_unit)
            yield date, temp_f

    return converter
```

缓存的效率[㊀]通常用命中率来测量。如果我们的数据集是 `[21.0, 21.0, 21.0, 21.0]`，那么命中率会是75%(未命中、命中、命中、命中)。如果数据集是 `[1, 2, 3, 4]`，命中率会下降到0。前面的缓存实现假定会有合理的命中率，因为它没有试图从缓存中逐出不使用的值。缓存是在多占用的内存和它节省的时间之间做出的权衡。到哪个平衡点才值得使用缓存，要取决于存储的数据的大小，以及对内存和时间的需求。

LRU（Least Recently Used，最近最少使用）缓存的策略是从缓存中逐出数据的一种常用策略。这种策略定义了最大缓存的大小。如果缓存满了，那么在添加新项时，会替换掉未被访问时间最长的项。

`functools` 模块将LRU缓存的一种实现作为装饰器提供，方便了封装函数。把现有函数封装到LRU缓存装饰器中，也可以创建现有函数的缓存版本。

> **警告** 如果函数只接受可哈希的类型作为实参，就可以使用LRU缓存。如果将函数封装到LRU缓存中，然后向该函数传递可变类型（例如，没有指定 `frozen=True` 的字典、列表、集合或数据类），将会引发 `TypeError`。

如果为原来基于pint的 `convert_temperature(...)` 函数添加LRU装饰器，就可以对有缓存时它使用的时间进行基准测试。使用缓存的结果是，对函数的调用次数显著降低，但每次调用使用的时间保持不变。没有缓存时，调用次数为8455次，有了缓存后，降低为67次，命中率为99.2%，将提供这种功能的时间开销从217%降低到1%。

㊀ 即缓存的使用情况，而不是缓存的类型。只有当知道对缓存的请求的信息时，才能讨论缓存的效率。

```
..on\utils.py:40 convert_temperature  67      0.000000  0.031250  0.000466
```

不运行性能分析器，也能够获取关于 LRU 缓存的效率的更多信息，这要用到被装饰函数的 cache_info() 方法。在调试复杂系统时，这种方法可能会很有用，因为这让你能够检查哪些缓存的性能好，哪些缓存的性能不好。

```
>>> from apd.aggregation.utils import convert_temperature
>>> convert_temperature.cache_info()
CacheInfo(hits=8455, misses=219, maxsize=128, currsize=128)
```

图 10-5 使用对数刻度（水平轴代表增加 10 倍，而不是线性增加）显示了 3 种方法使用的时间。这有助于演示缓存方法和优化方法有多么接近，对于我们的特定问题，缓存一个开销很高的函数，得到的性能与不太灵活的那种优化实现在相同的量级。

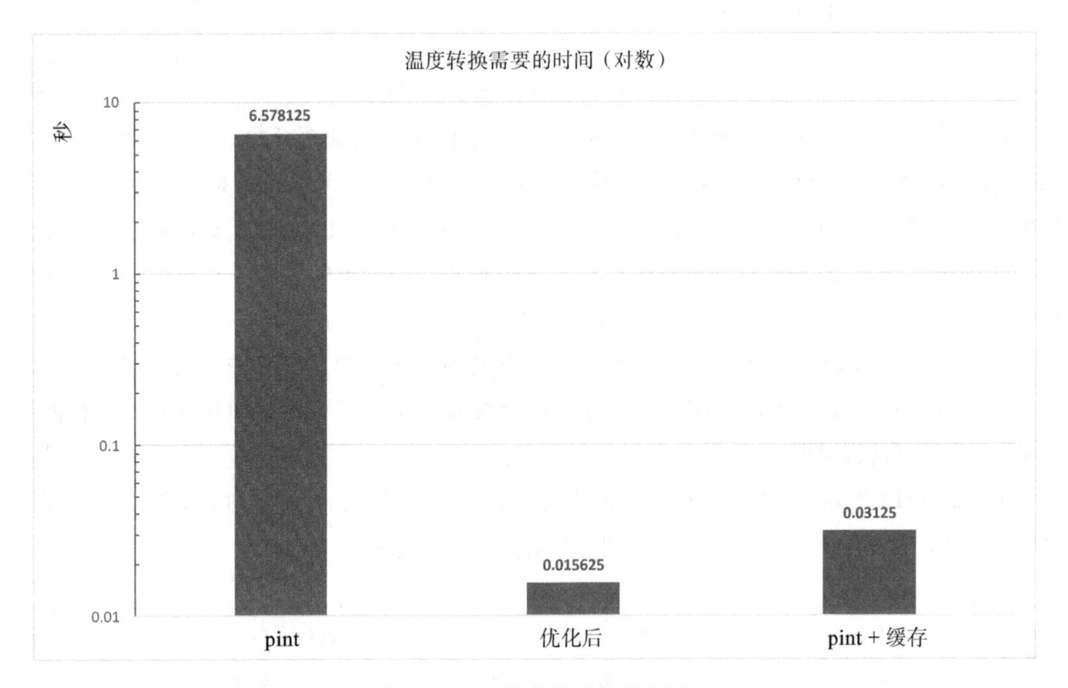

图 10-5　三种方法的性能汇总

重写函数来避免使用 pint，仍然能够提升性能，但缓存结果可以对性能提升大约相同量级，需要的修改量却少得多（指修改的代码行数少，概念上也不需要有太大变化）。

与前面一样，这里也需要权衡。可能人们只想使用摄氏度或华氏度来表示温度，所以只提供这两种温度系统的转换函数就够用了。这种转换本身很直观、很清晰，所以引入 bug 的风险极低。复杂函数可能没有这么容易优化，这让缓存成了一种更加有吸引力的选项。另外，它们处理的数据可能命中率低，这让重构代码的方法变得更加有吸引力。

@lru_cache 装饰器的优势不在于缓存（它只是一种基本的缓存实现）本身的效率，而在于容易为 Python 函数实现它。使用缓存装饰的函数实现可被每个需要使用该函数的人理解，因为他们会忽略缓存，只关注函数体。如果你在编写一个自定义缓存层，并使用 Redis 这样的系统（而非字典）进行存储，使其无法使用缓存特定的指令污染被装饰的代码。

缓存属性

functools 模块中还提供了另一个缓存装饰器：@functools.cached_property。这种类型的缓存比 LRU 缓存限制更多，但它适用的用例非常常见，所以被包含到了 Python 标准库中。使用 @cached_property 装饰的函数在行为上与使用 @property 装饰的函数相同，但底层函数只被调用一次。

程序第一次读取属性时，将把它透明地替换为底层函数调用的结果[1]。只要底层函数的行为是可预测的并且没有副作用[2]，@cached_property 和普通的 @property 是无法区分的。与 @property 一样，它只能用作类的特性，并且必须是只接受 self 不接受其他实参的函数形式。

它在 apd.sensors 包中的 DHT 传感器的实现中很有用。这两个传感器的 value() 方法将大量工作委托给 Adafruit 接口包中的 DHT22 类。在下面的方法中，只有少部分代码与提取值的操作有关，剩下的都是设置代码：

```
def value(self) -> t.Optional[t.Any]:
    try:
        import adafruit_dht
        import board

        # Force using legacy interface
        adafruit_dht._USE_PULSEIO = False

        sensor_type = getattr(adafruit_dht, self.board)
        pin = getattr(board, self.pin)
    except (ImportError, NotImplementedError, AttributeError):
        # No DHT library results in an ImportError.
        # Running on an unknown platform results in a
        # NotImplementedError when getting the pin
        return None
    try:
        return ureg.Quantity(sensor_type(pin).temperature,
        ureg.celsius)
    except (RuntimeError, AttributeError):
        return None
```

[1] 这种替换是线程安全的，所以即使有多个线程试图读取该属性，也不会为给定对象多次调用该函数。

[2] 在函数式编程上下文中，副作用是指函数所做的除返回输出变量之外的工作。如果函数在操纵可变数据（例如修改全局变量），那么返回被缓存的返回值也会阻止未来的调用做这些修改。

我们可以修改这段代码，将创建传感器接口的公共代码提取到一个基类中，让该基类包含一个传感器属性。之后，温度传感器和湿度传感器可以去除所有接口代码，转而依赖于 self.sensor。

```
class DHTSensor:

    def __init__(self) -> None:
        self.board = os.environ.get("APD_SENSORS_TEMPERATURE_BOARD",
        "DHT22")
        self.pin = os.environ.get("APD_SENSORS_TEMPERATURE_PIN", "D20")

    @property
    def sensor(self) -> t.Any:
        try:
            import adafruit_dht
            import board

            # Force using legacy interface
            adafruit_dht._USE_PULSEIO = False

            sensor_type = getattr(adafruit_dht, self.board)
            pin = getattr(board, self.pin)
            return sensor_type(pin)
        except (ImportError, NotImplementedError, AttributeError):
            # No DHT library results in an ImportError.
            # Running on an unknown platform results in a
            # NotImplementedError when getting the pin
            return None
class Temperature(Sensor[t.Optional[t.Any]], DHTSensor):
    name = "Temperature"
    title = "Ambient Temperature"

    def value(self) -> t.Optional[t.Any]:
        try:
            return ureg.Quantity(self.sensor.temperature, ureg.celsius)
        except RuntimeError:
            return None

    ...
```

DHTSensor 类中的 @property 可被替换为 @cached_property，以便在不同调用间缓存传感器对象。在这里添加缓存并不会影响现有代码的性能，因为我们并没有长时间保存对传感器的引用，也不会重复查询它们的值，但传感器代码的任何第三方用户都可能会发现这是一个优势。

练习 10-1：优化 clean_watthours_to_watts(...)

在本章开始时，我们识别出 clean_watthours_to_watts(...) 函数最需要优化。在测试数据集中，它让执行时间增加了好几秒。

在本章配套代码中，有一些扩展测试可用来测量此函数的行为及其性能。验证性能的测试很棘手，通常是最慢的测试，所以我不建议理所当然地添加它们。如果确实添加了这种测试，一定要确保把它们标记为验证性能的测试，以便在正常的测试运行中跳过它们。

修改 `clean_watthours_to_watts(...)` 函数，使测试能够通过。你需要实现大约16倍的速度提升，才能让测试通过。本章讨论的策略足以实现大约100倍的速度提升。

10.3 小结

在本章中，最重要的是知道，无论你多么清晰地理解问题空间，也总是应该测量性能改进，而不能简单地假定它们是改进。在改进性能时，通常有一系列选项可以选择，其中一些的性能比其他选项更好。想出一种巧妙的方法来让代码变得更快，结果发现代码并没有变化，这会让人感到失望，但知道这个结果仍然是有帮助的。

最快的选项可能需要太多RAM，超出了合理预期，也可能需要移除某些功能。你必须仔细考虑这些可能性，因为代码再快，如果不能满足用户需求，也不是有用的代码。

在日常编程中，应该了解functools中的两个缓存函数，针对接受实参的函数使用`@functools.lru_cache`，针对多个地方需要用到的对象的计算属性使用`@functools.cached_property`。

如果类型提示开始看起来很累赘，就应该进行整理了。可以把类型赋值给变量，使用`TypedDict`和`Protocol`这样的类来代表它们，当需要定义比较复杂的结构类型时更应该采用这种方法。记住，它们不用于运行时类型检查，而是应该考虑把它们移动到一个类型实用模块中，以获得更加清晰的代码。本章就采用这种方式重新组织了代码。

更多资源

本章介绍的主题的更多内容详见以下链接：

- 如果你对类型中使用的不同可变性的逻辑感兴趣，建议阅读有关里氏替换原则（Liskov Substitution Principle）的更多内容。维基百科页面 https://en.wikipedia.org/wiki/Liskov_substitution_principle 是一个不错的起点，特别是，这个页面链接了一些关于此主题的计算机科学课程材料。
- 关于mpy如何处理协议以及一些更加高级的用法，例如允许在运行时对协议类型进行受限的检查，参见 https://mypy.readthedocs.io/en/stable/protocols.html。

- Beaker（https://beaker.readthedocs.io/en/latest/）是一个用于 Python 的缓存库，支持各种后端存储。它主要针对 Web 应用程序，但可用在任何类型的程序中。当需要为不同数据使用多种类型的缓存时，这个库很有用。
- 本章中使用的两个第三方性能分析器见 https://github.com/rkern/line_profiler 和 https://github.com/sumerc/yappi。
- 标准库文档中介绍了如何自定义内置性能分析工具使用的计时器，参见 https://docs.python.org/3/library/profile.html#using-a-custom-timer。

第 11 章 Chapter 11

容　　错

开发人员很自然会从一个乐观的角度编写代码。如果编写的代码不能工作，我们会不断调整，直到得到期望的结果。我们应该编写测试来验证代码在将来仍然能够工作，还要编写测试来检查我们是否正确处理了已知存在的边缘用例。我们无法编写测试来覆盖还没有想到的问题，所以对于编写行为符合预期的软件，我们能够采用的最佳策略是规范拆分代码，让代码处理遇到的小问题。

11.1　错误处理

从一开始，本书的配套代码中就在捕获异常。其中一部分是我们使用的代码引发的异常，例如，DHT 接口代码在无法连接到传感器时会引发 `RuntimeError`。还有一些异常是错误使用对象导致的异常，例如，在太阳能电池板传感器中，如果我们试图从输出中不存在的逆变器获取数据，就会引发 `KeyError`。

在 `Sensor` 基类中，我们还引发了 `NotImplementedError`，表示传感器开发人员必须覆盖某个方法；还引发了各种 `RuntimeError` 和 `ValueError`，作为命令行接口错误处理的一部分。

对于错误处理，编程语言通常采用两种做法：“观察后再跳跃”（“三思而后行”）和“请求原谅比请求许可更容易”。“观察后再跳跃”指的是应该使用条件语句判断某个条件是否成立，而使用异常来代表意外情况。“请求原谅”指的是应该让编写的代码处理最常见的情况，而作为补充，使用异常处理程序来处理意识到的边缘用例。

Python 在很大程度上属于第二种阵营；在编写代码时，依赖异常处理程序处理很多场景中的控制流，被认为是一种合理的方式。

11.1.1 从容器获取项

在 Python 中，我们最常编写的表达式之一是从容器类型获取条目（例如从字典获取一个值，或者从列表获取一项）的表达式。它们都使用 variable[other] 结构。如果 other 没有指向 variable 中的有效项，则会引发异常。否则，将返回关联的值。

虽然这些操作都使用方括号，但底层的数据类型和变量的含义有很大区别。当我们编写函数来使用这种功能时，需要知道可能得到的结果有怎样的区别。

有时候，你会看到有人把字典叫作“映射”，但这两个术语并不能互换。字典是一种映射，但映射指的是将键映射到值，并提供特定方法的任何对象。如果 variable 是一个映射（例如字典），那么 other 应该是一种可哈希的类型，即定义了 hash(other) 的类型。

另外，如果 variable 是列表或元组，那么使用序列的项访问方式。在这种情况下，other 应该是一个整数，代表在容器中查找的索引。我们不能使用方括号语法来从生成器获取一项，但可以使用方括号语法来从列表获取一项，这是因为生成器不是一个序列。所有序列（及所有映射）都是可迭代对象，但并不是所有可迭代对象都是序列。

1. 抽象基类

collections.abc 模块中的 Mapping、Sequence 和 Hashable 类分别定义了映射、序列和可哈希对象。Mapping 和 Sequence 都是 Collection 的子类。一个对象如果实现了 __len__()、__iter__() 和 __contains__(...) 方法，那么它就是一个 Collection 对象。也就是说，如果对象具有指定长度，可被迭代，并且可被查询，以确定某个值是否在迭代对象所得到的结果中，那么它就是一个集合。

虽然 collections.abc.Sized、collections.abc.Iterable、collections.abc.Container[⊖]和 collections.abc.Collection 都是抽象基类，提供了子类钩子（指的是任何实现了必要方法的对象都会被视为抽象基类的子类），但 Mapping 和 Sequence 实现不会被自动检测到。必须向合适的基类注册映射或序列的实现。

映射和序列都实现了 __getitem__(...) 方法，但该方法对它们具有不同的含义。对于 Sequence 对象，variable[0] 返回底层集合中的第一项，而对于 Mapping 对象，variable[0] 返回键 0 关联的值。

当出现问题时，__getitem__(...) 方法的两种不同的语义会引发不同的异常。当代码试图获取的项超出了序列结尾（例如空序列的 variable[0]）时，序列版本的 __

⊖ 这三个类对应于集合对象必须具有的 3 个方法。

getitem__(...) 方法会引发 IndexError。反过来，当代码对映射使用项访问，但映射中不包含与该键关联的值时，会引发 KeyError。

当对应的键不是合适的类型时，调用 __getitem__(...) 的任何版本的代码都会引发 TypeError。例如，在序列上使用 variable[1.2] 或者在映射上使用 variable[{}] 都会引发 TypeError。当被索引的变量没有 __getitem__(...) 方法时（例如 None[0]），Python 解释器也会引发 TypeError。

你应该预料到 variable[other] 可能会引发这三种异常中的一个。知道变量底层数据类型的更多信息，就可以排除 TypeError 以及 IndexError 或 KeyError，但只有知道实际数据的更多信息后，才能确保不会引发异常。

对于许多简单的任务（例如表 11-1 中的函数，它封装了 __getitem__(...)，在请求的项不存在时返回一个默认值[⊖]），“请求原谅”风格要直观得多。它并不是天生就更简单，嵌套许多 try/except 块时，完全有可能写出具有令人困惑的控制流的代码，但它通常是可以简化代码的。可能更加重要的是，它是人们期望 Python 程序具有的风格。

问题在于决定在什么地方捕获异常，以及在什么地方让它们冒泡到调用代码。前面提到的两种实现的关键区别在于，左侧的实现有两条成功路径和四条失败路径，而右侧的实现有一条成功路径和三条失败路径。如果想为特定条件自定义行为，则使用左侧实现要比右侧实现更加容易，但这只是因为左侧的控制流比右侧的代码更加复杂。

这种复杂性也体现在了函数的性能中，如图 11-1 所示。虽然一些操作的性能与另一个实现相同，但异常处理程序有时候要快得多。根据经验，当使用“请求原谅”方法时，通常更容易避免过于“巧妙”的代码。

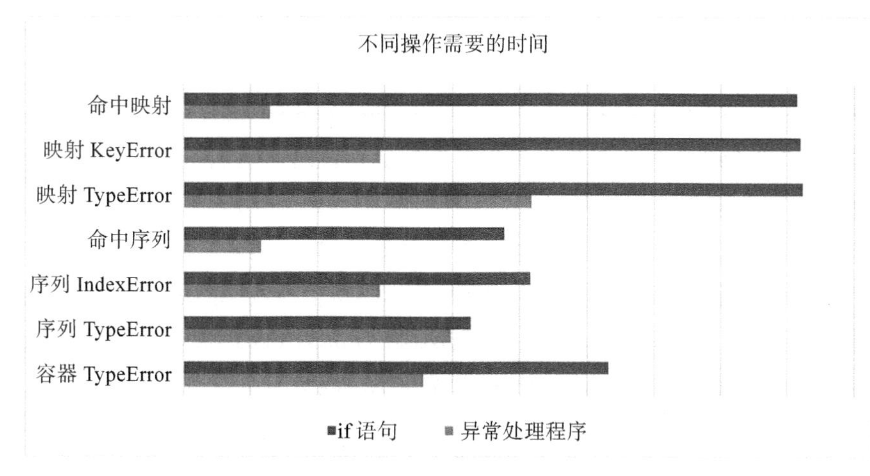

图 11-1 两种实现在不同情况下的性能图

⊖ 映射使用 variable.get(key, default) 方法提供了这样的行为，但仍然可能引发 TypeError；对于序列，不存在这样的内置行为。

表 11-1　在两种风格下，具有默认函数的 get 方法的冗长实现

观察之后再跳跃

```
from collections.abc import Sequence,
Mapping
from collections.abc import Hashable

def get_item(variable, key,
default=None):
    if isinstance(variable, Sequence):
        if isinstance(key, int):
            if (0 <= key <
            len(variable)):
                return variable[key]
            else:
                # key is too big
                return default
        else:
            # Key isn't an int
            return default

    elif isinstance(variable, Mapping):
        if isinstance(key, Hashable):
            if key in variable:
                return variable[key]
            else:
                # key is not known
                return default
        else:
            # Key isn't hashable
            return default
    else:
        # variable isn't a known type
        return default
```

请求原谅

```
def get_item(variable, key,
default=None):
    try:
        return variable[key]
    except TypeError:
        # variable has no get item
        # method
        # or key isn't a valid type
        return default
    except KeyError:
        # Variable is a mapping but
        # doesn't contain key
        return default
    except IndexError:
        # Variable is a sequence
        # shorter than key
        return default
```

假设当 `variable=` 参数的值是不支持项访问的对象时，我们希望 `get_item(...)` 函数引发 `TypeError`，但仍然想让未知键代码路径导致返回默认值。这对应于自定义左侧代码的底部条件，但只对应于右侧代码的两个 `TypeError` 来源之一。我们可以向 `TypeError` 异常处理程序添加一个条件语句，用于判断哪条代码路径导致了问题。这增加了代码的复杂性，为了进行补偿，我们还可以把 `KeyError` 和 `IndexError` 异常处理程序合并为一个代码块，因为它们代表相同的行为，如代码清单 11-1 所示。

代码清单 11-1　具有默认函数的 get 方法，在非容器实参上引发异常

```
def get_item(variable, key, default=None):
    try:
        return variable[key]
```

```
    except (KeyError, IndexError):
        # Key is invalid for variable, the error raised depends on the type
        # of variable
        return default
    except TypeError:
        if hasattr(variable, "__getitem__"):
            return default
        else:
            raise
```

提示　在异常处理程序中，可以在使用 `raise` 时不附带显式异常，这会重新引发当前正在处理的异常。

2. 异常类型

异常是类，具有自己的类层次。所有异常都继承自 `BaseException`，但只有也继承了 `Exception` 的异常才是供开发人员使用的[1]。当我们捕获异常时，需要指定想要捕获哪种类型的异常。没有指定要捕获的异常类型的 `except` 块称为"裸 except"，它会捕获所有异常，包括内部异常。因为 `KeyboardInterrupt` 就是这样的一个内部异常，所以裸 `try/except` 会导致用户无法使用 <CTRL+C> 来停止程序。

提示　捕获多个异常类，总是比使用过于宽泛的超类更好。你可以在一个块内指定许多异常类型，也可以使用多个 `except` 块来实现这种行为。

异常的类层次相对较浅，但有必要记住一些超类。最有用的是 `LookupError`，它是 `KeyError` 和 `IndexError` 的超类。`LookupError` 对应的是被请求的键不存在的情况，所以并不过于宽泛。这允许我们稍稍简化 `get_item(...)` 函数，用 `except LookupError` 替换 `except (KeyError, IndexError)`。

TypeError 和 ValueError

我们常常需要引发自己的异常，而不只是重新引发调用栈更低级别所引发的异常。在这种情况下，我们需要选择合适的异常类型和有用的消息。如果不能清晰判断哪个异常类是最佳选择，那么 `TypeError` 和 `ValueError` 是不错的选择。

无论何时，当传递给函数的值的类型不正确时，很适合引发 `TypeError`，而当传递的值是正确的类型，但因为 `LookupError` 没有覆盖的某种原因不是合适的值时，很适合引发 `ValueError`。

[1] 内置类 `GeneratorExit`、`KeyboardInterrupt` 和 `SystemExit` 不在此列。

TypeError、ValueError、KeyError 和 IndexError 4 种异常代表了你会遇到的大部分逻辑异常类型。如果需要在代码中引发异常，那么很可能这 4 种异常类型中的某一个就是很好的选择。

RuntimeError 和 SystemExit

还有一些异常类，它们对应于造成问题的不具体行为，其附带的消息描述了问题。RuntimeError 是最后可以求助的异常类，用于处理不能匹配其他任何类别但可能需要被调用函数捕获的错误。SystemExit 由 sys.exit(...) 函数调用在内部引发，指出程序应该结束[⊖]。在这两种情况下，提供的实参十分重要，因为这是描述问题的唯一信息。

一般来说，except SystemExit: 块只适合用来自定义向最终用户显示错误消息的方式。代码捕获 RuntimeError 并继续正常处理可能是合理的行为，但这严重依赖于底层代码的结构，以及 RuntimeError 的意义。通常，创建一个新的异常类比依赖 RuntimeError 更好。

AssertionError

解释器在 assert 语句失败时会自动引发 AssertionError。在编写测试的时候，常常会遇到这种情况，因为大部分 assert 语句都出现在测试中。完全可以在任意 Python 代码中添加 assert 语句，但开发人员很少这么做。

Python 并不保证对所有失败的 assert 语句都引发 AssertionError，所以不能依赖 assert 语句来进行正常的错误处理。在非测试代码中，assert 语句的一种可能用法是添加断言，用来覆盖某些必须始终成立的条件的假定。例如，若函数实参之间存在不能用静态类型声明表达的关系，此时你可能会使用 assert 来验证这种关系；还可能使用 assert 来验证实参的排序是否正确。这并不能取代在函数中实现的恰当的错误处理功能，但 assert 可以帮助跟踪难以理解的错误。

使用 assert 语句的好处在于，它们并不是总会引发错误。如果使用 python-O 或 PYTHONOPTIMIZE=1 环境变量来运行程序，则会忽略 assert 语句，允许在生产环境中禁用开销可能很高的健全检查，而只在调试会话中进行检查。

如果对于程序的正确运行，必须进行某些检查，那么在代码中添加 assert 语句来实现这些检查，不是正确的做法，这恰恰是因为不能保证这些 assert 语句一定会运行。应该通过在 if 语句内使用 raise 的方式实现这种检查。应该只对你相信总是为 True，但希望知道自己是不是错了的检查使用 assert。

⊖ SystemExit 也用于提早结束程序，即使实际上并不存在问题。不过，常常使用 sys.exit(0) 来实现这个目的，而不是引发 SystemExit 异常。

11.1.2 自定义异常

每当使用新的第三方库时，通常会遇到许多自定义异常。例如，对于pint的数据库中没有列出的单位，pint提供了UndefinedUnitError，对于不可能实现的转换，提供了DimensionalityError。UndefinedUnitError是一种AttributeError，用来匹配访问单位的ureg.watt方法。DimensionalityError是TypeError的子类，表示库的开发者想让开发人员把不同单位的量视为不同的类型。

click有一系列用于处理命令行选项的解析的异常，但我们的代码用不到它们。requests在requests.exception模块中提供了特殊的异常，如ConnectTimeout、ReadTimeout、InvalidSchema、InvalidURL等，开发人员可以捕获它们来处理特定的错误情况，或者可以捕捉它们的父类（例如捕获requests.exception.Timeout）来处理所有超时错误，甚至还可以捕获IOError，它是requests中的异常的基类。

我们并不总是能够清楚地知道第三方代码会引发什么类型的异常。开发者的意图以及他们看待自己代码的方式会产生巨大影响。要想知道应该捕获第三方代码中的哪种异常，只能阅读他们提供的文档[㊀]并相信这些文档是准确的。

1. 创建新的异常类型

当你在编写库代码，需要定义新的异常类型时，需要让自己站在未来用户的角度来考虑。确保创建多样的异常，以便能够精确表达发生的错误，但同时要把它们组织起来，让它们与默认异常类型以及彼此之间形成一个统一的整体。与所有API设计一样，判断是否成功，最重要的条件是最终用户认为使用起来很直观。

apd.sensors包使用None来表明无法确定传感器值的情况。导致传感器不能返回值的原因可能有多种，如在获取值的时候发生了暂时性错误（例如太阳能输出传感器发生连接错误），或者发生了永久性错误（例如没有充电线路的机器上安装了AC状态传感器）。

没能返回数据点的传感器不属于上述两种LookupError，因为代码确实找到了传感器，只不过传感器没有正常工作。这不是TypeError或ValueError，因为没有实参的类型不正确，或者是不可接受的值。最接近的内置异常类型是RuntimeError，即我们最后可以求助的异常类型。为了避免直接引发RuntimeError，我们可以定义一些异常子类，并修改代码来引发这些异常，而不是返回None作为哨兵对象。

代码清单11-2演示了我们可以添加到apd.sensors包中的新异常，包括所有apd.sensors异常的基类，一个用于数据收集问题的具体类，以及针对特定数据收集问题的两个子类。这些类允许代码用户识别他们的传感器代码中存在的具体问题，或者查找传感器相关的失败的大致分类。

㊀ 遗憾的是，很多时候，只能把代码作为文档。

代码清单 11-2 apd.sensors 的新异常，存储为 exceptions.py

```
class APDSensorsError(Exception):
    """An exception base class for all exceptions raised by the
    sensor data collection system."""

class DataCollectionError(APDSensorsError, RuntimeError):
    """An error that represents the inability of a Sensor instance
    to retrieve a value"""

class IntermittentSensorFailureError(DataCollectionError):
    """A DataCollectionError that is expected to resolve itself
    in short order"""

class PersistentSensorFailureError(DataCollectionError):
    """A DataCollectionError that is unlikely to resolve itself
    if retried."""
```

这4种异常允许最终用户直观地捕获错误。将 `sensor.value()` 封装到可捕捉 `RuntimeError`、`APDSensorsError` 或 `DataCollectionError` 的 `try/except` 中，都能够捕捉失败。`IntermittentSensorFailureError` 这样的异常还允许下游代码识别特定类型的失败，并尝试重新读取数据，如代码清单 11-3 中的示例函数所示。

代码清单 11-3 存在间歇问题时试着重新读取传感器的示例函数

```
from apd.sensors.base import Sensor, T_value
from apd.sensors.exceptions import IntermittentSensorFailureError

def get_value_with_retries(sensor: Sensor[T_value], retries: int=3) -> T_value:
    for i in range(retries):
        try:
            return sensor.value()
        except IntermittentSensorFailureError as err:
            if i == (retries - 1):
                # This is the last retry, reraise the underlying error
                raise
            else:
                continue
# It shouldn't be possible to get here, but it's better to
# fall through with an appropriate exception rather than a
# None
raise IntermittentSensorFailureError(f"Could not find a value "
f"after {retries} retries")
```

然后，我们可以使用这些错误代替各种传感器中的返回 None。这允许我们移除各个传感器的类型中的 `t.Optional[...]`。修改这种类型意味着前面的 JSON 编码的传感器值不再有效，因为对于这个传感器，None 不再是一个有效的传感器值。调用 `sensor.from_json_compatible(...)` 或 `sensor.format(...)` 的任何代码都可能引发异常。当编写存储传感器值并在以后还原这些值的代码时，确保捕获错误并丢弃数据点十分重要。如果想确保兼容未来的修改，可以编写迁移函数，并把版本号与传感器数据存储在一起。

2. 其他元数据

我们已经在 CLI 接口中引发 RuntimeError，用来表达错误消息。这个代码路径也很适合使用自定义异常。在代码清单 11-4 中，我们创建一个异常，让它不是一种常被抑制的类型[⊖]，并且存储其他的元数据，例如必要的退出状态码。

代码清单 11-4 包含其他元数据的新的异常类型

```
@dataclasses.dataclass(frozen=True)
class UserFacingCLIError(APDSensorsError, SystemExit):
    """A fatal error for the CLI"""
    message: str
    return_code: int

    def __str__(self):
        return f"[{self.return_code}] {self.message}"
```

通常使用一个实参来实例化异常，这个实参就是关于异常的人类可读的解释。这并不是异常能够采用的唯一格式，例如，OSError 异常类型除了人类可读的字符串之外，还有用来表示数字错误标识符的实参。

> **注意** 虽然大部分内置异常接受任意数量的实参，但不建议使用它们来存储关于异常的元数据。如果自定义异常类型有明确定义的参数，则它们总是比解释元组实参的约定更加清晰。

异常类型是 Python 类，所以我们可以使用标准技术在异常中存储额外的信息。建议使用数据类，就像我们对主要存储数据的任何 Python 类所做的那样。然后，在处理异常的时候，可以提取这些元数据，这样就能够把返回代码和人类可读的失败消息合并到一个对象中。在这里，我们显式添加了两条元数据。需要使用自定义的 UserFacingCLIError.__str__() 方法，是因为将 Exception 强制转换为字符串时，只能返回该错误面向用户的形式，但数据类的默认实现会显示所有实参的一个元组。

然后，我们可以使用这个异常来向用户显示消息，并向操作系统返回正确的退出码。

⊖ 在这里，直接继承 Exception 也能很好地工作。我们使用 APDSensorsError，主要是为了保持美观，因为这段代码不太可能被想要抑制所有 APD 传感器错误的使用者调用，不过它确实允许这么做。SystemExit 的意义非常接近其名称，所以也包含在内，但我想存储 SystemExit 不提供的额外元数据。

```
if develop:
    try:
        sensors = [get_sensor_by_path(develop)]
    except UserFacingCLIError as error:
        click.secho(error.message, fg="red", bold=True)
        sys.exit(error.return_code)
```

11.1.3 涉及多个异常的堆栈跟踪

当从Python代码引发异常，但是之后没有捕获该异常的时候，解释器会打印堆栈跟踪。堆栈跟踪为最终用户提供了关于发生了什么异常以及哪部分代码触发该异常的信息。下面演示了一个示例堆栈跟踪，这是通过在IP地址传感器中故意引入一个bug得到的：

```
Traceback (most recent call last):
  File "...\Scripts\sensors-script.py", line 11, in <module>
    load_entry_point('apd.sensors', 'console_scripts', 'sensors')()
  File "...\site-packages\click\core.py", line 764, in __call__
    return self.main(*args, **kwargs)
  File "...\site-packages\click\core.py", line 717, in main
    rv = self.invoke(ctx)
  File "...\site-packages\click\core.py", line 956, in invoke
    return ctx.invoke(self.callback, **ctx.params)
  File "...\site-packages\click\core.py", line 555, in invoke
    return callback(*args, **kwargs)
  File "...\src\apd\sensors\cli.py", line 72, in show_sensors
    click.echo(str(sensor))
  File "...\src\apd\sensors\base.py", line 31, in __str__
    return self.format(self.value())
  File "...\src\apd\sensors\sensors.py", line 41, in value
    addresses = socket.getaddrinfo("hostname", None)
  File "...\Lib\socket.py", line 748, in getaddrinfo
    for res in _socket.getaddrinfo(host, port, family, type, proto, flags):
socket.gaierror: [Errno 11001] getaddrinfo failed
```

堆栈跟踪中的每对`File`和代码行代表调用栈中的一个函数。底部的行是引发异常的代码行，其上方的每对`File`和代码行提供更多上下文信息，说明在软件的哪个部分发生了错误。在这里，标准库的`socket.py`引发了异常，但我们无法一眼看出原因。如果向上查看一个级别，会看到我们控制的代码调用了标准库。如果假定使用的库没有bug（一般来说，这是一个合理的假定），那么指向我们控制的代码的最低级堆栈条目很可能是造成bug的元凶。并不是在任何时候，都是这一行导致了bug，有时候可能是堆栈跟踪中更加靠上的条目（例如，错误地设置了变量），但这里通常是开始进行调试的最佳位置。

在本例中，从堆栈跟踪可以看到，我们传递了一个字符串字面量`"hostname"`，但`getaddrinfo(...)`的第一个实参应该是实际的主机名。在这种情况下，由于不小心把变量名放到了双引号内，而不是直接传递变量，导致发生了错误。如果使用了linter，有可能会识别出这种错误。

Python开发人员在他们的职业生涯中以及在解决特定的问题时，往往很快就会遇到异常，所以大部分开发人员都很熟悉堆栈跟踪。不过，堆栈跟踪有一些小变化，它们鲜为人知，但十分有用。

1. except或finally块中的异常

我们首先要介绍的这种变体形式是在处理异常的时候引发另一个异常。通常，异常处理程序中的`raise`语句是一个裸`raise`，用来重新引发捕获的异常，这通常是在内省了系统状态，判断是否应该抑制捕获的异常后做出的决定。但是，内省代码本身可能包含错误，导致引发未处理的异常。`finally:`块中的代码也有可能导致引发异常。

当传递`"hostname"`而不是`hostname`时，导致的错误是我们目前没有处理的一种错误情况。如果我们传递一个无法通过DNS解析的主机名，则会引发一个异常。这里也有可能引发其他`OSError`，如果我们想采用与处理其他那些`OSError`不同的方法处理这种错误情况，就需要内省处理程序中的异常。

`OSError`提供了一个`errno=`特性，用来获取代表特定问题的数字编号，而不是每个错误子类。在捕获异常时，如果错误地检查了`err_no=`特性，而不是检查`errno=`，就会引发`AttributeError`。原始的`OSError`异常和`AttributeError`都是可传递给最终用户的有用信息，所以会提供这两个堆栈跟踪。

下面给出了不正确的条件代码：

```
41.        try:
42.            addresses = socket.getaddrinfo("hostname", None)
43.        except OSError as err:
44.            if err.err_no == 11001:
45.                raise
```

结果将显示两个异常的堆栈跟踪，如下所示：

```
Traceback (most recent call last):
  File "...\src\apd\sensors\sensors.py", line 42, in value
    addresses = socket.getaddrinfo("hostname", None)
  File "...\Lib\socket.py", line 748, in getaddrinfo
    for res in _socket.getaddrinfo(host, port, family, type, proto, flags):
socket.gaierror: [Errno 11001] getaddrinfo failed

During handling of the preceding exception, another exception occurred:

Traceback (most recent call last):
  File "...\Scripts\sensors-script.py", line 11, in <module>
    load_entry_point('apd.sensors', 'console_scripts', 'sensors')()
```

```
  File "...\site-packages\click\core.py", line 764, in __call__
    return self.main(*args, **kwargs)
  File "...\site-packages\click\core.py", line 717, in main
    rv = self.invoke(ctx)
  File "...\site-packages\click\core.py", line 956, in invoke
    return ctx.invoke(self.callback, **ctx.params)
  File "...\site-packages\click\core.py", line 555, in invoke
    return callback(*args, **kwargs)
  File "...\src\apd\sensors\cli.py", line 72, in show_sensors
    click.echo(str(sensor))
  File "...\src\apd\sensors\base.py", line 31, in __str__
    return self.format(self.value())
  File "...\src\apd\sensors\sensors.py", line 44, in value
    if err.err_no == 11001:
AttributeError: 'gaierror' object has no attribute 'err_no'
```

显示的第一个异常是第一个发生的异常，即我们正在处理的低级异常，处理过程导致了第二个异常。其堆栈跟踪要短得多，因为与第二个异常相同的所有行被省略了。第一个堆栈跟踪中最上面的上下文行（`sensors.py`，第42行）指向了`try/except`结构中的`try`块。在第二个堆栈跟踪中，一定有一行指向与该`try`对应的`except`块。在本例中，就是`sensors.py`中的第44行。之上的所有行也是第一个堆栈跟踪的上下文。

两个堆栈跟踪用下面这一行分开：`During handling of the above exception, another exception occurred:`。这清晰地说明，第二个异常发生在`try`块中，该`try`块包含的代码触发了第一个异常。解释器按照打印正常异常的堆栈跟踪的格式，打印第二个异常的完整堆栈跟踪。

这种格式可以显示任意数量的堆栈跟踪，不过很少会出现两个以上的堆栈跟踪。之所以如此，只是因为精简`except`或`finally`块中的代码量被认为是一种好的风格，也因此，并不是不存在出现更多堆栈跟踪的情况。

2. raise from

有时候，我们想把捕获的异常替换为另一个异常，例如，将温度传感器中的adafruit_dht的`ImportError`替换为`PersistentSensorFailureError`，指出该传感器不能提供值，并且这种情况不会马上改变。当为库定义了新的异常类型时，这种处理特别有用，使我们能够简化函数可能引发的异常。

如果我们编写一个`try/except`结构，直接引发新的`PersistentSensorFailureError`，那么堆栈跟踪将把这两种异常区分开，指出我们的异常是在处理导入错误的时候引发的。这并不能准确描述现在的场景，因为从用户的角度看，我们并不是真的在处理异常。Python提供了一种`raise...from...`结构，用来标记一个异常替换了另一个异常。

我们应该更新DHT传感器基类中的传感器属性，以使用这种方法，如代码清单11-5所示。

代码清单11-5　新版本的DHT基类

```
import os
import typing as t

from .exceptions import PersistentSensorFailureError

class DHTSensor:
    def __init__(self) -> None:
        self.board = os.environ.get("APD_SENSORS_TEMPERATURE_BOARD",
        "DHT22")
        self.pin = os.environ.get("APD_SENSORS_TEMPERATURE_PIN", "D20")

    @property
    def sensor(self) -> t.Any:
    try:
        import adafruit_dht
        import board
        sensor_type = getattr(adafruit_dht, self.board)
        pin = getattr(board, self.pin)
        return sensor_type(pin)
    except (ImportError, NotImplementedError, AttributeError) as err:
        # No DHT library results in an ImportError.
        # Running on an unknown platform results in a
        # NotImplementedError when getting the pin.
        # An unknown sensor type causes an AttributeError
        raise PersistentSensorFailureError(
        "Unable to initialise sensor interface") from err
```

这得到的输出格式与没有`from err`子句时完全一样，但是有一条不同的分隔行。这次没有说在处理第一个异常的时候发生了第二个异常，而是用下面的内容分开了两个堆栈跟踪：`The above exception was the direct cause of the following exception:`。

作为上面示例的一种特殊情况，使用`raise PersistentSensorFailureError("Unable to initialise sensor interface") from None`会导致原始的`ImportError`被完全抑制。此时，只有我们的异常会被显示给最终用户，并且它将在堆栈跟踪中包含完整的上下文。

11.1.4　测试异常处理

在CLI测试中，有一些测试涉及异常。具体来说，我们试着用各种无效的传感器路径调用`get_sensor_by_path(...)`函数，断言会引发`RuntimeError`。pytest有一个

raises(...) 上下文管理器，可用于断言我们预期代码块会引发某个异常。它接受两个实参：异常的类型和可选的 match= 参数，用于为代表错误的字符串定义正则表达式过滤条件。

```
with pytest.raises(RuntimeError, match="Could not import module"):
    subject("apd.nonsense.sensor:FakeSensor")
```

上下文管理器会捕获 RuntimeError，并检查字符串表示是否匹配 match= 参数[㊀]。如果引发了任何其他异常，包括不匹配字符串的其他 RuntimeError，那么上下文管理器会正常地重新引发它们。如果到 with pytest.raises(...): 块结束时，还没有引发匹配异常，那么上下文管理器会引发 AssertionError，表示测试失败。

这种方法测试代码是否引发了期望的异常，从而让我们确信，函数在我们知道数据有问题的时候引发了异常。但这只是解决了一部分问题。对于测试中出现的异常，还有另一个问题要解决，即在可能引发异常的地方注入异常，测试调用代码的行为是否正确。例如，我们可能想测试引发 IntermittentSensorFailureError(...) 的传感器不会导致整个数据收集过程失败。

1. 新行为

我们已经确定，Sensor 的 value() 函数应该返回泛型 Sensor[type] 声明中指定的类型的对象，或者应该引发 DataCollectionError。但是，我们还没有定义在传感器失败时，CLI 或 API 应该做什么。在知道想要什么行为之前，测试异常行为没意义。

我们将从 CLI 入手。当存在错误时，我想在命令行界面显示错误字符串，并继续运行传感器查找的其余部分。使用可选的标志来显示整个异常堆栈跟踪也很有用，这可以帮助开发人员准确调试出为什么传感器不能工作。代码 11-6 给出了实现代码。

代码清单 11-6　使用异常处理更新后的命令行入口点

```
@click.command(help="Displays the values of the sensors")
@click.option(
    "--develop", required=False, metavar="path",
    help="Load a sensor by Python path"
)
@click.option(
    "--verbose", is_flag=True, help="Show additional info"
)
def show_sensors(develop: str, verbose: bool) -> int:
    sensors: t.Iterable[Sensor[t.Any]]
    if develop:
        try:
```

㊀ match 参数可以是正则表达式字符串，也可以是编译后的正则模式。要将代表其他含义的字符串字面量作为正则表达式使用，需要使用 re.escape(string_literal)。

```
            sensors = [get_sensor_by_path(develop)]
        except UserFacingCLIError as error:
            if verbose:
                tb = traceback.format_exception(type(error), error,
                error.__traceback__)
                click.echo("".join(tb))
            click.secho(error.message, fg="red", bold=True)
            return error.return_code
    else:
        sensors = get_sensors()
    for sensor in sensors:
        click.secho(sensor.title, bold=True)
        try:
            click.echo(str(sensor))
        except DataCollectionError as error:
            if verbose:
                tb = traceback.format_exception(type(error), error,
                error.__traceback__)
                click.echo("".join(tb))
                continue
            click.echo(error)
        click.echo("")
    return 0
```

注意 我们用来格式化整个异常的代码相当笨拙。`traceback.format_exception(...)` 函数从 Python 1 开始就保留了它的签名[⊖]，只不过增加了一些新内容。它有 3 个必要的实参，但它们都可以从异常对象中提取。可以把堆栈跟踪对象替换为 `None`，表示只格式化异常信息，没有格式化整个堆栈跟踪。

我们还需要修改 API 的行为。为了维护向后兼容性，我们应该让 API 把现有 API 版本中的 `DataCollectionError` 替换为 `None`。有可能用户会编写代码，通过查找 API 响应中的 `None` 值来监控错误发生的频率。在将来，我们想创建 API 的一个新版本，让它智能地处理错误，使 API 用户能够获得有关失败的有用信息。

要测试这种新行为，需要创建一个测试用 `Sensor` 子类（见代码清单 11-7），让它引发特定的异常，这样我们就能验证外围代码的行为是否合适。这让我们能够在测试中可靠地触发传感器错误。

⊖ 在 Python 1.x 中，异常并不是接受消息作为实参的对象。引发它们的方式类似于 `raise ValueError, "Value is out of range"`。必须从 `sys.exc_traceback` 全局变量提取堆栈跟踪。要设置异常的格式，需要异常的类型、字符串表示和堆栈跟踪。类型和字符串表示在 Python 2 中被合并到了一起，但直到 Python 3，异常对象才开始保存自己的堆栈跟踪信息。

代码清单 11-7　FailingSensor 测试传感器的定义

```
from apd.sensors.base import JSONSensor
from apd.sensors.exceptions import IntermittentSensorFailureError

class FailingSensor(JSONSensor[bool]):

    title = "Sensor which fails"
    name = "FailingSensor"
def __init__(self, n: int=3, exception_type:
Exception=IntermittentSensorFailureError):
    self.n = n
    self.exception_type = exception_type

def value(self) -> bool:
    self.n -= 1
    if self.n:
        raise self.exception_type(f"Failing {self.n} more times")
    else:
        return True

@classmethod
def format(cls, value: bool) -> str:
    raise "Yes" if value else "No"
```

在代码清单 11-8 中，我们将测试 v1.0 API 服务器，并模拟 `get_sensors(...)` 方法，让它返回 `FailingSensor` 和 `PythonVersion` 传感器。

代码清单 11-8　验证 1.0 API 是否仍然兼容的测试

```
@pytest.mark.functional
def test_erroring_sensor_shows_None(self, api_server, api_key):
    from .test_utils import FailingSensor

    with mock.patch("apd.sensors.cli.get_sensors") as get_sensors:
        # Ensure the failing sensor is first, to test that subsequent
        # sensors are still processed
        get_sensors.return_value = [FailingSensor(10), PythonVersion()]
        value = api_server.get("/sensors/",
        headers={"X-API-Key": api_key}).json
    assert value['Sensor which fails'] == None
    assert "Python Version" in value.keys()
```

2. 使用 unittest.Mock 进行高级模拟

我们在第 8 章看到，创建模拟对象的另一种方法是使用标准库的 unittest 包提供的模拟支持。之前，我们创建了原始 `Mock` 对象，但其实也可以使用可选的 `spec=` 参数来创建它们。这会让它们只模拟传入对象的特性，而不是为任意特性访问返回新的模拟对象。这种方法很有帮助，因为如果代码试图检测对象上是否存在特定特性，那么在传递模拟对象时，这种代码的行为与传递了真实对象时相同。

这种方法让模拟对象更加接近真实对象，解决了一大类测试bug。如果你使用isinstance(...)条件，特别是在与实现子类钩子的抽象基类一起使用时，不使用spec=参数的Mock对象可能导致执行错误的代码路径，如下面的示例控制台会话所示：

```
>>> import collections.abc
>>> import unittest.mock
>>> from apd.sensors.base import Sensor

>>> unspecced = unittest.mock.MagicMock()
>>> isinstance(unspecced, Sensor)
False
>>> isinstance(unspecced, collections.abc.Container)
True

>>> specced = unittest.mock.MagicMock(spec=Sensor)
>>> isinstance(specced, Sensor)
True
>>> isinstance(specced, collections.abc.Container)
False
```

我们可以使用这个模拟对象来创建模拟传感器，让它们触发异常或者返回具体的值。这种方法有一个小问题：由于不涉及真实的Sensor基类代码，所以模拟对象没有基类提供的辅助方法。因此，我们需要自定义整个面向用户的API（如__str__()方法）的行为，而不是仅仅实现我们需要自定义的函数，就像代码清单11-9中对第一个FailingSensor实现所做的那样。

代码清单11-9　创建FailingSensor对象的另一种方式

```
from apd.sensors.base import Sensor
from apd.sensors.exceptions import IntermittentSensorFailureError

FailingSensor = mock.MagicMock(spec=Sensor)
FailingSensor.title = "Sensor which fails"
FailingSensor.name = "FailingSensor"
FailingSensor.value.side_effect = IntermittentSensorFailureError(
"Failing sensor")
FailingSensor.__str__.side_effect = IntermittentSensorFailureError(
"Failing sensor")
```

需要设置title和name特性，因为Sensor基类上没有title和name特性，只有说明它们在子类上可用的类型声明。如果不在这里设置它们，那么访问它们时会导致AttributeError。

之前，我们使用Mock对象上的return_value特性定义了在调用对象时应该返回什么值：FailingSensor.__str__.return_value = "Yes"将配置模拟对象，使str(FailingSensor)

== "Yes"。不过，我们不能使用这种方法引发异常。

side_effect 特性可以包含要引发的异常、多次调用返回的项的可迭代对象，或者包含一个函数，调用该函数可确定结果。将 side_effect 设置为可迭代对象，可以便捷地指定多变行为。例如，对于下面的副作用配置，第一次使用 str(FailingSensor) 时，它会引发一个 IntermittentSensorFailureError，告诉用户还期望另外两个失败。如果重复调用 str(FailingSensor)，它会遍历列表，引发剩下的两个 IntermittentSensor-FailureError，然后在第四次尝试时返回 "yes"。

```
FailingSensor.__str__.side_effect = [
    IntermittentSensorFailureError("Failing 2 more times"),
    IntermittentSensorFailureError("Failing 1 more times"),
    IntermittentSensorFailureError("Failing 0 more times"),
    "Yes"
]
```

但是，更多调用会导致 StopIteration 错误，因为使用 side_effect 指定返回值，列表项和调用结果之间是一对一映射的关系。使用 itertools 模块[1]中的函数可以创建无限长的可迭代对象，允许调用 str(FailingSensor) 任意次数。

```
FailingSensor.__str__.side_effect = itertools.chain(
    [
        IntermittentSensorFailureError("Failing 2 more times"),
        IntermittentSensorFailureError("Failing 1 more times"),
        IntermittentSensorFailureError("Failing 0 more times"),
    ],
    itertools.cycle(["Yes"])
)
```

该示例使用 itertools.cycle(...) 函数来创建无限长的可迭代对象，它会重复作为实参收到的可迭代对象中的项，还会重复“,”（逗号），用来将可迭代对象追加到一起。得到的结果是一个可引发三次异常，然后一直返回 "Yes" 的可迭代对象。

11.2 警告

警告的实现方式与异常类似，但具有明显不同的行为。虽然开发人员有时候会说到引发警告，但警告并不会与 raise 关键字[2]一起使用，而是用 warnings.warn(...) 函数触

[1] 前面介绍过 itertools.groupby(...)，不过学习整个 itertools 模块会很有帮助。它是我最喜欢的标准库模块之一，因为它为许多涉及生成器的常见任务提供了辅助函数。

[2] 但是，因为它们是 BaseException 类型层次的一部分，所以从技术上讲，能够使用 raise 关键字引发警告，但这只是为了支持警告框架的一些内部实现细节而存在。任何时候都不应该直接引发警告，这么做没有意义，反而会令人困惑。

发的。开发人员最常遇到的警告是 `DeprecationWarning`。在运行本书的示例代码时，你很可能已经遇到过这个警告。这种警告无法避免，因为底层库可能在任何时候弃用一些功能，甚至它们自己也可能使用弃用的功能来维护对较老版本的代码的支持。

例如，在撰写本书的过程中，有一段时间，当在 Python 3.8 中运行 aiohttp 模块的时候，会触发一个弃用警告，指出它为 `asyncio.shield(...)`[㊀]使用了一个较老的签名。

```
...\lib\site-packages\aiohttp\connector.py:944: DeprecationWarning: The
loop argument is deprecated since Python 3.8, and scheduled for removal
in Python 3.10.
 hosts = await asyncio.shield(self._resolve_host(
```

`DeprecationWarning` 旨在告诉开发人员，他们使用的某个模式不再被认为是最佳实践。它应该清晰说明什么地方存在问题（在本例中是，不应该传递 `loop=` 实参），并且应该给出一个清晰的时间范围（升级到 Python 3.10 之前），说明将在这个时间范围内修复问题。

在本例中，Python 标准库引发了弃用警告，其目标受众是 aiohttp 的开发人员。作为 aiohttp 的用户，我们并不是这个警告的目标受众，所以在看到弃用警告时，只要被指定的时间范围并不是马上到来，就不必关心这种警告。在这个特定案例中，aiohttp 的开发人员在 Python 3.8 发布后的两周内就修复了这个弃用警告。

触发这个问题的代码在 aiohttp 的 `connector.py` 的第 944 行，警告消息也指出了这一点。如果查看该行代码，就会看到触发异常的代码。

```
944.            hosts = await asyncio.shield(self._resolve_host(
945.                host,
946.                port,
947.                traces=traces), loop=self._loop)
```

Python 标准库中实现了该警告的代码如下：

```
if loop is not None:
    warnings.warn("The loop argument is deprecated since Python 3.8, "
                  "and scheduled for removal in Python 3.10.",
                  DeprecationWarning, stacklevel=2)
```

`warn(...)` 函数可以接受字符串和警告类型作为前两个实参，也可以接受警告实例作为第一个实参。如果只传递字符串，不传递警告类型，则假定是 `UserWarning`。`stacklevel=` 实参对应于相关代码距离堆栈跟踪的底部多少行。确保这条信息的准确性非常重要，因为警告指的总应该是用户的代码，而不是检测问题并引发警告的代码。

默认 `stacklevel=1`，这会显示弃用警告的来源是 `warnings.warn(...)` 调用。在这

㊀ 这个函数用于在取消调用任务后，防止 asyncio 任务被取消。这里使用该函数来允许在不同请求间共享 DNS 查找，因为即使第一次触发 DNS 查找的请求被取消，仍然需要完成查找。

里，stacklevel=2 会导致显示的上下文是调用了包含 warnings.warn(...) 的函数的代码行。类似地，stacklevel=3 是再往上一级的函数。

当在 apd.aggregation 包中添加对基于地图的图的支持时，我们对 Config 对象进行了修改。我们实际上弃用了 sensor_name= 参数，而倾向于使用不同方式指定的 get_data= 参数，但我们并没有把它公开给用户。这可以很好地演示 DeprecationWarning，如代码清单 11-10 所示。

代码清单 11-10　更新后的 Config 数据类，它发出 sensor_name 的弃用警告

```
@dataclasses.dataclass
class Config(t.Generic[T_key, T_value]):
    title: str
    clean: CleanerFunc[Cleaned[T_key, T_value]]
    draw: t.Optional[
        t.Callable[
            [t.Any, t.Iterable[T_key], t.Iterable[T_value],
            t.Optional[str]], None
        ]
    ] = None
    get_data: t.Optional[
        t.Callable[..., t.AsyncIterator[t.Tuple[UUID,
        t.AsyncIterator[DataPoint]]]]
    ] = None
    ylabel: t.Optional[str] = None
    sensor_name: dataclasses.InitVar[str] = None
    def __post_init__(self, sensor_name: t.Optional[str] = None) -> None:
        if self.draw is None:
            self.draw = draw_date  # type: ignore
        if sensor_name is not None:
            warnings.warn(
                DeprecationWarning(
                    f"The sensor_name parameter is deprecated. Please pass "
                    f"get_data=get_one_sensor_by_deployment('{sensor_name}') "
                    f"to ensure the same behaviour. The sensor_name=
                    f"parameter "
                    f"will be removed in apd.aggregation 3.0."
                ),
                stacklevel=3,
            )
            if self.get_data is None:
                self.get_data = get_one_sensor_by_deployment(sensor_name)
        if self.get_data is None:
            raise ValueError("You must specify a get_data function")
```

注意 在这里，stacklevel= 参数的值是3，而不是2。我们希望当用户实例化Config对象的时候显示警告。@dataclass装饰器生成一个 __init__(...) 函数，它调用 __post_init__(...)。如果stacklevel=2，会显示弃用警告与生成的 __init__(...) 函数关联在一起，而不是与调用代码关联在一起。如果不确定，可以试着引发异常，然后查看堆栈跟踪。

得到的警告显示了错误代码的位置（analysis.py的第287行），给出了要修复问题的指示，包含修复该问题的截止日期。它还显示了存在问题的代码行，在本例中，是跨行的Config(...)构造函数调用的第一行。

```
...\src\apd\aggregation\analysis.py:287: DeprecationWarning:
The sensor_name parameter is deprecated. Please pass
get_data=get_one_sensor_by_deployment('Temperature') to ensure
the same behaviour. The sensor_name= parameter will be removed
in apd.aggregation 3.0.
    Config(
```

警告过滤器

可以定义新的警告类型来补充内置警告类型，但这不如继承异常那样有用。创建新的警告类型的主要原因是允许最终用户更好地使用警告过滤器。警告过滤器使警告的行为不同于默认行为，让警告变得更加醒目或者更加不被人注意。

通过修改过滤器，可以更加精确地控制向最终用户显示的警告集合。如果你维护的工具依赖于某个库，而该库会导致多个弃用警告，那么为最终用户抑制警告能够提高他们对这个工具的信心[1]。

```
warnings.simplefilter("ignore", DeprecationWarning)
```

反过来，也可以提高警告的严重级别，使其成为异常，以帮助调试导致问题的原因。警告过滤器的 "error" 动作会导致警告被视为异常。也就是说，将显示完整的堆栈跟踪，并且当代码遇到第一个警告时停止执行[2]。把事后调试器与它结合使用，是调查导致警告的原因的有效方法。

```
warnings.simplefilter("error", DeprecationWarning)
```

[1] 但是，要记得在弃用警告过期之前修复问题，否则，如果工具停止工作，会更加严重地影响用户对工具的信心。

[2] 这就是警告是异常的一种类型的原因，因此能够用这个过滤器动作引发警告。

> 提示 当直接使用 `python script.py` 运行 Python 代码时，可以使用 `-W` 命令行选项设置默认警告行为，如 `python -Werror script.py`。设置 `PYTHONWARNINGS` 环境变量也有相同的效果，但只适用于没有通过解释器直接调用的基于 Python 的可执行文件，例如我们的传感器命令行工具。

如果下游组件没有定义自定义警告（大部分都不会定义），那么可以按文件、行号[⊖]、消息或它们的组合来过滤警告。这种灵活性使你能够抑制自己知道的特定警告，而不会抑制你可能不知道的其他警告。

```
import re, warnings

warnings.filterwarnings(
    "ignore",
    message=re.escape("The sensor_name parameter is deprecated"),
    category=DeprecationWarning,
    module=re.escape("apd.aggregation.analysis"),
    lineno=275
)
```

最后，也可以临时修改警告过滤器，自动恢复原来的过滤器。如果函数引发大量不同的警告，而你想要抑制这些警告，并且当通过不同的代码路径触发时不隐藏它们，那么这种做法很有用。

```
import warnings

with warnings.catch_warnings():
    warnings.simplefilter("ignore")
    function_that_warns_a_lot()
```

在测试中，如果想断言代码中引发了一个警告，那么相同的上下文管理器很有用。如果想确信在特定的复杂场景中显示了警告，这么做很有用，但通常没必要这么做。`catch_warnings(...)` 函数接受可选的 `record=True` 实参，允许访问在上下文管理器内引发的所有警告的记录。你应该确保警告过滤器不会忽略任何警告，因为只有显示给最终用户的警告才会被记录下来。代码清单 11-11 给出了一个使用这种功能的示例测试。

代码清单 11-11 确保引发警告的测试

```
def test_deprecation_warning_raised_by_config_with_no_getdata():
    with warnings.catch_warnings(record=True) as captured_warnings:
        warnings.simplefilter("always", DeprecationWarning)
        config = analysis.Config(
```

⊖ 要注意，如果发布了库的新版本，那么文件名和行号可能发生变化。

```
        sensor_name="Temperature",
        clean=analysis.clean_passthrough,
        title="Temperaure",
        ylabel="Deg C"
    )
    assert len(captured_warnings) == 1
    deprecation_warning = captured_warnings[0]
    assert deprecation_warning.filename == __file__
    assert deprecation_warning.category == DeprecationWarning
    assert str(deprecation_warning.message) == (
        "The sensor_name parameter is deprecated. Please pass "
        "get_data=get_one_sensor_by_deployment('Temperature') "
        "to ensure the same behaviour. The sensor_name= parameter "
        "will be removed in apd.aggregation 3.0."
    )
```

11.3 日志

各种类型的应用程序都大量使用日志。这有助于最终用户调试问题，并且能够给出更加详细的 bug 报告，从而节省了重现问题所需的时间。使用日志的方式与使用 `print(...)` 进行调试很相似，但在大型应用程序和库中，它有一些明显的优势。

相比使用 `print(...)` 进行调试，日志最明显的优势是，日志框架会把每条日志条目关联上严重级别。用户可以选择日志级别来控制记录多少日志信息，因而可以选择只在需要时生成调试日志。

> **提示** 如果你在编写日志语句来帮助调试，应该提供一种方式来让最终用户方便地把日志发送给你。pipenv 的 `--support` 标志在这方面做得很好，它能够以 Markdown 格式打印所有相关数据，所以能够方便地把这些数据粘贴到 GitHub 的问题单。在设计接口时，可以考虑添加一个类似的选项，用于设置较低的日志级别，并将格式化后的版本和配置数据与日志文件一起发送。在没有获得用户明确同意的情况下，不要从用户的系统自动收集日志，否则可能侵犯他们的隐私。

默认的日志级别包括 `DEBUG`、`INFO`、`WARNING`、`ERROR` 和 `CRITICAL`[㊀]。我们可以使用 logging 模块中的对应函数来记录消息，例如，使用 `logging.warning(...)` 在根记录器

㊀ 使用 `logging.addLevelName(level, levelName)` 可以创建新的级别，其中 `level` 是一个整数，它会与 `logging.DEBUG`、`logging.INFO` 及其他整数常量进行比较来确定顺序。为记录到这个级别，必须使用 `logging.log(level, message)`，而不是 `logging.info(message)` 风格的便捷函数。

中记录警告级别的消息。

```
>>> logging.warning("This is a warning")
WARNING:root:This is a warning
```

默认情况下，Python会丢弃DEBUG和INFO日志消息，只把WARNING及更高级别的消息记录到终端，其采用的格式为LEVEL:logger:message。记录器从丢弃消息到显示消息的阈值是该记录器的级别。第一次使用根记录器时，会设置用于显示的格式，使用新的格式化器调用logging.basicConfig(...)函数可以调整这个格式[1]。这也允许修改根记录器的过滤器阈值级别，例如，下面的例子中将其设置为DEBUG：

```
logging.basicConfig(format="{asctime}: {levelname} - {message}", style="{",
level=logging.DEBUG)
```

这么多年来，Python有过许多字符串格式化语法。要使用现代风格，需要传递style="{"作为另一个实参。你可能会看到，较老的程序中的日志配置使用不同的格式，但可用的键是相同的。标准库文档的LogRecord特性下列出了这些键，其中最常用的有：

- asctime：格式化的日期/时间。
- levelname：日志级别的名称。
- pathname：引发日志消息的文件的路径。
- funcName：引发日志消息的函数的名称。
- message：记录的字符串。

11.3.1 嵌套记录器

在程序中使用嵌套的记录器是很常见的。使用logging.getLogger(name)函数调用可以获取记录器，其中name是要获取的记录器的名称。

当获取记录器时，将把其名称与按字符“.”（点）拆分的现有记录器进行比较。如果某个现有记录器的名称是新记录器的前缀，则该记录器将成为新记录器的父记录器。即：

```
>>> import logging
>>> root_logger = logging.getLogger()
>>> apd_logger = logging.getLogger("apd")
>>> apd_aggregation_logger = logging.getLogger("apd.aggregation")

>>> print(apd_aggregation_logger)
<Logger apd.aggregation (WARNING)>
```

[1] 最好在生成日志消息前进行这种调整。如果已经有一个日志配置，那么除非传递force=True参数，否则该函数什么都不会做。在Python 3.8之前，force=参数不可用。

```
>>> print(apd_aggregation_logger.parent)
<Logger apd (WARNING)>

>>> print(apd_logger.parent)
<RootLogger root (WARNING)>
```

警告 如果在 apd_logger 之前创建 apd_aggregation_logger，那么它们都会把根记录器作为父记录器。要确保行为正确，最简单的方式是为所有模块添加 logger = logging.getLogger(__name__) 行。这确保了记录器的结构与代码的结构相同，从而更加便于理解。如果想要确保所有父记录器都正确设置，则还要确保在 __init__.py 中包含它。

这些记录器都可以用于记录消息，所使用的记录器将显示到日志消息中（前提是格式化器中包含了记录器的名称）。记录器收到的任何消息也会被传递给其父记录器[1]。正是这种行为允许我们通过配置根记录器来配置所有记录器的格式。

```
>>> apd_aggregation_logger.warning("a warning")
WARNING:apd.aggregation:a warning

>>> apd_logger.warning("a warning")
WARNING:apd:a warning

>>> root_logger.warning("a warning")
WARNING:root:a warning
```

单独的记录器可以设置一个新的级别，这个级别会传播给其所有子记录器（除非子记录器设置了自己的级别）。这允许我们通过配置命名记录器的级别，在各个包上配置日志记录。

```
>>> apd_logger.setLevel(logging.DEBUG)

>>> apd_aggregation_logger.debug("debugging")
DEBUG:apd.aggregation:debugging

>>> apd_logger.debug("debugging")
DEBUG:apd:debugging

>>> root_logger.debug("debugging")
(no output)
```

[1] 除非记录器设置了 logger.propagate=False 特性，此时消息不会被传递给父记录器。如果你看到过重复的日志条目，很有可能是因为你配置了有自定义输出的记录器（本节稍后将进行演示），但忘记了为该记录器禁用日志传播。

11.3.2 自定义动作

到现在为止，我们一直把记录器视为一种增强的 print 语句，但它们其实要更加灵活。当记录字符串时，日志框架会在内部创建 LogRecord 对象，然后将其传递给处理程序。该处理程序会设置其格式，然后将其输出到标准错误流。

记录器还可以有自定义处理程序，用来记录以其他方式记录的信息。最常用的处理程序是 StreamHandler，它设置日志消息的格式（可能会使用自定义格式化器），并将其显示在终端。例如，我们可以使用它来定义这样的行为：为 apd.aggregation 包中的日志记录使用自定义日志格式，而为其他所有日志记录使用默认格式。

额外的元数据

使用日志方法的 extra 字典，可以为格式化器添加应用程序特定的方面。这种方法的缺点是，如果日志格式中包含 extra 键，那么所有遵守这种格式的日志消息都必须为 extra 键提供一个值。如果你在根记录器上设置了一个自定义格式，要求一条特定的额外数据，将导致你没有直接控制的所有日志调用引发 KeyError。因此，应该只为你自己的记录器应用自定义格式化器，而不要对根记录器应用。

为此，我们需要用新的格式化器来自定义记录器。我们不能使用 logging.basicConfig(...) 函数，因为它只操纵根记录器。我们需要提供一个新的函数来根据需要设置处理程序。代码清单 11-12 给出了这个函数的一个示例。

代码清单 11-12 使用特定格式化器配置记录器的辅助函数

```
import logging

def set_logger_format(logger, format_str):
    """Set up a new stderr handler for the given logger
    and configure the formatter with the provided string
    """
    logger.propagate = False
    formatter = logging.Formatter(format_str, None, "{")

    std_err_handler = logging.StreamHandler(None)
    std_err_handler.setFormatter(formatter)

    logger.handlers.clear()
    logger.addHandler(std_err_handler)
    return logger
    logger = set_logger_format(
        logging.getLogger(__name__),
        format_str="{asctime}: {levelname} - {message}",
    )
```

我们在 set_logger_format(...) 调用中添加的任何额外字段都必须在每个日志调用中作为 extra= 字典提供，如下所示：

```
>>> logger = set_logger_format(
...     logging.getLogger(__name__),
...     format_str="[{sensorname}/{levelname}] - {message}",
... )
>>> logger.warn("hi", extra={"sensorname": "Temperature"})
[Temperature/WARNING] - hi
```

通过在格式化日志记录之前对其进行操纵，可以绕过这个限制。我们有几种方法可以在日志记录中注入变量，如自定义工厂，添加适配器，或者添加过滤器。当在代码中进行日志记录时，自动注入数据还允许实现更加方便的接口，因为不再需要显式地把格式化器可能需要的所有数据作为关键字实参进行传递。

日志适配器

日志适配器是封装了记录器的一段代码，允许自定义记录器的行为。它提供了一个 process 函数，可用于修改底层日志功能的消息和实参。按照代码清单 11-13 所示的代码可以创建日志适配器。

代码清单 11-13　为额外的关键字提供默认值的日志适配器

```
import copy
import logging

class ExtraDefaultAdapter(logging.LoggerAdapter):
    def process(self, msg, kwargs):
        extra = copy.copy(self.extra)
        extra.update(kwargs.pop("extra", {}))
        kwargs["extra"] = extra
        return msg, kwargs
        def set_logger_format(logger, format_str):
            """Set up a new stderr handler for the given logger
            and configure the formatter with the provided string
            """
            logger.propagate = False
            formatter = logging.Formatter(format_str, None, "{")

            std_err_handler = logging.StreamHandler(None)
            std_err_handler.setFormatter(formatter)

            logger.handlers.clear()
            logger.addHandler(std_err_handler)
            return logger
```

使用这个适配器时，除非我们有想要添加到这个日志消息的数据，否则可以忽略

extra 字典，这就允许我们在 extra 字典的数据不重要的时候不使用它。这也使在格式字符串中添加新项变得简单了许多，因为我们不需要修改每个日志函数调用来匹配修改。

```
>>> logger = set_logger_format(
...     logging.getLogger(__name__),
...     format_str=" [{sensorname}/{levelname}] - {message}",
... )
>>> logger = ExtraDefaultAdapter(logger, {"sensorname": "none"})
>>> logger.warn("hi")
[none/WARNING] - hi
>>> logger.warn("hi", extra={"sensorname": "Temperature"})
[Temperature/WARNING] - hi
```

这种方法的缺点是，需要把每个记录器都封装到适配器中。这很适合在单个模块中自动填充额外的数据，但不能帮助我们为多个记录器提供默认值，因为不能保证使用记录器的所有代码都会使用该适配器（事实上，对于根记录器，几乎可以确定，使用日志记录的有些代码不知道我们的自定义适配器）。

我们可以把自己想要的任何逻辑添加到适配器。我们不为 sensorname 显式提供默认值，而是可以采取其他方式提供这个值，例如从上下文变量中提取。适配器最适合只有一个记录器需要自定义元数据的情况。如果为记录器定义了自定义格式化器，并且只有你自己会向这个记录器记录信息，那么就能够确保通过适配器发出所有记录调用。

LogRecord 工厂

另一种方法是自定义内部日志记录对象自身的创建方式。对工厂进行自定义可以把任意数据存储到所有 LogRecord 中，进行记录的代码并不需要知道它们的区别。这允许在第三方代码使用的记录器（如根记录器）的格式中使用自定义元数据。使所有记录器共用这种格式，意味着不会将不同的日志记录混合起来，对于用户来说，这是一个巨大的优势。缺点在于，不能把这里设置的特性传入 extra 字典[⊖]。

在前面的示例中，我们能够非常灵活地把额外数据传递给日志系统。当覆盖 LogRecord 工厂时，我们只能使用上下文变量来传入额外的数据。由于不能简单地把我们想要的值作为实参进行传递，这限制了使用这个方法的方式。

代码清单 11-14 中的示例代码显示了如何自定义记录工厂，将来自 sensorname_var 上下文变量的值包含到所有记录中。

代码清单 11-14 自定义 LogRecord 工厂，将上下文信息包含到所有日志记录中

```
from contextvars import ContextVar
import functools
import logging
```

⊖ 显式合并 extra 字典的代码会检查冲突，并在发现冲突时引发 KeyError。

```
sensorname_var = ContextVar("sensorname", default="none")

def add_sensorname_record_factory(existing_factory, *args, **kwargs):
    record = existing_factory(*args, **kwargs)
    record.sensorname = sensorname_var.get()
    return record
def add_record_factory_wrapper(fn):
    old_factory = logging.getLogRecordFactory()
    wrapped = functools.partial(fn, old_factory)
    logging.setLogRecordFactory(wrapped)

add_record_factory_wrapper(add_sensorname_record_factory)
logging.basicConfig(
    format="[{sensorname}/{levelname}] - {message}", style="{",
    level=logging.INFO
)
```

这种方法与前面的方法有很大的区别，因为它在全局级别修改了日志配置。适配器的例子修改了每个模块，将记录器封装到合适的适配器中，每个模块可以有自己的适配后的记录器。一次只能有一个活跃的记录工厂。虽然我们能够多次覆盖它来提供额外的数据，但所有覆盖彼此之间不能冲突。这种方法可以像下面这样使用：

```
>>> logger = logging.getLogger(__name__)
>>> logger.warning("hi")
[none/WARNING] - hi
>>> token = sensorname_var.set("Temperature")
>>> logging.warning("hi")
[Temperature/WARNING] - hi
>>> sensorname_var.reset(token)
```

日志过滤器

在我看来，日志过滤器是一个介于这两种方法之间的不错的方法。“过滤器”这个名称可能让这种方法变得不太直观，因为过滤器的目的是动态丢弃日志记录，但它也是修改日志记录最灵活的方式。

你可以把日志过滤器与记录器关联起来，这样一来，对于该记录器处理的每条日志消息，都会调用这个过滤器。但是，你也可以向处理程序注册日志过滤器。处理程序控制着格式，所以将过滤器与处理程序关联起来，可以确保自定义格式与默认值过滤器紧密关联在一起。每当使用该处理程序时，我们就知道其关联的过滤器也是活跃的。

这种方法意味着只会在格式化过程中填充默认传感器名称。我们仍然可以将额外信息作为 `extra` 字典的一部分进行传递，这种做法很常见，并且在显式传递时，这些信息可被所有日志处理程序使用。代码清单 11-15 给出了一个更新后的设置函数，它以可选的方式将过滤器与处理程序关联了起来。

代码清单 11-15　使用处理程序过滤器来添加默认的 sensorname

```
import logging

class AddSensorNameDefault(logging.Filter):
    def filter(self, record):
        if not hasattr(record, "sensorname"):
            record.sensorname = "none"
        return True

def set_logger_format(logger, format_str, filters=None):
    """Set up a new stderr handler for the given logger
    and configure the formatter with the provided string
    """
    logger.propagate = False
    formatter = logging.Formatter(format_str, None, "{")

    std_err_handler = logging.StreamHandler(None)
    std_err_handler.setFormatter(formatter)

    logger.handlers.clear()
    logger.addHandler(std_err_handler)
    if filters is not None:
        for filter in filters:
            std_err_handler.addFilter(filter)
    return logger
```

设置这个记录器与设置适配器模式很相似，但有一个重要的区别。`set_logger_format(...)` 调用只需要发生一次。后续对 `logging.getLogger(...)` 的任何调用将返回一个正确配置的记录器，而不需要记录器的每个用户都配置过滤器。下面演示了其初始使用方法：

```
logger = set_logger_format(
    logging.getLogger(),
    "[{sensorname}/{levelname}] - {message}",
    filters=[AddSensorNameDefault(), ]
)
>>> logger.warning("hi")
[none/WARNING] - hi
>>> logger.warning("hi", extra={"sensorname": "Temperature"})
[Temperature/WARNING] - hi
```

11.3.3　记录配置

前面代码的缺点是，为了修改格式化器或者添加过滤器，我们必须对日志系统做大量设置。除非是简单的自包含工具，否则应用程序的最终用户很可能想要配置自己的处理程序或者日志格式化器。对于较大应用程序中使用的库，就更是如此。

因此，在真实的应用程序中，很少使用Python代码来配置日志。通常会通过某种配置系统来提供日志配置，例如alembic.ini文件可用来配置迁移系统，它的[logging]配置节就可以用来配置日志记录。可以使用logging.config.fileConfig(...)辅助函数来从文件加载日志配置，并且只需使用少量胶水代码（见代码清单11-16），就可以让最终用户在ini风格的日志配置中使用我们添加的过滤器（见代码清单11-17）。

代码清单11-16　提供有一个默认添加的过滤器的处理程序的胶水代码

```
import logging

class AddSensorNameDefault(logging.Filter):
    def filter(self, record):
        if not hasattr(record, "sensorname"):
            record.sensorname = "none"
        return True
class SensorNameStreamHandler(logging.StreamHandler):
    def __init__(self, *args, **kwargs):
        super().__init__()
        self.addFilter(AddSensorNameDefault())
```

代码清单11-17　使用过滤器来为格式化器提供默认值的示例日志配置文件

```
[loggers]
keys=root

[handlers]
keys=stderr_with_sensorname

[formatters]
keys=sensorname

[logger_root]
level=INFO
handlers=stderr_with_sensorname

[handler_stderr_with_sensorname]
class=apd.aggregation.utils.SensorNameStreamHandler
formatter = sensorname

[formatter_sensorname]
format = {asctime}: [{sensorname}/{levelname}] - {message}
style = {
```

警告　日志配置文件格式允许嵌套逻辑，从而简化了复杂配置的设置。这就允许从配置文件运行任意代码。这很少会造成问题，但如果你的一些工具是由系统管理员运行的，那么应该只有管理员才能编辑日志配置。

11.3.4 其他处理程序

除了我们目前使用的 StreamHandler，还有一些其他有用的处理程序。最常用的是 FileHandler，它把日志信息输出到一个命名文件中。将它设置为根记录器的处理程序，可以构建持久的日志文件。

更加复杂的处理程序，如 TimedRotatingFileHandler、SysLogHandler 和 HTTPHandler，使用得没那么广泛，但它们非常强大。这些处理程序允许把日志集成到任何形式的现有日志管理解决方案中。甚至有商用日志管理系统以相同的方式进行集成，例如 Sentry 的自定义 EventHandler 类。

审计日志

自定义记录器和处理程序允许编写审计日志系统，记录用户在复杂系统中的操作。审计日志也是一种日志，旨在提供与用户执行的某些重要操作相关的信息。它不用于调试，而是用于确认系统没有被滥用。

为了实现这种目的，通常会使用 logging.getLogger("audit") 来获取一个新的记录器，将其配置为审计记录器。与大部分记录器不同，大部分审计日志的名称并不匹配到 Python 模块。一般来说，审计记录器使用特殊的日志处理程序，例如追加日志事件到系统日志或者通过电子邮件进行发送的处理程序。我建议也把审计日志条目输出到与其他日志项相同的输出流位置。将审计日志条目与调试信息混合起来，能够添加高层次的上下文，对于调试问题十分有用。

日志处理程序可以与多个记录器关联，所以可以配置自定义日志文件来包含多个记录器的输出。要实现这一点，可以为每个文件定义一个处理程序，并将其与应该输出到该文件的每个记录器关联。也可以使用记录器的嵌套结构，为应用程序的逻辑组件创建日志文件。

日志处理程序是通过提供了 emit(record) 函数的 Python 类来实现的，所以可以编写自定义的处理程序，执行应用程序特定的、合适的审计日志记录操作。在实践中，对于大部分常见需求，都存在可用的处理程序实现。

11.4 设计时规避问题

前面的策略允许我们表达在程序的组件中遇到的问题（使用异常）和最终用户的问题（使用警告和日志）。它们大大方便了我们理解用户遇到的问题（前提是问题被报告给我们）。但是，大部分问题都不会被报告给我们，而我们不可能提前想到每种可能出现的边缘用例。

编写可靠的软件时，一个关键的部分是让设计的流程能够自动补偿其正常运行过程中遇到的问题。对我们来说，与传感器进行通信的过程中遇到的任何问题都会导致我们收集的历史传感器数据存在缺口。

这种失败有两种可能的原因。要么传感器服务器正确工作，但聚合过程（或网络）失败，要么聚合过程（和网络）正确工作，但传感器失败。

调度传感器查找

聚合器或网络的失败是最容易解决的问题。我们可以不在聚合过程从传感器获取实时数据，而是让传感器来定期收集和存储数据。然后，就可以通过 API 提供这些收集的数据。这允许聚合过程检测什么时候收集了数据但没有下载数据，并通过下载上次成功同步后收集到的数据来修复问题。

要实现这种功能，需要对聚合过程和传感器做大量修改。不只涉及的服务器需要在特定时刻触发传感器数据的收集过程，而且还需要能够存储数据，并通过 API 提供存储的数据集。

我们需要创建一个数据库集成，就像为聚合过程所做的那样。还需要一个新的命令行选项来存储数据，并为 alembic 和 sqlalchemy 添加一组依赖项，确保能够把数据存储到数据库。这些依赖项需要是可选依赖项，因为并不是所有 `apd.sensors` 包的用户都一定会使用聚合器，如果用户只需要使用命令行工具来检查当前状态，要求他们安装完整的数据库系统就有些过分了。添加这个新功能后，`setup.cfg` 的可选依赖节如下。

> **注意**　有些需求只有在我们同时安装了 webapp 和调度的 extra 时才有意义，因为我们将在后面使用它们来实现数据库查找。我们可以为它们创建另外一个 extra，但这会让用户更难理解。你可能会选择把这些依赖项添加到其他 extra 定义中的某一个 extra 定义。因为我们使用了第三个 extra，所以必须记住，在编写代码的时候，并不是所有的依赖项都一定可用。用户完全可能在没有其他两个 extra 的情况下，为这些额外的依赖项安装 extra。

```
[options.extras_require]
webapp = flask
scheduled =
  sqlalchemy
  alembic
storedapi =
  flask-sqlalchemy
  python-dateutil
```

然后，需要使用 `pipenv install`，确保把本地开发环境标记为需要这组新的可选依赖项。与聚合过程一样，我们需要创建数据库表定义（见代码清单 11-18），将元数据对象连接到 alembic 配置，然后生成初始的 alembic 迁移。

代码清单 11-18　用于将传感器值缓存到本地环境的数据库表

```
from __future__ import annotations

import datetime
import typing as t

import sqlalchemy
from sqlalchemy.schema import Table
from sqlalchemy.orm.session import Session
from apd.sensors.base import Sensor

metadata = sqlalchemy.MetaData()

sensor_values = Table(
    "recorded_values",
    metadata,
    sqlalchemy.Column("id", sqlalchemy.Integer, primary_key=True),
    sqlalchemy.Column("sensor_name", sqlalchemy.String, index=True),
    sqlalchemy.Column("collected_at", sqlalchemy.TIMESTAMP, index=True),
    sqlalchemy.Column("data", sqlalchemy.JSON),
)

def store_sensor_data(sensor: Sensor[t.Any], data: t.Any, db_session:
Session) -> None:
    now = datetime.datetime.now()
    record = sensor_values.insert().values(
        sensor_name=sensor.name, data=sensor.to_json_compatible(data),
        collected_at=now
    )
    db_session.execute(record)
```

代码清单 11-19 中添加了一个命令行选项，用于指定应该连接到哪个数据库，还添加了一个标志，用于标记应该把数据保存到本地数据库，而不是仅仅输出数据供用户查看。做出这些修改后，用户就能够创建一个调度任务，根据调度来调用我们的脚本并保存数据。

代码清单 11-19　更新后的命令行脚本，添加了保存数据的功能

```
@click.command(help="Displays the values of the sensors")
@click.option(
    "--develop", required=False, metavar="path",
    help="Load a sensor by Python path"
)
@click.option("--verbose", is_flag=True, help="Show additional info")
@click.option("--save", is_flag=True,
help="Store collected data to a database")
```

```
@click.option(
    "--db",
    metavar="<CONNECTION_STRING>",
    default="sqlite:///sensor_data.sqlite",
    help="The connection string to a database",
    envvar="APD_SENSORS_DB_URI",
)
def show_sensors(develop: str, verbose: bool, save: bool, db: str) -> None:
    sensors: t.Iterable[Sensor[t.Any]]
    if develop:
        try:
            sensors = [get_sensor_by_path(develop)]
        except UserFacingCLIError as error:
            if verbose:
                tb = traceback.format_exception(type(error), error,
                error.__traceback__)
                click.echo("".join(tb))
            click.secho(error.message, fg="red", bold=True)
            sys.exit(error.return_code)
    else:
        sensors = get_sensors()

    db_session = None
    if save:
        from sqlalchemy import create_engine
        from sqlalchemy.orm import sessionmaker

        engine = create_engine(db)
        sm = sessionmaker(engine)
        db_session = sm()

    for sensor in sensors:
        click.secho(sensor.title, bold=True)
        try:
            value = sensor.value()
        except DataCollectionError as error:
            if verbose:
            tb = traceback.format_exception(type(error), error,
            error.__traceback__)
            click.echo("".join(tb))
            continue
        click.echo(error)
    else:
        click.echo(sensor.format(value))
        if save and db_session is not None:
            store_sensor_data(sensor, value, db_session)
            db_session.commit()

    click.echo("")
sys.exit(ReturnCodes.OK)
```

这足以确保在发生网络或者聚合失败时，不会丢失数据。但是，这还不足以在错误条件结束后，把缺失的数据集成进来。

API 和过滤

我们需要更新 API，确保能够提取过去记录的任何数据。同时，我们还可以更新 API，将失败的传感器拆分到一个独立的错误列表中，从而补充本章前面添加的异常处理功能。

复杂的 API 通常允许用户指定他们需要什么数据，这样一来，就只需要计算最终用户需要的信息，从而让 API 的实现变得更加高效。更常见的情况是，API 提供某种形式的过滤选项，用于减少传递的数据量。

我们需要一个新的 API 端点来公开已经收集的数据，使聚合过程能够将其同步到数据库。代码清单 11-20 给出了这个端点的实现。

代码清单 11-20　v3.0 API 的新的历史值端点

```
@version.route("/historical")
@version.route("/historical/<start>")
@version.route("/historical/<start>/<end>")
@require_api_key
def historical_values(
    start: str = None, end: str = None
) -> t.Tuple[t.Dict[str, t.Any], int, t.Dict[str, str]]:
    try:
        import dateutil.parser
        from sqlalchemy import create_engine
        from sqlalchemy.orm import sessionmaker
        from apd.sensors.database import sensor_values
        from apd.sensors.wsgi import db
    except ImportError:
        return {"error": "Historical data support is not installed"}, 501, {}

    db_session = db.session
    headers = {"Content-Security-Policy": "default-src 'none'"}

    query = db_session.query(sensor_values)
    if start:
        query = query.filter(
            sensor_values.c.collected_at >= dateutil.parser.parse(start)
        )
    if end:
        query = query.filter(
            sensor_values.c.collected_at <= dateutil.parser.parse(end)
        )

    known_sensors = {sensor.name: sensor for sensor in cli.get_sensors()}
    sensors = []
    for data in query:
```

```
        if data.sensor_name not in known_sensors:
            continue
        sensor = known_sensors[data.sensor_name]
        sensor_data = {
            "id": sensor.name,
            "title": sensor.title,
            "value": data.data,
            "human_readable": sensor.format(
            sensor.from_json_compatible(data.data)),
            "collected_at": data.collected_at.isoformat(),
        }
        sensors.append(sensor_data)
    data = {"sensors": sensors}
    return data, 200, headers
```

将这些信息导入聚合过程的处理程序与正常的传感器收集过程非常类似，因为数据的格式是相同的。要实现这个过程，可以添加一个新的命令行工具来同步一定时间范围内的任何缺失数据，或者可以检测上次成功收集数据后经过的一个长时间段，然后使用 `/historical` 端点代替正常端点。

练习 11-1：支持收集历史数据

对于运行传感器的服务器失败的情况，这种修改并不能为我们提供直接帮助。对于我们拥有的传感器类型，无法从服务器失败中恢复数据，但这是这些传感器的属性，并不适用于所有的传感器。其他传感器可能能够找回某个时间点的值。例如，报告服务器状态的传感器可能能够从现有系统日志中提取到过去的状态。

考虑一下，如果要支持传感器报告过去时间点的值，需要对代码库做什么修改。思考如何修改现有的类来提供这种额外的功能，但同时与现有的传感器保持向后兼容。

同样，本章配套代码中包含一个示例实现。但是，这个实现不会被合并到主代码分支中，因为对于整理我们目前存储的数据的需求，它相去甚远。

11.5 小结

当编写供其他开发人员使用的库时，应该在合适的时候包含自定义异常并引发警告。相比使用 `README.txt` 文件，这是与用户进行交流的更加有效的方式。特别是，应该对功能弃用做好计划，确保在使用旧功能的时候显示警告。

自定义异常类型允许下游开发人员针对特定错误条件编写处理程序，正如你使用的库中的自定义异常让你能够捕获依赖项中的错误。

即使你不是在编写供他人使用的库，仍然可以使用日志框架，它允许用户配置他们想要存储的调试信息，以及想要如何处理这些信息。如果不提供日志记录语句，或者只使用 `print(...)` 进行记录，则用户很可能会丢弃这些信息，而不是把它们作为 bug 报告给你。

虽然这些功能对于调试和处理失败情况的代码的编写有帮助，但要编写在遇到错误用例时保持健壮的代码，最重要的是在流程中设计故障转移功能。

无论你选择使用哪些技术的组合，一定要确保测试代码行为的正确性。当发生问题的时候，而不只是一切都正确工作的时候，自动化测试能够并且应该会验证你的代码是否以可接受的方式工作。

更多资源

下面的链接为本章介绍的主题提供了额外的上下文：

- 如前所述，Python 标准库的 `itertools` 模块是最没有被充分使用的模块之一。有必要阅读其文档来了解该模块提供的各种工具，详见 https://docs.python.org/3.8/library/itertools.html。
- 同样还是在标准库文档中。对于实现各种类型的 Python 数据容器需要什么方法详见 https://docs.python.org/3.8/library/collections.abc.html。
- 本书为 Flask 和 SQLAlchemy 使用的集成的文档参见 https://flask-sqlalchemy.palletsprojects.com/en/2.x/。
- 日志配置的 ini 文件格式的详细介绍参见 https://docs.python.org/3.8/library/logging.config.html#logging-config-fileformat。

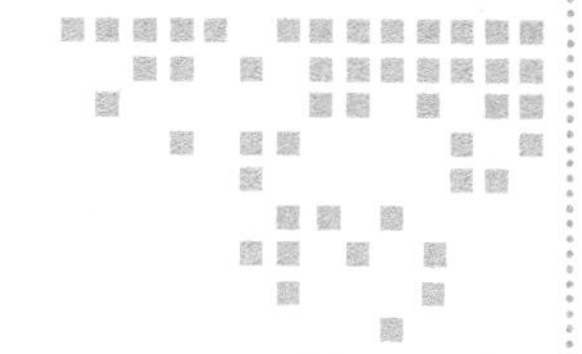

第 12 章 Chapter 12

回调与数据分析

在前面的 11 章中，我们编写了一对实用工具，用于从不同来源收集数据，并把它们聚合到一起。我们还设计了系统来显示聚合的数据，从错误条件下恢复运行，以及让最终用户能够根据自己的需要自定义整个过程的每个步骤。但是，与这些数据进行交互的唯一方式是在屏幕上查看它们。我们没有办法在收到数据时主动分析数据，并根据分析结果相应地做出反应。

本章是全书的最后一章，我们将在这里为聚合进程添加一个新的概念，它允许我们构建**触发器**和**动作**，其中触发器用于检测输入数据中的特定条件，在检测到这些条件时运行动作。数据的阈值点可能是很有用的检测条件，例如，温度超过 18℃，太阳能发电板的输出超过 0.5kW，或者可用 RAM 低于 500MB。另外，两个传感器之间可能存在相关性，例如，一个传感器的温度与另一个传感器的温度的差值超过了某个阈值，或者在时间上相关，如生成的太阳能比前一天多了很多或少了很多。

12.1 生成器的数据流

我们到目前为止编写的分析代码都是被动的。它们被插入数据源和使用者之间，在使用者获取数据的时候修改数据。这些函数都是 `for` 循环的变体，它们迭代源数据，并可能生成（`yield`）输出。对于输入和输出都是可迭代对象的情况，生成器是一种出色的重构循环的方法。

同样的代码可以采用几种不同的方式表达：作为列表推导式，作为修改共享变量的循环，或者作为生成器函数。例如，用于从 DataPoint 对象获取值的 clean_passthrough(...) 函数就是一个生成器函数，如代码清单 12-1 所示。

代码清单 12-1 clean_passthrough(…) 生成器函数

```
async def clean_passthrough(
    datapoints: t.AsyncIterator[DataPoint],
) -> CLEANED_DT_FLOAT:
    async for datapoint in datapoints:
        if datapoint.data is None:
            continue
        else:
            yield datapoint.collected_at, datapoint.data
```

我们可以使用该函数，通过 values = [value async for value in clean_passthrough (datapoints)] 来将数据点的异步迭代器转换为日期 / 值对的列表。

相同的逻辑也可以直接表达为列表推导式，或者操纵列表对象的循环。表 12-1 中给出了这两种实现方式。

表 12-1 相同逻辑的列表推导式和循环实现

<table>
<tr>
<td><pre>cleaned = [
    (datapoint.collected_at,
    datapoint.data)
    async for datapoint in datapoints
    if datapoint.data
]</pre></td>
<td><pre>results = []
async for datapoint in datapoints:
    if datapoint.data is None:
        continue
    else:
        results.append(
            datapoint.collected_at,
            datapoint.data
)</pre></td>
</tr>
</table>

关键区别在于，使用生成器函数时，我们可以使用函数的名称来引用循环的逻辑。对于推导式和标准循环，我们总是使用要处理的数据来定义逻辑。生成器函数的这个属性让它成为我们的最佳选择，因为我们需要在还没有提取任何数据的情况下，把对逻辑的引用传递给 Config 对象的构造函数。

无论如何，我们编写的比较复杂的清理函数是不能用推导式来表达的。它们需要使用变量来跟踪状态，并根据不同条件来执行不同的操作。所有推导式都可以重写为生成器函数[⊖]，但并不是所有生成器函数都能够被重写为推导式。如果推导式变得过于复杂，则应该考虑将其重构为 for 循环或者生成器函数。

⊖ 但是，你可能需要使用另一个正确类型的推导式来转换数据类型，正如我们使用列表推导式来把异步迭代器转换为列表那样。

12.1.1　使用自己的输出的生成器

我们到目前为止探讨的生成器函数模拟了一个 for 循环。它们将数据源作为实参，并且可被迭代。生成器函数实现了循环的逻辑，其他函数可使用想要处理的源数据来调用它。代码清单 12-2 给出了一个用来对数字求和的简单生成器函数。

代码清单 12-2　对数字求和的生成器

```
import typing as t

def sum_ints(source: t.Iterable[int]) -> t.Iterator[int]:
    """Yields a running total from the underlying iterator"""
    total = 0
    for num in source:
        total += num
        yield total

def numbers() -> t.Iterator[int]:
    yield 1
    yield 1
    yield 1

def test():
    sums = sum_ints(numbers())
    assert [a for a in sums] == [1, 2, 3]
```

这个例子使用 numbers() 函数来提供一个整数的迭代器，sum_ints(...) 函数则接受任意整数可迭代对象并把它们相加。虽然 test() 函数负责调用这两个函数，并把它们联系起来，但它只迭代 sum_ints(...) 的输出。迭代 numbers() 的输出的是 sum_ints(...)，而不是 test()。通过这种方式，数据从 numbers() 函数流向 sum_ints(...) 函数，再流向 test() 函数，如图 12-1 所示。

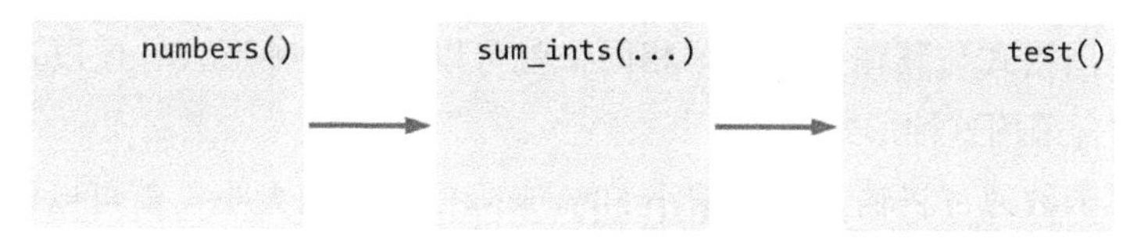

图 12-1　迭代器链的数据流行为

虽然我们可以把任意可迭代对象传递给函数来迭代，但有些时候，我们想更加明确地控制下一条要处理什么数据。利用这种生成器使用模式时，最难表达的操作之一是使用初始值准备生成器，然后把自己的输出作为输入提供给它（见图 12-2）。

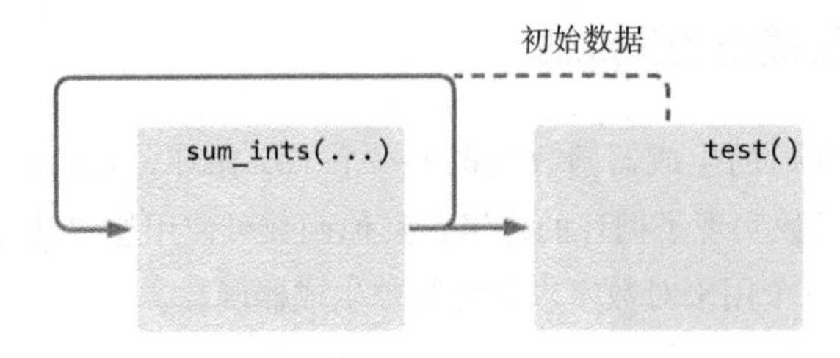

图 12-2 给定初始值后处理自己的输出的迭代器

每当我们需要一个生成器，使其处理它自己的输出时，就需要编写代码来实现这种行为，而不是使用一个输入迭代器作为数据源，如代码清单 12-3 所示。这就让它只能用于自己的输出，而不能用于其他目的。

代码清单 12-3 只有初始值的处理自己的输出的一种变体

```
import itertools
import typing as t

def sum_ints(start: int) -> t.Iterator[int]:
    """Yields a running total with a given start value"""
    total = start
    while True:
        yield total
        total += total

def test():
    sums = sum_ints(1)
    # Limit an infinite iterator to the first 3 items
    # itertools.islice(iterable, [start,] stop, [step])
    sums = itertools.islice(sums, 3)
    assert [a for a in sums] == [1, 2, 4]
```

让编写的函数既能处理输入流，又能处理自己的输出，是有真实的用例的。如果函数返回的数据的输出格式与其输入的格式相同，就可以写成这种形式，但以迭代方式改进输入的函数尤为适合采用这种形式。

例如，如果函数通过将输入图片缩小 50% 来降低图片的大小，就可以编写一个生成器函数，让它在给定一个图片的可迭代对象时，返回调整后的图片的一个迭代器。如果我们可以对该生成器的输出应用它自己，就可以提供一张输入图片，得到相同初始图片的越来越小版本的生成器。

新定义的函数不再能够像我们一开始想做的那样，将任意整数的可迭代对象相加。要让 `sum_ints(...)` 函数既能用于其自己的输出，又能用于任意可迭代对象，一种方法是定义一个新的迭代器，让它使用闭包在使用生成器的代码及其函数之间共享状态。

我们可以创建一个函数，让它返回两个迭代器，其中一个将工作委托给 sum_ints(...) 迭代器并存储最新值的一个副本，另一个用作 sum_ints(...) 的输入，该 sum_ints(...) 使用第一个函数的共享值[⊖]。这个封装器函数的数据流如图 12-3 所示。

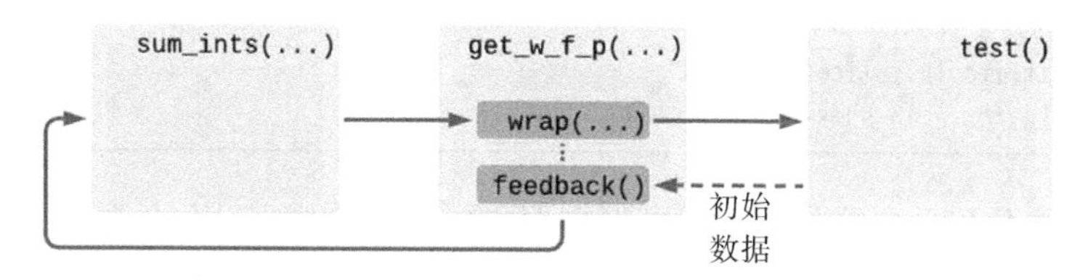

图 12-3 使用封装器函数来生成迭代器的数据流，该迭代器处理自己的输出

代码清单 12-4 演示了编写这个封装器函数的一种方式。get_wrap_feedback_pair(...) 函数提供了两个生成器，它们用在 test() 方法中来创建一个 sum_ints(...)，这个版本的 sum_ints(...) 有一个已知的初始值，并把自己的输出作为输入传递给自己。

代码清单 12-4 将生成器的输出作为输入传递的辅助函数

```python
import itertools
import typing as t

def sum_ints(source: t.Iterable[int]) -> t.Iterator[int]:
    """Yields a running total from the underlying iterator"""
    total = 0
    for num in source:
        total += num
        yield total

def get_wrap_feedback_pair(initial=None):  # get_w_f_p(...) above
    """Return a pair of external and internal wrap functions"""
    shared_state = initial
    # Note, feedback() and wrap(...) functions assume that
    # they are always in sync
    def feedback():
        while True:
            """Yield the last value of the wrapped iterator"""
            yield shared_state
    def wrap(wrapped):
        """Iterate over an iterable and stash each value"""
        nonlocal shared_state
        for item in wrapped:
            shared_state = item
            yield item
    return feedback, wrap
```

⊖ 我们对 get_data_by_deployment(...) 迭代器做了类似的处理，它使用共享状态来定义影响另一个迭代器的迭代器。它是到目前为止本书中最复杂的迭代器。

```
def test():
    feedback, wrap = get_wrap_feedback_pair(1)
    # Sum the iterable (1, ...) where ... is the results
    # of that iterable, stored with the wrap method
    sums = wrap(sum_ints(feedback()))
    # Limit to 3 items
    sums = itertools.islice(sums, 3)
    assert [a for a in sums] == [1, 2, 4]
```

现在，sum_ints(...)函数代表在循环的每个步骤应用的逻辑，而get_wrap_feedback_pair(...)编码了生成器的输出与它应该处理的下一个值之间的关系。例如，如果我们想基于输出结果来发出数据库查询，并使用查询结果来提供下一个值，就需要设计get_wrap_feedback_pair(...)的一个新的变体，使其编码输入和输出之间的新关系。

这种方法让我们更加接近于在调用函数中动态控制迭代器中的数据流，但仍然会受到一定的限制。如果我们只想要一种关系，这种方法能够很好地工作，但因为代码是自包含的，所以调用函数（在本例中是test()）无法影响其行为。它依赖封装器函数来实现合适的逻辑。

12.1.2 增强的生成器

另一种方法是使用“增强的生成器”[1]语法来改变生成器的行为。这允许在运行中的生成器每次生成（yield）一项时，向该生成器发送数据。这种方法仍然有很大的局限性，因为发送的数据不能多过生成（yield）的数据，但确实允许用一种表达力更强的方式来自定义行为。

到目前为止，我们把yield当作return语句的替代语句，但yield表达式会解析为一个能够存储到变量的值，例如received = yield to_send。在正常操作中，received值始终为None，但通过使用send(...)方法来推进生成器，能够改变这个值。这种模式允许生成器函数在每次被推进时，遍历其调用函数显式提供的数据。

> **增强的异步生成器**
>
> 相同的执行模型也适用于使用原生协程实现的迭代器，只是要在异步生成器对象上使用asend(...)协程。它的行为与send(...)方法相同，只不过必须要等待。之所以需要它，是因为异步迭代器在生成（yield）新对象时可能阻塞，而

[1] 这个名称来自添加了这种语法的Python增强提案（Python Enhancement Proposal），即PEP342。从技术上讲，这种软件工程模式是一个协程，PEP342的标题也说明了这一点。这是2005年对Python所做的增强，远早于Python中引入使用async def的真正的协程。我把它们称为增强的生成器，或者会提到发送数据给生成器，这是为了避免在它们和异步函数之间造成混淆。

asend(...) 和 send(...) 调用都是请求新对象的特殊情况。

除非底层生成器位于 yield 语句中，否则 asend(...) 结果不会被等待。这个调用中不涉及同步，所以不能安全地并行调度多个调用。你必须等待 asend(...) 调用的结果，然后才能对相同的生成器发出另一个调用。因此，很少把它调度为一个任务。

对于推进生成器的 next(...) 方法，没有异步版本。虽然你可以手动使用 await gen.__anext__()，但建议使用 await gen.asend(None) 在循环外推进异步迭代器。

代码清单 12-5 给出了整数求和函数的一个示例，它从 yield 语句的返回值获取数据，而不是从输入可迭代对象获取数据。

代码清单 12-5 向正在运行的生成器发送数据

```
import typing as t

def sum_ints() -> t.Generator[int, int, None]:
    """Yields a running total from the underlying iterator"""
    total = 0
    num = yield total
    while True:
        total += num
        num = yield total

def test():
    # Sum the iterable (1, ...) where ... is the results
    # of that iterable, stored with the wrap method
    sums = sum_ints()
    next(sums)  # We can only send to yield lines, so advance to the first
    last = 1
    result = []
    for n in range(3):
        last = sums.send(last)
        result.append(last)
    assert result == [1, 2, 4]

test()
```

注意 生成器的类型定义从 t.Iterable[int] 改为了 t.Generator[int, int, None]。前者相当于 t.Generator[int, None, None]，意思是它生成整数（yield int）值，但它期望收到 None，并返回 None 作为最终值。

这种情况下的控制流要简单得多，如图 12-4 所示。数据并不是只在一个方向上流动，或者通过中间函数循环流动，相反，两个函数之间能够自由传递数据。

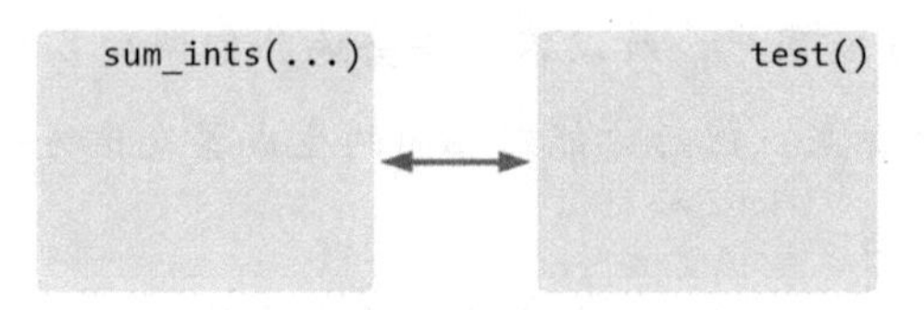

图 12-4　使用增强生成器方法的控制流

增强的生成器函数会编码循环体，就像标准生成器那样，但它们的行为更加接近 while 循环的行为，而不是 for 循环的行为。它们不是遍历某些输入数据，而是根据条件进行循环，在循环过程中收到中间值。

对于有状态函数需要接受外部源的指令（如操纵图片）的情况，这种方法的效果很好。用于图片编辑的增强生成器可以接受一张初始图片作为输入，然后接受“调整大小”“旋转”“裁剪”等命令。这些命令可以被硬编码，也可以来自用户输入，或者来自对它输出的上一个版本的分析结果。

1. 使用类

增强的生成器可以使用它们从 yield 语句收到的值作为下一条要处理的数据，或者作为一条指令来修改它们要执行的操作。这两种方法也可以混合使用。

使用多种指令多次调用并且在不同调用之间共享状态的代码常常被实现为类。在这种情况下，实例负责存储状态，类的用户调用不同的方法来表示需要执行的代码路径。

使用这种方法的代码看起来比增强的生成器语法更加自然。例如，代码清单 12-6 用类来表达相同的平均值计算行为。

代码清单 12-6　使用基于类的方法来编写长时间运行的异步代码集合

```
class MeanFinder:
    def __init__(self):
        self.running_total = 0
        self.num_items = 0
    def add_item(self, num: float):
        self.running_total += num
        self.num_items += 1

    @property
    def mean(self):
        return self.running_total / self.num_items

def test():
    # Recursive mean from initial data
```

```
mean = MeanFinder()
to_add = 1
for n in range(3):
    mean.add_item(to_add)
    to_add = mean.mean
assert mean.mean == 1.0

# Mean of a concrete data list
mean = MeanFinder()
for to_add in [1, 2, 3]:
    mean.add_item(to_add)
assert mean.mean == 2.0
```

这种方法特别适合想要在多个类似函数间共享代码的情况，因为类可被继承，并且每个实现可以覆盖类的各个方法。但是，开发人员期望类的状态性不如增强的生成器那样强。调用对象的方法时，提前知道需要多少个实参以及它们的类型是什么，是很正常的。增强的生成器允许开发人员在编写程序时，让接收数据的函数决定从调用函数中请求什么数据。如果生成器代表一种整理多条数据并保留中间结果的算法，就很适合使用这种方法[⊖]。

2. 使用增强的生成器来封装可迭代对象

因为增强的生成器改变了控制流，期望从生成（yield）的结果收到新项，所以不能使用增强的生成器代替标准的生成器。这种方法可用来创建一些函数，让这些函数与其调用函数协同处理数据，但不再适合用作另一个可迭代对象的简单封装器。

为了避开这个问题，我们可以编写一个封装函数，让它把增强生成器函数的签名转换为标准生成器函数的签名。然后，当需要以交互的方式控制行为时，就可以使用增强的生成器，而当使用输入可迭代对象时，就使用封装的迭代器，如代码清单 12-7 所示。

代码清单 12-7 可用作标准生成器的一个增强生成器

```
import typing as t

input_type = t.TypeVar("input_type")
output_type = t.TypeVar("output_type")

def wrap_enhanced_generator(
    input_generator: t.Callable[[], t.Generator[output_type, input_type,
    None]]
) -> t.Callable[[t.Iterable[input_type]], t.Iterator[output_type]]:
    underlying = input_generator()
    next(underlying)  # Advance the underlying generator to the first yield

    def inner(data: t.Iterable[input_type]) -> t.Iterator[output_type]:
```

⊖ 例如，如果程序将图片排列成拼贴画，那么可以把这个程序实现为一个类，该类的方法能够提供图片并返回排列后的结果；或者，也可以把它实现为一个增强的生成器，每当添加一张图片就返回一个新结果。

```
        for item in data:
            yield underlying.send(item)

    return inner

def sum_ints() -> t.Generator[int, int, None]:
    """Yields a running total from the underlying iterator"""
    total = 0
    num = yield total
    while True:
        total += num
        num = yield total
def numbers() -> t.Iterator[int]:
    yield 1
    yield 1
    yield 1

def test() -> None:
    # Start with 1, feed output back in, limit to 3 items
    recursive_sum = sum_ints()
    next(recursive_sum)
    result = []
    last = 1
    for i in range(3):
        last = recursive_sum.send(last)
        result.append(last)
    assert result == [1, 2, 4]

    # Add 3 items from a standard iterable
    simple_sum = wrap_enhanced_generator(sum_ints)
    result_iter = simple_sum(numbers())
    assert [a for a in result_iter] == [1, 2, 3]
```

这种方法允许我们通过定义增强生成器函数来定义处理过程中的单个步骤的逻辑，然后把这个逻辑用作迭代器的封装器，或者使用这个逻辑来处理自己的输出。图 12-5 展示了遍历输入可迭代对象时的数据流。

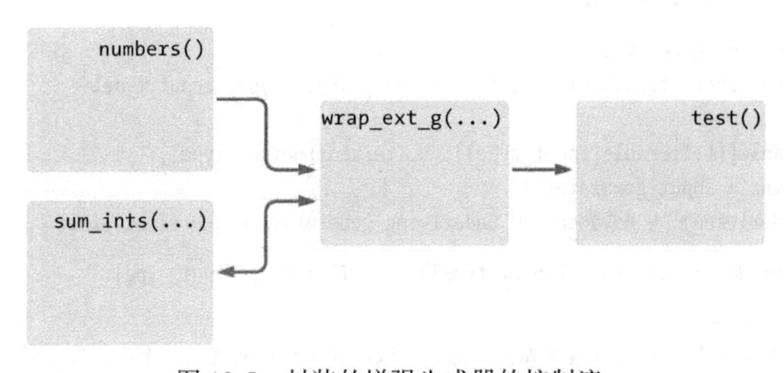

图 12-5 封装的增强生成器的控制流

3. 重构具有多余返回值的函数

增强的生成器可以改写为一系列函数，只要每个调用中传递了所有必要的中间值即可。需要实参的函数实际上是在共享状态，只不过用了一种更加明确的方式进行共享。

复杂的程序结构不是很适合这种习语，所以不建议重写增强生成器来使用协程。如果循环中有一组函数，其中一个函数的返回值在没有被使用的情况下立即传递给另一个函数，那么这可能是一个不错的候选重构对象。

代码清单 12-8 演示了一对函数，它们计算一系列数字的平均值。mean_ints_split_initial() 函数提供一些初始值，调用函数把这些值和一个要计算的新数字传递给 mean_ints_split(...)。mean_ints_split(...) 函数接受 3 个实参，返回两个值，但调用函数只关心一个实参和一个值。

代码清单 12-8　对一些使用裸函数表达的数字求平均值的代码

```
import typing as t

def mean_ints_split_initial() -> t.Tuple[float, int]:
    return 0.0, 0

def mean_ints_split(
    to_add: float, current_mean: float, num_items: int
) -> t.Tuple[float, int]:
    running_total = current_mean * num_items
    running_total += to_add
    num_items += 1
    current_mean = running_total / num_items
    return current_mean, num_items

def test():
    # Recursive mean from initial data
    to_add, current_mean, num_items = mean_ints_split_initial()
    for n in range(3):
        current_mean, num_items = mean_ints_split(to_add, current_mean,
        num_items)
     to_add = current_mean
 assert current_mean == 1.0
 assert num_items == 3

 # Mean of concrete data list
 current_mean = num_items = 0
 for to_add in [1, 2, 3]:
     current_mean, num_items = mean_ints_split(to_add, current_mean,
     num_items)
 assert current_mean == 2.0
 assert num_items == 3
```

在这里，被传递的 num_items 值只对 mean_ints_split(...) 的实现重要，对于调用函数则没有作用。如果开发人员能够实例化一种新的平均值计算方式，然后传入数字并访问修订后的平均值，而不需要每次额外传递上下文数据，那么 API 就变得更加直观。这是增强生成器的另一种有用的用法，相应的代码如代码清单 12-9 所示。

代码清单 12-9 使用增强生成器简化平均值的计算

```
import typing as t

def mean_ints() -> t.Generator[t.Optional[float], float, None]:
    running_total = 0.0
    num_items = 0
    to_add = yield None
    while True:
        running_total += to_add
        num_items += 1
        to_add = yield running_total / num_items

def test():
    # Recursive mean from initial data
    mean = mean_ints()
    next(mean)
    to_add = 1
for n in range(3):
    current_mean = mean.send(to_add)
    to_add = current_mean
assert current_mean == 1.0

# Mean of a concrete data list
# wrap_enhanced_generator would also work here
mean = mean_ints()
next(mean)
for to_add in [1, 2, 3]:
    current_mean = mean.send(to_add)
assert current_mean == 2.0
```

如果你发现一个协程被多次调用，并且每次调用时会传递前一次调用的结果，那么它很适合被重构为增强生成器。

12.1.3 队列

我们目前介绍的所有方法都假定不需要从多个源把数据推送给迭代器。如前所述，如果另一个线程或任务试图在生成器就绪之前发送数据，生成器会引发异常，需要使用复杂的锁机制才能防止这种情况发生。同样，除非我们也提取数据，否则无法向生成器发送数据。如果多个函数试图发送数据，则它们都必须提取数据，所以需要进行协调，确保各函数获得自己需要使用的数据。

更好的方法是使用 Queue 对象。在 7.2.1 节中，我们把它用作向线程传递工作的一种解决方案，但 asyncio 模块提供的 Queue 实现能够以类似的方式用于异步 Python。具体来说，在标准队列中可能阻塞线程的任何方法都可在 asyncio 队列中被等待。代码清单 12-10 演示了使用队列的 sum_ints(...) 函数的实现。

代码清单 12-10　使用队列把工作发送给协程

```
import asyncio
import itertools
import typing as t

async def sum_ints(data: asyncio.Queue) -> t.AsyncIterator[int]:
    """Yields a running total a queue, until a None is found"""
    total = 0
    while True:
        num = await data.get()
        if num is None:
            data.task_done()
            break
        total += num
        data.task_done()
        yield total

def numbers() -> t.Iterator[int]:
    yield 1
    yield 1
    yield 1

async def test():
    # Start with 1, feed output back in, limit to 3 items
    data = asyncio.Queue()
    sums = sum_ints(data)

    # Send the initial value
    await data.put(1)
    result = []
    async for last in sums:
        if len(result) == 3:
            # Stop the summer at 3 items
            await data.put(None)
        else:
            # Send the last value retrieved back
            await data.put(last)
            result.append(last)
    assert result == [1, 2, 4]

    # Add 3 items from a standard iterable
    data = asyncio.Queue()
    sums = sum_ints(data)
```

```
    for number in numbers():
        await data.put(number)
    await data.put(None)
    result = [value async for value in sums]
    assert result == [1, 2, 3]
```

这种队列方法类似使用一对封装函数的方法，对比图 12-3 和图 12-6，就能看到这一点。主要区别在于，添加到队列的值完全由外层的 `test()` 函数决定。

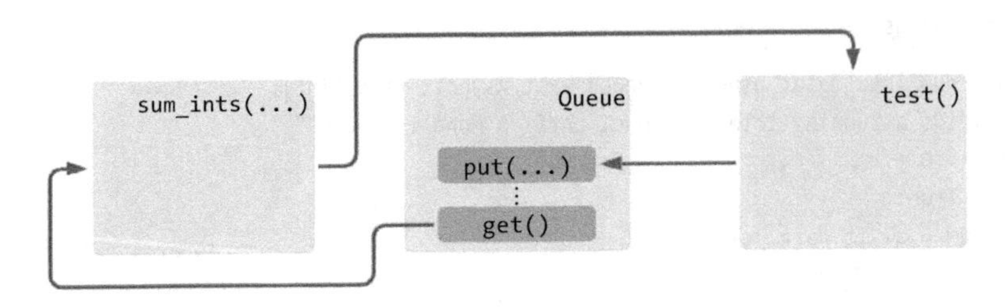

图 12-6 使用 Queue 时的执行流

队列纯粹是数据的管道；它没有特定于应用程序的逻辑来决定从什么地方获取数据。与基于线程的队列使用方式一样，建议使用一个哨兵值[⊖]来告诉协程什么时候结束，这让清理迭代器的工作变得更加简单。

12.1.4 选择控制流

我很少使用增强生成器的方法，因为通常可以使用更加常用的 Python 控制结构（如类和队列）来解决问题。我认为这些控制结构使用起来更加清楚易懂，但也很有必要了解增强生成器，以免在遇到特别适合使用它们的问题时不知道怎么办。

图 12-7 中的决策树演示了我如何决定使用什么结构。与本书中的其他决策树不同，这里做出的许多决定最终取决于代码的美观和可读性。这张图可帮助你找到最自然的选择，但你很可能认为另一种结构能够提高可维护性，从而做出不同的决定。

[⊖] 我们一直在使用 None 作为哨兵值，但如果 None 是协程可能期望从队列收到的有效值，就需要选择另一个值作为哨兵值。一种常见的做法是创建模块级别的对象实例，例如 `END_OF_QUEUE_SENTINEL = object()`。然后，可以使用下面的代码进行比较：

```
if value is END_OF_QUEUE_SENTINEL:
break
```

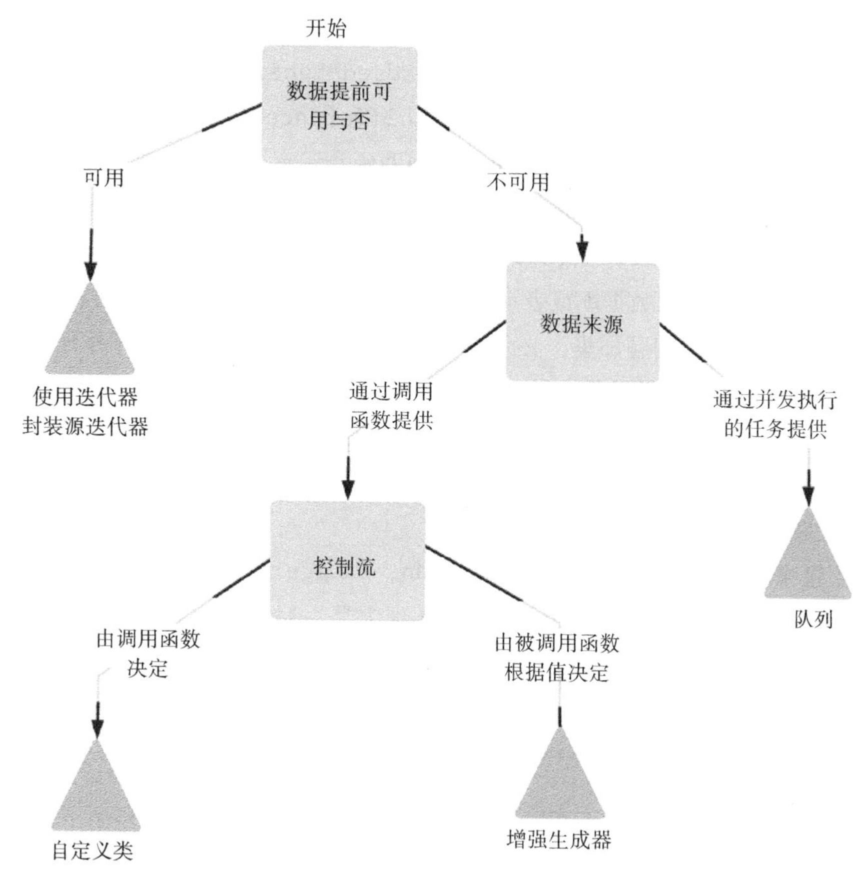

图 12-7 不同控制流的决策树

12.2 动作的结构

我们需要为触发器和动作选择一种传递数据的方法。动作没有提前可用的数据，而是由调用函数来传递数据。我们将把它们实现为类，该类有一个方法来处理特定的数据点。

触发器则更难设计。它们很可能需要在两次数据点检查期间存储状态。我们期望从数据库加载数据，所以可以创建异步迭代器，让它来发出数据库查询并生成（`yield`）结果，并且每当到达迭代器末尾时就发出更多数据库查询，直到有更多数据可用。在这种情况下，数据是提前可用的，因为有一个我们信任的迭代器对象包含了所有必要的数据。因此，我们选择将触发器实现为封装迭代器的迭代器。

但是，还有另一种可能有用的数据源：动作。例如，我们可能需要有一个触发器对象来比较"生成的能量"和"使用的能量"`DataPoint`，以获取"购买的能量"值。我们不想把这个值添加到数据库中，因为它只是其他两个数据点的差值，而不是测量值。但是，当这个值过高，或者高得不正常的时候，我们可能会想发出警报。

我们想编写 PowerUsedTooHigh 和 PowerUsedHigherThanUsual 触发器，但它们非常具体，并且共享许多相同的代码。编写一个 DifferenceBetweenSensors 触发器，以及 ValueTooHigh 和 ValueHigherThanUsual 辅助函数，会更好。这将允许用户使用任何一对传感器来构造逻辑，但我们还需要一种方式来把 DifferenceBetweenSensors 的输出发送给 ValueTooHigh 和 ValueHigherThanUsual。

如果数据点可能来自数据库或者动作的行为，那么我们不能认为数据源是提前可用的，所以在决策树的第一个问题那里，必须选择右侧路径。数据的来源是将整理后的数据传递给触发器的函数，这意味着我们应该选择左侧路径。因此，我们将把触发器实现为类。

最后，我们想允许用户把触发器和动作组合为管道。与触发器一样，这些对象没有提前可用的数据，但是与触发器不同的是，它们从多个地方接收数据。这种功能负责获取数据库的数据和动作的数据，所以将基于队列。

概括起来，我们的分析代码有 Action、Trigger 和 DataProcessor。Action 和 Trigger 都从一个位置接收数据，所以都被实现为类。DataProcessor 能够从多个来源接收数据，并且负责把数据传递给触发器和动作，所以使用队列来接收数据。

12.2.1 分析协程

为了允许用户动态组合动作和触发器，我们提供一个 DataProcessor 类，它代表一个已配置的管道（见代码清单 12-11）。该类负责为这个进程设置所有数据的输入队列，并提供一个更加简单的 API 来启动各个必要的任务。

代码清单 12-11 代表已配置的触发器和动作对的类

```
@dataclasses.dataclass
class DataProcessor:
    name: str
    action: Action
    trigger: Trigger[t.Any]

    def __post_init__(self):
        self._input: t.Optional[asyncio.Queue[DataPoint]] = None
        self._sub_tasks: t.Set = set()

    async def start(self) -> None:
        self._input = asyncio.Queue()
        self._task = asyncio.create_task(self.process(),
        name=f"{self.name}_process")
        await asyncio.gather(self.action.start(), self.trigger.start())

    @property
    def input(self) -> asyncio.Queue[DataPoint]:
```

```
        if self._input is None:
            raise RuntimeError(f"{self}.start() was not awaited")
        if self._task.done():
            raise RuntimeError("Processing has stopped") from (
            self._task.exception())
        return self._input
    async def idle(self) -> None:
        await self.input.join()

    async def end(self) -> None:
        self._task.cancel()

    async def push(self, obj: DataPoint) -> None:
        return await self.input.put(obj)

    async def process(self) -> None:
        while True:
            data = await self.input.get()
            try:
                processed = await self.trigger.handle(data)
            except ValueError:
                continue
            else:
                action_taken = await self.action.handle(processed)
            finally:
                self.input.task_done()
```

idle() 方法委托给队列的 join() 方法，后者会阻塞，直到调用 task_done() 的次数与 get() 被等待的次数相同。因此，await processor.idle() 会一直阻塞，直到没有项等待被处理。这种方法特别适合编写测试代码，因为它让我们在开始断言是否采取了期望的动作之前，确保处理器完成了处理。

在原始数据源和触发器及动作之间添加队列，可以确保总是按顺序处理数据，并且失败情况不会阻止其他任务摄入数据。向一组触发器输入数据时，速度受其中最慢的触发器的处理速度所限，除非允许它们积压要处理的数据。

允许积压数据的问题在于，我们可能发现自己因任务较慢而使用越来越多的内存来存储任务。对于这种情况，idle() 方法可能很有用，它允许我们定期阻塞摄入数据的协程，让数据只能被暂时性积压，只有在处理完这些积压的数据后才能摄入更多数据。另外，我们可以为输入队列定义一个最大长度，每当传感器积压的数据太长时，就暂时停止摄入。

有了数据处理器后，我们还可以为触发器和动作组件定义基类，以匹配数据处理器的行为，如代码清单 12-12 所示。

代码清单 12-12 触发器和动作组件的基类

```
import typing as t

from ..typing import T_value
from ..database import DataPoint
from ..exceptions import NoDataForTrigger

class Trigger(t.Generic[T_value]):
    name: str

    async def start(self) -> None:
        """ Coroutine to do any initial setup """
        return

    async def match(self, datapoint: DataPoint) -> bool:
        """ Return True if the datapoint is of interest to this
        trigger.
        This is an optional method, called by the default implementation
        of handle(...)."""
        raise NotImplementedError

    async def extract(self, datapoint: DataPoint) -> T_value:
        """ Return the value that this datapoint implies for this trigger,
        or raise NoDataForTrigger if no value is appropriate.
        Can also raise IncompatibleTriggerError if the value is not
        readable.

        This is an optional method, called by the default implementation
        of handle(...).
        """
        raise NotImplementedError

    async def handle(self, datapoint: DataPoint) -> t.Optional[DataPoint]:
        """Given a data point, optionally return a datapoint that
        represents the value of this trigger. Will delegate to the
        match(...) and extract(...) functions."""
        if not await self.match(datapoint):
            # This data point isn't relevant
            return None

        try:
            value = await self.extract (datapoint)
        except NoDataForTrigger:
            # There was no value for this point
            return None

        return DataPoint(
            sensor_name=self.name,
            data=value,
            deployment_id=datapoint.deployment_id,
            collected_at=datapoint.collected_at,
        )
```

```
class Action:
    async def start(self) -> None:
        return

    async def handle(self, datapoint: DataPoint):
        raise NotImplementedError
```

这两个对象有一个 start() 协程来支持初始启动动作，还有一个 handle(...) 方法，它接受并处理 DataPoint 对象。对于 Trigger，handle(...) 方法检查传入的数据点是否与该触发器相关，如果是，就返回一个新的数据点，其数据是由 extract(...) 方法指定的。对于 Action，handle(...) 协程返回一个布尔值，代表是否采取了该动作。它还有特定于处理程序的副作用，例如数据库访问。

可以先创建一个触发器，将 DataPoint 的值与阈值进行比较，如代码清单 12-13 所示。这可以用于找出过高的温度等。因为 ValueThresholdTrigger 类是一个相当复杂的类，接受许多实参，所以可以利用数据类功能来确保它有合适的标准方法，如 __init__(...)。

代码清单 12-13　检查某个值是否与预定值有特定关系的触发器

```
import dataclasses
import typing as t
import uuid

from ..database import DataPoint
from ..exceptions import IncompatibleTriggerError
from .base import Trigger

@dataclasses.dataclass(frozen=True)
class ValueThresholdTrigger(Trigger[bool]):
    name: str
    threshold: float
    comparator: t.Callable[[float, float], bool]
    sensor_name: str
    deployment_id: t.Optional[uuid.UUID] = dataclasses.field(default=None)

    async def match(self, datapoint: DataPoint) -> bool:
        if datapoint.sensor_name != self.sensor_name:
            return False
        elif (self.deployment_id and
        datapoint.deployment_id != self.deployment_id):
            return False
        return True

    async def extract(self, datapoint: DataPoint) -> bool:
        if datapoint.data is None:
            raise IncompatibleTriggerError("Datapoint does not contain data")
        elif isinstance(datapoint.data, float):
            value = datapoint.data
```

```
        elif (isinstance(datapoint.data, dict) and
        "magnitude" in datapoint.data):
            value = datapoint.data["magnitude"]
        else:
            raise IncompatibleTriggerError("Unrecognised data format")
        return self.comparator(value, self.threshold)  # type: ignore
```

有两个实参控制着与阈值的比较：comparator= 和 threshold=。threshold 是一个浮点数，comparator= 是一个函数，它接受两个浮点数作为参数，返回一个布尔值。

lambda x, y: x > y 就是一个有效比较器，但 operator 模块中也内置了标准比较[⊖]。使用 comparator=operator.gt 可能更加清晰，所以我更喜欢使用这种方式。你应该使用自己认为最自然的风格。

我们还需要至少一个基本的 Action 实现。调用 webhook，通知外部服务温度过高的 Action 是最简单但很有用的一个 Action。代码清单 12-14 给出了这个 Action 的实现。

代码清单 12-14 使用 IFTTT 服务期望的格式调用 webhook 的动作

```
@dataclasses.dataclass
class WebhookAction(Action):
    """An action that runs a webhook"""
    uri: str

    async def start(self) -> None:
        return

    async def handle(self, datapoint: DataPoint) -> bool:
        async with aiohttp.ClientSession() as http:
            async with http.post(
                self.uri,
                json={
                    "value1": datapoint.sensor_name,
                    "value2": str(datapoint.data),
                    "value3": datapoint.deployment_id.hex,
                },
            ) as request:
                logger.info(
                    f"Made webhook request for {datapoint} with status "
                    f"{request.status}"
                )
                return request.status == 200
```

⊖ lambda 函数是只包含一个返回表达式的无名称函数。它们对于编写简单函数，特别是小闭包，很有帮助，但容易被滥用。operator.gt 的一个好处是，堆栈跟踪会显示 <built-in function gt>，而不是 <function <lambda> at 0x00DD0858>。

另外一个有用的动作是记录收到的任何记录点的动作。虽然这在生产中没有什么帮助，但对于调试管道则具有巨大价值。这个动作让我们能够在终端看到工具在做什么，实现它的代码如代码清单 12-15 所示。

代码清单 12-15　记录到标准错误流的动作处理程序

```
class LoggingAction(Action):
    """An action that stores any generated data points back to the DB"""

    async def start(self) -> None:
        return

    async def handle(self, datapoint: DataPoint) -> bool:
        logger.warn(datapoint)
        return True
```

本章配套代码中包含一些额外的触发器和动作，当你读到本书时，`apd.aggregation` 的发布版中还可能包含更多的触发器和动作。

12.2.2　摄入数据

我们想同时运行许多组触发器和动作，所以将使用一个长时间运行的协程，作为多个子任务的控制器。这个协程负责设置触发器和动作，以及将数据交给每个子任务。

长时间运行的协程的行为与长时间运行的线程不同，特别是在如何终止方面。对于终止长时间运行的线程，我们需要创建一种方式来告诉线程，没有更多数据供其处理，所以它应该结束。这一点也适用于增强迭代器，对于基于队列的协程和函数，我们也使用了相同的模式，但发送哨兵值是结束正在进行处理的任务的唯一方式。

被调度为任务的协程让这一点变得更加容易，因为它们有一个 `cancel()` 方法。`cancel()` 方法允许开发人员停止任务，并不需要添加一个方法来要求它停止自己。在系统设计中，如果协程的运行时间很长，那么这种行为尤其有用，因为它允许我们干净地关闭不再需要的程序部分。协程启动的任何任务也会被取消，除非在创建这些任务时把它们封装到了 `asyncio.shield(...)` 中。通过使用 `try/finally` 块，也可以编写一个协程，让它在收到取消请求时干净地关闭。取消请求是通过在协程的代码中引发 `CancelledError` 异常实现的，你可以捕获这个异常，在结束前执行一些最终清理代码。

现在，针对初始行为的集合有了处理程序，但我们还需要一种方式来把数据推入这个进程。我们已经有函数可以从数据库加载数据，并异步迭代数据。但是还可以加以补充，将其放到一个在使用了第一次迭代后搜索任何额外数据的无限循环中，如代码清单 12-16 所示。

代码清单 12-16 在迭代过程中可能阻塞来等待新数据的 get_data(...) 版本

```
import asyncio

from apd.aggregation.query import db_session_var, get_data

async def get_data_ongoing(*args, **kwargs):
    last_id = 0
    db_session = db_session_var.get()
    while True:
        # Run a timer for 300 seconds concurrently with our work
        minimum_loop_timer = asyncio.create_task(asyncio.sleep(300))
        async for datapoint in get_data(*args, **kwargs):
            if datapoint.id > last_id:
                # This is the newest datapoint we have handled so far
                last_id = datapoint.id
            yield datapoint
            # Next time, find only data points later than the latest we've
            # seen
            kwargs["inserted_after_record_id"] = last_id
            # Commit the DB to store any work that was done in this loop and
            # ensure that any isolation level issues do not prevent loading more
            # data
            db_session.commit()
            # Wait for that timer to complete. If our loop took over 5 minutes
            # this will complete immediately, otherwise it will block
            await minimum_loop_timer
```

提示 这里使用 asyncio.sleep(...) 来确保两次循环迭代之间的最小时间。如果我们直接在循环末尾等待 asyncio.sleep(300)，则两次迭代之间将总是有至少 300 秒的间隔，但间隔时间也可能长很多。将这项工作委托给循环开始时的一个任务，然后等待任务完成，这意味着 300 秒的等待与循环体内执行的工作是并行发生的。通过对当前时间进行运算，计算出每个循环迭代需要的延迟，也可以实现相同的效果，但这里的这种方法更清晰。

这里的实现在每个数据库查询之间有一个静态的延迟。这并不是最高效的方法，因为它在数据检查之间引入了固定的时间间隔，可能要等待多达 5 分钟才会有新数据可用。我们可以降低迭代之间的时间间隔，但这相应地意味着数据库服务器要处理更多负载。这种方法称为短轮询，因为它定期发出一个短请求来检查更多数据。长轮询更加高效，因为它发出的请求在有数据可用时才会完成，但它需要后台和接口库支持。短轮询是兼容性最好的方法，所以在没有证据表明这种方法存在太大不足时，可以把它作为一个不错的默认选择。

Postgres pubsub

如果我们使用了提供 pubsub[1]的数据库，就可以完全避免轮询，改为监听数据聚合进程发送的通知主题。

PostgreSQL 的 pubsub 功能是通过 LISTEN 和 NOTIFY 命令启用的。SQLAlchemy 并没有紧密集成这种功能，但其底层的连接库支持它，所以如果 pubsub 能够提供帮助，我们就可以加以利用。

我们首先修改 CLI，如果连接的数据库是 PostgreSQL，就在添加新数据后发送一个通知：

```
if "postgresql" in db_uri:
    # On Postgres sent a pubsub notification, in case other processes are
    # waiting for this data
    Session.execute("NOTIFY apd_aggregation;")
```

接下来，我们创建 `get_data_ongoing(...)` 的另一个实现，使其查找通知。这个函数必须调用 `Session.execute("LISTEN apd_aggregation;")`，以确保连接能够收到相关主题的通知。

我们不是在使用一个完全异步的 PostgreSQL 库，所以不能简单地等待（await）通知。因此，我们必须创建一个可被等待的垫片函数，使其从数据库连接读取通知。

```
async def wait_for_notify(loop, raw_connection):
    waiting = True
    while waiting:
        # The database connection isn't asynchronous, poll in a new thread
        # to make sure we've received any notifications
        await loop.run_in_executor(None, raw_connection.poll)
        while raw_connection.notifies:
            # End the loop after clearing out all pending
            # notifications
            waiting = False
            raw_connection.notifies.pop()
        if waiting:
            # If we had no notifications wait 15 seconds then
            # re-check
            await asyncio.sleep(15)
```

[1] 指的是 publish/subscribe（发布 / 订阅）。这种功能允许向连接请求发送关于特定“主题”的消息，并允许其他连接发送消息。

> 这仍然需要积极检查数据库的状态，但 poll() 函数不会发出数据库查询，所以是一个更加轻量级的解决方案。数据库负载减少，所以能够更加高效地缩短两次检查之间的时间，从几分钟缩短到几秒钟。

12.2.3 运行分析进程

要完成这个功能，最后要编写的组件是用来运行处理的一个新的命令行实用工具。这个实用工具负责设置数据库连接，加载用户的配置，并将他们定义的处理程序连接到数据库的信息源，然后启动长时间运行的协程。

代码清单 12-17 给出了一个新的 click 命令，它接受基于 Python 的配置文件的路径和数据库连接字符串，并执行该文件中的所有数据处理器。

代码清单 12-17 运行管理管道的命令行工具

```
import asyncio
import importlib.util
import logging
import typing as t

import click

from .actions.runner import DataProcessor
from .actions.source import get_data_ongoing
from .query import with_database

logger = logging.getLogger(__name__)

def load_handler_config(path: str) -> t.List[DataProcessor]:
    # Create a module called user_config backed by the file specified, and
    # load it
    # This uses Python's import internals to fake a module in a known
    # location
    # Based on an StackOverflow answer by Sebastian Rittau and sample code
    # from Brett Cannon
    module_spec = importlib.util.spec_from_file_location("user_config", path)
    module = importlib.util.module_from_spec(module_spec)
    module_spec.loader.exec_module(module)
    return module.handlers

@click.command()
@click.argument("config", nargs=1)
@click.option(
    "--db",
    metavar="<CONNECTION_STRING>",
    default="postgresql+psycopg2://localhost/apd",
    help="The connection string to a PostgreSQL database",
```

```
    envvar="APD_DB_URI",
)
@click.option("-v", "--verbose", is_flag=True, help="Enables verbose mode")
def run_actions(config: str, db: str, verbose: bool) -> t.Optional[int]:
    """This runs the long-running action processors defined in a config file.

    The configuration file specified should be a Python file that defines a
    list of DataProcessor objects called processors.n
    """
    logging.basicConfig(level=logging.DEBUG if verbose else logging.WARN)

    async def main_loop():
        with with_database(db):
            logger.info("Loading configuration")
            handlers = load_handler_config(config)

            logger.info(f"Configured {len(handlers)} handlers")
            starters = [handler.start() for handler in handlers]
            await asyncio.gather(*starters)

            logger.info(f"Ingesting data")
            data = get_data_ongoing()
            async for datapoint in data:
                for handler in handlers:
                    await handler.push(datapoint)

    asyncio.run(main_loop())
    return True
```

这里使用的配置文件是一个 Python 文件，由 `load_handler_config(...)` 函数显式加载。这个工具的配置涉及不同 Python 类、lambda 函数和其他可调用函数的组合，所以不适合不懂技术的最终用户直接编辑。我们本可以创建提供这些选项的配置文件格式，但是至少在现在，基于 Python 的配置就够用了。代码清单 12-18 给出了这种配置文件的一个例子。

代码清单 12-18　使用配套代码中的各种动作和处理程序的一个配置文件

```
import operator

from apd.aggregation.actions.action import (
    OnlyOnChangeActionWrapper,
    LoggingAction,
)
from apd.aggregation.actions.runner import DataProcessor
from apd.aggregation.actions.trigger import ValueThresholdTrigger

handlers = [
    DataProcessor(
        name="TemperatureBelow18",
        action=OnlyOnChangeActionWrapper(LoggingAction()),
        trigger=ValueThresholdTrigger(
```

```
            name="TemperatureBelow18",
            threshold=18,
            comparator=operator.lt,
            sensor_name="Temperature",
        ),
    )
]
```

12.3 进程状态

长时间运行的进程很难监控。为了向用户显示这种进程的状态，最常见的方法是显示一个进度条，但只有当我们提前知道要处理的数据量时，这种方法才能工作。我们的系统被专门设计为无限期运行，在此过程中等待新数据。即使没有数据在等待被处理，也并不意味着进程百分百完成，因为我们能够合理地预期很快会收到更多数据。

一种更加合适的方法是收集所做工作的统计数据，然后把它们显示给用户。我们可以跟踪每个数据处理器读取的数据点的总量，它的动作成功处理的总量，以及所用时间的滚动平均值。这三项允许我们生成有用的统计数据（见代码清单 12-19），让最终用户能够很好地理解每个处理程序的效率。

代码清单 12-19　生成统计数据的数据处理器

```
@dataclasses.dataclass
class DataProcessor:
    name: str
    action: Action
    trigger: Trigger[t.Any]

    def __post_init__(self):
        self._input: t.Optional[asyncio.Queue[DataPoint]] = None
        self._sub_tasks: t.Set = set()
        self.last_times = collections.deque(maxlen=10)
        self.total_in = 0
        self.total_out = 0

    async def process(self) -> None:
        while True:
            data = await self.input.get()
            start = time.time()
            self.total_in += 1
        try:
            processed = await self.trigger.handle(data)
        except ValueError:
            continue
```

```
            else:
                action_taken = await self.action.handle(processed)
                if action_taken:
                    elapsed = time.time() - start
                    self.total_out += 1
                    self.last_times.append(elapsed)
        finally:
            self.input.task_done()

    def stats(self) -> str:
        if self.last_times:
            avr_time = sum(self.last_times) / len(self.last_times)
        elif self.total_in:
            avr_time = 0
        else:
            return "Not yet started"
        return (
            f"{avr_time:0.3f} seconds per item. {self.total_in} in, "
            f"{self.total_out} out, {self.input.qsize()} waiting."
        )
```

在类 UNIX 系统中，决定什么时候显示统计数据的标准方式是注册一个返回相关信息的信号处理程序。进程通过信号了解各种操作系统事件，例如用户什么时候按下了 <CTRL+C>。并非所有平台都支持标准信号集合，所以不同操作系统上使用不同的信号是很正常的。

对于提供了请求统计数据的信号（叫作 SIGINFO）的操作系统，我们应该确保程序做出合适的反应。为此，我们使用一个函数来更新 CLI 工具，以迭代数据处理器，并把它们的统计数据输出给用户，如代码清单 12-20 所示。

代码清单 12-20　统计数据信号处理程序的示例

```
import signal
def stats_signal_handler(sig, frame, data_processors=None):
    for data_processor in data_processors:
        click.echo(
            click.style(data_processor.name, bold=True, fg="red") + " " +
            data_processor.stats()
        )
    return

signal_handler = functools.partial(stats_signal_handler,
data_processors=handlers)
signal.signal(signal.SIGINFO, signal_handler)
```

使用 signal.signal(...) 函数来向信号注册信号处理程序，该函数接受一个信号编号和一个处理程序。处理程序必须是一个函数，它接受两个实参：被处理的信号以及当收到信号时正在执行的帧。

> 注意 信号值是一个整数，但是如果你运行 print(signal.SIGINT)（举个例子），会看到 Signals.SIGINT。这是因为它是用 Enum 对象实现的。在第 4 章，我们使用 IntEnum 创建了返回代码结构，所以对于 Enum 对象相当熟悉。Enum 有一些变体，其中最有意思的是 Flag。它允许按位组合项，例如 Constants.ONE | Constants.TWO，从而进一步扩展了 Enum。

SIGINFO 信号只在基于 BSD UNIX 操作系统的操作系统上可用，例如 FreeBSD 和 macOS[㊀]。在查看程序输出的时候，按下 <CTRL+T> 会引发这个信号。这个处理程序在兼容的操作系统上拦截任何 <CTRL+T>，并触发统计数据的展示。Linux 系统上不存在 SIGINFO，所以常常使用 SIGUSR1，可以使用 kill 命令发送这个信号：

```
kill -SIGUSR1 pid
```

由于无法使用键组合来生成，所以这个信号的有用程度要低很多，但它是一个标准，所以我们也应该支持。Windows 没有提供用于请求状态更新的信号，所以我们使用 <CTRL+C> 处理程序[㊁]。<CTRL+C> 的新行为是在第一次被按下时打印统计数据，如果很快按下第二次，会导致程序结束。为了实现这种行为，我们将创建一个信号处理程序，让它取消设置自己，并调度一个任务，在很短的时间过后重新附加处理程序（见代码清单 12-21）。

代码清单 12-21 显示统计数据的信号处理程序

```
def stats_signal_handler(sig, frame, original_sigint_handler=None,
data_processors=None):
    for data_processor in data_processors:
        click.echo(
            click.style(data_processor.name, bold=True, fg="red") + " " +
            data_processor.stats()
        )
    if sig == signal.SIGINT:
        click.secho("Press Ctrl+C again to end the process", bold=True)
        handler = signal.getsignal(signal.SIGINT)
        signal.signal(signal.SIGINT, original_sigint_handler)
        asyncio.get_running_loop().call_later(5,
```

㊀ 还有其他一些受 BSD 启发的操作系统。

㊁ Jupyter 也使用了 <CTRL+c> 处理程序，用来显示正在运行的内核数的信息，并防止意外终止程序，所以这么做并不是没有先例的。

```
        install_ctrl_c_signal_handler, handler)
    return

def install_ctrl_c_signal_handler(signal_handler):
    click.secho("Press Ctrl+C to view statistics", bold=True)
    signal.signal(signal.SIGINT, signal_handler)

def install_signal_handlers(running_data_processors):
    original_sigint_handler = signal.getsignal(signal.SIGINT)
    signal_handler = functools.partial(
        stats_signal_handler,
        data_processors=running_data_processors,
        original_sigint_handler=original_sigint_handler,
    )

    for signal_name in "SIGINFO", "SIGUSR1", "SIGINT":
        try:
            signal.signal(signal.Signals[signal_name], signal_handler)
        except KeyError:
            pass
```

这里使用当前事件循环的 `loop.call_later(...)` 方法来恢复信号处理程序。这个方法会调度一个新任务，在等待给定时间后调用一个函数。被调用的函数不是一个被等待的协程，而是一个标准函数，所以不能用于处理可能导致阻塞的工作。

这个方法和 `loop.call_soon(...)` 的目的是允许异步代码调度回调，而不需要先把回调封装到协程中，再把协程调度为任务。

警告　使用 `signal.signal(...)` 注册的信号处理程序会在收到信号后立即执行，中断任何并发运行的 asyncio 进程。处理程序必须最小化与程序其余部分的交互，这一点很重要，否则可能导致未定义的行为。`loop.add_signal_handler(...)` 函数的签名与 `signal.signal(...)` 相同，但能够保证在安全的情况下调用信号处理程序一次。并不是所有事件循环实现都支持它，例如，它在 Microsoft Windows 上就无法工作。如果需要兼容 Windows，就必须确保信号处理程序不会妨碍异步任务。

回调

这种定义函数并把它们传递给其他函数的方法，我们在图配置对象中已经使用过。对于分析程序，我们使用 `Handler` 和 `Action` 对象，它们维护状态，并有多个可调用方法。另外，我们定义了 `clean(...)`、`get_data(...)` 和 `draw(...)` 函数，而没有针对这三个函数使用自定义类。

例如，我们本可以创建一个 Cleaner 对象，让它有一个 clean(...) 方法，而不是向它传递一个函数。如果只是需要一个可调用函数，那么使用函数并不比使用类有特别的优势。

传递函数有一个很常见的用例，就是用来实现回调。回调是一个函数，用于在中间函数中挂钩到一个事件。我们传递给图配置的 3 个函数对于绘图来说是核心功能，它们不是回调。

真正的回调函数对于正在运行的函数没有影响，只产生外部副作用。例如，plot_sensor(...) 方法检查特定部署的给定传感器没有数据点的情况，如果该传感器为空，就不把它添加到图例中。我们可能想挂钩到这个方法，当出现传感器没有数据点的情况时告知用户，因为当过滤视图时，显示不同数量的部署可能会让用户感到困惑。发生这种情况时调用的函数就是回调函数。

通过把 log_skipped 回调函数添加到该方法的签名中可以实现这种行为，向其传递一条将会显示给用户的消息。按照如下所示来添加该消息：

```
if log_skipped:
    log_skipped(f"No points for {name} in {config.title} chart")
```

然后，可以把不同的可调用函数传递给该函数的 log_skipped=，用来自定义通知用户的方式。例如，可以把消息打印到屏幕上，记录到日志消息中，或者追加到其他地方显示的列表中。

```
plot_sensor(config, plot, location_names, *args, log_skipped=print, **kwargs)
plot_sensor(config, plot, location_names, *args, log_skipped=logger.info,
**kwargs)

messages = []
plot_sensor(config, plot, location_names, *args,
log_skipped=messages.append, **kwargs)
```

这并不是说回调实现的是不重要的函数，而是说它们不会是触发回调的函数的核心功能。在延迟过后重置信号处理程序是应用程序的一个核心功能，但对于事件循环要做的工作来说不是核心功能，所以它仍然被视为回调。

回调是核心功能的另一个例子是 process(...) 方法。我们没有并行调度动作，这是为了确保动作按顺序发生，但是如果我们把动作调度为任务，那么在任务完成前，就会移动到下一个循环迭代。这会让我们无法记录完成每个动作需要的时间。

代码清单 12-22 显示了处理这个问题的一种方式，即向任务添加一个在完成时运行的回调。什么时候等待该任务并不重要，一旦该任务完成，很快就会运行回调。

代码清单 12-22　使用回调记录任务使用时间的示例

```
def action_complete(self, start, task):
    action_taken = task.result()
```

```
            if action_taken:
                elapsed = time.time() - start
                self.total_out += 1
                self.last_times.append(elapsed)
            self.input.task_done()

        async def process(self) -> None:
            while True:
                data = await self.input.get()
                start = time.time()
                self.total_in += 1
                try:
                    processed = await self.trigger.handle(data)
                except ValueError:
                    self.input.task_done()
                    continue
                else:
                    result = asyncio.create_task(self.action.handle(processed))
                    result.add_done_callback(functools.partial(
                    self.action_complete, start))
```

实现这些行为并非必须使用 `add_done_callback(...)`，也可以把 `handle(...)` 协程封装到另一个协程中，让后者收集相关的统计数据。具体使用哪种方法，由个人风格决定。使用 asyncio 回调能够实现的大部分功能，也可以通过封装协程以更加清晰的方式写出来。除了将阻塞代码与 asyncio 框架进行低级别的集成，任务回调很少被视为处理问题的最佳方法，但它在某些情况下可能有用。

我们不会应用这些修改，因为我们不想失去能够按日期顺序处理动作这个保证。否则，如果用户收到顺序错乱的通知，会感到十分困惑。

12.4　扩展可用的动作

我们现有的动作和触发器为进行演示打造了一个合理的基础，但还不足以满足真实的用户需求。虽然我们可以照这样发布软件，但如果在此基础上更进一步，构造出我们预期真实用户需要的功能，就更容易发现实现中的痛点。

练习 12-1：对两个传感器值求差的触发器

本章前面提到，比较相同传感器的两次部署会很有用。例如，如果在一间房子内，楼上的湿度比楼下的湿度高很多，则说明有人刚刚用过淋浴。仅仅通过为楼上的传感器设定阈值，很难检测到这种情况，并且可能会遇到错报数据。

你应该编写一个新的处理程序，使其比较相同传感器的两次部署，并返回这两个值之间的差值。本章的代码有一个分支提供了不错的起点，它包含一个更新后的 get_data(...) 方法，为这个任务恰当地排序数据。

有了计算两个传感器的差值的触发器后，就可以创建功能，让 Action 将触发器的输出传递给所有 DataProcessor 的集合来重新分析。通过这种方式，我们就把本章开始时介绍的两种数据处理方法合并了起来，并且不只处理从数据库查询到的数据的可迭代对象，有时候还能够处理进程的输出。我们可以使用另一个 Queue 对象来代表想要传递给处理程序的短暂的数据点。get_data_ongoing(...) 函数（见代码清单 12-23）也会从这个队列提取数据，而不只是从数据库查询数据。

代码清单 12-23　更新后的 get_data 版本，包含来自上下文变量的数据点

```
import asyncio
from contextvars import ContextVar

from apd.aggregation.query import db_session_var, get_data

refeed_queue_var = ContextVar("refeed_queue")

async def queue_as_iterator(queue):
    while not queue.empty():
        yield queue.get_nowait()

async def get_data_ongoing(*args, historical=False, **kwargs):
    last_id = 0
    if not historical:
        kwargs["inserted_after_record_id"] = last_id = (
        await get_newest_ record_id())
    db_session = db_session_var.get()
    refeed_queue = refeed_queue_var.get()

    while True:
        # Run a timer for 300 seconds concurrently with our work
        minimum_loop_timer = asyncio.create_task(asyncio.sleep(300))
        import datetime
        async for datapoint in get_data(*args,
        inserted_after_record_id=last_id, order=False, **kwargs):
            if datapoint.id > last_id:
                # This is the newest datapoint we have handled so far
                last_id = datapoint.id
            yield datapoint

        while not refeed_queue.empty():
            # Process any datapoints gathered through the refeed queue
            async for datapoint in queue_as_iterator(refeed_queue):
                yield datapoint
            # Commit the DB to store any work that was done in this loop and
            # ensure that any isolation level issues do not prevent loading more
```

```
    # data
    db_session.commit()
    # Wait for that timer to complete. If our loop took over 5 minutes
    # this will complete immediately, otherwise it will block
    await minimum_loop_timer
```

代码清单 12-23 中的代码假定上下文变量中有一个队列，只要该队列中有可用的项，就提取出来。这会处理数据库查询得到的全部 DataPoint，然后处理全部生成的点，最后发出下一个查询。代码清单 12-24 给出了把项添加到这个队列所需的动作。

代码清单 12-24 相关的 refeed 动作

```
from .source import refeed_queue_var

class RefeedAction(Action):
    """An action that puts data points into a special queue to be consumed
    by the analysis programme"""

    async def start(self) -> None:
        return

    async def handle(self, datapoint: DataPoint) -> bool:
        refeed_queue = refeed_queue_var.get()
        if refeed_queue is None:
            logger.error("Refeed queue has not been initialised")
            return False
        else:
            await refeed_queue.put(datapoint)
            return True
```

这两个代码路径中没有设置 refeed_queue_var 变量。这是因为，各个处理程序和 get_data_ongoing(...) 函数运行在不同的上下文中，所以它们不能全局设置上下文变量。迭代器运行在命令行工具的 main_loop() 的上下文中，但每个处理程序由于是作为并行运行的任务启动的，所以有自己的上下文。

我们需要在把处理程序作为新的任务分支出去之前，就设置上下文变量，这样它们就会维护对相同任务的引用。我们将把它添加到 main_loop() 函数中。虽然可以使用全局变量而不是上下文变量来写这段代码，但使用全局变量会让将来进行测试和使用多线程变得更加困难。

12.5 小结

本章应用前面章节中介绍的许多技术来显著扩展了聚合程序的功能。Python 如此强大，它让我们能够使用相对较少的功能来实现不同的结果。

在我看来，Python 之所以能够做到这一点，最重要的特性是它允许编写的代码接受逻辑实现作为实参，这个逻辑实现可能是类、函数或者生成器函数。对于本书的分析部分所做的工作，这种功能非常有用，它允许我们创建数据管道，并在需要的地方提供应用程序特定的逻辑。

更多资源

以下链接介绍了与本章主题有关的更多信息：

- 标准库文档中的有关 Python 如何处理信号的更多介绍参见 https://docs.python.org/3/library/signal.html。对于编写跨平台应用程序，这些信息尤为有用，因为 Microsoft Windows 有着显著不同的行为。
- PostgreSQL 处理 pub/sub 的方式参见 https://www.postgresql.org/docs/12/sql-listen.html 和 https://www.postgresql.org/docs/12/sql-notify.html。
- 我使用 IFTTT 的 webhook 支持来发送通知。该服务参见 https://ifttt.com/ 和 https://ifttt.com/maker_webhooks。

另外，我还想分享两个关于一般主题的链接，它们与本章的主题无关：

- Python 软件基金会近期的大事件参见 https://www.python.org/events/。
- Advent of Code 项目（https://adventofcode.com/）在每年的 12 月会发布 25 个需要用编码机制解决的难题。我认为这些难题出得非常好，是尝试新技术或语言的好方法。建议你试着用本书介绍的一些技术来解决这些难题，尤其当你在日常编程工作中没有机会使用这些技术时。

后　　记

这个长时间运行的进程是本书示例代码的最后一个功能。完成后，我们的系统将有一个轻量级组件，它可被部署到多个服务器，可以选择记录一段时间内的数据并通过 HTTP 接口发送数据，但单独使用时也是一个有用的调试工具。我们有了一个集中的聚合进程（它维护着要查询的已知 HTTP 端点的列表），一个为聚合数据绘图的 Jupyter 记事本，以及一个分析进程（它处理传入的数据，然后把合成后的数据添加到共享数据库或者触发外部动作）。

在本书开篇时，我列举了一些真实应用程序示例，说明这类应用程序的适用场合。我们关注的智能家居就是一个明显的例子，因为在智能家居中，我们做的工作能够绘制电量使用图和温度图。触发器系统能够用来检测出一个房间的温度和湿度比其他房间更加接近室外，这说明有窗户没有关上，而通过 webhook，我们能够使用动作向移动设备相应地发送通知。

城市传感器网络（例如阿姆斯特丹用来监控飞机噪声的那个网络）能够在任意时间把声级绘制到地图上，而且可以编写一个自定义的触发器来检测移动的噪声源，用来跟已知的飞行数据建立相关性。

对于服务器监控，我们可以绘制 RAM 和磁盘使用情况图，并且当服务器上被监控的任何一项低于阈值时向 Slack 发送通知。对于街机这样的部署，通知动作特别有用，因为在这样的部署中，通知动作能够把特定机器上的警报条件通知给非技术员工，而维护员工可在事后生成报告。

本项目的代码将继续改进。本书的网站（https://advancedpython.dev）以及本书在 Apress 网站上的栏目逐章提供了本书的源代码。欢迎你对软件的当前版本做出贡献。

除了构建一个确实有用的软件外，我们还探讨了 Python 标准库的一大部分内容，与此同时，还关注了示例软件中不常使用的工具和技术。我们使用了 cookiecutter 和 pipenv 来创建项目并设置构建环境，使用了 Jupyter 来设计软件原型并构建一次性使用的仪表板和分析脚本，并且还构建了一个 Web 服务。

我们为外围过程编写了同步代码，为聚合软件编写了异步工具。它们都使用了 SQLAlchemy 和 Alembic 来连接数据库，使用了 pytest 来进行测试。我们介绍了如何在同步和异步上下文中使用它们。

示例代码大量使用了相对较新的语言特性，例如上下文变量、数据类和类型，让代码更具表达力。我们探讨了使用 asyncio、迭代器和并发等特性的场合。你可能非常熟悉其中的一些技术，而完全不熟悉另外一些技术。Python 有着广泛的生态系统，其中有许多较小的社区，它们在努力创建令人兴奋的新工具。只有融入这些社区，才能知道它们在开发什么。加入当地的 Python 社区更容易了解最新动态。世界各国有许多 Python 会议，而且许多城市都有 Python 的用户组。社区成员还会在聊天室、论坛和问答版块中进行交流。

我曾经听过有人宣称能够在 24 个小时内学会 Python。我对此完全不认同。我学习 Python 已经有 16 年了，但仍然有许多要学习的地方。Python 是一个设计良好的语言，所以非常直观，新手肯定能够在 24 小时内学会编写简单的程序，经验丰富的程序员能够在短时间内写出较为复杂的程序。但是，学到足够的知识，具备写代码的能力，并不等同于学到了所有要点。

在 Python 的生态系统中，数以千计的人们致力于改进它，他们贡献了 bug 报告、文档、库和核心代码。每一天，Python 编程都在发生细微的变化，虽然这不太可能影响你的日常工作，但有可能就在今天，某个人发布了一个能够简化你的工作的工具。如果你不关心，就不会知道有这样的工具存在。

向同行学习，是开源软件能够带来最丰厚回报的部分之一。我希望本书能够为你提供帮助，我也希望很快能够在某个 Python 活动上遇到你并向你学习。